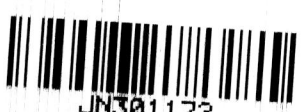

ポプラディア情報館

POPLARDIA INFORMATION LIBRARY

AGRICULTURE OF JAPAN

日本の農業

にほんの のうぎょう

監修 石谷孝佑

ポプラ社

AGRICULTURE OF JAPAN

監《かん》修《しゅう》のことば

農業は、自然を相手に太陽エネルギーを使って私たちの大切な食料をつくりだす重要な産業です。また農業は、自分で作物の種をとり、その種をまいて育て、家畜《かちく》を飼《か》い、作物や乳《ちち》を生産して、それを食べたり売ったりして、ひとりで何でもできる仕事です。このような仕事はほかにはあまりありません。

農業は、たくさんの知識《ちしき》を必要とする創造的《そうぞうてき》な仕事です。土を耕《たがや》し、肥料《ひりょう》をまいて田畑をつくり、とった種をまいて作物の苗《なえ》をつくり、栽培《さいばい》します。作物の栽培《さいばい》には、太陽の光や温度や十分な水が必要になります。上手《じょうず》に栽培《さいばい》するためには、生えてくる雑草《ざっそう》と戦い、害虫や病気をふせぐ必要があります。そして、さまざまな知識《ちしき》と技術《ぎじゅつ》が豊《ゆた》かな収《しゅう》穫《かく》を約束してくれます。

世界にはさまざまな気象条件《きしょうじょうけん》や土地の条件《じょうけん》があり、熱帯・亜熱帯《あねったい》や温帯・冷帯の農業、大陸の大規模農業《だいきぼのうぎょう》や島国の小規模農業《しょうきぼのうぎょう》、乾燥地《かんそうち》のオアシス農業、山間地の傾斜地農業《けいしゃちのうぎょう》など、さまざまな農業がいとなまれ、それぞれの土地に適応《てきおう》した作物がつくられています。

農民は、穀物《こくもつ》や豆類、果樹《かじゅ》や野菜などさまざまな作物を育て、土地に生える草を食べる羊や山羊《やぎ》、牛などの家畜《かちく》や、穀物《こくもつ》のかすなどを食べる豚《ぶた》や鶏《にわとり》を育てます。たくさん収《しゅう》穫《かく》するためには、すぐれた作物の種子やすぐれた家畜《かちく》を育てる必要があり、そのための品種改良が今までずっとつづけられてきました。これにはたくさんの知識《ちしき》と経験《けいけん》が必要でした。

AGRICULTURE OF JAPAN

専門的《せんもんてき》な知識《ちしき》や経験《けいけん》、特別な技術《ぎじゅつ》が必要な農業は、穀物《こくもつ》を栽培《さいばい》する人、野菜や花を栽《さい》培《ばい》する人、果樹《かじゅ》を育てる人、家畜《かちく》を飼《か》う人などにしだいに分かれていきました。すぐれた作物や家畜《かちく》の品種改良は、日本の中でも精力的《せいりょくてき》におこなわれましたが、世界各地から日本に入ってきたすぐれた品種もたくさんありました。

農業の技術《ぎじゅつ》も発展《はってん》し、農業の機械化が進み、化学肥料《かがくひりょう》や農薬が農作業の効率《こうりつ》を高めるようになりました。また、すぐれた品種をつくる技術《ぎじゅつ》も非常に進歩し、世界的な食料不足を起こさないために貢献《こうけん》してきました。

一方で、化学肥料《かがくひりょう》をたくさん使う土地では土の力がおとろえ、農薬をたくさん使うところでは食料の安全性《あんぜんせい》と環境《かんきょう》の持続性《じぞくせい》が心配されるようになっています。

日本は土地がせまく、今の豊《ゆた》かな食生活を維持《いじ》するだけの農業生産はむずかしいことがわかっています。しかし、このせまい土地を最大限に生かす農業が今求められています。また、よりおいしく、安全で栄養価《えいようか》のある農産物をつくる農業が重要になってきています。

21世紀の農業は、創造性《そうぞうせい》を発揮《はっき》できる花形の産業になることが期待されています。みなさんも、この本を読んで日本の農業のことを知り、より深く考えてもらえるとうれしいです。

日本食品包装研究協会会長　石谷《いしたに》 孝佑《たかすけ》

日本の農業《にほんののうぎょう》

目次
TABLE OF CONTENTS

AGRICULTURE OF JAPAN

2章 野菜・花

3章 くだもの

4章 工《こう》芸《げい》作《さく》物《もつ》

目次
TABLE OF CONTENTS

AGRICULTURE OF JAPAN

目次
TABLE OF CONTENTS

7章 農業と環境《かんきょう》 169ページ

8章 これからの日本の農業 193ページ

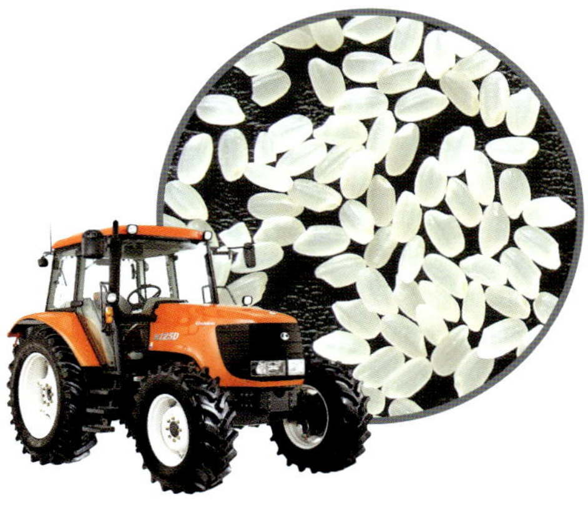

資料編《しりょうへん》 217ページ

AGRICULTURE OF JAPAN

この本の使い方

この本では、米や野菜づくりをはじめ、畜産業《ちくさんぎょう》までふくめた日本の代表的な農業をとりあげ、農産物の種類ごとに産地や栽培方法《さいばいほうほう》、流通のしくみなどを紹介《しょうかい》しています。また、第一次産業のうち、関連の深い林業もとりあげました。

- 調べたいことがらや知りたいことがらが載《の》っているページがわからないときは、巻末《かんまつ》の「さくいん」を引いてみましょう。さくいんは、五十音順に並《なら》んでいます。
- 本文中で（○○ページ参照）と書かれたことがらについては、そのページを見ると、よりくわしくわかるようになっています。
- 固有名詞《こゆうめいし》や外来語のカタカナ表記などは、本文に記した以外に別の表記のしかたがある場合もあります。
- この本の中で記載《きさい》された市町村名、住所、電話番号、ホームページのアドレスなどは2017年２月現在《げんざい》のものです。
- 巻末《かんまつ》には、資料編《しりょうへん》として日本の農業についてのデータや、農業についての施設《しせつ》とホームページをとりあげています。本文と合わせて調べ学習に役立てることができます。

資料《しりょう》・グラフの見方

- グラフや統計《とうけい》などには、そのデータのもととなった資料《しりょう》の出典と年次がしめしてあります。年次は普通１月から12月までをしめしますが、「年度」とある場合は４月から翌年《よくとし》の３月までの12か月をさす場合などがあります。出典は年次のあとに資料名《しりょうめい》、書名、出所の順でしめしてあります。同じテーマの統計《とうけい》でも、出典がちがうと数値が異《こと》なる場合があります。
- グラフや統計上《とうけいじょう》で、割合《わりあい》(%)の合計が100にならない場合や、総数《そうすう》が内訳《うちわけ》の合計と合わないことがあります。これは、数値を四捨五入《ししゃごにゅう》したことによって起こる誤差《ごさ》です。

「米」について
もっと知りたい人は、
ポプラディア情報館
『米』も参考に
してください。

農業って なんだろう

農業は、米や野菜、肉など
さまざまな食べ物をつくる産業です。
私たちの食料をつくる農業のようすを、
写真やデータを通して見てみましょう。

食べ物は農業から

私たちが毎日食べている食品のほとんどは、
農業によってつくられたものです。
農業は、私たちの命をささえる産業なのです。身近な料理が、
実際《じっさい》にどのような農産物からつくられているのか、見てみましょう。

じゃがいも

コロッケは、ゆでたじゃがいもをつぶしてパン粉をまぶし、油で揚《あ》げてつくります。じゃがいもは、さまざまな料理の材料になるほか、でん粉《ぷん》の原料などにもなります。

米

ご飯は、収穫《しゅうかく》した米を精《せい》米《まい》して白米にし、炊《た》いたものです。ご飯は日本人の主食であり、米は日本の農業の中心となっている作物です。ご飯として食べられているほか、菓《か》子《し》などにも加工されています。

大豆《だいず》

みその主原料は大豆《だいず》です。蒸《む》した大豆《だいず》と米麹《こめこうじ》を混《ま》ぜて発酵《はっこう》させると、みそができます。ほかに、食用油やしょう油、納《なっ》豆《とう》、豆腐《とうふ》などの原料として利用されています。

こんにゃくいも

こんにゃくは、さといもの仲間であるこんにゃくいもという作物を粉にし、水をくわえた後、固めてつくります。日本以外ではあまり食べられていない作物です。

キャベツ

サラダは、キャベツやレタス、にんじんなど、さまざまな野菜が材料になります。キャベツは、サラダのほかにお好み焼きの具やロールキャベツなどにも使われます。

いちご

いちごは、そのまま食べるほか、ジャムや菓子《かし》の材料としても使われています。春だけではなく、冬の間も食べられるようになり、栃木《とちぎ》県や福岡《ふくおか》県が有名な産地です。

小麦

ケーキの生地《きじ》の材料となる小麦粉は、小麦からつくられています。小麦は、そのほかパンやうどん、パスタ、クッキーなど、さまざまな料理や食品に使われています。

卵《たまご》

ケーキの生地《きじ》には、小麦粉や砂糖《さとう》のほか、卵《たまご》が使われています。卵《たまご》は、卵《たまご》焼《や》きやオムレツなどの卵《たまご》料理《りょうり》の材料としてはもちろん、菓子《かし》などにも広く利用されています。

豚肉《ぶたにく》

豚汁《とんじる》の主役は豚肉《ぶたにく》です。豚肉《ぶたにく》は、豚《とん》かつや焼《や》き豚《ぶた》をはじめ、ハム、ソーセージなどの加工品に使われています。日本人がもっとも多く食べている肉です。

茶

茶のなかで日本でもっともよく飲まれている緑茶は、つんだ葉を蒸《む》してもみ、乾燥《かんそう》させてつくります。おもに、静岡《しずおか》県や鹿《か》児島《ごしま》県で多く生産されています。

さまざまな農業

農業という言葉を聞いて、多くの人は米や野菜などをつくる仕事を思い浮《う》かべます。
でも、それだけではありません。花をつくったり、牛や豚《ぶた》を飼《か》ったり、
ミツバチを使ってハチミツを集めたりするのも農業です。
また、林業は木を育てるだけでなく、伐採《ばっさい》した木を木材に加工する仕事もふくんでいます。
農業や林業からは、さまざまなものが生みだされています。

農業

農業

米をつくる

日本人の主食である米をつくるのは、稲作《いなさく》（米作）という農業。稲作《いなさく》は、日本の農業の中心である。

米以外の穀物《こくもつ》をつくる

麦類

パンやうどんをつくる小麦粉の原料になる小麦、ビールや麦茶の原料になる大麦などを栽培《さいばい》する。

雑穀《ざっこく》・豆類

五穀《ごこく》ご飯や菓子《かし》の原料になるひえやあわなどの雑穀《ざっこく》、めん（そば）の原料になるそば、豆腐《とうふ》や納豆《なっとう》、食用油などに使われる大豆《だいず》、あんこに使われる小豆《あずき》などの豆類を栽培《さいばい》する。

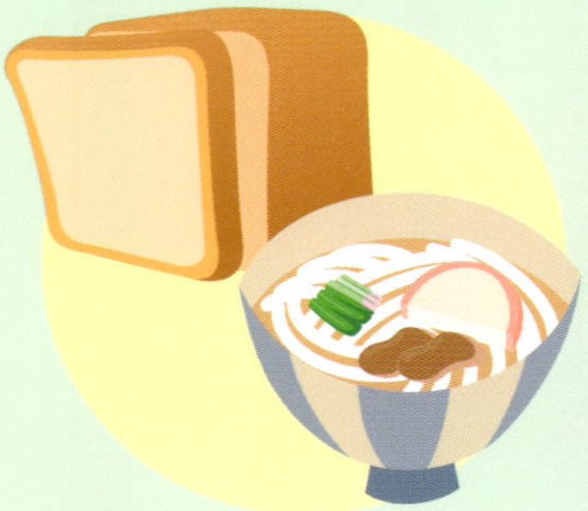

野菜をつくる

実を食べる野菜

トマトやなす、きゅうりなど、実を食べる野菜を栽培《さいばい》する。

葉や茎《くき》を食べる野菜

ほうれん草やはくさい、キャベツ、たまねぎなど、葉や茎《くき》を食べる野菜を栽培《さいばい》する。

根や地下茎《ちかけい》を食べる野菜

にんじんやごぼう、さつまいも、じゃがいもなど、根や地下茎《ちかけい》を食べる野菜を栽培《さいばい》する。

林業

木を育てる

木材として利用するために、山に木を植え、育てる。

木材などをつくる

山の木を切り、建築《けんちく》用の木材に加工する。

まきや木炭をつくる

山から切りだした木を、木炭などに加工する。

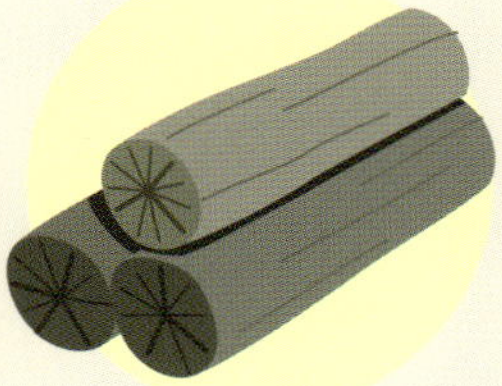

きのこなどをとる

しいたけなどの、きのこを栽培《さいばい》したり、山菜をとったりする。

くだものをつくる

みかんやりんご、くり、ぶどう、ももなど、くだものがなる果樹《かじゅ》を栽培《さいばい》する。

花をつくる

切り花用の花や鉢植《はちう》えの花などを栽培《さいばい》する。球根づくりなどもふくまれる。

工芸作物《こうげいさくもつ》をつくる

茶をはじめ、油の材料となるなたね、砂糖《さとう》の材料となるてんさいや砂糖《さとう》きび、繊維《せんい》の材料となる麻《あさ》、こんにゃくの材料となるこんにゃくいもなどを栽培《さいばい》する。

飼料作物《しりょうさくもつ》などをつくる

牛や豚《ぶた》などの飼料《しりょう》になる牧草などを栽培《さいばい》する。

畜産業《ちくさんぎょう》

牛を育てる
（乳牛《にゅうぎゅう》・肉牛の飼育《しいく》）

乳製品《にゅうせいひん》の原料になる牛《ぎゅう》乳《にゅう》をしぼる牛や、肉用の牛を飼育《しいく》する。

鶏《にわとり》を育てる
（養鶏《ようけい》）

卵《たまご》を産ませるための鶏《にわとり》や肉用のブロイラーを飼育《しいく》する。

豚《ぶた》を育てる
（養豚《ようとん》）

肉用の豚《ぶた》を飼育《しいく》する。ハムやソーセージなどにも加工する。

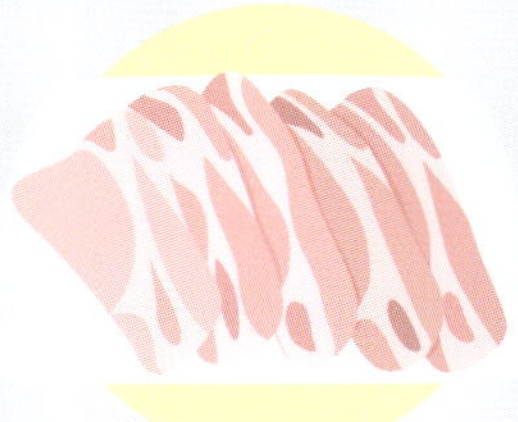

カイコ・ミツバチを育てる（養蚕《ようさん》・養蜂《ようほう》）

カイコを育てて絹糸《きぬいと》をとったり、ミツバチを飼育《しいく》してハチミツを集めたりする。

日本各地の農業

日本では、それぞれの地域《ちいき》の気候や地理的な条件《じょうけん》に合わせて、さまざまな農産物が生産されています。どのような地域《ちいき》で、どのような農産物がつくられているのでしょうか。

米づくり中心の日本の農業

日本人の主食は米です。米をつくる稲作《いなさく》は、昔から日本の農業の中心となってきました。昔にくらべると米の消費量は減《へ》っていますが、それでも日本全国の農地の半分以上が、米をつくるための水田です。

米は北海道《ほっかいどう》、秋田《あきた》県、山形《やまがた》県、新潟《にいがた》県を中心に東日本の生産量が多いですが、日本全国でそれぞれの土地に合った米づくりがおこなわれています。

農地の用途《ようと》別割合《わりあい》

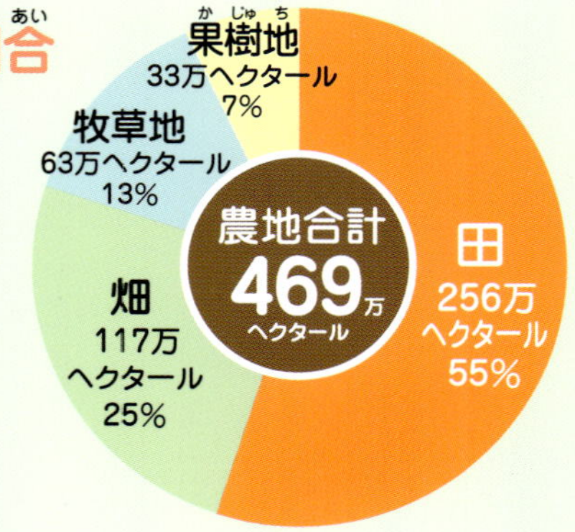

2005年の統計：「農業地域、種類別耕地面積」『ポケット農林水産統計平成18年度版』（農林水産省）より

北海道《ほっかいどう》 大規模《だいきぼ》な農業

北海道《ほっかいどう》の気候は、1年を通してすずしく、雨が少ないのが特徴《とくちょう》です。この気候を利用して、石狩《いしかり》平野、十勝《とかち》平野などの広い平野を中心に、寒い気候に適《てき》した作物の大規模《だいきぼ》な栽培《さいばい》がおこなわれています。

砂糖《さとう》の原料となるてんさいのほか、じゃがいも、小麦、大豆《だいず》などは、全国有数の生産量をほこっています。また、東部の根釧《こんせん》台地などでは酪農《らくのう》もさかんで、牛乳《ぎゅうにゅう》はさまざまな乳製品《にゅうせいひん》に加工され、全国に出荷されています。

米づくりは、作付け面積、収穫量《しゅうかくりょう》がともに全国第1位です。

▼北海道《ほっかいどう》では、乳牛《にゅうぎゅう》を飼育《しいく》して、さまざまな乳製品《にゅうせいひん》をつくる酪農《らくのう》がさかんにおこなわれている。

十勝《とかち》平野に広がるじゃがいも畑。

東北《とうほく》 日本有数の米どころ

山形《やまがた》県の庄内《しょうない》平野や秋田《あきた》県の秋田《あきた》平野などで、広い平野を利用した大規模《だいきぼ》な米づくりがおこなわれています。

そのほか、岩手《いわて》県では酪農《らくのう》や、前沢牛《まえさわうし》としてよく知られる肉牛飼育《しいく》、青森《あおもり》県ではりんご栽培《さいばい》などがさかんです。

また、山形《やまがた》県や福島《ふくしま》県の内陸部の盆地《ぼんち》では、くだものの栽培《さいばい》がおこなわれ、さくらんぼやももなどを多く生産しています。

▲青森《あおもり》県は、日本のりんご生産量の約半分をしめる。

▲岩手《いわて》県の前沢牛《まえさわうし》は、品質《ひんしつ》のよい肉牛として、全国に知られる。

◀山形《やまがた》県の日本海側に位置する庄内《しょうない》平野は、最上《もがみ》川や鳥海《ちょうかい》山がもたらす豊《ゆた》かな水によって、稲作《いなさく》がさかん。

関東《かんとう》 大都市へ向けた野菜づくり

関東《かんとう》地方では、多くの人口をかかえた東京などの大都市に向けて、野菜の栽培《さいばい》や卵《たまご》の生産がさかんです。とくに千葉《ちば》県は、ねぎやほうれん草、キャベツ、だいこん、にんじんなど、さまざまな野菜を栽培《さいばい》し、全国有数の野菜生産地として知られています。

そのほか、茨城《いばらき》県でははくさい、埼玉《さいたま》県ではねぎやブロッコリーなどが多くつくられ、群馬《ぐんま》県はこんにゃくいもの栽培《さいばい》がさかんです。

▼だいこんの収穫《しゅうかく》。千葉《ちば》県はさまざまな野菜を東京に出荷する(千葉《ちば》県八街《やちまた》市)。

▶群馬《ぐんま》県は、こんにゃくの原料となるこんにゃくいもの栽培《さいばい》で全国的に知られている。

中部《ちゅうぶ》 変化に富《と》んだ気候と作物

冬は寒く、世界的な豪雪《ごうせつ》地帯である新潟《にいがた》県では、とくに米づくりがさかんで、北海道《ほっかいどう》につぐ米の生産量をほこります。太平洋側の静岡《しずおか》県や三重《みえ》県では、暖《あたた》かい気候を利用して、茶の栽培《さいばい》がさかんです。また、大都市の名古屋《なごや》市をかかえる愛知《あいち》県では、おもに野菜や花を生産しています。

さらに、長野《ながの》県などの高地では、すずしい気候を利用してレタスやキャベツの栽培《さいばい》が、山梨《やまなし》県ではぶどうを中心にさまざまなくだものの栽培《さいばい》がおこなわれています。

▲静岡《しずおか》県は茶の栽培《さいばい》がさかん。全国の生産量の40%以上をしめている（静岡《しずおか》県富士宮《ふじのみや》市）。

◀愛知《あいち》県の渥美《あつみ》半島でさかんなきくの栽培《さいばい》（愛知《あいち》県田原《たはら》市）。

近畿《きんき》 くだもの栽培《さいばい》と都市近郊《きんこう》の農業

和歌山《わかやま》県では、暖《あたた》かい気候を利用してくだもの栽培《さいばい》がさかんにおこなわれています。とくに、うめやかんきつ類、かきなどの生産地として知られています。

また、兵庫《ひょうご》県や奈良《なら》県では近郊型農業《きんこうがたのうぎょう》がさかんで、野菜を栽培《さいばい》しておもに大阪《おおさか》を中心とする都市に出荷しています。

▲うめの収穫《しゅうかく》。和歌山《わかやま》県はうめの収穫量《しゅうかくりょう》全国一、果樹《かじゅ》王国といわれるほど、くだものの栽培《さいばい》がさかん（和歌山《わかやま》県日高《ひだか》郡）。

▶奈良《なら》県や和歌山《わかやま》県はかきの栽培《さいばい》がさかんで、干《ほ》しがきは全国に知られる。

中国《ちゅうごく》・四国《しこく》 温暖《おんだん》な気候に適《てき》した農業

中国《ちゅうごく》・四国《しこく》地方は、全体的に温暖《おんだん》な気候です。降水量《こうすいりょう》が比較《ひかく》的《てき》少ない瀬戸内海沿岸《せとないかいえんがん》では、この気候を利用して、みかんやキーウィフルーツなどのくだものの栽培《さいばい》がさかんです。

また、日本海側の山陰《さんいん》地方では、鳥取《とっとり》県のなし栽培《さいばい》、鳥取砂《とっとりさ》丘《きゅう》でのらっきょう栽培《さいばい》、島根《しまね》県の出雲《いずも》平野での米づくりなどが有名です。

一方、冬も暖《あたた》かい太平洋側の高知《こうち》県では、ビニールハウスを利用した野菜づくりがさかんです。とくになすやピーマンは全国有数の生産量です。

▲高知《こうち》県では、ビニールハウスを利用して、なすなどさまざまな野菜や花が栽培《さいばい》されている。

◀愛媛《えひめ》県では、海ぞいの山の斜面《しゃめん》を利用してみかんなどのかんきつ類の栽《さい》培《ばい》がさかん。

九州《きゅうしゅう》・沖縄《おきなわ》 ハウス栽培《さいばい》と畜産業《ちくさんぎょう》

九州《きゅうしゅう》北部は、中国《ちゅうごく》・四国《しこく》地方と同じように温暖《おんだん》な気候が特徴《とくちょう》で、その気候にあった米や野菜、くだものなどの栽培《さいばい》がおこなわれています。

南部では、冬も暖《あたた》かい気候を利用して、ビニールハウスで野菜やくだものづくりがさかんです。鹿児島《かごしま》県では桜島《さくらじま》の火山灰《かざんばい》が積もってできたシラス台地で、さつまいもの栽培《さいばい》がおこなわれています。これらの地方では、肉牛や豚《ぶた》、鶏《にわとり》の飼育《しいく》などの畜産業《ちくさんぎょう》もさかんです。

沖縄《おきなわ》県では、亜熱帯《あねったい》の気候を利用して、砂糖《さとう》きびやパイナップルなど、特色のある作物が栽培《さいばい》されています。

▲沖縄《おきなわ》県は1年中暖《あたた》かく、土質《つちしつ》が赤土で水はけがよいので、パイナップルの栽培《さいばい》に適《てき》している。パイナップルはおもに沖《おき》縄《なわ》本島北部や八重山諸島《やえやましょとう》でつくられている（沖縄《おきなわ》県国頭《くにがみ》郡）。

◀熊本《くまもと》県でのトマト栽《さい》培《ばい》。九州《きゅうしゅう》地方は冬場の野菜の産地となっている。

▶広い牧草地のある宮《みや》崎《ざき》県や鹿児島《かごしま》県では、和牛の飼育《しいく》がさかん（宮崎《みやざき》県）。

47都道府県　特産物ガイド

全国各地でつくられている農産物のなかには、栽培《さいばい》・飼育方法《しいくほうほう》や品種に工夫《くふう》をこらすなどして、ほかの地域《ちいき》の農産物と差別化をはかっている特産物がたくさんあります。各都道府県を代表する農業の特産物を見てみましょう。

北海道《ほっかいどう》　東北《とうほく》　関東《かんとう》　中部《ちゅうぶ》　近畿《きんき》　四国《しこく》・中国《ちゅうごく》　九州《きゅうしゅう》・沖縄《おきなわ》

北海道《ほっかいどう》

乳製品《にゅうせいひん》

全国有数の酪農《らくのう》地帯である十勝《とかち》地方では、バターやチーズなどの乳製品《にゅうせいひん》づくりがさかん。

青森県《あおもりけん》

りんご

津軽《つがる》平野を中心につくられるりんごは、生産量が全国一をほこる。

岩手県《いわてけん》

前沢牛《まえさわうし》

奥州《おうしゅう》市前沢《まえさわ》区周辺で古くから飼育《しいく》されている「前沢牛《まえさわうし》」は、おいしい牛肉として有名。

宮城県《みやぎけん》

米（ひとめぼれ）

全国有数の米の産地で、とくに「ひとめぼれ」という品種が多くつくられている。

秋田県《あきたけん》

比内地鶏《ひないじどり》

日本三大地鶏《じどり》のひとつで、郷土料理《きょうどりょうり》の「きりたんぽ鍋《なべ》」に欠かせない食材。

山形県《やまがたけん》

さくらんぼ

内陸部の盆地《ぼんち》では、さくらんぼのほか西洋なし、ぶどうなど、さまざまなくだものが栽培《さいばい》されている。

福島県《ふくしまけん》

もも

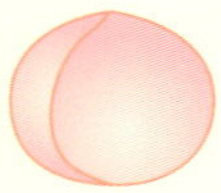

さまざまなくだものが栽培《さいばい》され、ももは全国第2位の生産量。

茨城県《いばらきけん》

メロン

メロンの生産量が全国一。なし、くりなども多くつくられている。

栃木県《とちぎけん》

いちご

「とちおとめ」「女峰《にょほう》」などの品種を中心に栽培《さいばい》している。生産量は日本一。

群馬県《ぐんまけん》

こんにゃく

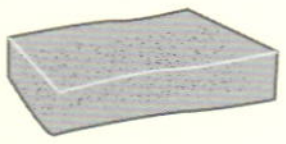

こんにゃくいもの生産量は、つねに全国の生産量の80%以上をしめている。

埼玉県《さいたまけん》

狭山茶《さやまちゃ》

狭山《さやま》市の丘陵《きゅうりょう》地帯で栽培《さいばい》される茶は、「狭山茶《さやまちゃ》」という名で全国的に有名。

千葉県《ちばけん》

落花生《らっかせい》

全国の生産量の70%以上をしめている。ほかに、東京《とうきょう》に出荷される野菜の栽培《さいばい》などもさかん。

東京都《とうきょうと》

こまつ菜《な》

炒《いた》め物《もの》や漬物《つけもの》などに使われ、江戸《えど》時代から東京《とうきょう》都で栽培《さいばい》されてきた。

神奈川県《かながわけん》

足柄茶《あしがらちゃ》

足柄上《あしがらかみ》郡山北《やまきた》町を中心に栽培《さいばい》されている茶は、「足柄茶《あしがらちゃ》」として全国に出荷されている。

新潟県《にいがたけん》

米（コシヒカリ）

全国有数の米どころ。「新潟《にいがた》産コシヒカリ」は、おいしい米として人気がある。

富山県《とやまけん》

チューリップ

砺波《となみ》平野でつくられるチューリップの球根は、全国一の生産量である。

石川県《いしかわけん》

加賀野菜《かがやさい》

地元で古くから栽培《さいばい》されている加賀《かが》の伝統野《でんとうや》菜《さい》は、おいしい野菜として有名。

福井県《ふくいけん》

河内赤《こうちあか》かぶ

福井《ふくい》市美山地域《みやまちいき》で育てられているかぶ。高級種として人気がある。

山梨県《やまなしけん》

ぶどう

甲府盆地《こうふぼんち》ではぶどう栽培《さいばい》がさかんにおこなわれ、くだものとして出荷されるほか、ワインの原料に利用されている。

長野県《ながのけん》

りんご

りんごの生産量は、青森《あおもり》県につぐ全国第2位。そのほか、高原でつくられるキャベツやレタス、はくさいも有名。

岐阜《ぎふ》県

飛騨牛《ひだうし》

飛騨《ひだ》地方で生産される「飛騨牛《ひだうし》」は、高級肉としてよく知られている。

静岡《しずおか》県

静岡茶《しずおかちゃ》

全国一の茶の産地で、全国の生産量の40%をしめている。

愛知《あいち》県

きく

渥美《あつみ》半島では園芸農業がさかん。とくに夜間に照明を当てて育てる「電照菊《でんしょうぎく》」が有名。

三重《みえ》県

松阪牛《まつさかうし》

松阪牛《まつさかうし》は日本三大牛のひとつで、おいしい霜降《しもふ》り肉《にく》で人気を集めている。

滋賀《しが》県

近江牛《おうみうし》

近江牛《おうみうし》は、松阪牛《まつさかうし》、神戸牛《こうべうし》と並《なら》んで日本三大牛のひとつに数えられている。

京都《きょうと》府

京野菜《きょうやさい》

昔から京都《きょうと》で栽培《さいばい》されてきた伝統野菜《でんとうやさい》。えびいもや聖護院《しょうごいん》だいこんなどがある。

大阪《おおさか》府

水《みず》なす

古くから泉州地域《せんしゅうちいき》（大阪《おおさか》府南部）でつくられているなすで、水分が多く漬物《つけもの》に向いている。

兵庫《ひょうご》県

黒大豆《くろだいず》

丹波《たんば》地方を中心とする山間部でつくられている「丹波黒《たんばぐろ》」は、高級豆として知られる。

奈良《なら》県

かき

奈良盆地《ならぼんち》を中心にくだものの栽培《さいばい》がさかんで、かきは全国第2位の生産量をほこる。

和歌山《わかやま》県

みかん

温暖《おんだん》な気候を利用して、みかんをはじめ、かきやうめ、キーウィフルーツなど、さまざまなくだものが栽培《さいばい》されている。

鳥取《とっとり》県

らっきょう

鳥取砂丘《とっとりさきゅう》周辺でらっきょうやすいかなどが生産されている。倉吉《くらよし》市周辺の丘陵《きゅうりょう》地帯では二十世紀《にじっせいき》なしの栽培《さいばい》もさかん。

島根《しまね》県

島根和牛《しまねわぎゅう》

島根和牛《しまねわぎゅう》はおいしい牛肉がとれる牛として知られる。肉だけでなく、飼育《しいく》用の子牛も全国に出荷されている。

岡山《おかやま》県

マスカット

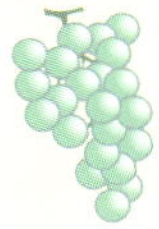

温室で栽培《さいばい》されるマスカットのほか、なし、かきなどさまざまなくだものが栽培《さいばい》されている。

広島《ひろしま》県

広島菜《ひろしまな》

昔から広島《ひろしま》市周辺で栽培《さいばい》されてきた野菜で、おもに漬物《つけもの》にして食べる。

山口《やまぐち》県

夏みかん

みかんなどのかんきつ類の栽培《さいばい》がさかん。なかでも萩《はぎ》市周辺で栽培《さいばい》される夏みかんは有名。

徳島《とくしま》県

すだち

みかんの仲間で、料理の香《かお》りづけなどに使われる。全国の生産量の大半をしめている。

香川《かがわ》県

オリーブ

温暖《おんだん》な気候を利用し、小豆島《しょうどしま》を中心にオリーブがさかんに栽培《さいばい》されている。

愛媛《えひめ》県

みかん

かんきつ類の栽培《さいばい》がさかんで、生産量全国第2位のみかんのほか、伊予《いよ》かんやはっさくも有名。

高知《こうち》県

なす

ビニールハウスを利用した野菜栽培《さいばい》がさかんにおこなわれ、なかでもなすの栽培《さいばい》がさかん。

福岡《ふくおか》県

いちご

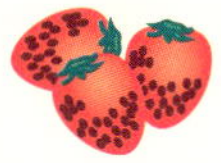

おもに「とよのか」という品種が栽培《さいばい》され、栃木《とちぎ》県につぐ全国第2位の生産量をほこる。

佐賀《さが》県

大豆《だいず》

佐賀《さが》平野では米や大豆《だいず》の栽培《さいばい》がさかん。おもに「フクユタカ」という品種が栽培《さいばい》され、豆腐《とうふ》用として人気。

長崎《ながさき》県

びわ

長崎《ながさき》県のびわは、全国の生産量の30%以上をしめている。

熊本《くまもと》県

馬肉《ばにく》

阿蘇《あそ》山の周辺に広がる草原では馬や肉牛の飼育《しいく》がさかんで、なかでも馬の肉は特産品となっている。

大分《おおいた》県

干《ほ》ししいたけ

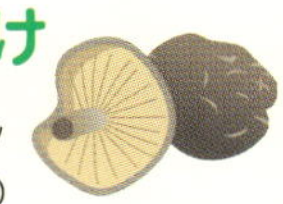

大分《おおいた》県は、干《ほ》ししいたけやかぼすの生産がさかん。また、豊後牛《ぶんごうし》という和牛もおいしい肉で人気。

宮崎《みやざき》県

ピーマン

ビニールハウスを利用した野菜栽培《さいばい》が有名で、ピーマン、トマト、きゅうりなどが全国に出荷されている。

鹿児島《かごしま》県

さつまいも

桜島《さくらじま》の火山灰《かざんばい》によってできたシラス台地を中心に、さつまいもやかぼちゃなどが栽培《さいばい》されている。畜産業《ちくさんぎょう》もさかん。

沖縄《おきなわ》県

砂糖《さとう》きび

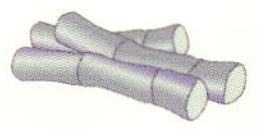

砂糖《さとう》きびの生産量は全国一。そのほか、パイナップルやマンゴーなどの熱帯果樹《ねったいかじゅ》の栽培《さいばい》もおこなわれている。

＊文中の順位は、2004年のデータ。

日本をささえる
世界の農産物

私たちが毎日食べている食べ物のうち、
国内で生産されているものは、約40%にすぎません。残りの約60%は輸入品《ゆにゅうひん》です。
海外から輸入《ゆにゅう》される食べ物が、日本の食卓《しょくたく》をささえているのです。

世界中から食料を輸入《ゆにゅう》する日本

海外から輸入《ゆにゅう》したほうが、国内で生産するより安いこと、米を中心とした和食からパンや肉を中心とした洋食へ食生活が変わったこと、鮮度《せんど》をたもつ輸送技術《ゆそうぎじゅつ》が発達したことなどによって、多くの農産物や水産物が海外から輸入《ゆにゅう》されています。今後、世界的な貿易《ぼうえき》の自由化にともない、さらに食料の輸入《ゆにゅう》が進むのではないかと考えられています。どの国から、どのくらい農産物を輸入《ゆにゅう》しているのか下の地図で見てみましょう。

国・地《ち》域《いき》別《べつ》輸《ゆ》入《にゅう》金《きん》額《がく》上位ランキング

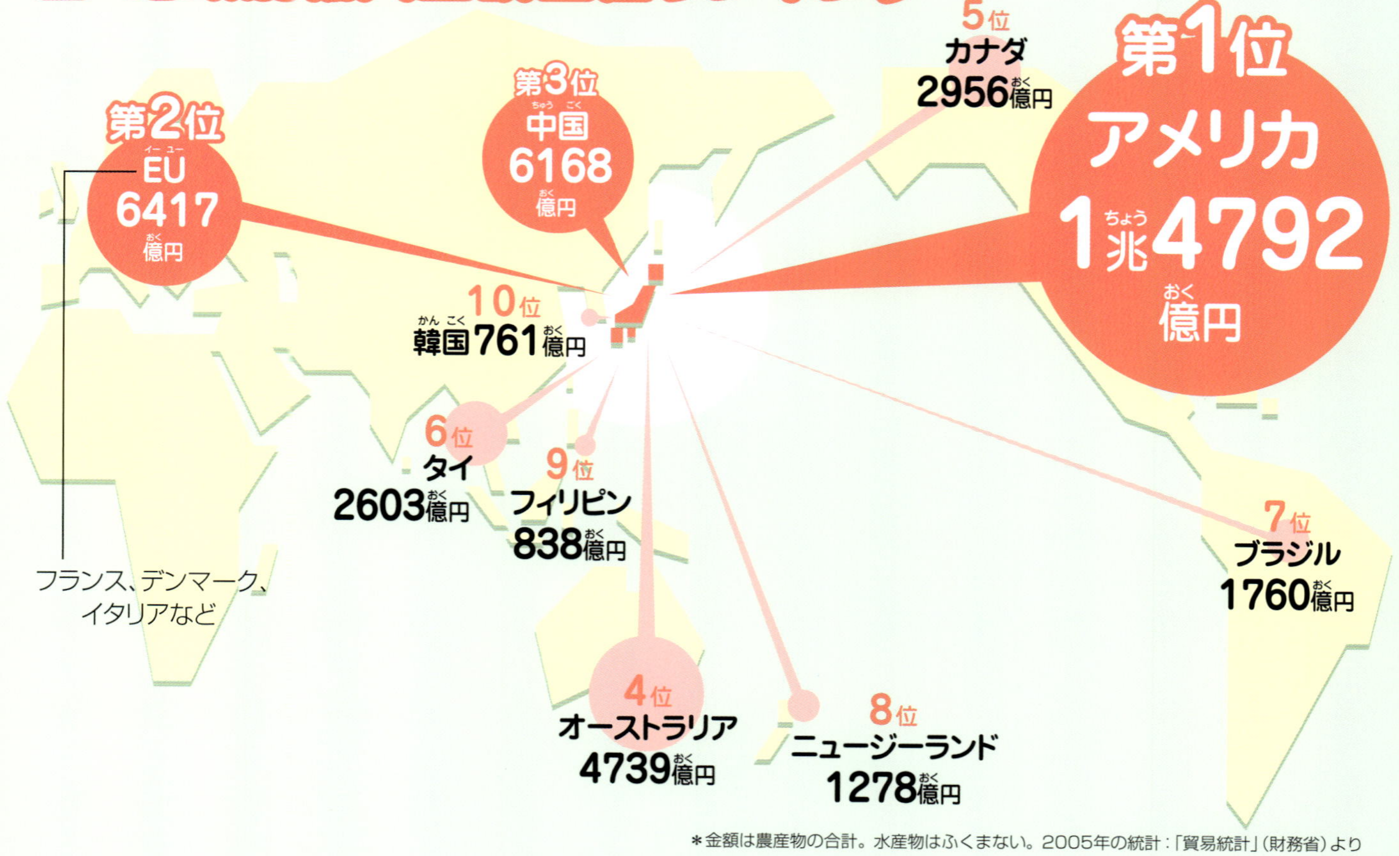

＊金額は農産物の合計。水産物はふくまない。2005年の統計：「貿易統計」（財務省）より

さまざまな農産物の自給率《じきゅうりつ》

食べ物の「国内での消費量全体にしめる国産品の生産量の割合《わりあい》」を、「食《しょく》料《りょう》自給率《じきゅうりつ》」といいます。

日本の食料自給率《しょくりょうじきゅうりつ》は、約40%です（2004年）。私たちが毎日食べている食べ物の自給率《じきゅうりつ》を、食品別に見てみましょう。

じゃがいも

自給率《じきゅうりつ》 80%

生で輸入《ゆにゅう》されているものは少ない。おもに加熱などの加工がされた状態《じょうたい》で輸入《ゆにゅう》され、フライドポテトなどに使われている。

おもな輸入相手国《ゆにゅうあいてこく》

- アメリカ
- カナダ
- ドイツ

＊料理の材料用として加熱された状態で輸入されたものなどは、すべて生の状態での重さに換算して計算している。

大豆《だいず》

自給率《じきゅうりつ》 3%

輸入品《ゆにゅうひん》は、おもに食用油などの油をとるために利用されている。また、一部は家《か》畜《ちく》のえさ（飼料《しりょう》）などにもなる。

おもな輸入相手国《ゆにゅうあいてこく》

- アメリカ
- ブラジル
- カナダ

＊えだ豆などの未熟な豆はふくんでいない。

野菜

自給率《じきゅうりつ》 80%

野菜は約20%が輸入品《ゆにゅうひん》。中国《ちゅうごく》産のにんじん、たまねぎ、ねぎなどのように、日本向けに栽培《さいばい》されているものが多い。

おもな輸入相手国《ゆにゅうあいてこく》

- 中国《ちゅうごく》
- アメリカ
- 韓国《かんこく》

＊缶詰や乾燥状態などで輸入されたものは、生の状態での重さに換算して計算している。

緑茶

自給率《じきゅうりつ》 86%

緑茶は約14%が輸入品《ゆにゅうひん》。輸入《ゆにゅう》緑茶は、おもにペットボトル入りの緑茶飲料などに使用されている。

おもな輸入《ゆにゅう》相手国《あいてこく》

- 中国《ちゅうごく》
- ブラジル
- ベトナム

小麦

自給率《じきゅうりつ》 14%

うどんの原料になる小麦粉は、小麦を加工したもの。小麦（小麦粉をふくむ）は、80%以上が輸《ゆ》入《にゅう》されている。

おもな輸入相手国《ゆにゅうあいてこく》

- アメリカ
- カナダ
- オーストラリア

＊飼料用として輸入されたものがふくまれている。

くだもの

自給率《じきゅうりつ》 40%

くだものは生だけでなく、缶詰《かんづめ》やジュースなどの形で多く輸入《ゆにゅう》されている。

おもな輸入相手国《ゆにゅうあいてこく》

- アメリカ
- フィリピン
- 中国《ちゅうごく》

＊缶詰などの輸入品は、生の状態での重さに換算して計算している。

牛肉

自給率《じきゅうりつ》 44%

輸入肉《ゆにゅうにく》の割合《わりあい》は約56%をしめる。おもにアメリカから輸入《ゆにゅう》されていたが、アメリカでBSE《ビーエスイー》（牛海綿状《うしかいめんじょう》脳症《のうしょう》）に感染《かんせん》した牛が確認《かくにん》された2003年12月以降《いこう》、2006年7月までアメリカとカナダからの輸入《ゆにゅう》が禁止《きんし》されていた。

おもな輸入相手国《ゆにゅうあいてこく》

- オーストラリア
- ニュージーランド
- メキシコ

＊日本の食料自給率は、食品がもつ熱量（カロリー）から計算したデータ。品目別の自給率は、各品目の生産量の重量から計算したデータ。

2004年の統計：「食料需給表」（農林水産省）より

農業・食料
なんでもランキング

農業のようすや農産物の生産量などは、都道府県によってことなっています。これらの特色を、データを通して見てみましょう。

農業ランキング

水田が多い県・少ない県

2006年の統計：「平成18年耕地面積」（農林水産省）より

北海道《ほっかいどう》は畑だけでなく水田の面積も一番なんだね。沖縄《おきなわ》県は水源《すいげん》が少ないから水田が少ないんだ。

■水田が多い県

1位 北海道《ほっかいどう》
22万6800ha

2位 新潟《にいがた》県
15万7100ha

3位 秋田《あきた》県
13万1400ha

4位 宮城《みやぎ》県
11万1300ha

5位 福島《ふくしま》県
10万6900ha

■水田が少ない県

1位 東京《とうきょう》都
314ha

2位 沖縄《おきなわ》県
874ha

3位 神奈川《かながわ》県
4240ha

4位 山梨《やまなし》県
8770ha

5位 大阪《おおさか》府
1万700ha

農家1戸あたりの耕地面積《こうちめんせき》の広い県・せまい県

■耕地面積《こうちめんせき》の広い県

1位 北海道《ほっかいどう》

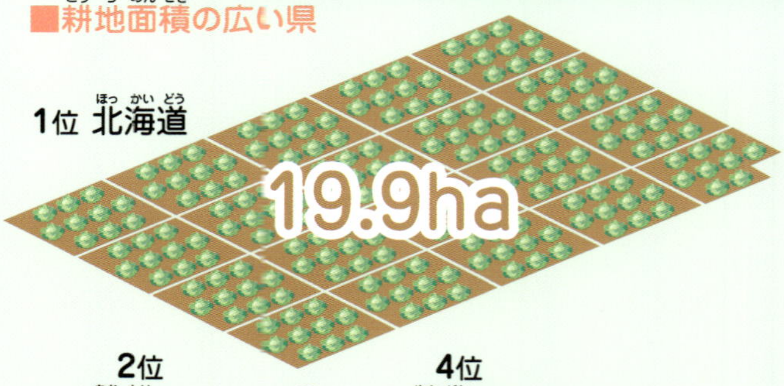

19.9ha

2位 青森《あおもり》県

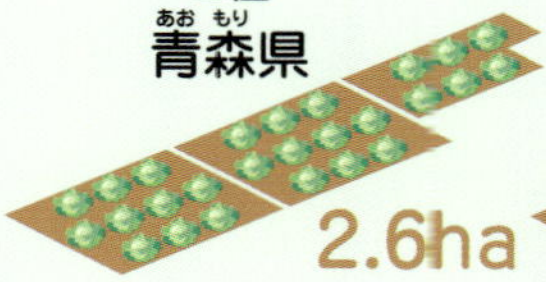

2.6ha

4位 山形《やまがた》県

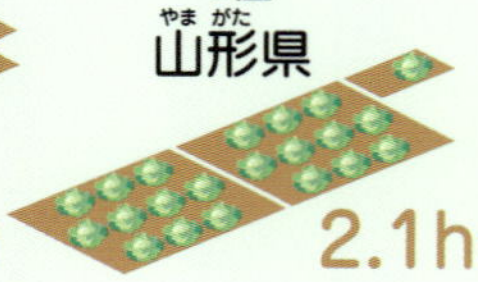

2.1ha

3位 秋田《あきた》県

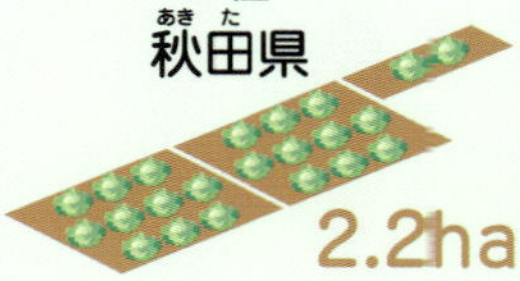

2.2ha

5位 岩手《いわて》県

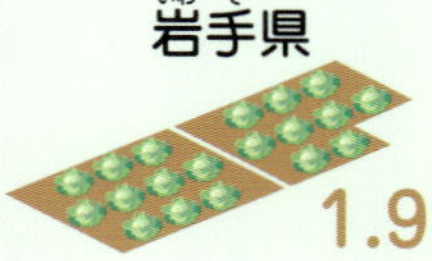

1.9ha

■耕地面積《こうちめんせき》のせまい県

1位 大阪《おおさか》府
0.5ha

2位 東京《とうきょう》都
0.6ha

3位 神奈川《かながわ》県
0.7ha

4位 香川《かがわ》県
0.7ha

5位 岐阜《ぎふ》県
0.8ha

北海道《ほっかいどう》・東北《とうほく》は全体的に耕地面積《こうちめんせき》が広いけど、なかでも北海道《ほっかいどう》は飛びぬけているね。

＊農家の戸数は、販売を目的としない自給的農家もふくむ。

資料：「2005年農林業センサス農林業経営体調査」及び「2005年農林業センサス農山村地域調査」（農林水産省）より

人口1000人あたりの農家が多い県・少ない県

■農家が多い県

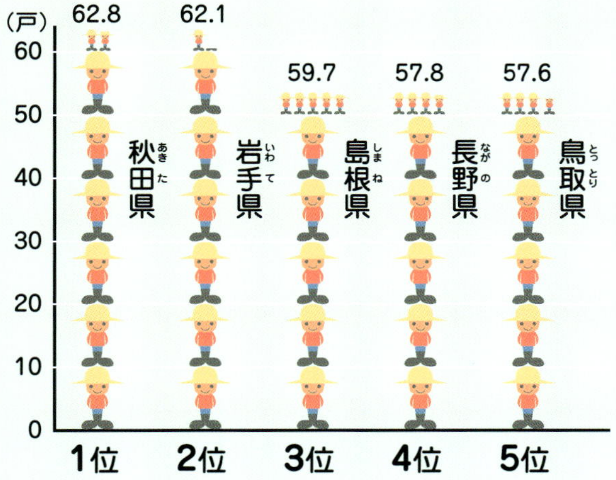

■農家が少ない県

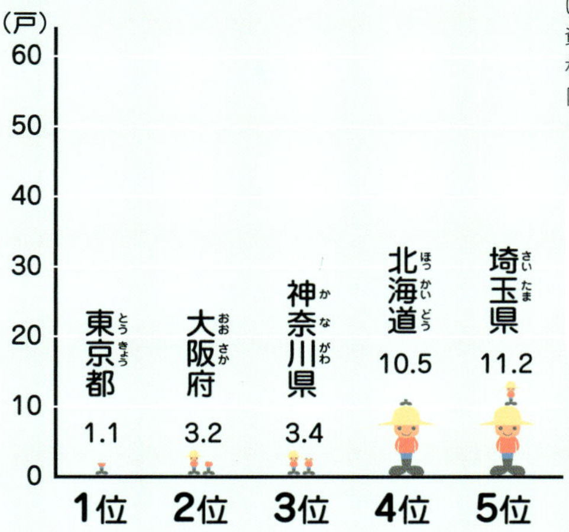

＊農家の戸数は、販売を目的としない自給的農家もふくむ。
資料：「2005年農林業センサス　農林業経営体調査」（農林水産省）及び「平成17年国勢調査」（総務省）より

農産物の売り上げが多い県・少ない県

■農産物の売り上げが多い県

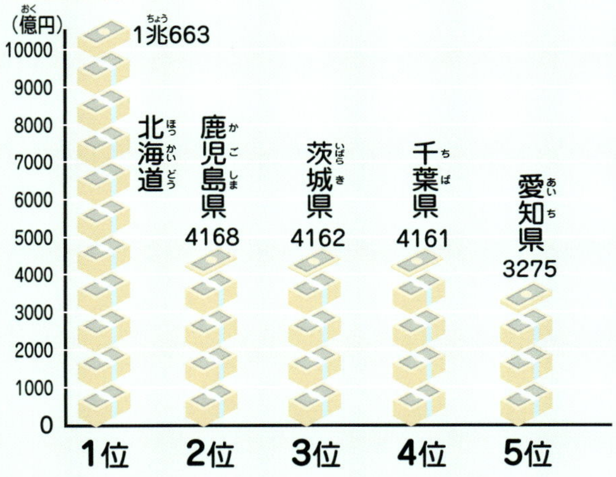

■農産物の売り上げが少ない県

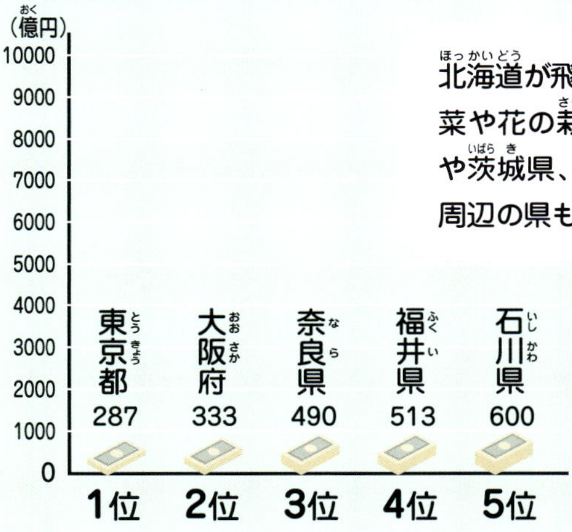

＊年間の農業産出額による比較。2005年の統計：「農業産出額」（農林水産省）より

1戸あたりの農家の収入《しゅうにゅう》が多い県・少ない県

■農家の収入《しゅうにゅう》が多い県

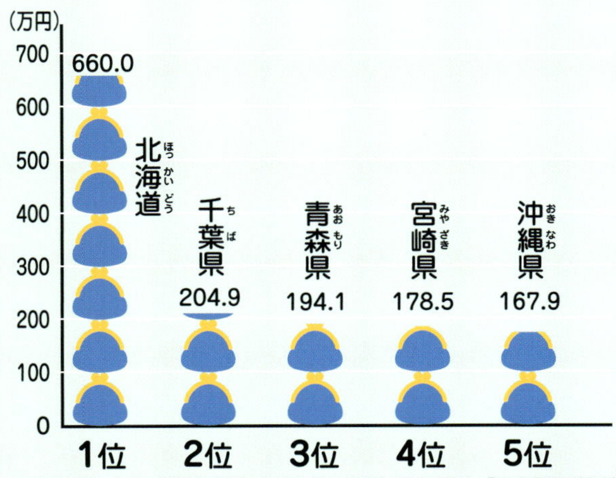

■農家の収入《しゅうにゅう》が少ない県

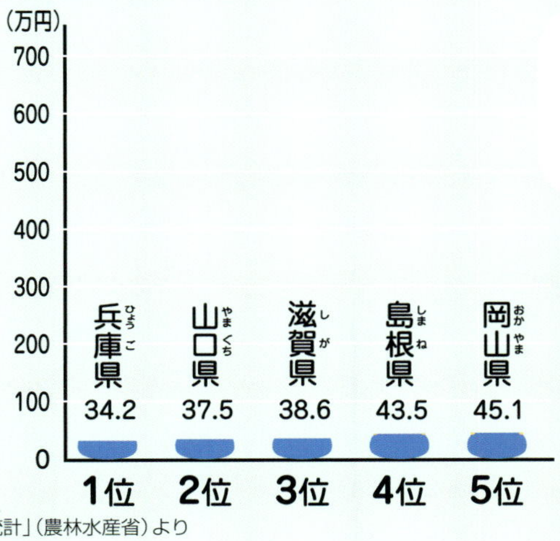

＊農家1戸あたりの農業所得による比較。2004年の統計：「生産農業所得統計」（農林水産省）より

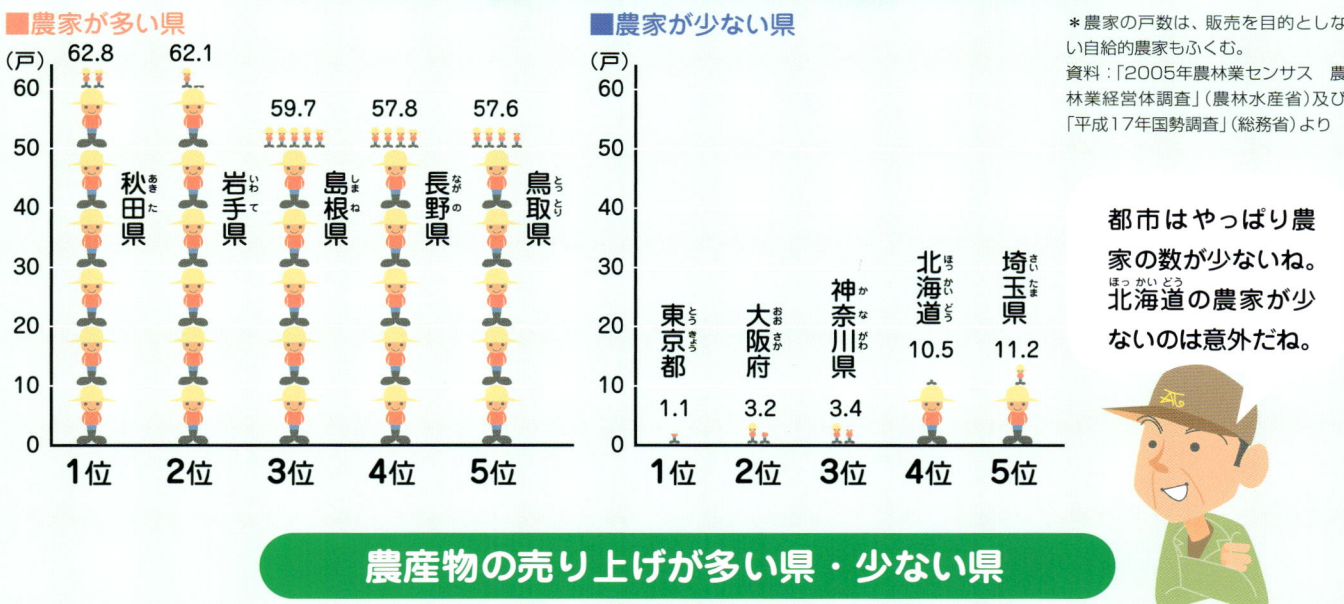

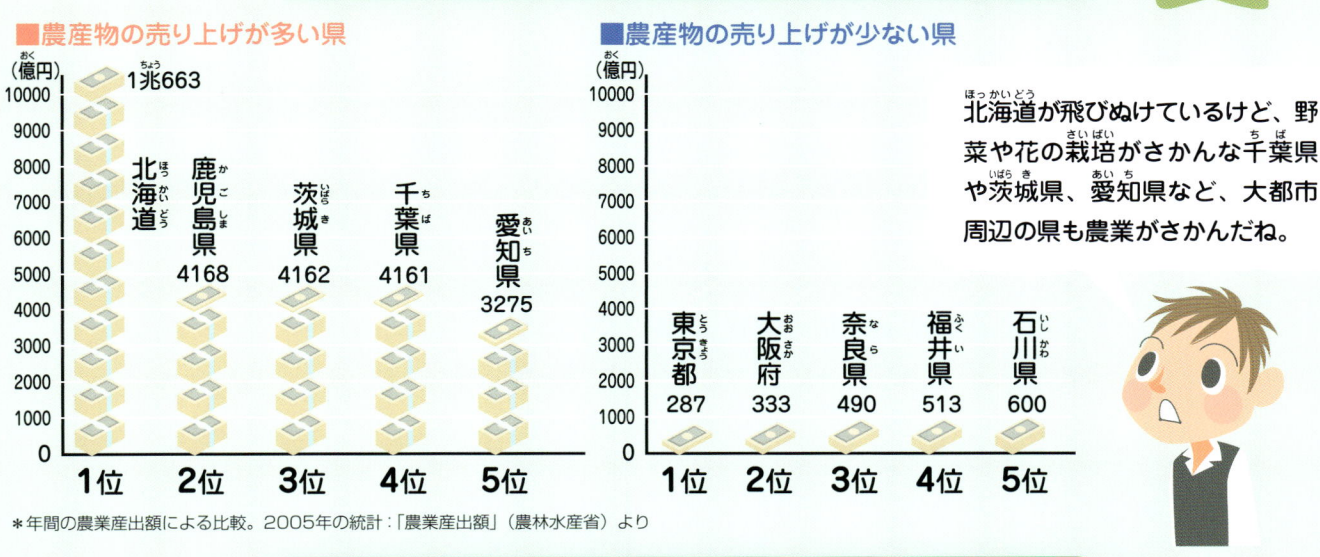

食料ランキング

農産物の1世帯あたりの年間購入量《こうにゅうりょう》を通して、地域《ちいき》によって食べ物の消費にどのような傾向《けいこう》があるのか見てみましょう。

米

(kg)

ベスト10	
新潟市《にいがた》	110.8
福井市《ふくい》	109.2
富山市《とやま》	108.8
徳島市《とくしま》	108.6
佐賀市《さが》	106.8
福島市《ふくしま》	103.4
北九州市《きたきゅうしゅう》	102.4
静岡市《しずおか》	100.0
青森市《あおもり》	98.2
盛岡市《もりおか》	95.3

米は東北《とうほく》から北陸《ほくりく》にかけての地域《ちいき》と、北九州《きたきゅうしゅう》での消費量が多いね。

豚肉《ぶたにく》

(kg)

ベスト10	
青森市《あおもり》	21.1
静岡市《しずおか》	20.8
秋田市《あきた》	20.4
川崎市《かわさき》	20.1
札幌市《さっぽろ》	19.8
仙台市《せんだい》	19.7
甲府市《こうふ》	19.6
那覇市《なは》	19.4
横浜市《よこはま》	19.2
新潟市《にいがた》	19.2

肉の消費傾向分布《けいこうぶんぷ》マップ

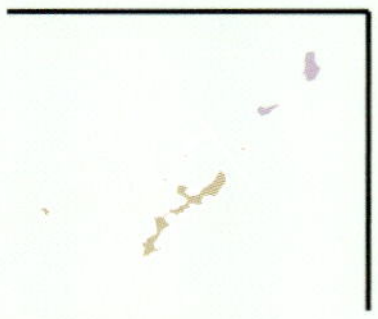

豚肉《ぶたにく》はおもに東北《とうほく》で、牛肉はおもに西日本で、鳥肉は圧倒的《あっとうてき》に九州《きゅうしゅう》で食べられているんだね。

牛肉

(kg)

ベスト10	
広島市《ひろしま》	11.6
北九州市《きたきゅうしゅう》	11.5
京都市《きょうと》	11.2
徳島市《とくしま》	11.0
奈良市《なら》	10.8
大阪市《おおさか》	10.6
和歌山市《わかやま》	10.5
松山市《まつやま》	10.3
神戸市《こうべ》	10.3
大津市《おおつ》	10.1

鳥肉

(kg)

ベスト10	
北九州市《きたきゅうしゅう》	17.5
大分市《おおいた》	16.3
福岡市《ふくおか》	15.9
熊本市《くまもと》	15.8
宮崎市《みやざき》	15.8
鹿児島市《かごしま》	15.6
佐賀市《さが》	15.1
和歌山市《わかやま》	15.0
広島市《ひろしま》	14.1
札幌市《さっぽろ》	13.6

＊各都道府県の主要都市でおこなったもの。
＊消費量の数値は学生の1人ぐらしなどをのぞいた消費世帯の年間購入量をもとに算出。
＊肉の消費に関する地図の色分けはデータに基づきおこない、重複する場合は順位の上のものを優先した。
2005年の統計：「家計調査年報」（総務省）より

りんご

(kg)

ベスト10	
青森市《あおもり》	30.6
長野市《ながの》	30.6
山形市《やまがた》	28.1
福島市《ふくしま》	27.9
秋田市《あきた》	26.7
盛岡市《もりおか》	25.5
仙台市《せんだい》	19.4
松山市《まつやま》	15.4
岐阜市《ぎふ》	15.3
前橋市《まえばし》	15.0

くだものは産地での消費量が比較的《ひかくてき》多いみたいだね。

1章

米・麦・大《だい》豆《ず》・雑《ざっ》穀《こく》

私たちの主食である米をつくる稲作《いなさく》は日本の農業の中心です。
温暖《おんだん》で雨の多い気候を生かして、
各地で稲作《いなさく》がおこなわれています。米だけでなく
稲作《いなさく》と組み合わせて麦や大豆《だいず》、雑穀《ざっこく》も栽培《さいばい》されています。

米の産地

日本は、気候が温暖《おんだん》で、稲作《いなさく》に必要な水が豊《ゆた》かなので、
昔からさかんに米づくりがおこなわれてきました。
今でも、米づくりは日本の農業の中心になっています。

地形を上手《じょうず》に利用した米づくり

日本人は数千年も前から稲《いね》を育て、米を主食としてきました。現在《げんざい》、米はすべての都道府県でつくられ、水田面積は農地全体の約55%（約256万ヘクタール）にもなります（2005年）。

日本は山地が多いため、水田に適《てき》している広い平野はあまりありません。そこで、かぎられた土地を水田として利用するために、昔からさまざまな工夫《くふう》がされてきました。

また、気温や降水量《こうすいりょう》も地方によってちがい、暖《あたた》かい沖縄《おきなわ》県や九州《きゅうしゅう》・四国《しこく》地方では、1年に2回米を収穫《しゅうかく》する「二期《にき》作《さく》」もおこなわれてきました。

都道府県別 米の年間収穫量《しゅうかくりょう》

- 50万トン以上
- 40~50万トン未満
- 30~40万トン未満
- 20~30万トン未満
- 10~20万トン未満
- 10万トン未満

＊収穫量は水稲と陸稲の合計
2005年の統計：「作物統計」
『ポケット農林水産統計平成18年度版』（農林水産省）より

▶山の傾斜地《けいしゃち》では、階段状《かいだんじょう》につくられた「棚田《たなだ》」とよばれる水田が米づくりに利用される。棚田《たなだ》は、水や肥《ひ》料《りょう》が水田にとどまらず流れていくこと、昼と夜の寒暖《かんだん》の差があることから、米の味がよいといわれる（石川《いしかわ》県輪島《わじま》市）。

▲雨が少ない瀬戸内海沿岸《せとないかいえんがん》では、ため池にたくわえた雨水を利用した稲作《いなさく》がおこなわれている。なかでも香川《かがわ》県は讃岐《さぬき》平野を中心にため池が日本で一番多く、県内に約1万6000ある。

▶平野を流れる筑後《ちくご》川がもたらす水の恵《めぐ》みによって、九州《きゅうしゅう》一の穀倉地帯《こくそうちたい》となっており、米づくりがさかん。暖《あたた》かい地域《ちいき》に適《てき》したヒノヒカリ、ユメヒカリという品種が栽培《さいばい》されている。気候が温暖《おんだん》なことから、稲《いね》の裏《うら》作《さく》として麦が栽培《さいばい》されている。

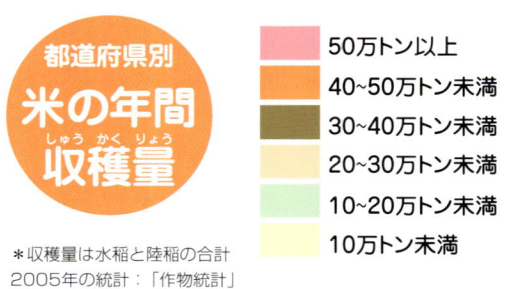

▶北海道《ほっかいどう》の石狩《いしかり》平野をはじめ、山形《やまがた》県の庄内《しょうない》平野や新潟《にいがた》県の新潟《にいがた》平野など、北日本の平野部には、区画整理された水田が広がっている。このような生産地では、大型の機械を使った大規模《だいきぼ》な米づくりがおこなわれている。

▼山地の谷間をぬうようにつくられた新潟《にいがた》県魚沼《うおぬま》市周辺の水田では、おもにコシヒカリという品種の稲《いね》が栽培《さいばい》されている。この地方の米はとくにおいしいので、消費者の人気を集めている。

▲利根《とね》川流域《りゅういき》など、関東一帯《かんとういったい》で米づくりがさかんであったが、都市化が進んで水田の面積が少なくなった。現在《げんざい》も、広い水田があり、利根《とね》川や霞《かすみ》が浦《うら》などの水源《すいげん》に恵《めぐ》まれている茨《いばら》城《き》県などで稲作《いなさく》がさかん。

米の年間収穫量《ねんかんしゅうかくりょう》ベスト10

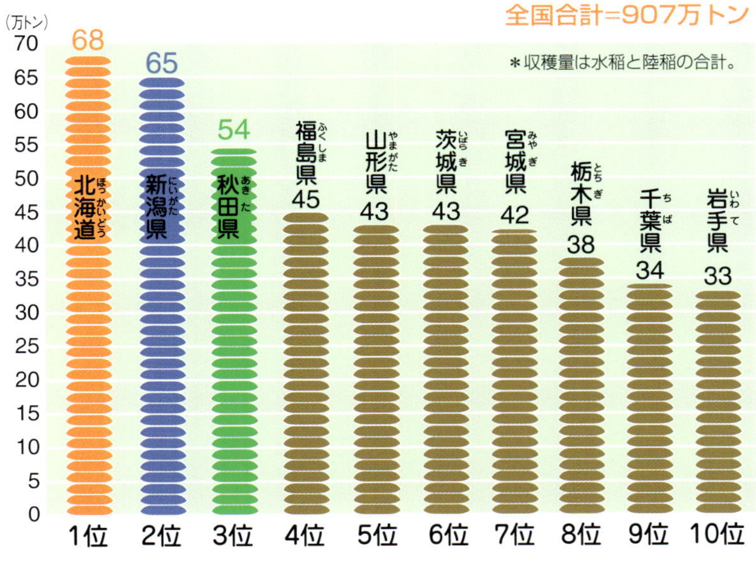

2005年の統計：「作物統計」『ポケット農林水産統計平成18年度版』(農林水産省)より

米づくりの1年

稲作農家《いなさくのうか》は米をつくるためにどのような作業をするのでしょうか。
米づくりには種もみや水田の準備《じゅんび》にはじまって、1年を通してさまざまな作業があります。
ここでは、山形《やまがた》県庄内《しょうない》平野での米づくりを例に見てみましょう。

稲作農家《いなさくのうか》の仕事

私たちが主食として食べている米は、稲《いね》という植物の実です。稲《いね》は1本の苗《なえ》から1000粒《つぶ》以上の実がとれるすぐれた作物です。

日本は南北に長く、地域《ちいき》ごとに気候もちがいますが、品種改良が進んだこともあって、稲《いね》は全国で栽培《さいばい》されています。暖《あたた》かい沖縄《おきなわ》県や九州《きゅうしゅう》南部など1年に2回収穫《しゅうかく》ができる地域《ちいき》もありますが、ほとんどの地域《ちいき》では春に田植《たう》えをし、夏の間稲《いね》を育て、秋に収穫《しゅうかく》をします。

農家は、稲《いね》の生長にあわせて田の水を管理し、雑草《ざっそう》をふせぎ、害虫や病気から稲《いね》を守って育てていきます。

庄内《しょうない》平野での米づくり

庄内《しょうない》平野は山形《やまがた》県の日本海に面した平野で、米の産地としてよく知られています。庄内《しょうない》平野の田の広さは全部で約3万9000ヘクタールで、東京《とうきょう》ドームが8300個入るくらいの広さです。現在《げんざい》は、米の生産量を調整するために、このうち2万8000ヘクタールほどを使って米がつくられています。

近くには最上《もがみ》川が流れ、きれいに区画整理された水田が広がっています。庄内《しょうない》平野は雪が多く、日本海からの風にのって砂《すな》が運ばれてくる水はけの悪い土地でした。しかし、江戸《えど》時代に排水路《はいすいろ》をつくってよぶんな水をぬき、海岸に松を植えて飛んでくる砂《すな》をふせぎ、広大な水田をつくりました。山から流れる雪どけ水は、庄内《しょうない》平野の水田をうるおし、現在《げんざい》は「はえぬき」という品種の米をおもにつくっています。

米づくりカレンダー

山形《やまがた》県庄内《しょうない》平野の例

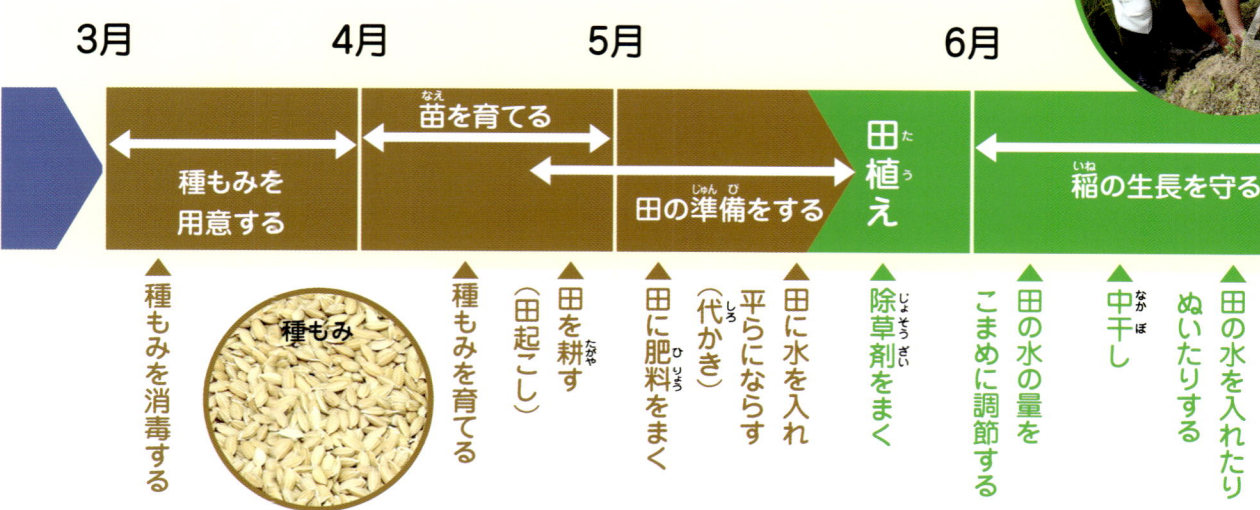

3月　4月　5月　6月

- 種もみを用意する
- 苗《なえ》を育てる
- 田の準備《じゅんび》をする
- 田植《たう》え
- 稲《いね》の生長を守る

▲種もみを消毒する

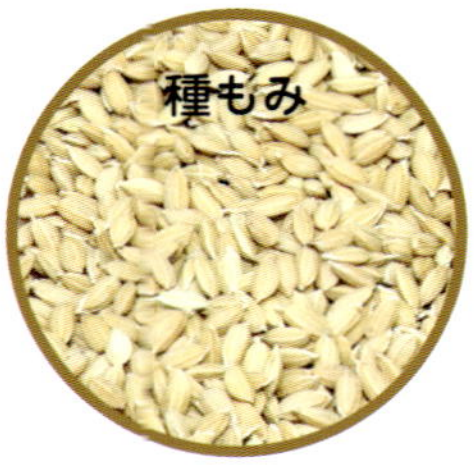

▲種もみを育てる

▲田を耕《たがや》す（田起こし）

▲田に肥料《ひりょう》をまく

▲田に水を入れ平らにならす（代《しろ》かき）

▲除草剤《じょそうざい》をまく

▲田の水の量をこまめに調節する

▲中干《なかぼ》し

▲田の水を入れたりぬいたりする

整然とした水田が広がる庄内《しょうない》平野。大規模《だいきぼ》な稲作《いなさく》がおこなわれている。

庄内《しょうない》平野の米づくりの1年

3月 種もみを用意する

米づくりは稲《いね》の種となる種もみを準備《じゅんび》することからはじまります。種もみは稲《いね》の品種ごとに分けられており、JA《ジェーエー》(農業協同組合)の種子センターから農家が買います。また、農家によっては前の年にとれたもみの一部を自分で保管《ほかん》しておき、種もみとして使うこともあります。その場合、塩《えん》水選《すいせん》という方法で質《しつ》のよいもみだけを選びだして使います。用意した種もみは消毒しておきます。

◀塩水選《えんすいせん》のようす。塩水に浮《う》かぶ種もみは中身がつまっていない、品質《ひんしつ》の悪いものなので使わない。しずんだ種もみを使う。

▶よい苗《なえ》は太くて背《せ》が低く(左)、悪い苗《なえ》は細くてひょろりと高くのびている(右)。

4月 苗《なえ》を育てる

種もみは、そのまま田にまくと、鳥に食べられたり、芽が出ないことがあるので、湯につけて芽を出させます。これを芽出《めだ》しといいます。芽出《めだ》しをした種もみは、苗《なえ》を育てるための育苗箱《いくびょうばこ》にまきます。肥料《ひりょう》をまぜて消毒した土の上にまいて、その上にうすく土をかぶせて、育苗箱《いくびょうばこ》をビニールハウスに並《なら》べます。

苗《なえ》は水や栄養分の吸収《きゅうしゅう》がさかんなので、じょうぶに育つように水や肥料《ひりょう》をあたえます。苗《なえ》のよしあしはその後の稲《いね》の生育に大きく影響《えいきょう》します。病気にかかってしまった苗《なえ》があれば、取りのぞきます。

7月

▲病害虫から稲《いね》を守るため農薬をまく

8月

▲田の水を深くする

9月

▲田から水をぬく

10月

収穫《しゅうかく》 稲《いね》の刈《か》り取《と》り ▶ 脱穀《だっこく》 ▶ 乾燥《かんそう》 ▶ 出荷

収穫《しゅうかく》

出荷

11月～2月

農閑期《のうかんき》

次の年の準備《じゅんび》

▲農作業のない農閑期《のうかんき》に土の栄養分をおぎなうため、肥料《ひりょう》を入れる

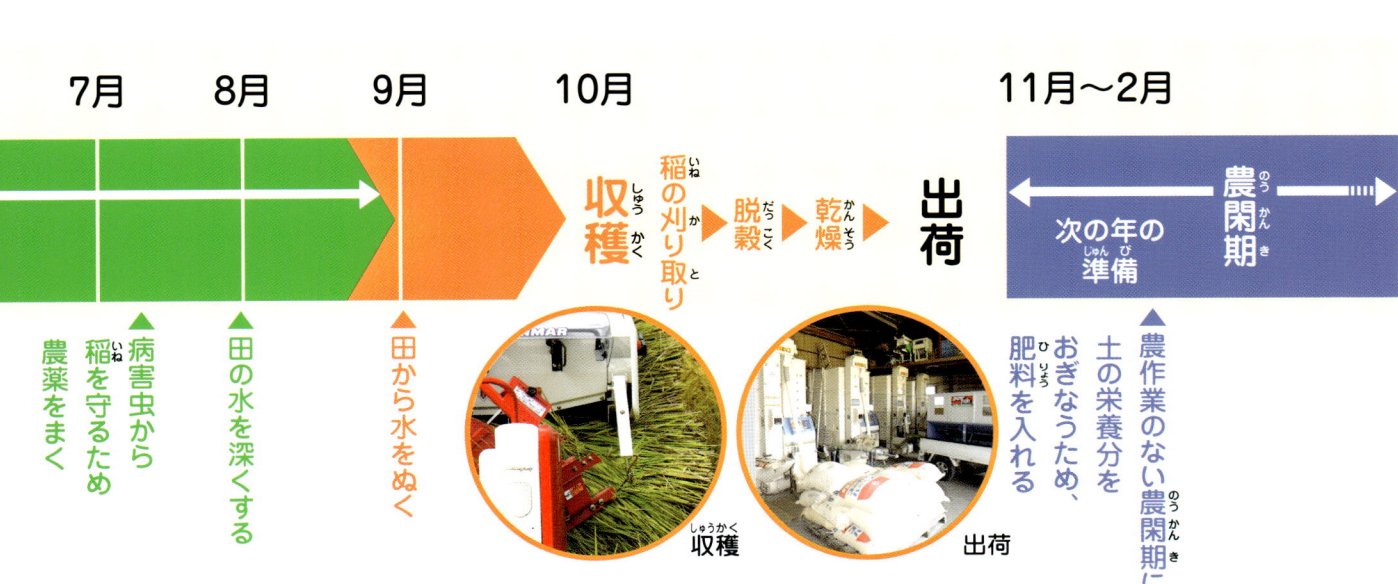

4~5月 田の準《じゅん》備《び》をする

苗《なえ》を育てている間に、田では土づくりをします。冬の間使っていなかった田は土が固くなり、稲《いね》が育ちにくくなっています。そこで、土を掘《ほ》りかえしてやわらかくする田起こしをします。トラクターという機械で土を15cmくらいの深さまで掘《ほ》り起こします。こうすることで、雑草《ざっそう》を土の中へうめると同時に、土の中に酸素《さんそ》を入れます。また、このときに、肥料《ひりょう》をまいて土に栄養分をおぎなっておきます。

◀固くなった田の土をトラクターで掘《ほ》りかえす。機械がなかったころは馬の力を借りて、1日に20アールくらいしか掘《ほ》りかえせなかったが、現在《げんざい》は1日に約10倍の2ヘクタールの田起こしができる。

5月 代《しろ》かき～田植《たう》え

田起こしが終わったら、田に水を引き入れます。水を入れた田の土をトラクターで平らにして、水の深さをそろえる代《しろ》かきをします。

代《しろ》かきが終わったらいよいよ田植《たう》えです。高さが12cm程度《ていど》に育った育苗箱《いくびょうばこ》の苗《なえ》を田植《たう》え機《き》にセットして、1㎡に20株《かぶ》くらいずつ苗《なえ》を植えていきます。昔は手で一つひとつ苗《なえ》を植えていたので、1人で植えられるのは1日に10アールくらいでした。現在《げんざい》の庄内《しょうない》平野では、田植《たう》え機《き》を使いやすいように区画整理がされているので、1日に約20倍の2ヘクタールの田植《たう》えができます。

◀代《しろ》かきをすると田の土と水が混《ま》ざる。土がやわらかくなり、田植《たう》えの準備《じゅんび》ができる。

▶田植《たう》え機《き》の後ろに積《つ》まれているのが育苗箱《いくびょうばこ》の苗《なえ》。苗《なえ》がなくなったら、次の育苗箱《いくびょうばこ》をのせ補充《ほじゅう》する。苗《なえ》は5～6本まとめてひと株《かぶ》として植えつける。

稲《いね》を守る水

稲《いね》の生長と水の管理

水田の水は、稲《いね》にとってさまざまな役割《やくわり》があります。まず、田に水を引き入れると、水が栄養分を運んできます。また、水は空気よりも温度が変わりにくいので、寒いときにも温度が急に下がらず、稲《いね》を寒さから守ることができます。さらに、水があることで土が空気にふれず、雑草《ざっそう》が生えにくくなります。

植えつけた苗《なえ》は、根がのびて、しっかりと根づくまで5日から1週間程度《ていど》かかります。この間は、苗《なえ》を風や寒さから守るため、水の深さを5cmくらいにしておきます。その後は、昼間は水を浅くして水が温まるように、夜間は水を深くして気温の低下から苗《なえ》を守るように、水の量を調節します。

6月の中《なか》ごろには10日くらい田の水を完全にぬいて、土を乾《かわ》かすようにします。こうすると土の中にたまったガスがぬけ、稲《いね》の根ののびがよくなります。これを「中干《なかほ》し」といいます。

中干《なかほ》しの後には、2日間水をぬいて3日間水を入れることをくり返し、水と土の温度が上がりすぎないようにします。水をぬくことで土が直接《ちょくせつ》空気にふれ、稲《いね》の根に酸素《さんそ》が送られます。

稲《いね》が穂《ほ》をつける8月の初めごろは気温が低いと稲穂《いなほ》の実りが少なくなってしまうので、田の水を15cmくらいに深くし、稲《いね》を守ります。9月の初めごろに穂《ほ》が色づいてくると水をぬき、コンバインなどの機械が入れるように田を乾《かわ》かします。

◀用水路からポンプで水を入れている。庄内《しょうない》平野では田のまわりだけでなく、田の下にもパイプがうめられ、水田の水の管理をしている。

6~8月 稲《いね》の生長を守る

稲《いね》が育つと同時に、雑草《ざっそう》も生えてきます。雑草《ざっそう》はほうっておくと土の栄養分をとってしまい、稲《いね》の生長をさまたげます。そのため、雑草《ざっそう》を生長させないように除草剤《じょそうざい》をまいたり、手や道具で取りのぞきます。

稲《いね》の葉や茎《くき》を食べる害虫もやってきます。ウンカなどの害虫は稲《いね》の葉から養分を吸《す》いとって枯《か》らしたり、茎《くき》や葉を食べたりします。稲《いね》を守るためには、害虫に強い稲《いね》を選んで植えたり、早めに害虫を発見して農薬をまきます。

また、稲《いね》が病気にかかることもあります。気温が低いときや、土の中の栄養分が不足したりかたよったりすると発生しやすくなります。稲《いね》をよく観察し、病気が発生しそうであれば、最小限《さいしょうげん》の農薬をまいてふせぎます。

9~10月 収穫《しゅうかく》~出荷

稲穂《いなほ》が黄色く色づき、その重みで垂《た》れてくると収穫《しゅうかく》です。庄内《しょうない》平野の区画整理された大規模《だいきぼ》な水田では、収穫《しゅうかく》にコンバインという機械を使います。コンバインは刈《か》り取《と》りと稲《いな》穂《ほ》からもみを分け取る脱穀《だっこく》を同時におこなうことができます。小規模《しょうきぼ》な水田ではバインダーという機械で稲《いね》を刈《か》り取《と》り、稲穂《いなほ》を日光で20日くらい乾燥《かんそう》させてから脱穀《だっこく》します。

収穫《しゅうかく》したもみは、カントリーエレベーターという乾燥《かんそう》と貯蔵《ちょぞう》のための施設《しせつ》に運ばれます。ここでもみを乾燥《かんそう》させ、カビが生えたり、いたんだりしないようにしてから保存《ほぞん》しておきます。そして、必要に応《おう》じて、もみから殻《から》をはずす「もみすり」をして玄米《げんまい》にし、袋《ふくろ》づめにして小売店へ出荷します。

◀散布機《さんぷき》で農薬をまく。

▼セジロウンカは稲《いね》の葉から養分を吸《す》いとって枯《か》らしてしまう。

◀葉《は》いもち病《びょう》は、稲《いね》の代表的な病気で、穂《ほ》に栄養がいかなくなり、収穫量《しゅうかくりょう》が減《へ》ってしまう。すずしくてじめじめした天候のときに発生しやすい。

▲コンバインを使うと30分で10アール、1日で2ヘクタールの刈《か》り取《と》りができる。手作業では1人が1日かけて5アールくらいしか刈《か》り取《と》れない。

◀庄内《しょうない》平野には29のカントリーエレベーターがある。円柱形のサイロ1本に300~400トンの乾燥《かんそう》させたもみが貯蔵《ちょぞう》されている。

もみから精米《せいまい》まで

収穫《しゅうかく》した稲《いね》のもみは乾燥機《かんそうき》によって水分を取りのぞきます。乾燥《かんそう》させたもみの殻《から》を取りのぞく「もみすり」をしたものを玄米《げんまい》とよびます。玄米《げんまい》はまわりにぬか（種皮など）があるので、私たちが食べる白米にくらべ、味や香《かお》りが長持ちします。脂質《ししつ》をふくんだぬかの層《そう》が米を守るからです。

ぬかをけずり、白米にすることを精米《せいまい》といいます。精米《せいまい》は小売店でおこなうほか、白米の状態《じょうたい》で産地から出荷することもあります。

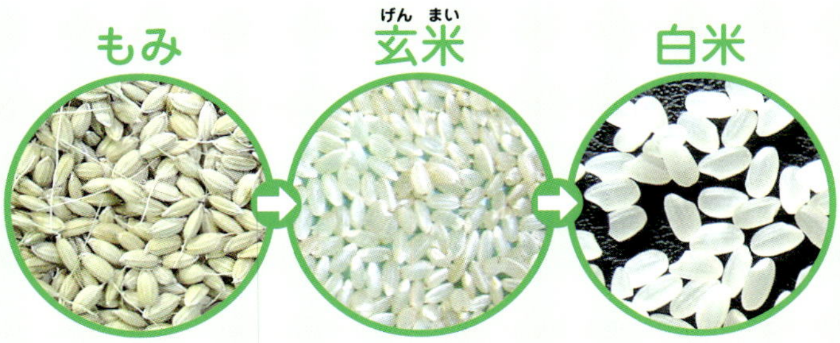

米の品種

私たちが食べている米には多くの品種があり、その育ち方や味などにちがいがあります。
新しい味や特徴《とくちょう》をつくるための「品種改良」によって、
すぐれた性質《せいしつ》をもつさまざまな品種が生みだされてきました。

新しくつくられる品種

作物の異《こと》なる品種どうしをかけ合わせ、両方の品種がもつすぐれた性質《せいしつ》をあわせもった新しい品種をつくりだすことを「品種改良」といいます。

稲《いね》の品種改良が本格的《ほんかくてき》にはじまったのは明治《めいじ》時代からで、昭和《しょうわ》30年代ころまでは、おもに収穫量《しゅうかくりょう》を多くする目的で改良されてきました。その結果、「農林《のうりん》1号《ごう》」などの収穫量《しゅうかくりょう》の多い品種が誕生《たんじょう》しました。

その後、人々の生活が少しずつ豊《ゆた》かになってくると、品種改良の目的が、味のよい米をつくることに変わりはじめました。そのような時代の変化のなかで誕生《たんじょう》したのが「コシヒカリ」という品種です。

ねばりがありやわらかいコシヒカリは、おいしい米として人気を集めると同時に、「親品種」としてさまざまな品種を生みだしています。

現在《げんざい》、日本ではコシヒカリのほか、「ササニシキ」「あきたこまち」「ひとめぼれ」「はえぬき」など、さまざまな品種がありますが、全国で栽培《さいばい》されている品種の約7割《わり》は、コシヒカリをもとに品種改良されたものです。

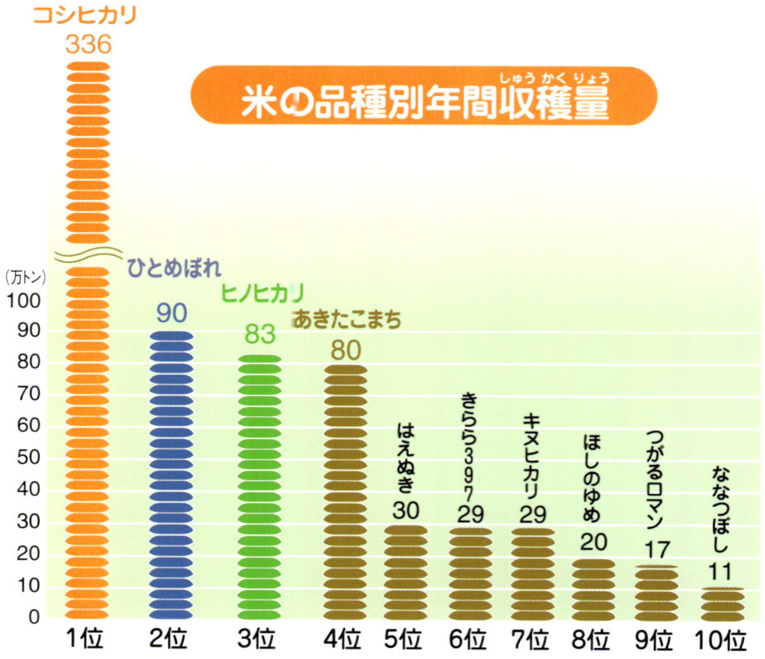

2005年の統計：「水稲の主要品種別収穫量」『ポケット農林水産統計平成18年度版』（農林水産省）より

▶コシヒカリのなかでもっとも人気があり、高い値段《ねだん》がつく新潟《にいがた》県魚沼《うおぬま》産のコシヒカリ。

コシヒカリ系《けい》のさまざまな品種

現在《げんざい》、おいしい米として人気がある「あきたこまち」「ひとめぼれ」「はえぬき」などの品種も、コシヒカリを改良して生まれた。

品種名の下の年数は品種として登録《とうろく》された年。

＝コシヒカリ系《けい》

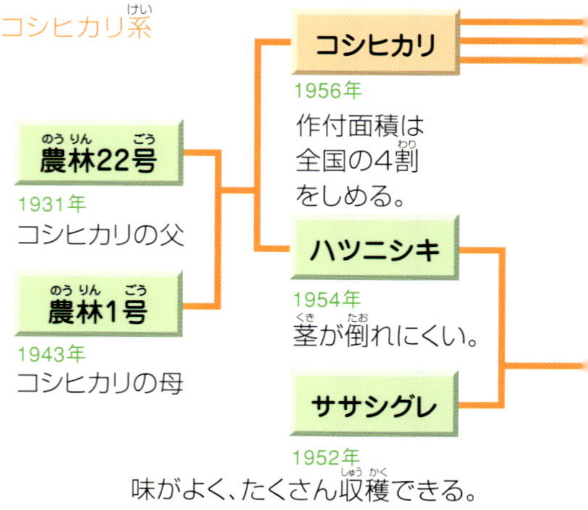

品種改良の方法

多くの作物の品種改良は「交雑育種法《こうざついくしゅほう》」という方法でおこなわれています。これは、ある性質《せいしつ》をもつ品種の作物のめしべに、別の性質《せいしつ》をもつ品種の花粉をつけて交配《こうはい》し、できた実を採取《さいしゅ》して栽培《さいばい》。そのなかから両方の性質《せいしつ》をあわせもった実を選んで、交配《こうはい》をくり返して新しい品種をつくっていくというものです。現在《げんざい》、稲《いね》の品種改良も、おもにこの方法でおこなわれています。しかし、稲《いね》の性質《せいしつ》が安定するまでには10〜15年かかり、その間くり返して栽培《さいばい》しなければなりません。

このほか、放射線《ほうしゃせん》や化学薬品を使って突然変異《とつぜんへんい》をつくりだす「突然変異育種法《とつぜんへんいいくしゅほう》」、おしべの先にある花粉の入ったふくろ(葯《やく》)を取りだし、培養《ばいよう》し育てる「葯培養法《やくばいようほう》」などもおこなわれています。

また、最近では遺伝子《いでんし》を組みかえて新しい品種をつくりだす「遺伝子組《いでんしく》みかえ」の技術《ぎじゅつ》も研究されています（178ページ参照）。

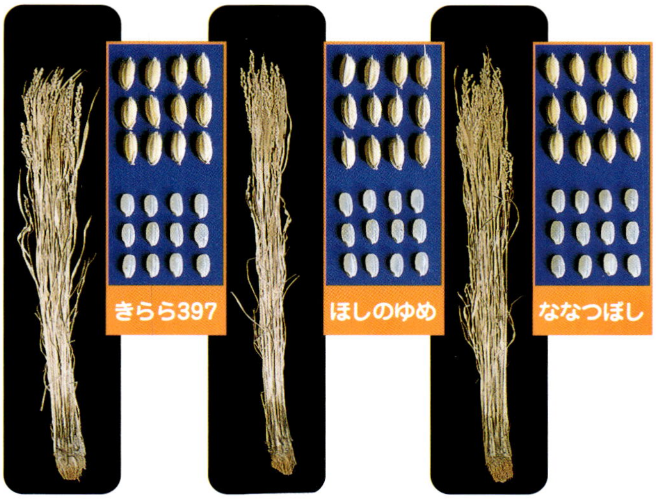

▲北海道《ほっかいどう》で栽培《さいばい》される米の品種。寒さのために本州の品種が育ちにくい北海道《ほっかいどう》では、1988年に寒さに強くおいしい「きらら397」が開発され、その後「きらら397」を改良し、さらに寒さに強く味のよい「ほしのゆめ」「ななつぼし」が誕生《たんじょう》した。

効《こう》率《りつ》化《か》が進んだ稲《いな》作《さく》

たくさんの手間がかかる米づくりを少しでも効率《こうりつ》よくおこなうために、これまで多くの研究がおこなわれ、新しい技術《ぎじゅつ》が生まれてきました。農業機械、農薬や化学肥料《かがくひりょう》の普及《ふきゅう》、灌漑技術《かんがいぎじゅつ》の発達により稲作《いなさく》は大きく進歩しました。

農業機械による効率化《こうりつか》

米づくりには、さまざまな作業があります。春には苗《なえ》をつくりながら田を整備《せいび》して水をはり、田《た》植《う》えをします。夏には雑草《ざっそう》を取ったり、水を入れかえたりしながら稲《いね》の生長を助けます。秋の刈《か》り取《と》りや脱《だっ》穀《こく》も重労働です。昔は、これらの作業を家族全員が協力しておこないました。近所に住む人々どうしでお互《たが》いに助け合いながら田《た》植《う》えや刈《か》り取《と》りなどをしました。

しかし、最近はさまざまな作業に農業機械が使われ、効率《こうりつ》のよい米づくりができるようになりました。日本の稲作農家《いなさくのうか》が米づくりにかかる時間は、40年前にくらべると5分の1以下にまで減《へ》っています。

▲1965年ごろに開発されたコンバインは収穫《しゅうかく》の効率《こうりつ》をいっきに高めた。現在《げんざい》、全国に約100万台が普及《ふきゅう》している。

稲作農家《いなさくのうか》の労働時間の移《うつ》り変《か》わり

（10アールあたり）

米づくりのそれぞれの段階《だんかい》で専用《せんよう》の農業機械が使われるようになり、作業時間は大《おお》はばに減《へ》った。その結果、全体の労働時間は、40年前の5分の1以下にまで減《へ》っている。

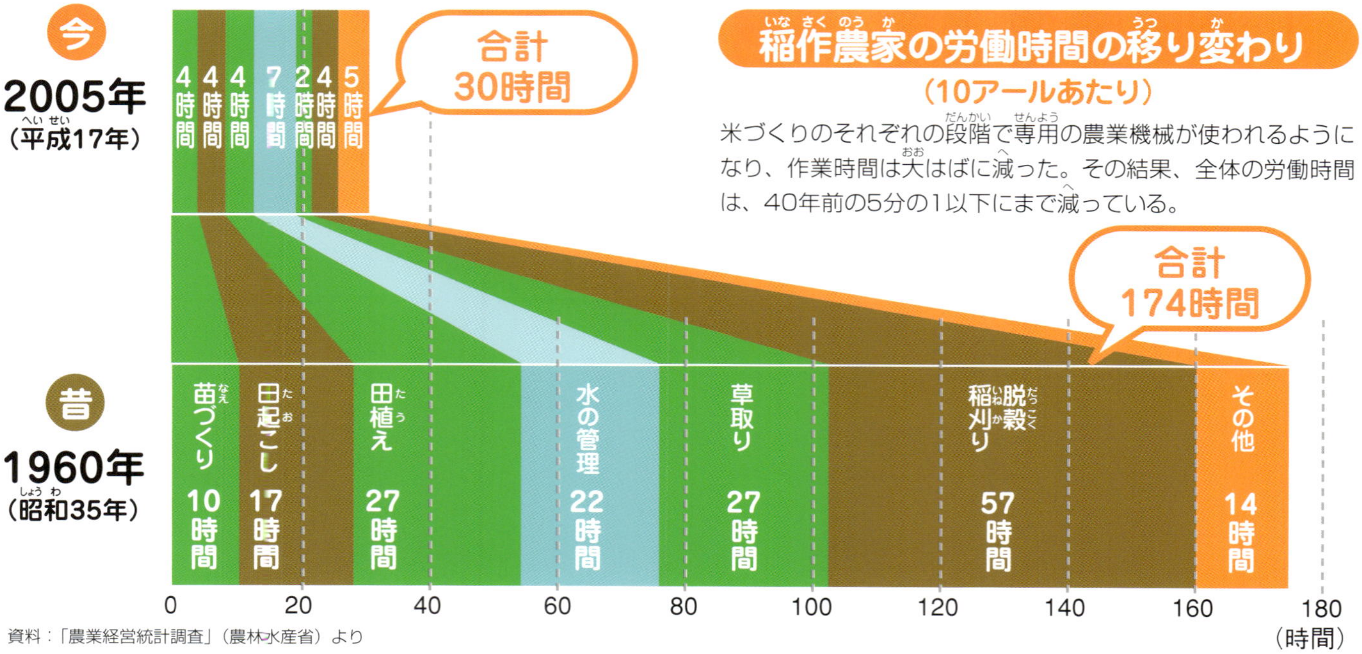

資料：「農業経営統計調査」（農林水産省）より

水田の整備《せいび》

かつて日本の水田は、小さなものや形の不規則《ふきそく》なものが少なくありませんでした。このような水田では、大型の農業機械を使うことができません。そこで、水田の形や道路、用水路などの設備《せつび》を整える基《き》盤整備《ばんせいび》が、1950年代ごろから多くの市町村でおこなわれました。

その結果、農業機械による効率《こうりつ》のよい米づくりができるようになり、農家の労働時間が減《へ》り、米の収《しゅう》穫量《かくりょう》が増《ふ》えました。

基盤整備《きばんせいび》による米づくりの効率化《こうりつか》は、今も各地でおこなわれています。

水田の基盤整備《きばんせいび》

小さくて形が不規則《ふきそく》な水田では、農業機械が使えないため、効率《こうりつ》よく作業をおこなうことができない。

水田を平らにし、ひとつの区画を広げ、あぜ道をコンクリート道路にすることによって、大型の農業機械が利用できるようになった。

農薬による害虫と雑草《ざっそう》の駆除《くじょ》

稲《いね》にとって有害な虫や雑草《ざっそう》などをおさえる薬品を「農薬」といいます。農薬は、1950年代ごろからさかんに使われるようになり、米の収穫量《しゅうかくりょう》を高めるためにも大きな役割《やくわり》を果たしました。

しかし、農薬は生き物を殺す「毒物」なので、使いすぎたり、使い方をまちがえると、その作物を食べた人や動物、水田のまわりの環境《かんきょう》が被害《ひがい》を受ける危険性《きけんせい》があります。そのため、最近では農薬の量をできるだけ減《へ》らしたり、使わないようにする米づくりがおこなわれるようになっています。

灌漑《かんがい》技術《ぎじゅつ》の進歩

農地の作物に水をあたえることを「灌漑《かんがい》」といいます。昔は、用水路をつくる技術《ぎじゅつ》が未熟《みじゅく》だったため、遠くはなれた川や池から水田に水を運ぶことはとてもむずかしいことでした。しかし、今では用水路を整備《せいび》する技術《ぎじゅつ》が進歩し、ポンプなどにより水量を調節して、灌漑《かんがい》を効率《こうりつ》よくおこなうことができるようになっています。

また、最近では地下に灌漑用《かんがいよう》のパイプを通し、水《すい》位制御器《いせいぎょき》で水量を細かく調節できる設備《せつび》も登場しています。

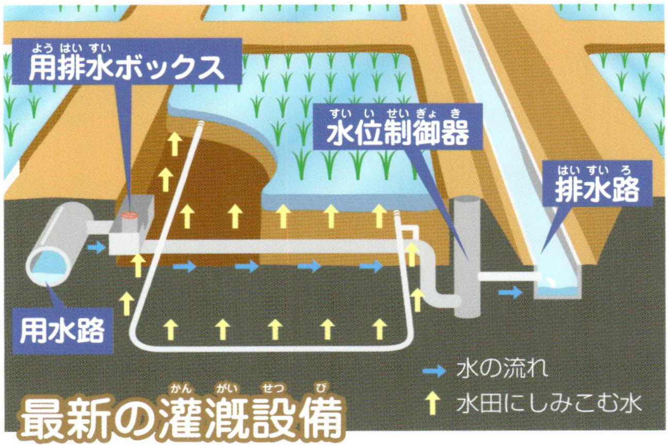

水田の地下に、穴のあいたパイプがうめこまれていて、その中を水が通る。水位制御器《すいいせいぎょき》により、水が少なくなると水田に水が補充《ほじゅう》され、水が多いときは排水路《はいすいろ》に水が排出《はいしゅつ》される。

化学肥料《かがくひりょう》の登場

作物の生長に必要な栄養素《えいようそ》を化学的に合成してつくる肥料《ひりょう》を「化学肥料《かがくひりょう》」といいます。1950年代以前は、人や家畜《かちく》の糞尿《ふんにょう》、落ち葉などから堆肥《たいひ》をつくり、肥料《ひりょう》にしていました。安くて効果《こうか》の高い化学肥料《かがくひりょう》の登場で、農家《のうか》は少ない手間で簡単《かんたん》に土の栄養素《えいようそ》をおぎなうことができるようになりました。

しかし、化学肥料《かがくひりょう》を長い間使っていると、土の中の有機物を分解《ぶんかい》して栄養素《えいようそ》をつくりだす生き物が少なくなり、稲《いね》の生長が悪くなるなどの問題が起こります。そのため、最近では化学肥料《かがくひりょう》にたよらず、堆《たい》肥《ひ》など自然の肥料《ひりょう》を利用して稲《いね》を育てる「有機《ゆうき》農法」が増《ふ》えています。

麦・大豆《だいず》・そばの産地

米以外にも、日本各地で気候や地形に合わせて、さまざまな穀物《こくもつ》がつくられています。穀物《こくもつ》には、麦、とうもろこしなどイネ科の作物のほか、豆類やそばなどをふくむこともあります。どこで、どのような穀物《こくもつ》がつくられているのか、見てみましょう。

北海道《ほっかいどう》で収穫量《しゅうかくりょう》が多い麦類

　麦は、小麦、大麦、ライ麦、えん麦《ばく》などのイネ科の作物で、世界中でもっとも多く生産されている穀物《こくもつ》です。

　日本では、小麦と３種類の大麦（六条大麦《ろくじょうおおむぎ》、二条大麦《にじょうおおむぎ》、はだか麦）をまとめて四麦《よんばく》とよんでいます。

　四麦《よんばく》のうち、もっとも多く栽培《さいばい》されている小麦は、日本全国でつくられていますが、広い農地をもつ北海道《ほっかいどう》が国内生産の60％以上をしめています。福岡《ふくおか》県や佐賀《さが》県などの九州《きゅうしゅう》北部、群馬《ぐんま》県や埼玉《さいたま》県などの関東《かんとう》地方でも多くつくられています。

　二条大麦《にじょうおおむぎ》は、おもに北関東《きたかんとう》や西日本で、六条大麦《ろくじょうおおむぎ》は東日本で、はだか麦は西日本でつくられていますが、生産量は多くありません。

北海道《ほっかいどう》、東北《とうほく》、九州《きゅうしゅう》北部でとれる大豆《だいず》

　大豆《だいず》は日本全国で栽培《さいばい》されていますが、とくに北海道《ほっかいどう》でさかんで、その収穫量《しゅうかくりょう》は日本全体の20％以上をしめています。そのほか、宮城《みやぎ》県や秋田《あきた》県を中心とする東北《とうほく》地方、福岡《ふくおか》県や佐賀《さが》県を中心とする九州《きゅうしゅう》北部が産地になっています。

　また、皮が黒く、高級品として煮豆《にまめ》などに利用される黒大豆《くろだいず》（丹波黒《たんばぐろ》など）は、北海道《ほっかいどう》のほか岡山《おかやま》県や兵庫《ひょうご》県、滋賀《しが》県などで多くつくられています。

　大豆《だいず》は、米の生産量を調整するために、水田だった土地を利用して稲《いね》以外の作物を栽培《さいばい》する「転作《てんさく》」の主要作物になっています。

やせた土地でも育つそば

　そばは、タデ科の植物で、害虫に強く、生長が早いのでやせた土地でもよく実ります。そのため昔から、ほかの作物があまりとれない地域《ちいき》を中心に栽培《さいばい》されてきました。全国各地でつくられていますが、北海道《ほっかいどう》をはじめ、茨城《いばらき》県、長野《ながの》県、山形《やまがた》県、福島《ふくしま》県などの東日本でさかんです。

▼煮豆《にまめ》の材料として有名な黒大豆《くろだいず》。黒大豆《くろだいず》の生産量は、上位から北海道《ほっかいどう》、岡山《おかやま》県、兵庫《ひょうご》県の順になる（2005年）。

▼福岡《ふくおか》県では、稲《いね》を収穫《しゅうかく》したあとの田を利用して冬に小麦が栽培《さいばい》され、その生産量は北海道《ほっかいどう》についで全国第２位（2005年）。福岡《ふくおか》県では大豆《だいず》や二条大麦《にじょうおおむぎ》の栽培《さいばい》もさかん。

▶愛媛《えひめ》県は、はだか麦の全国一の生産地。はだか麦は寒さにやや弱く、香川《かがわ》県や大分《おおいた》県など、瀬戸内海《せとないかい》に面した温暖《おんだん》で雨の少ない地方で多くつくられる。麦みそに使用。

年間収穫量《しゅうかくりょう》ベスト5

麦類

全国合計=106万2000トン

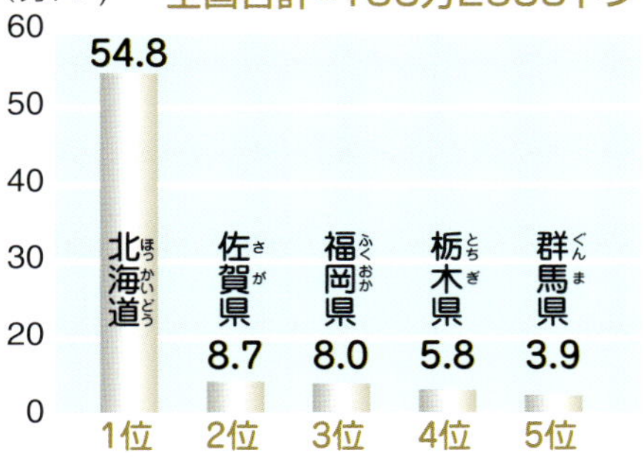

*小麦、大麦(六条大麦、二条大麦、はだか麦)の合計。

大豆《だいず》

全国合計=22万5000トン

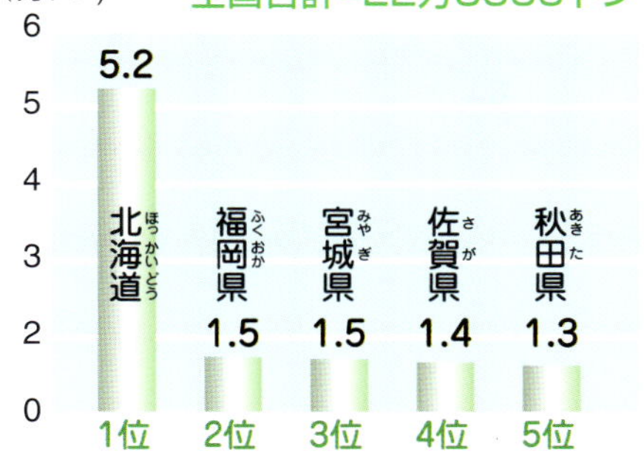

*黒大豆をふくむ。

そば

全国合計=3万1200トン

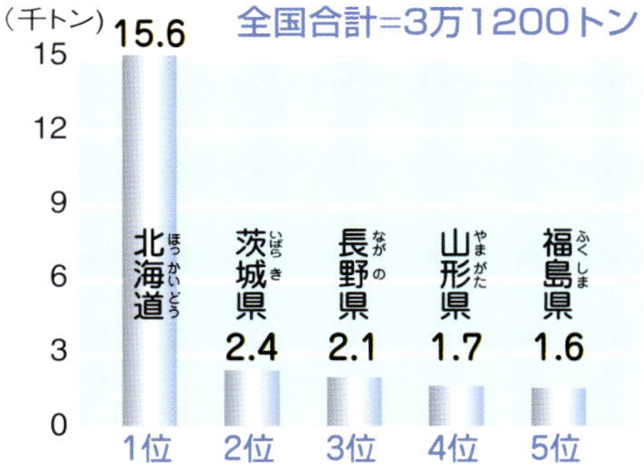

2005年の統計:「作物統計」(農林水産省)より

◀農業に適《てき》した広い土地がある北海道《ほっかいどう》は、大豆《だいず》の生産量が全国一。小麦やそばも全国第1位の生産量をほこっている(2005年)。

▲おもにビールの原料になる二条大麦《にじょうおおむぎ》の生産量は、栃木《とちぎ》県が全国一(2005年)。そのほか、佐賀《さが》県や福岡《ふくおか》県でも焼酎《しょうちゅう》の原料として栽培《さいばい》されている。

◀麦茶などに使われる六条大麦《ろくじょうおおむぎ》の代表的産地は茨城《いばらき》県。栃木《とちぎ》県や福井《ふくい》県も生産量が多い。

◀長野《ながの》県は、そばの生産量が多いことで知られ、北海《ほっかい》道《どう》、茨城《いばらき》県についで全国第3位(2005年)。そのほか山形《やまがた》県、福島《ふくしま》県などでも多く栽培《さいばい》されている。

雑穀《ざっこく》ってなに?

雑穀《ざっこく》とは、米、小麦や大麦以外の穀物《こくもつ》で、イネ科のきびやあわ、ひえ、*とうもろこし、はと麦などをさします。また、イネ科以外のそばやアマランサス、大豆《だいず》や小豆《あずき》などの豆類をふくむこともあります。

雑穀《ざっこく》は、食料の不足していた時代には、米のかわりとして食べることもありましたが、米の生産量が増《ふ》えるにつれて消費が減《へ》り、生産量もわずかになっていました。

しかし、最近になり、雑穀《ざっこく》にふくまれるミネラルや食物《しょくもつ》繊維《せんい》など、白米にはない栄養素《えいようそ》が注目され、健康食として消費が増《ふ》えています。

おもなイネ科の雑穀《ざっこく》

●きび

栽培期間《さいばいきかん》が短く、やせて栄養分が少ない土地でもよく育つ。たんぱく質《しつ》や、鉄、カルシウムなどが豊富《ほうふ》。

●ひえ

食物繊維《しょくもつせんい》やカリウム、マグネシウムなどを多くふくむ。寒さに強く、稲《いね》などが凶作《きょうさく》のときでも収穫《しゅうかく》でき、ほかの作物が育ちにくい酸《さん》性《せい》の土でもよく育つ。

●あわ

ねこじゃらしとよばれているえのころぐさの仲間。長い期間貯蔵《ちょぞう》できるのが特徴《とくちょう》で、ビタミンB_1やカリウムを多くふくんでいる。

▲昔は米にあわを混《ま》ぜて炊《た》いて食べた。

*農林水産省の統計では、直接食用とするとうもろこしは野菜としてあつかっている。

麦《むぎ》・大豆《だいず》・そばの栽培《さいばい》

稲《いね》の収穫後《しゅうかくご》の田を利用してつくられることが多い小麦、大麦。米の生産量を減《へ》らすため、稲《いね》のかわりにつくられてきた大豆《だいず》。ほかの作物を栽培《さいばい》しにくい山間部などでつくられるそば。これらの作物の栽培《さいばい》には、それぞれ特徴《とくちょう》があります。

機械化が進んだ小麦栽培《こむぎさいばい》

麦のなかでも最大の生産量をしめる小麦は、日本では年間約90万トン生産されています。しかし自給率《じきゅうりつ》は約14%と、米の約95%にくらべると遠くおよびません（2004年）。

寒い時期をすごさないと穂《ほ》が出ない性質《せいしつ》があるため、多くの地域《ちいき》で、米を収穫《しゅうかく》したあとの田を利用して、冬に栽培《さいばい》しています。北海道《ほっかいどう》では、１年ごとに大豆《だいず》やじゃがいも、てんさいなどと交代で育てる「輪作《りんさく》」で栽培《さいばい》されています。

かつて、日本の小麦栽培《こむぎさいばい》は手作業が多く、作業が機械化されている外国にくらべてたいへん手間がかかっていました。しかし、大型の機械を使うようになり、以前にくらべ作業が効率化《こうりつか》されました。今では畑の作物のなかではもっとも労働時間が少ない作物のひとつになっています。

小麦の栽培《さしばい》カレンダー

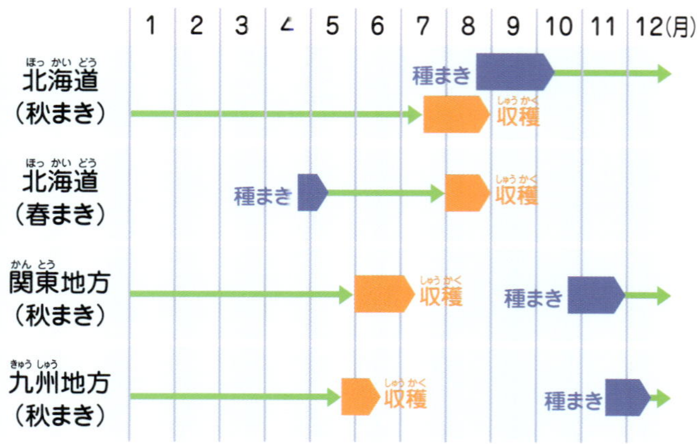

＊春まきの品種は、低温でなくても穂を出す性質のもの。

小麦の栽培《さいばい》

種まき

ドリルシーダという専用《せんよう》の機械で、種まき、肥料《ひりょう》まき、土をかぶせる作業を一度におこなう。

踏圧《とうあつ》（麦ふみ）

生長をよくするために、生長途中《とちゅう》の麦をローラーでふみつける「麦ふみ」をおこなう。

生育期の管理

種まきから5か月くらいの麦。病害虫や雑草《ざっそう》の発生に気をつける。

収穫《しゅうかく》

穂《ほ》が黄色く色づいてきたら、コンバインで収穫《しゅうかく》し脱穀《だっこく》する。

▶脱穀後《だっこくご》の小麦の粒《つぶ》。

交代で栽培《さいばい》される大豆《だいず》

日本ではもともと大豆《だいず》の栽培《さいばい》はさかんではなく、1920年以降《いこう》、生産量は下がりつづけ、大部分を輸入《ゆにゅう》にたよっています。2004年現在《げんざい》の自給率《じきゅうりつ》はわずか３%にすぎません。しかし、1970年ごろからはじまった米の生産調整政策《せいさんちょうせいせいさく》（44ページ参照）により、稲《いね》のかわりに栽培《さいばい》する「転作《てんさく》作物」として大豆《だいず》がつくられるようになり、畑での作付けより水田での作付けが上回り、少しずつですが生産量は増《ふ》えています。

大豆《だいず》などの豆類は、何年も同じ場所で栽培《さいばい》すると、病気や害虫の発生などで収穫量《しゅうかくりょう》が減《へ》る「連作障害《れんさくしょうがい》」（65ページ参照）が起きます。そのため、生産量が全国一の北海道《ほっかいどう》では、小麦やじゃがいも、てんさいなどと交代で育てる輪作《りんさく》がおこなわれています。また、暖《あたた》かい地方では米と輪作《りんさく》されています。

大豆《だいず》の栽培《さいばい》

種まき

畑にうねをつくり、15～20cm間隔《かんかく》で、2、3粒《つぶ》ずつ種をまき、土をかぶせる。

生育期の管理

専用《せんよう》の機械で雑草《ざっそう》を取りのぞく。この時期に根もとに土を寄《よ》せ、根の張《は》りをよくする「培《ばい》土《ど》」もおこなう。

収穫《しゅうかく》

豆がじゅうぶん熟《じゅく》したら、手作業や専用《せんよう》の機械で刈《か》り取《と》る。収穫《しゅうかく》後は、さやから実を取りだす。

収穫量《しゅうかくりょう》が不安定なそばの栽培《さいばい》

昔は、作物の栽培《さいばい》に向かない土地や、水田をつくりにくい山の斜面《しゃめん》などで、そばを栽培《さいばい》しました。しかし、最近では水田の転作《てんさく》作物としてつくられることが多くなっています。また、いくつかの作物を交代で栽培《さいばい》する輪作《りんさく》にそばが組み入れられることもあります。そばは、北海道《ほっかいどう》から九州《きゅうしゅう》まで各地で栽培《さいばい》できます。１年に２回収穫《しゅうかく》でき、夏に収穫《しゅうかく》するものを夏そば、秋に収穫《しゅうかく》するものを秋そばといいます。

最近では、昔からの日本の味としてそばを見直そうという考えが広まり、人気が高まっています。しかし、実の熟《じゅく》す時期がふぞろいで効率《こうりつ》よく収穫《しゅうかく》できないため、収穫量《しゅうかくりょう》は不安定です。国内で使われるそばの大部分は中国《ちゅうごく》などからの輸入品《ゆにゅうひん》で、自給率《じきゅうりつ》は20%ほどです（2004年）。

輪作《りんさく》が主流の雑穀《ざっこく》栽培《さいばい》

あわ・きび・ひえなどの雑穀《ざっこく》は、水の少ないやせた土地でもよく育ちます。麦や大豆《だいず》、じゃがいもなどと組み合わせて輪作《りんさく》されます。雑穀《ざっこく》は1950年ごろまではさかんにつくられていましたが、その後は生産量が減《へ》りつづけ、今では岩手《いわて》県などでわずかに栽《さい》培《ばい》されています。しかし、最近は雑穀《ざっこく》が栄養面から見直され、少しずつ生産量が増《ふ》えています。

▲きび

▲ひえ

◀きびの穂《ほ》をたたいて脱穀《だっこく》する。今も手作業でおこなわれることが多い（岩手《いわて》県）。

麦・大《だい》豆《ず》・そばの使われ方

麦、大《だい》豆《ず》、そばは、それぞれの特性《とくせい》によりさまざまな食品に加工されています。
パンやめん、豆腐《とうふ》……、私たちの食事のどのような食材に
利用されているのか見てみましょう。

さまざまに利用される麦類

日本で栽培《さいばい》されている小麦の多くは、たんぱく質《しつ》の量がやや少なく、パンにはあまり適《てき》していません。小麦粉に加工され、おもに、うどんやそうめんなどのめん類に利用されています。たんぱく質《しつ》の多い一部の品種はパンやラーメンに、少ない品種は菓子《かし》などに使われています。

二条大麦《にじょうおおむぎ》は、おもにビールや焼酎《しょうちゅう》などの酒の原料に、六条大麦《ろくじょうおおむぎ》やはだか麦は、麦ご飯や麦茶、麦みそなどに利用されています。大麦の一部は、家畜《かちく》の飼《し》料《りょう》にもなります。

ライ麦、えん麦《ばく》は、日本ではほとんど生産されていませんが、ライ麦におもにライ麦パンの原料に、えん麦《ばく》は粉砕《ふんさい》し、牛乳《ぎゅうにゅう》などと煮《に》ておかゆのようにして食べるオートミールなどに使われています。また、どちらも家畜《かちく》の飼料《しりょう》として利用されています。

国産の麦類は、生産者の団体《だんたい》と加工・流通業者の団体《だんたい》との間で事前に価格《かかく》が決定され、契約《けいやく》を結んだうえで生産・出荷することが基本《きほん》になっています。

日本での小麦粉のおもな用途《ようと》

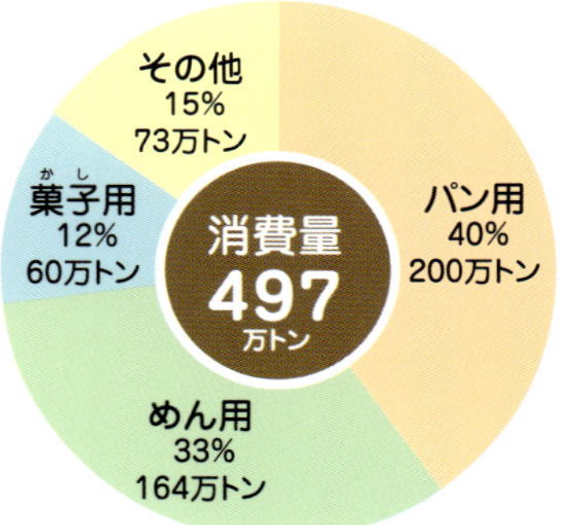

＊消費量は国内生産分と輸入分を合わせた量。
2004年の統計：「小麦粉の用途別生産量」『ポケット農林水産統計平成18年度版』（農林水産省）より

使われ方 麦

パン

たんぱく質《しつ》の多い小麦粉に水を加えて練り、パン酵母《こうぼ》で発酵《はっこう》させたあと、焼く。

ラーメン

たんぱく質《しつ》が多めの小麦粉にかん水（アルカリ性《せい》の塩類溶液《えんるいようえき》）を入れて練り、うすくのばして細く切ってゆでる。

うどん・ひやむぎ・そうめん

たんぱく質《しつ》の量が中くらいの小麦粉《こむぎこ》に、水と塩を加えて練り、うすくのばして細く切ってゆでる。

菓子《かし》

たんぱく質《しつ》が少ない小麦粉に砂糖《さとう》や卵《たまご》を混《ま》ぜて練り、形を整えて焼く。

麦ご飯

大麦の皮をむいて押《お》しつぶした押《お》し麦《むぎ》や、大麦の粒《つぶ》を半分に切って米粒《こめつぶ》のようにしたものを、米といっしょに炊《た》いて食べる。

麦茶

大麦を炒《い》ったものを、煮《に》出して飲む。

ビール

大麦の麦芽《ばくが》などにビール酵母《こうぼ》を加えてアルコール発酵《はっこう》させ、これをろ過《か》して容器《ようき》につめる。

ライ麦パン

小麦粉にライ麦粉を混《ま》ぜて水で練り、パン酵母《こうぼ》で発酵《はっこう》させたあと、焼く。

オートミール

えん麦《ばく》の皮をむき粉砕《ふんさい》する。牛乳《ぎゅうにゅう》などといっしょに煮《に》て食べる。

国産《こくさん》大豆《だいず》は豆腐《とうふ》や調味料に

大豆《だいず》は、世界的に見ると油をとるために利用されることが多い作物です。日本でも、輸入大豆《ゆにゅうだいず》の多くが食用油の原料として使われています。一方、国産の大豆《だいず》は、豆腐《とうふ》や納豆《なっとう》、煮豆《にまめ》などに加工されるほか、みそやしょう油などの調味料の原料にもなります。また、若《わか》い大豆《だいず》はえだ豆《まめ》として出荷されています。黒大豆《くろだいず》は、煮豆《にまめ》や菓子《かし》などに使われるほか、最近は豆の煮汁《にじる》も健康食品として注目されています。

価格《かかく》の安い輸入大豆《ゆにゅうだいず》から国内の大豆生産《だいずせいさん》を守るため、一部の大豆《だいず》には政府《せいふ》から「大豆交付金《だいずこうふきん》」とよばれる補助金《ほじょきん》が出されています。

日本での大豆《だいず》のおもな用途《ようと》

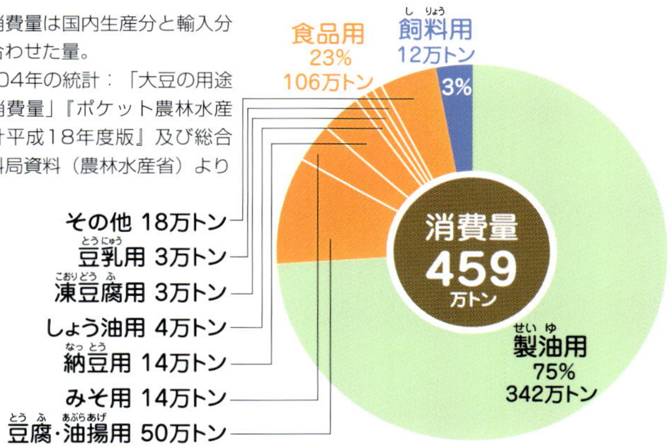

＊消費量は国内生産分と輸入分を合わせた量。
2004年の統計：「大豆の用途別消費量」『ポケット農林水産統計平成18年度版』及び総合食料局資料（農林水産省）より

めんとして利用されるそば

そばは、実を粉砕《ふんさい》してそば粉にし、めんにして食べるほか、そばがきやそば茶にもなります。また、実をとったあとのそばがらは、まくらの材料などに使われます。

使われ方 そば

めん（そば）

そば粉などに少量の水を加えてこねてうすくのばし、これを細く切ってゆでる。

そばがき

そば粉に水を加え、加熱しながら練ってかためたもの。つゆをつけて食べる。

そば茶

そばの実を炒《い》ってつくる。湯飲みに入れて湯をそそいで飲む。

みそ

蒸《む》した大豆《だいず》と麹《こうじ》と塩を混《ま》ぜ、よく練ってから酵母《こうぼ》や乳酸菌《にゅうさんきん》により自然発酵《しぜんはっこう》させる。米麹《こめこうじ》を使えば米みそ、麦麹《むぎこうじ》を使えば麦みそ。

納豆《なっとう》

蒸《む》した大豆《だいず》に納豆菌《なっとうきん》を加え、容器《ようき》に入れてから発酵《はっこう》させる。

使われ方 大豆《だいず》

大豆油《だいずあぶら》

昔は圧力《あつりょく》をかけて油をしぼっていたが、現在《げんざい》は有機溶媒《ゆうきようばい》に溶《と》かして油を取りだす方法が使われている。

菓子《かし》

炒《い》って味をつけたり、粉砕《ふんさい》してきな粉にする。

しょう油

蒸《む》した大豆《だいず》と炒《い》った小麦を混《ま》ぜてつくった麹《こうじ》に、濃《こ》い塩水を加え、酵母《こうぼ》や乳酸菌《にゅうさんきん》により自然発酵《しぜんはっこう》させて「もろみ」をつくり、これをしぼる。

豆腐《とうふ》

すりつぶした大豆《だいず》を煮《に》て豆乳《とうにゅう》をつくり、これに海水からとった「にがり」を加えて豆腐《とうふ》にする。

健康食品としての雑穀《ざっこく》

雑穀《ざっこく》には、ビタミンやカリウム、カルシウムなど白米にはあまりない栄養素《えいようそ》や、食物繊維《しょくもつせんい》が多くふくまれています。そのため、最近では健康食品としてご飯に混《ま》ぜて食べることも増《ふ》えてきました。

あわは、米と混《ま》ぜて炊《た》いたり、おかゆにしたり、あわおこしなどの菓子《かし》の原料に使われます。きびは、きび団子《だんご》などの菓子《かし》や焼酎《しょうちゅう》などの原料に、ひえは、しょう油や酒のほか、菓子《かし》の原料などになります。

雑穀《ざっこく》は、そのほか家畜《かちく》や鳥のえさとしても利用されています。

使われ方 雑穀《ざっこく》

五穀《ごこく》ご飯

白米にいろいろな雑穀《ざっこく》を混《ま》ぜて炊《た》く。

菓子《かし》

雑穀《ざっこく》の粉を、小麦粉や米粉《こめこ》に混《ま》ぜ、砂糖《さとう》などといっしょに練って焼く。

米がとどくまで

農家でつくられた米は、多くの場合は一度ＪＡ《ジェーエー》（農業協同組合）に集められ、その後さまざまな取引をへて私たちのもとにとどけられます。米はどのようなルートで流通しているのでしょうか。

おもなふたつの流通ルート

私たちの手もとにとどく米は、その流通ルートによって、「政府米《せいふまい》」と「民間流通米《みんかんりゅうつうまい》」の2種類に大きく分けられます。

政府米《せいふまい》とは、流通を政府《せいふ》が管理している米です。ＪＡ《ジェーエー》（農業協同組合）から国が直接《ちょくせつ》買い上げ、一定期間備蓄米《びちくまい》としてたくわえたのち、卸売業者《おろしうりぎょうしゃ》などに売られます。価格《かかく》を決めるのは入札《にゅうさつ》（複数《ふくすう》の業者が買《か》い値《ね》を提示《ていじ》すること）で、一番高い値段《ねだん》をつけた業者が買うことができます。

民間流通米《みんかんりゅうつうまい》とは、民間の業者が自由に価格《かかく》を決め、取引される米です。この多くは、各農家からＪＡ《ジェーエー》に集められたのち、卸売業者《おろしうりぎょうしゃ》、小売店を通って、私たちにとどけられます。農家から、直接《ちょくせつ》私たちの手もとにとどけられる「産地直送販売《さんちちょくそうはんばい》」による米も、この民間流通米《みんかんりゅうつうまい》のひとつです。

これらの米のほかに、外国から毎年一定の量を輸《ゆ》入《にゅう》しなければならない「ミニマム・アクセス米《まい》」（48ページ参照）などもあります。

米のさまざまな流通ルート

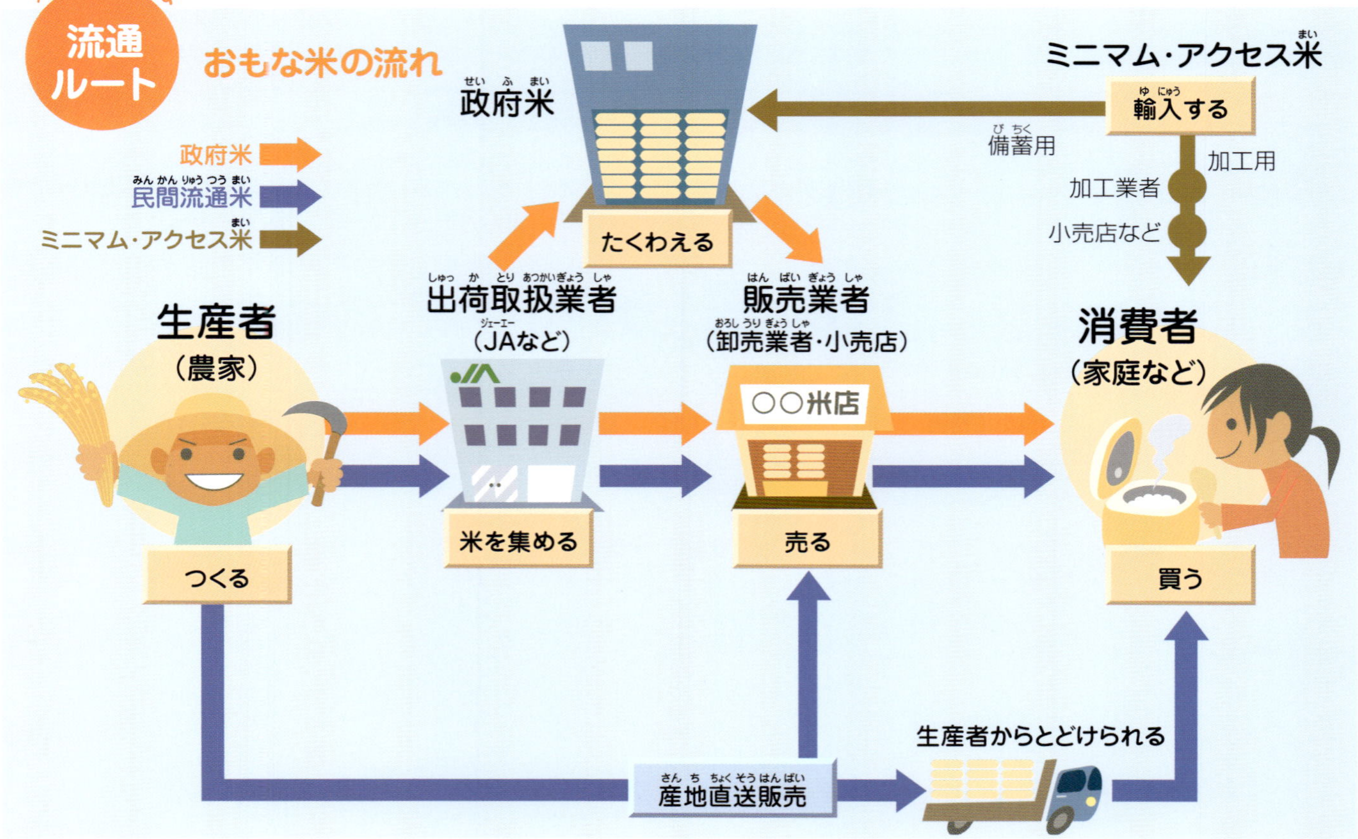

米の不足に備《そな》える備蓄米《びちくまい》

米は、気温や降水量《こうすいりょう》などの気象条件《きしょうじょうけん》によって、毎年収穫量《しゅうかくりょう》が変化します。そのため、米が不作になった年でも米不足にならないように、政府《せいふ》はつねに一定量の米を保管《ほかん》しています。これを「備蓄米《びちくまい》」といい、毎年６月末に約100万トンのたくわえがあるように調整されています。

米は、梅雨《つゆ》や夏の外気の温度や湿度《しつど》で保存《ほぞん》すると、どんどん品質《ひんしつ》が落ちていきます。そのため、備蓄米《びちくまい》は、品質《ひんしつ》があまり落ちないように、日本各地にある低温倉庫《ていおんそうこ》で大切に保管《ほかん》されます。

▼政府《せいふ》の備蓄米《びちくまい》を保管《ほかん》する低温倉庫《ていおんそうこ》（東京《とうきょう》都江東《こうとう》区）。

増《ふ》える産地直送販売《さんちちょくそうはんばい》

かつては、米を売るためには細かい手続きや登録《とうろく》が必要で、かぎられた店でしか米を売ることができませんでした。

2004（平成《へいせい》16）年に食糧法《しょくりょうほう》が改正されて規制《きせい》がゆるめられ、届出《とどけで》さえあればだれでも米を売ることができるようになり、スーパーマーケット、コンビニエンスストアなど、さまざまな店で米が販売《はんばい》できるようになりました。

なかでも増《ふ》えているのが、農家が直接《ちょくせつ》消費者に米を売る「産地直送販売《さんちちょくそうはんばい》」です。最近は、インターネットを利用した販売《はんばい》がさかんです。この場合、農家はホームページなどで注文を受け、注文された種類・量の米を出荷します。この方法なら、消費者は自分がほしい種類や品質《ひんしつ》の米を、より確実《かくじつ》に買うことができます。

消費者の米の購入先《こうにゅうさき》

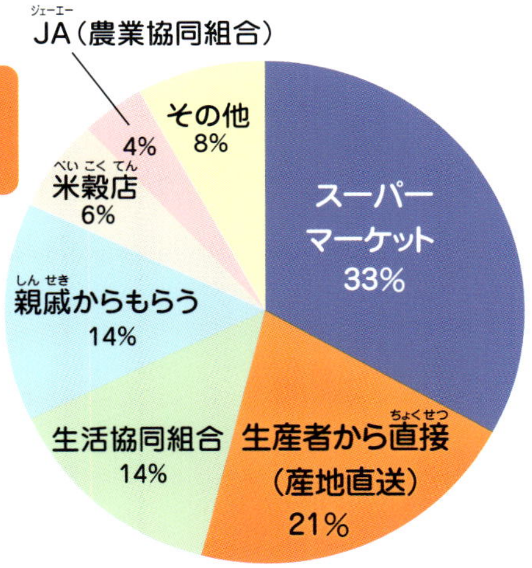

2004年の統計：「食料品消費モニター第3回定期調査」（農林水産省）より。米の消費動向を調べるために消費者1021名を対象におこなった調査。

産地直送販売《さんちちょくそうはんばい》の例

インターネットの場合

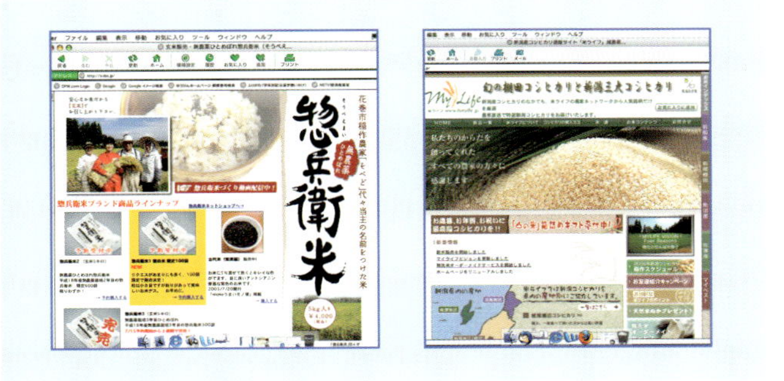

◀最近はインターネットで生産者が自分の米のよさをアピールした、産地直送販売《さんちちょくそうはんばい》のホームページを見ることができる。

生産者がつくったホームページに消費者から注文が入る。

すぐに注文に合わせて商品を用意する。

運送業者に配達してもらう。

注文した商品が消費者のもとにとどく。

移《うつ》り変《か》わる米の生産管理

米は、もともと政府《せいふ》が生産量や価格《かかく》をきびしく取り決めていました。しかし、新しい法律《ほうりつ》によって、米の生産・流通のすがたが大きく変わりました。そのしくみは、どのように変わってきたのでしょうか。

食糧《しょくりょう》管《かん》理《り》法《ほう》と減《げん》反《たん》政《せい》策《さく》

アジア・太平洋戦争中の1942(昭和《しょうわ》17)年、食料不足がつづくなかで、政府《せいふ》は「食糧管理法《しょくりょうかんりほう》」という法律《ほうりつ》をつくり、政府《せいふ》がすべての米を買い上げて、価格《かかく》や流通量などを管理することを定めました。これにより、米を人々に平等にいきわたらせ、食料不足を少しでもやわらげようとしたのです。この法律《ほうりつ》は戦後も受けつがれ、米は長い間、政府《せいふ》によって管理されていました。

その後、米の品種改良が進み、たくさん収穫《しゅうかく》できる品種が広くつくられるようになりました。また、栽培《さいばい》技術《ぎじゅつ》も進歩したため、米の生産量は急速に増《ふ》えました。一方で、国民の食生活が洋風化したこともあり、1960年代から1970年代にかけて、米の消費量は減《へ》りはじめました。

そこで、政府《せいふ》は1970(昭和《しょうわ》45)年ごろから、米の生産量を減《へ》らす「生産調整政策《せいさんちょうせいせいさく》」をおこないました。市町村ごとに一定の割合《わりあい》で水田を休ませ、米をつくる面積を減《へ》らすかわりに、補助金《ほじょきん》を出すというものです。このように、水田を減《へ》らすことを「減反《げんたん》」といいます。米の生産をやめた土地では、稲《いね》のかわりに「転作《てんさく》作物」として大豆《だいず》などがつくられました。

減反《げんたん》により、米の生産量が減《へ》るなかで、消費者は米に「安さ」よりも「おいしさ」を求め、人気のある米とそうでない米に大きな価格《かかく》の差が出るようになりました。また、おいしさで劣《おと》る米や政府《せいふ》の備蓄米《びちくまい》がたくさんあまるなどの問題も出てきました。

基本《きほん》となる食料である米を国民にいきわたらせるという食糧管理法《しょくりょうかんりほう》の目的が、米あまりの時代に合わなくなっていたのです。

▼減反《げんたん》により、多くの水田が畑に変わった。
写真は水田から水をぬき、大豆《だいず》を栽培《さいばい》するようになった畑。

米の生産量と消費量の移《うつ》り変《か》わり

1970年には米の生産量が消費量を上回り、米があまりはじめたことがわかる。1970年ごろからはじまった減反《げんたん》により生産量は減りつづけ、一方の消費量も減りつづけている。

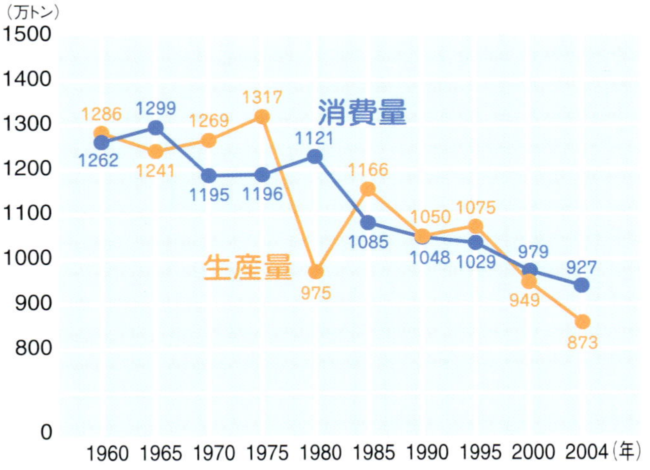

資料:「作物統計」及び「食料需給表」(農林水産省)より

政《せい》府《ふ》の管理から自由化へ

1994(平成《へいせい》6)年、食糧管理法《しょくりょうかんりほう》にかわって「食糧法《しょくりょうほう》」がつくられ、米は民間業者による取引を中心に流通するようになりました。2004(平成《へいせい》16)年には食糧法《しょくりょうほう》が改正され、米の価格《かかく》も民間業者によって決められるようになりました。

改正食糧法《しょくりょうほう》では、これまでの減反《げんたん》による生産調整も廃止《はいし》されました。その後、ＪＡ《ジェーエー》などの生産者団体《だんたい》が生産目標量を決めるなど、生産者の自主性《じしゅせい》を高める生産調整政策《せいさく》がおこなわれてきましたが、各農家の利害の対立から、あらたな問題も生じています。

◀安売りされる米。米の生産が自由化されたことによって、大規模《だいきぼ》な稲作農家《いなさくのうか》や、組織的《そしきてき》な米づくりをおこなう農業生産法人《のうぎょうせいさんほうじん》(47ページ参照)などが、安い米を大量につくるようになった。一方で、小さな稲作農家《いなさくのうか》は、米による収入《しゅうにゅう》が大きく期待できなくなっている。

平《へい》成《せい》の米《こめ》騒《そう》動《どう》

米が足りなくなった

1993(平成《へいせい》5)年、日本は夏の低温や長雨による日照不足で米が不作となり、いつもの年の74%しか収穫量《しゅうかくりょう》がありませんでした。米が足りなくなるという予想から業者の米の買いしめが起こり、価格《かかく》が急激《きゅうげき》に上がり、スーパーマーケットの棚《たな》からは国内産の米が消えました。

そこで政府《せいふ》は海外から225万トンものタイ米などを輸入《ゆにゅう》し、不足をおぎないました。このことは、米はあまっていると考えていた私たちに大きな衝撃《しょうげき》をあたえ、「平成《へいせい》の米騒動《こめそうどう》」とよばれました。

このときの米の輸入量《ゆにゅうりょう》は世界の米貿易量《こめぼうえきりょう》の2割《わり》にのぼったため、米の国際価格《こくさいかかく》も急激《きゅうげき》に上がりました。米を買えない国もあらわれ、米を輸入《ゆにゅう》していた国の人々が食料を十分に手にできなくなる事態《じたい》を引き起こしました。結局、日本人の口に合わなかったタイ米は半分以上が売れ残り、飼料用《しりょうよう》として処分《しょぶん》されました。

この騒動《そうどう》は、米の生産管理がむずかしいこと、どんなに栽培技術《さいばいぎじゅつ》が発展《はってん》しても作物は天候に大きく左右されることを教えてくれました。また、これをきっかけに、米を一定量たくわえておく備蓄《びちく》米制度《まいせいど》がつくられました。

▲国内の米不足をおぎなうため、タイから輸入《ゆにゅう》される米。

稲《いな》作《さく》農《のう》家《か》のくらし

**日本は国土がせまく、稲作農家《いなさくのうか》1戸あたりの農地もけっして広くありません。
日本の稲作農家《いなさくのうか》は、かぎられた農地をどのように使い、
どのようなくらしをしているのでしょうか。**

収入《しゅうにゅう》が増《ふ》やせない稲作農家《いなさくのうか》

日本は、国土がせまく、山が多いため、アメリカのような広大な水田はあまりありません。そのため、稲作農家《いなさくのうか》１戸あたりの耕地面積《こうちめんせき》はせまく、面積あたりの米の生産量をいくら増《ふ》やしても、収入《しゅうにゅう》はかぎられています。

日本では、１ヘクタールで生産した米は約150万円前後で売れるといわれています。水田面積は数ヘクタールという稲作農家《いなさくのうか》が多く、１年間でつくる米は数百万円から千数百万円になります。

一方で、米づくりには肥料《ひりょう》や農薬、農業機械などに、多くのお金がかかります。農業機械を買ったときの借金を返すために、毎年百万円以上のお金をはらっている稲作農家《いなさくのうか》もあります。残ったお金で家族がくらしていくのは、けっして楽ではありません。収入《しゅうにゅう》をおぎなうためには、米づくりをしていない冬の時期に、麦などをつくる「二毛作《にもうさく》」をしたり、野菜づくりを組み合わせたりしています。

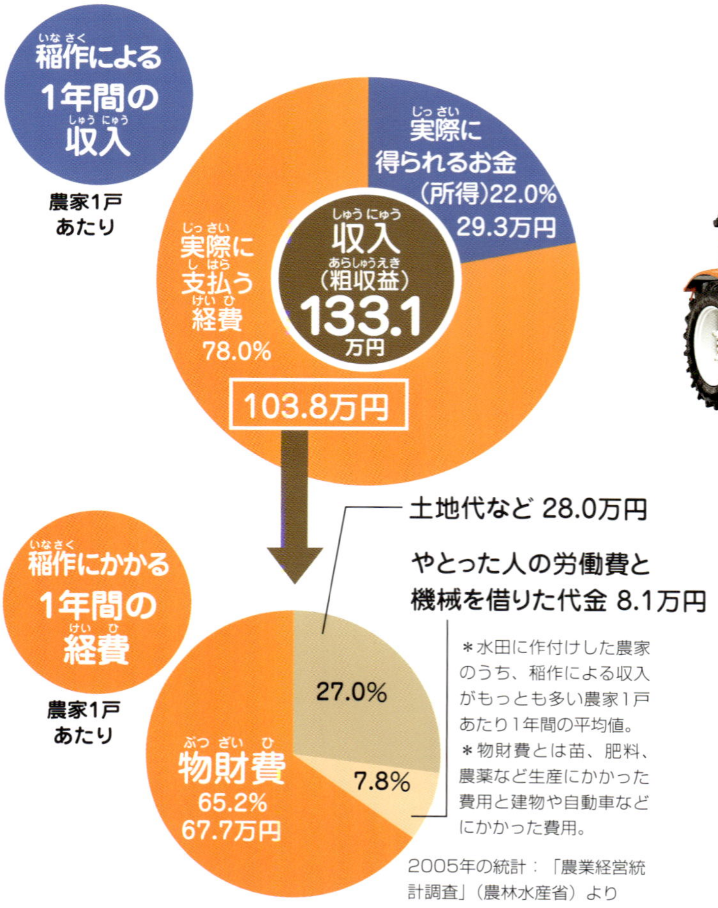

＊水田に作付けした農家のうち、稲作による収入がもっとも多い農家1戸あたり1年間の平均値。
＊物財費とは苗、肥料、農薬など生産にかかった費用と建物や自動車などにかかった費用。

2005年の統計：「農業経営統計調査」（農林水産省）より

トラクター
300〜400万円

コンバイン
110〜270万円

【農業機械の値段《ねだん》】

＊価格《かかく》は個人経営《こじんけいえい》の農家で使用されている機械の平均《へいきん》。
＊2006年2月現在　井関農機調べ

田植《たう》え機《き》
130〜230万円

経営《けいえい》の組織化《そしきか》

若者《わかもの》の農業ばなれによって、農業をおこなう人の年齢《ねんれい》は年々高くなっています。2005年現在《げんざい》、畜産業《ちくさんぎょう》をふくむ、農業を収入《しゅうにゅう》を得るおもな仕事としている人の約７割《わり》が、60歳《さい》以上という状況《じょうきょう》です（201ページ参照）。

農家《のうか》の高齢化《こうれいか》の問題を解決《かいけつ》し、収入《しゅうにゅう》を少しでも増《ふ》やすためには、農作業を効率《こうりつ》よくおこなうことが大切です。そのための方法のひとつに、経営《けいえい》の組織化《そしきか》があります。

1952(昭和《しょうわ》27)年、農地や農家を保護《ほご》するためにつくられた「農地法《のうちほう》」という法律《ほうりつ》では、農地をもつことができるのは、個人《こじん》の農家だけにかぎられていました。しかし、1962年に農地法《のうちほう》が改正され、米づくりをはじめとする農業を、いくつかの農家が共同《きょうどう》で経営《けいえい》することが認《みと》められました。

農業を共同経営《きょうどうけいえい》するためのこの組織《そしき》を、「農業生産法人《のうぎょうせいさんほうじん》」といいます。

経営《けいえい》を組織化《そしきか》すると、必要な農業機械を共有したり、農薬や肥料《ひりょう》を一度に大量購入《こうにゅう》して経費《けいひ》を安くおさえることができます。また、同じ品質《ひんしつ》の米をたくさんつくることができるようになります。

農業生産法人《のうぎょうせいさんほうじん》は、いくつかの農家による共同経営《きょうどうけいえい》からはじまり、その後、しだいに多くの人から水田などの農地を借りて会社のような経営《けいえい》をする、大規模《だいきぼ》でより組織的《そしきてき》なものへと発展《はってん》してきました。

現在《げんざい》では、法律《ほうりつ》の改正によって民間企業《みんかんきぎょう》の参加も認《みと》められ、各地で大規模《だいきぼ》な組織的農業経営《そしきてきのうぎょうけいえい》がおこなわれるようになっています。

経営《けいえい》を組織化《そしきか》すると……

農家がそれぞれ機械を買うよりも、組織《そしき》で購入《こうにゅう》し共同で使うほうが経費《けいひ》が安くすむ。また、農薬や肥《ひ》料《りょう》なども組織《そしき》で一度に購入《こうにゅう》すれば、安く買える。

農地が消える

増《ふ》える耕作放棄地《こうさくほうきち》

近年、農村では若《わか》い人が減《へ》り、米づくりは高齢者《こうれいしゃ》が中心となっておこなっています。なかには、生産《せいさん》調整政策《ちょうせいせいさく》による減反《げんたん》（44ページ参照）などをきっかけに、生産する農地を減《へ》らしたり、農業そのものをやめてしまう人も少なくありません。

このような理由で農業に使われなくなった土地を「耕作放棄地《こうさくほうきち》」（202ページ参照）といいます。耕作放棄地《こうさくほうきち》は、1985（昭和《しょうわ》60）年ごろから増《ふ》えはじめ、20年間で約４倍に増加《ぞうか》し、現在《げんざい》、その面積は約40万ヘクタールになろうとしています（2005年）。

▲山地の斜面《しゃめん》につくられた棚田《たなだ》は農作業に手間がかかり効《こう》率《りつ》が悪いことから、とくに耕作放棄《こうさくほうき》が進んでいる。中央の草が生《お》い茂《しげ》った場所が放棄《ほうき》された棚田《たなだ》。

増《ふ》える外国からの輸入《ゆにゅう》

日本は、消費する穀物《こくもつ》（飼料《しりょう》用をふくむ）の約70％を輸入《ゆにゅう》にたよっています。麦や大豆《だいず》の輸入量《ゆにゅうりょう》は、さらに高い割合《わりあい》になります。また、近年は、これまで輸入《ゆにゅう》を制限《せいげん》していた米も輸入《ゆにゅう》されています。

義務化《ぎむか》された米の輸入《ゆにゅう》

日本は、1990年代半ばまで、外国から米をほとんど輸入《ゆにゅう》していませんでした。安い外国産の米が国内で売られるようになると、国産の米が売れなくなり、日本の農業の中心である稲作《いなさく》に大きな打撃《だげき》をあたえると考えられていたからです。

しかし、世界の米生産国の多くは、「日本は米を自由に輸入《ゆにゅう》できるようにするべきだ」と考えていました。そこで、GATT《ガット》（関税及《かんぜいおよ》び貿易《ぼうえき》に関《かん》する一般協《いっぱんきょう》定《てい》）の「ウルグアイ・ラウンド」（198ページ参照）という国際的《こくさいてき》な話し合いで、日本は毎年決まった量の米を輸入《ゆにゅう》しなければならないことになりました。

この決定による輸入米《ゆにゅうまい》は「ミニマム・アクセス米《まい》」といい、1995年の43万トンからはじまり、毎年約77万トンを輸入《ゆにゅう》しています。ミニマム・アクセス米《まい》のおもな輸入先《ゆにゅうさき》は、アメリカ、タイ、オーストラリアなどです。

現在《げんざい》、WTO《ダブリューティーオー》（世界貿易機関《せかいぼうえききかん》）から輸入《ゆにゅう》の拡大《かくだい》を求められており、さらに増《ふ》えることになれば、稲作《いなさく》農家《のうか》への影響《えいきょう》はさけられないと考えられています。

ミニマム・アクセス米《まい》の輸入量《ゆにゅうりょう》

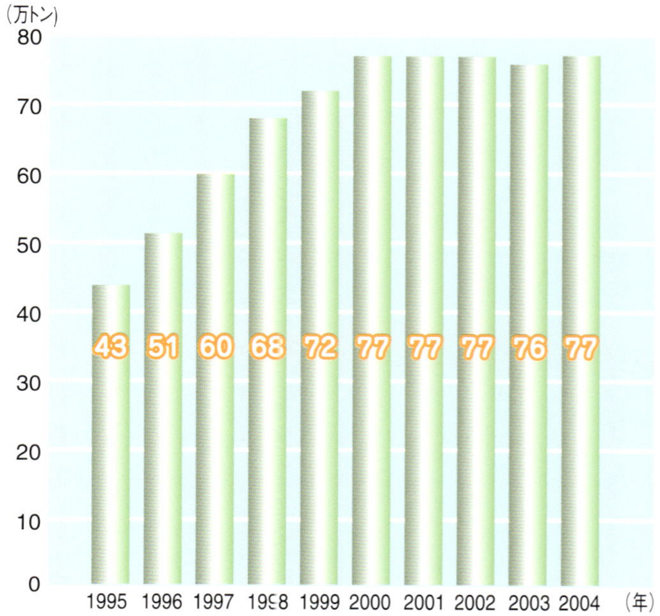

資料：「ミニマム・アクセス米の輸入数量の推移」（農林水産省総合食料局）より

ミニマム・アクセス米《まい》の用途《ようと》

ミニマム・アクセス米《まい》の用途《ようと》は、国産米の販売《はんばい》に影響《えいきょう》をあたえないように政府《せいふ》が管理しています。ミニマム・アクセス米《まい》のうち、約３分の１は菓子《かし》やみそなどの加工食品の原料として、残りの大部分は海外援助《かいがいえんじょ》や凶作《きょうさく》などに備《そな》えた備蓄米《びちくまい》（43ページ参照）にあてられています。私たちがごはんとして食べる主食用は、全体の約10％にすぎません。

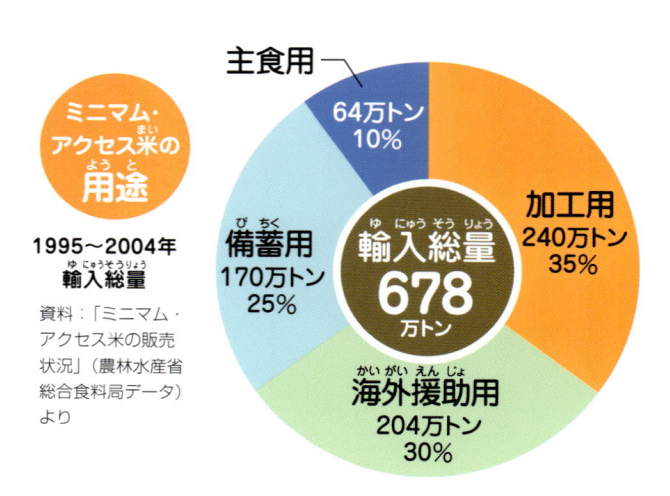

ミニマム・アクセス米《まい》の用途《ようと》

1995〜2004年 輸入総量《ゆにゅうそうりょう》

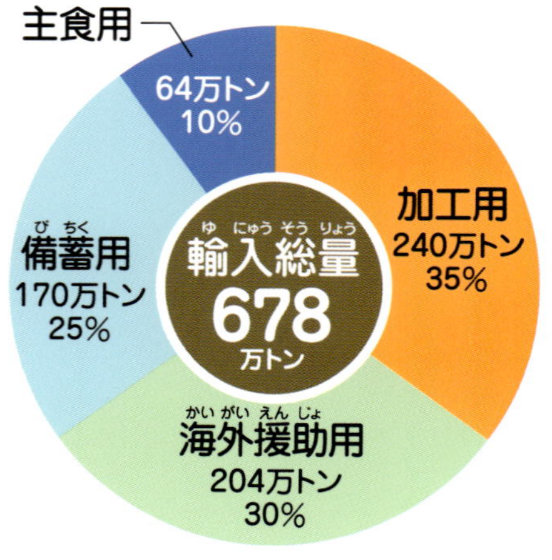

資料：「ミニマム・アクセス米の販売状況」（農林水産省総合食料局データ）より

輸《ゆ》入《にゅう》にたよる小麦と大豆《だいず》

国内で消費する食料のうち、国内生産したものの割合《わりあい》を、その食料の「自給率《じきゅうりつ》」といいます。日本は、世界のなかでも、とくに食料《しょくりょう》自給率《じきゅうりつ》が低い国です。

たとえば、小麦は、もともと冬から春にかけて収《しゅう》穫後《かくご》の田を利用する「裏作《うらさく》」の作物として栽培《さいばい》されてきましたが、加工《かこう》技術《ぎじゅつ》やおいしさを考えた研究が、米ほど熱心におこなわれてきませんでした。そのため、オーストラリアやカナダなどから安くておいしい小麦が輸入《ゆにゅう》されるようになると、国内ではあまりつくられなくなりました。

小麦と同じように大豆《だいず》も、日本では「米をつくる合間につくる作物」としてあつかわれてきました。アメリカの安くて均質《きんしつ》な大豆《だいず》が輸入《ゆにゅう》されるようになると、アメリカ大豆《だいず》が加工品に利用され、品質《ひんしつ》のよい大豆《だいず》を大量に国内生産する研究はおこなわれず、自給率《じきゅうりつ》は急速に下がってしまいました。

近年は、これら輸入穀物《ゆにゅうこくもつ》の遺伝子《いでんし》組《く》みかえ技術《ぎじゅつ》による生産、残留農薬《ざんりゅうのうやく》への不安から、国内産の大豆《だいず》を求める声が高まっており、米から大豆《だいず》へ転作《てんさく》する農家も増《ふ》えています。しかし、まだ国内の生産量はわずかで、輸入《ゆにゅう》にたよる状況《じょうきょう》は変わっていません。

小麦と大豆《だいず》の自給率《じきゅうりつ》の移《うつ》り変《か》わり

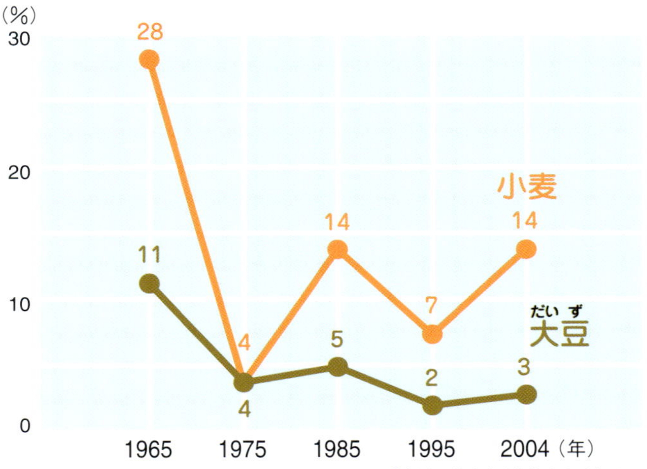

資料：「食料需給表」（農林水産省）より

南北アメリカの大規模《だいきぼ》な穀物栽培《こくもつさいばい》

アメリカの穀物栽培農家《こくもつさいばいのうか》の農地は、日本の一般的《いっぱんてき》な稲作農家《いなさくのうか》とくらべてはるかに広く、数km四方（1000ヘクタール規模《きぼ》）あることもめずらしくはありません。広い農地を利用して小麦やとうもろこし、大豆《だいず》、米など多くの穀物《こくもつ》が大規模《だいきぼ》につくられています。

また、南アメリカのブラジルやアルゼンチンでも、広大な平原でとうもろこしや小麦、大豆《だいず》が大規模《だいきぼ》に栽培《さいばい》されています。

農地が広ければ、大型機械を使って収穫《しゅうかく》したり、飛行機を使って種や農薬をまいたりして、少ない労働時間で効率《こうりつ》よく生産することができます。

そのため、これらの国では、穀物《こくもつ》を安い価格《かかく》で生産できます。たとえば、アメリカ産の米の価格《かかく》は、日本の数分の1です。

また、これらの国では、日本では使われていない遺伝子《いでんし》組《く》みかえ技術《ぎじゅつ》を使って、除草剤《じょそうざい》などの農薬や病気に強い品種が大規模《だいきぼ》に栽培《さいばい》され、手間をかけずに収穫量《しゅうかくりょう》を増《ふ》やす穀物《こくもつ》生産がおこなわれています。

▼大豆《だいず》を収穫《しゅうかく》する大型のコンバイン。南アメリカのパラグアイでは、広大な平原で小麦や大豆《だいず》の栽培《さいばい》が大規模《だいきぼ》におこなわれている。

安全な米を求めて

最近では、米のおいしさに加えて、安全性《あんぜんせい》を強く求める消費者が増《ふ》えてきました。稲作農家《いなさくのうか》は、このような消費者にこたえるため、さまざまな取り組みをはじめています。

安全な米づくり

稲《いね》にとって有害な虫や雑草《ざっそう》などをおさえる農薬や、作物の生長を助ける化学肥料《かがくひりょう》は、1950年代ごろから使われるようになり、米の生産量を増《ふ》やすのにとても役立ちました。

しかし、農薬は使いすぎると害虫や雑草《ざっそう》だけでなく、周囲の環境《かんきょう》にも悪い影響《えいきょう》をあたえます。また、化学肥料《かがくひりょう》も使いすぎると土のなかの栄養素《えいようそ》のバランスがくずれ、栄養素《えいようそ》をつくる微生物《びせいぶつ》が少なくなり、作物が育ちにくくなります。さらに、食品としての安全性《あんぜんせい》も心配されています。

最近では、安全を求める消費者の声にこたえて、農薬や化学肥料《かがくひりょう》にたよらない「有機農法《ゆうきのうほう》」とよばれる米づくりをおこなう稲作農家《いなさくのうか》が増《ふ》えています。有機農法《ゆうきのうほう》では、化学肥料《かがくひりょう》のかわりに有機肥料《ゆうきひりょう》を使い、雑草《ざっそう》や害虫は農薬を使わずにさまざまな工夫《くふう》をしてふせいでいます。

有機肥料《ゆうきひりょう》による土づくり

田に水を引き入れる前の土づくりは、じょうぶな稲《いね》を育てるためのもっとも大切な作業です。落ち葉やわらなどの有機肥料《ゆうきひりょう》を土に混《ま》ぜこみます。とくに落ち葉やわらに家畜《かちく》の糞尿《ふんにょう》などをまぜて発酵《はっこう》させた「堆肥《たいひ》」（174ページ参照）が使われ、これにより、土のなかの微生物《びせいぶつ》が活発に働き、栄養豊富《えいようほうふ》な土になります。すると、稲《いね》は病害虫に負けずに生長でき、農薬などの量を減《へ》らすことができます。

▲収穫後《しゅうかくご》に残したわらを土に混《ま》ぜる「秋打《あきう》ち」という作業。わらが分解《ぶんかい》され栄養分が豊富《ほうふ》な土となる。

▲ぬか、もみがら、野菜くずを発酵《はっこう》させ有機肥料《ゆうきひりょう》をつくる。どんな材料を使うかは、それぞれの農家で工夫《くふう》がある。

害虫と雑草《ざっそう》をふせぐ工夫《くふう》

苗《なえ》にとって害虫や雑草《ざっそう》は大敵《たいてき》です。最近では、殺《さっ》虫剤《ちゅうざい》や除草剤《じょそうざい》を使うかわりに、アイガモを水田に放して害虫や雑草《ざっそう》を食べてもらう「アイガモ農法《のうほう》」が各地で広まっています。また、水田のあぜに害虫がきらいなにおいを出すハーブを植えて、害虫が近づかないようにしたり、雑草《ざっそう》が生えるのをふせいだりすることもおこなわれています。

さらに、田植《たう》え後の水田に米ぬかをまき、雑草《ざっそう》が生えないようにする「米《こめ》ぬか除草《じょそう》」という方法も実用化されています。水のなかの米ぬかが太陽光線をさえぎったり、米ぬかが発酵《はっこう》して土のなかの酸素《さんそ》をうばったりすることで、雑草《ざっそう》が生えにくくなります。

苗《なえ》のまわりを布《ぬの》や紙のシートでおおうことで、雑《ざっ》草《そう》が生えないようにする方法もあります。苗《なえ》がある程度《ていど》育つころには、シートは自然に分解《ぶんかい》されるので、ゴミになることもありません。

▲アイガモが雑草《ざっそう》や害虫を食べてくれるアイガモ農法。

◀種もみをはさみこんだ「布《ぬの》マルチシート」をしく。

▶空気がさえぎられているので雑草《ざっそう》は生長できない。

求められる国産

見直される国産小麦、国産大豆《だいず》

日本の小麦の自給率《じきゅうりつ》は、約14％という低い数字です（2004年）。しかし、水田だった土地を利用して米以外の作物をつくる転作《てんさく》が進められた結果、最近では少しずつ生産量が増《ふ》えはじめています。国産小麦の生産量は、1996（平成《へいせい》８）年には50万トン以下でしたが、2005（平成《へいせい》17）年には90万トン近くにまで増《ふ》えています。

一方、大豆《だいず》はかつて転作《てんさく》作物としてさかんに栽培《さいばい》され、2001（平成《へいせい》13）年には約27万トン生産されていましたが、2004年には16万トンほどにまで減《へ》っています。

しかし、外国で遺伝子《いでんし》組《く》みかえ作物《さくもつ》（179ページ参照）の生産量が増《ふ》えていること、外国産の作物には収穫後《しゅうかくご》に使われる防《ぼう》カビ剤《ざい》など（ポストハーベスト）が残留《ざんりゅう》している可能性《かのうせい》があることなどから、これらの心配のない国産の小麦や大豆《だいず》が見直されつつあります。

▼水田だった土地を利用して栽培《さいばい》されている大《だい》豆《ず》。世界中で遺伝子《いでんし》組《く》みかえ大豆《だいず》の生産が増《ふ》えるなか、国産大豆《だいず》の人気が高まりつつある。

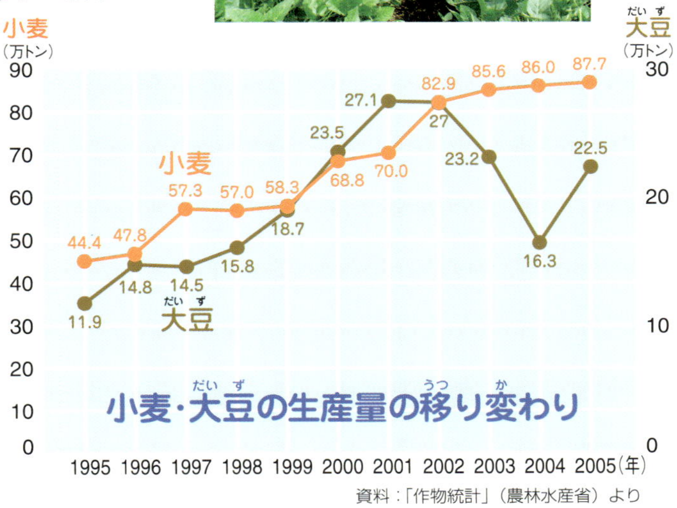

資料：「作物統計」（農林水産省）より

新しい価値《かち》を生みだす

消費者の食の好みは、昔にくらべて多様化しています。
農家は消費者に買ってもらうため、
新しい価値《かち》をもったさまざまな商品をつくりだす工夫《くふう》をしています。

新しい付加価値《ふかかち》をもった米

最近は、米の消費量を増《ふ》やすために、おいしさはもちろん、それ以外にもさまざまな付加価値《ふかかち》をもたせた米がつくられるようになりました。店頭でよく見かける「無洗米《むせんまい》」や「胚芽精米《はいがせいまい》」「発芽玄米《はつがげんまい》」「新《しん》形質米《けいしつまい》」などとよばれる米がその代表です。

ふつうの白米は、精米《せいまい》という作業で米の表面のぬか（種皮と芽になる胚芽《はいが》の部分）を取りのぞきますが、表面にぬかの一部が残ると、品質低下《ひんしつていか》の原因《げんいん》にもなります。無洗米《むせんまい》は、このぬかを完全に取りのぞいてあるため、保存《ほぞん》中《ちゅう》の品質変化《ひんしつへんか》が少なく、また洗《あら》わずに炊《た》ける白米です。無洗米《むせんまい》は、ここ数年で生産量が急速に増《ふ》えています。

胚芽精米《はいがせいまい》は、胚芽《はいが》を残して精米《せいまい》した白米で、ビタミンB_1《ビーワン》やビタミンE《イー》などが白米にくらべて豊富《ほうふ》です。

発芽玄米《はつがげんまい》は、精米《せいまい》する前の玄米《げんまい》を水につけて少し発芽《はつが》させると、胚芽《はいが》にある酵素《こうそ》のはたらきで血圧《けつあつ》を下げるγ《ガンマ》−アミノ酪酸《らくさん》という機能性成分《きのうせいせいぶん》がつくられることを利用したもので、健康によい米として販売《はんばい》されています。

さらに、さまざまな目的に合わせ、新しい性質《せいしつ》をもたせた「新形質米《しんけいしつまい》」という米もつくられています。おもな新形質米《しんけいしつまい》には、下のようなものがあります。

胚芽《はいが》精米《せいまい》

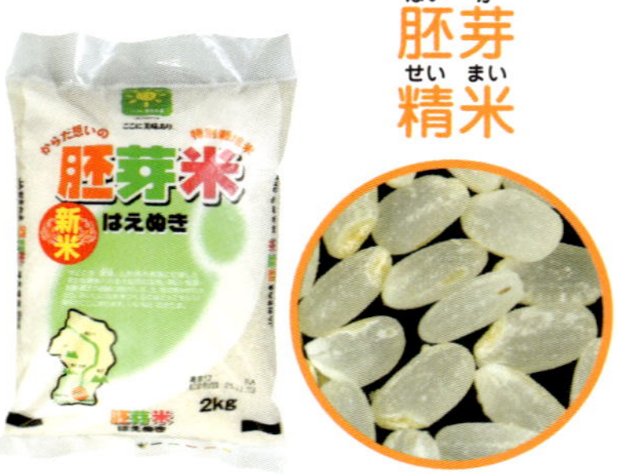

▲胚芽米《はいがまい》という名前で販売《はんばい》されることもある。胚芽《はいが》は、稲《いね》の芽のもとになる部分。

無洗米《むせんまい》

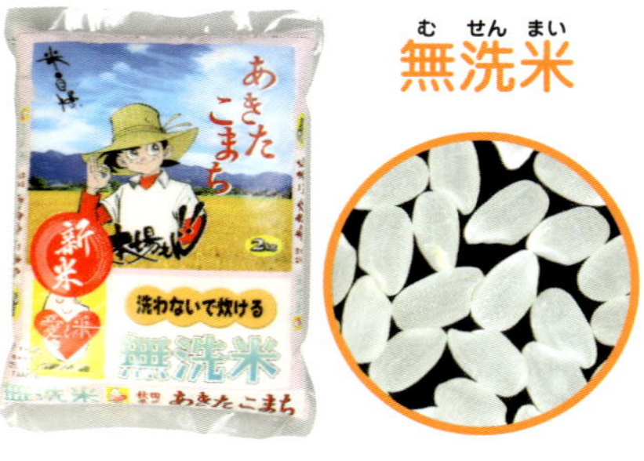

▲表面のぬかがすべて取りのぞかれている。洗《あら》わず炊《た》くことができ、米のとぎ汁《じる》も出ないので、調理が簡単《かんたん》。

さまざまな新形質米《しんけいしつまい》

低アミロース米《まい》

アミロースという粘《ねば》り気《け》のないでん粉《ぷん》が少なく、アミロペクチンという粘《ねば》りのあるでん粉《ぷん》を多くふくむ米。粘《ねば》りが強く、つやがあり、冷えてもおいしい。弁当《べんとう》やおにぎりなどに向いている。

低グルテリン米《まい》

グルテリンという消化されやすいたんぱく質《しつ》が少ない米。たんぱく質《しつ》をあまり食べられない腎臓病《じんぞうびょう》の人でも、安心して食べることができる。

巨大胚芽米《きょだいはいがまい》

胚芽《はいが》が大きく、ビタミン類などの栄養素《えいようそ》を多くふくむ。

有色素米《ゆうしきそまい》

玄米《げんまい》の表面が赤や紫《むらさき》、黒などの色の米で、それぞれ赤米《あかまい》、紫米《むらさきまい》、黒米《くろまい》などとよばれる。野生に近い米で、古代米《こだいまい》ともいう。アントシアニン、タンニンなどの色素《しきそ》のほか、鉄やカルシウムなどのミネラル分を多くふくむ。

香《かお》り米《まい》

独特《どくとく》の香《かお》りをもっている米で、白米に少し混《ま》ぜて炊《た》くと、新米のにおいがする。ピラフやカレーライスなどにも使われる。

食文化に合わせた小麦づくり

小麦粉を使った日本の代表的な食品に「うどん」があります。全国一のうどんの消費量をほこる香川《かがわ》県は、讃岐《さぬき》うどんの産地として有名です。

現在《げんざい》、うどんの原料である小麦は、多くがオーストラリアから輸入《ゆにゅう》されたものです。香川《かがわ》県は、うどんにもっとも適《てき》した国産小麦の研究をつづけ、2000(平成《へいせい》12) 年に「さぬきの夢《ゆめ》2000」という新しい品種をつくりました。さぬきの夢《ゆめ》2000は、おいしいうどんができる国産小麦として注目されています。

また、2003年に北海道《ほっかいどう》で開発された品種「キタノカオリ」は、グルテンというたんぱく質《しつ》を多くふくみ、パンづくりに適《てき》しています。しかも病気に強く、今後、パン用の小麦として広く栽培《さいばい》されることが期待されています。

▼うどんに適《てき》した国産小麦「さぬきの夢《ゆめ》2000」の小麦粉。

▼独特《どくとく》の甘味《あまみ》と香《かお》りをもった「だだちゃ豆《まめ》」は、ここ数年とても人気が高まり、全国に出荷されている。

ほかにない特徴《とくちょう》をもつ大豆《だいず》

一般《いっぱん》の大豆《だいず》にはない特徴《とくちょう》をもった大豆《だいず》がさかんにつくられ、利用されるようになっています。

なかでも有名なのは、おもに兵庫《ひょうご》県の丹波《たんば》地方で栽培《さいばい》されてきた「丹波黒《たんばぐろ》」とよばれる品種です。色が黒く、粒《つぶ》が大きいのが特徴《とくちょう》で、煮《に》ると甘《あま》くてやわらかいので、高級品として煮豆《にまめ》やえだ豆などに使われます。栽培《さいばい》は手作業が多いため、たいへん手間がかかりますが、兵庫《ひょうご》県では、この30年間に作付け面積が14倍に増《ふ》えています。

また、最近人気の高いのが、山形《やまがた》県の庄内《しょうない》平野でつくられている「だだちゃ豆《まめ》」です。独特《どくとく》の香《かお》りがあり、アミノ酸《さん》や糖分《とうぶん》がふつうの大豆《だいず》よりも多く、ゆでて食べるとたいへんおいしい大豆《だいず》です。昔からつくられているものですが、ふつうの大豆《だいず》にない独特《どくとく》の味と香《かお》りをアピールすることで、人気が広まりました。

このほかにも、イソフラボンという成分を多くふくむものや、アレルギーになりにくいもの、大豆《だいず》くささのないものなど、さまざまな特徴《とくちょう》をもった大豆《だいず》が開発されています。

新しい価《か》値《ち》

遺伝子《いでんし》組《く》みかえ技術《ぎじゅつ》が生みだす新品種

遺伝子《いでんし》組《く》みかえ技術《ぎじゅつ》(178ページ参照)によって、新しい価値《かち》をもつ作物を生みだす研究もおこなわれています。

現在《げんざい》、アメリカなどではこの技術《ぎじゅつ》を使って、農薬に強い作物、病害虫に強い作物、旱《かん》ばつや塩害、冷害に強い作物などが開発され、一部は実際《じっさい》に栽培《さいばい》され、利用されています。

日本でも、花粉症《かふんしょう》の症状《しょうじょう》をやわらげる米や、家畜《かちく》の飼料《しりょう》として栄《えい》養豊富《ようほうふ》な米などをつくる研究がおこなわれています。しかし、この技術《ぎじゅつ》でつくられた作物が、食料として安全かどうかわからない部分も多いため、日本では遺伝子《いでんし》組《く》みかえ技術《ぎじゅつ》でつくった作物を栽培《さいばい》したり、販売《はんばい》したりしている農家はほとんどありません。

▼遺伝子《いでんし》組《く》みかえ技術《ぎじゅつ》によって、花粉症《かふんしょう》の症状《しょうじょう》をやわらげる米をつくりだす研究をしているようす。ネットは鳥や昆虫《こんちゅう》などが飛んできて、遺伝子《いでんし》組《く》みかえ作物《さくもつ》の花粉を体につけて周囲に持ちださないようにするためのもの。

つくって食べる

そばを育ててみよう

＊種をまく時期は、6～9月。地方によってちがうので、くわしい時期はJA《ジェーエー》などで聞いてみましょう。種は作物の種をあつかっている種苗店《しゅびょうてん》などで買うことができます。近くにない場合には、インターネットなどで探《さが》してみましょう。

そばは、とてもじょうぶで育てやすい作物です。種から育てて、花が咲《さ》き実になるまで育ててみましょう。畑を耕《たがや》して育てる場合、順調に育てば1㎡で1～2人分の「そば」をつくるだけの実が収穫《しゅうかく》できます。発泡《はっぽう》スチロールの箱《はこ》や、大きめの植木鉢《うえきばち》などでも栽培《さいばい》できます。

そばの育て方

畑を耕《たがや》し、化学肥料《かがくひりょう》を1㎡に100gくらい土に混《ま》ぜこむ。そばの種をすじ状《じょう》にまき、土をかぶせる。

鳥に種を食べられないよう地面から30cm～1mくらいの高さにあみを張《は》り、毎日水をまく。

5～7日で芽が出る。芽が出たら、10日以内にあみを取る。

種をまいてから20数日で花が咲《さ》きはじめる。

5cmほどにのびたら、株《かぶ》と株《かぶ》の間が5～7cmになるように混《こ》み合う芽を間引《まび》く。

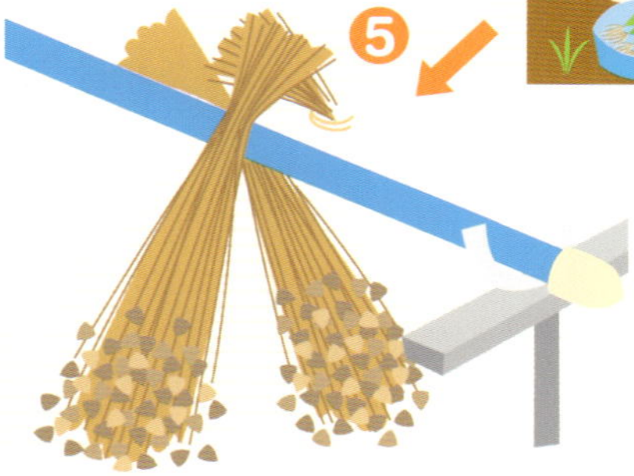

種をまいてから70日ほどで実がなる。実が熟《じゅく》したら、根もとから刈《か》りとる。根もとの部分を結んで棒《ぼう》などに引っかけ、1週間くらい乾《かわ》かす。

そばのつくり方

十分に乾《かわ》いた穂《ほ》から、手などでしごいて実を落とす。

実をすり鉢《ばち》に入れて、すりこぎであらくすりつぶす。それを目のあらいふるいでふるい、そばがらを取りのぞく。

粉を目の細かいふるいでふるい、ふるいのなかに残った粉をまたすりつぶす。これをくり返し、細かいそば粉《こ》にする。

そば粉《こ》と小麦粉（強力粉《きょうりきこ》）を3：2の割合《わりあい》で混《ま》ぜる。その粉と水を5：2の割合《わりあい》で混《ま》ぜてよくこねる。

小麦粉をふったまな板の上にこねた生地《きじ》をのせ、小麦粉をふりながらめん棒《ぼう》でうすくのばす。のばしたものをほうちょうで細く切る。

細く切った生地《きじ》をゆでたら、おいしいざるそばの完成。

2章

野菜・花

毎日の食事に欠かせない野菜は
栽《さい》培《ばい》技《ぎ》術《じゅつ》や品種改良が大きく進歩し、
多くの野菜が1年を通して食《しょく》卓《たく》に並《なら》ぶようになっています。
農家の人はどのように野菜や花を生産しているのでしょうか。

野菜の産地

**南北に長い日本列島では、気候や土壌《どじょう》に合わせて、
さまざまな野菜がさまざまな方法で、つくられています。
各地でどんな野菜がつくられているのか、見てみましょう。**

1年を通して供給《きょうきゅう》される野菜

夏でもすずしい北海道《ほっかいどう》や高原地帯、冬でも暖《あたた》かい四国《しこく》、九州《きゅうしゅう》地方など、それぞれの土地の気候や土壌《どじょう》を生かし、日本各地で野菜づくりはおこなわれています。

たとえば、北海道《ほっかいどう》では広い土地とすずしい気候を生かし、じゃがいも(ばれいしょ)やたまねぎなどの大規模《だいきぼ》な栽培《さいばい》がさかんで、輸送《ゆそう》に時間がかかってもだいじょうぶな、貯蔵性《ちょぞうせい》にすぐれた野菜が生産されています。

一方、東京《とうきょう》や大阪《おおさか》、名古屋《なごや》などの大都市の周辺では、消費地に近く、収穫《しゅうかく》した作物をすぐにとどけられることから、鮮度《せんど》が落ちやすい葉もの野菜の栽培《さいばい》がさかんです。

最近は高速道路が整備《せいび》されたことや、カーフェリー、鉄道、飛行機による貨物の輸送《ゆそう》が発達したことで、野菜の産地が広がり、宮崎《みやざき》県や熊本《くまもと》県でも野菜の栽培《さいばい》がさかんになっています。

また、ハウスなどの施設栽培《しせつさいばい》の普及《ふきゅう》や品種改良の進歩によって、多くの野菜が1年を通して栽培《さいばい》されています。

たとえば、すずしい気候を好むレタスは、春は茨城《いばらき》県などで栽培《さいばい》され、夏から秋にかけては長野《ながの》県や群馬《ぐんま》県の高原地帯、冬は暖《あたた》かい香川《かがわ》県などで、ビニールシートをかぶせて加温し、栽培《さいばい》しています。

このように、季節によって産地が移動《いどう》して、さまざまな野菜が年間を通して、安定して生産できるようになりました。

▲熊本《くまもと》県は冬のトマトの大生産地。温暖《おんだん》な気候と日照時間の長さを生かして、施設栽培《しせつさいばい》がおこなわれ、東京《とうきょう》や大阪《おおさか》に出荷している。

▲黒潮《くろしお》の影響《えいきょう》で冬でも暖《あたた》かい高知《こうち》県では、ピーマンの施設《しせつ》栽培《さいばい》がさかんで、全国に出荷している。施設栽培《しせつさいばい》は、宮崎《みやざき》県でもさかん。

おもな野菜の産地

おもな野菜の年間収穫量《ねんかんしゅうかくりょう》ベスト5

2004年の統計：「野菜生産出荷統計」『ポケット園芸統計平成17年度版』（農林水産省）より

だいこん

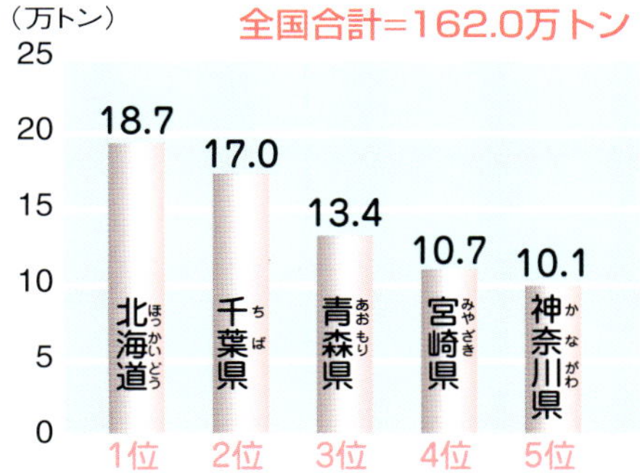

キャベツ

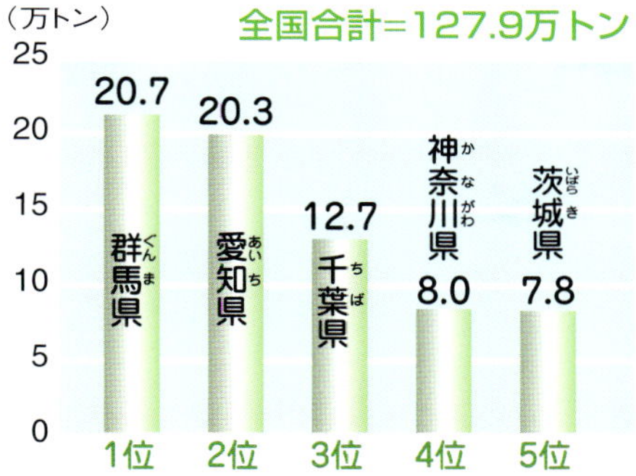

たまねぎ

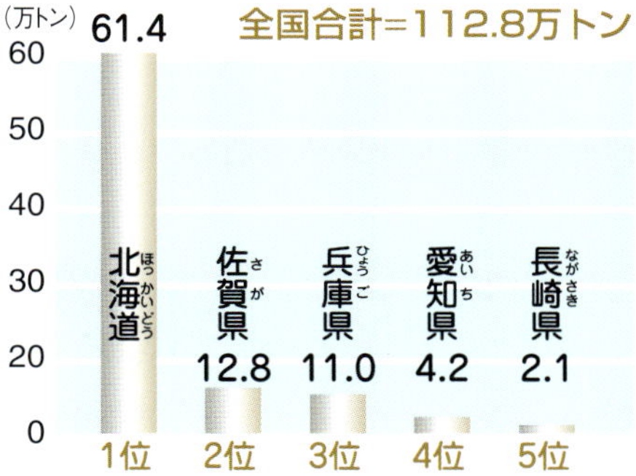

▲北海道《ほっかいどう》はすずしい気候と広大な土地を生かし、野菜づくりがさかん。なかでもじゃがいもは、全国の生産量の7割《わり》以上をしめている。

▲北海道《ほっかいどう》は全国のたまねぎの5割《わり》以上を生産。貯蔵《ちょぞう》しやすいため、低温貯蔵庫《ていおんちょぞうこ》で保管《ほかん》し、年間を通して出荷している。

▼山が多い長野《ながの》県は、夏のすずしい気候を生かした高原野菜の生産がさかん。とくにレタスは全国の収穫量《しゅうかくりょう》の3割《わり》以上をしめている。長野《ながの》県ではほかに、はくさいなどの生産もさかん。

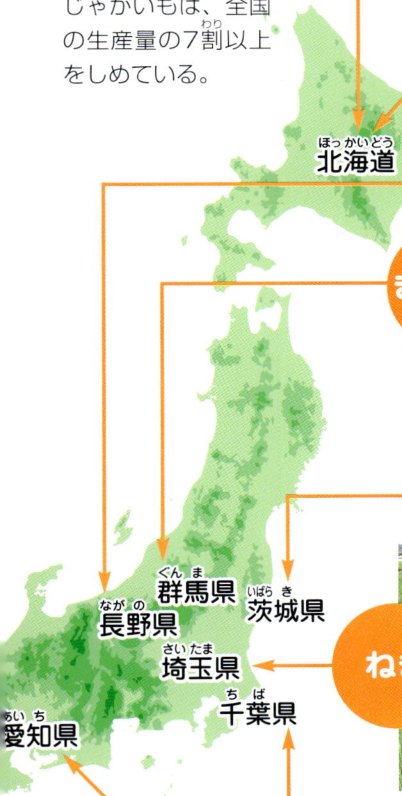

◀群馬《ぐんま》県のきゅうりの収穫量《しゅうかくりょう》は全国第1位（2004年）。夏から秋にかけては露地《ろじ》で、冬から初夏にかけては施《し》設栽培《せつさいばい》がおこなわれている。

▲ごぼうは関東《かんとう》各県でつくられ、東京《とうきょう》や大阪《おおさか》に出荷されている。茨城《いばらき》県は、ほかにも東京《とうきょう》へ向けた野菜づくりがさかん。

◀ねぎは東日本を中心に各地でつくられているが、千葉《ちば》県や埼玉《さいたま》県でとくにさかん。埼玉《さいたま》県深谷《ふかや》市のねぎは、深谷《ふかや》ねぎとよばれ、冬の鍋料理《なべりょうり》などで人気。

◀千葉《ちば》県は冬でも温《おん》暖《だん》な南部を中心に春どりのだいこんの産地。収穫量《しゅうかくりょう》は全国第2位（2004年）。

◀愛知《あいち》県は群馬《ぐんま》県と並《なら》んで、キャベツの生産がさかん。とくに東三河地域《ひがしみかわちいき》は、冬に出荷するキャベツの大生産地である。

根や地《ち》下《か》茎《けい》を食べる野菜

日本でつくられている野菜は約150種類といわれます。そのうち、だいこんやにんじん、じゃがいもやさつまいもなど、地中にできる野菜は根菜《こんさい》類とよばれます。根菜《こんさい》類はどのように栽培《さいばい》されているのでしょうか。

すずしい気候で育つだいこん

根菜《こんさい》とは、だいこん、にんじん、ごぼう、じゃがいもなど、根や地下茎《ちかけい》をおもに食べる野菜のことです。なかでも生産量が多いのがだいこんで、収穫量《しゅうかくりょう》も作付け面積も野菜全体のなかで(いも類をのぞく)、第1位となっています(2004年)。

現在《げんざい》、栽培《さいばい》されているだいこんは、形が整っていて持ち運びしやすく、辛味《からみ》の少ない青首《あおくび》だいこんがほとんどです。収穫時期《しゅうかくしき》のちがいによって、11月に種をまき春に収穫《しゅうかく》する春どり栽培《さいばい》、春に種をまき夏に収穫《しゅうかく》する夏どり栽培《さいばい》、夏に種をまき秋に収穫《しゅうかく》する秋どり栽培《さいばい》、秋に種をまき冬に収穫《しゅうかく》する冬どり栽培《さいばい》があります。だいこんは、生育適温《せいいくてきおん》が15〜20℃くらいのすずしい気候を好むことから、夏は北海道《ほっかいどう》で、春と秋冬は千葉《ちば》県、神奈川《かながわ》県、宮崎《みやざき》県などと産地を変えながら、1年を通して出荷されています。

だいこんの栽培《さいばい》

山口《やまぐち》県の千石台《せんごくだい》地区は、作物のよく育つ有機物《ゆうきぶつ》をたくさんふくむ黒《くろ》ぼく土壌《どじょう》と、標高400〜500mの比較的《ひかくてき》すずしい気候を生かし、県内最大のだいこんの産地となっています。県内をはじめ広島《ひろしま》県や福岡《ふくおか》県へ出荷しています。春に種をまき、夏に収《しゅう》穫《かく》する夏どり栽培《さいばい》のようすを見てみましょう。

種をまく

だいこんがまっすぐに生長するよう、畑を深く耕《たがや》し、土をやわらかくする。機械で均一《きんいつ》に種をまいた後、雑草《ざっそう》をふせぐためにビニールシートでおおう。

生育期の管理

種まき後20日の畑。畑を見回り、病害虫の発生に気をつける。

収穫《しゅうかく》

種まき後60日ほどで、1本1本手作業でぬいていく。大きくなりすぎると、す(茎《くき》のしんにあいた細かい無数の穴)が入ってしまい、まずくなる。

出荷

選果場に集められただいこんは、傷《きず》がついたものなどを取りのぞいてから出荷される。

にんじん、かぶ、ごぼう

にんじんの栽培《さいばい》もだいこんと同じようにすずしい気候が適《てき》しています。もっとも収穫量《しゅうかくりょう》が多いのは北《ほっ》海道《かいどう》で、春に種をまいて秋に収穫《しゅうかく》します。冬から春にかけては暖《あたた》かい千葉《ちば》県や徳島《とくしま》県、茨城《いばらき》県などが栽《さい》培《ばい》の中心で、千葉《ちば》県では８～10月をのぞいて、１年中出荷しています。

漬物《つけもの》などに利用されるかぶは、収穫《しゅうかく》後《ご》鮮度《せんど》が落ちやすいことから、消費地である大都市近郊《きんこう》で栽培《さいばい》されることが多く、東日本では千葉《ちば》県や埼玉《さいたま》県、西日本では徳島《とくしま》県や滋賀《しが》県がおもな産地となっています。

ごぼうを食べるのは世界でも日本だけです。ごぼうは暖《あたた》かい気候が適《てき》していて、春に種をまき秋から冬にかけて収穫《しゅうかく》することが多く、茨城《いばらき》県、埼玉《さいたま》県、千葉《ちば》県が産地となっています。

最近は、熊本《くまもと》県や宮崎《みやざき》県で、秋に種をまき、冬を越《こ》させるために、ビニールのフィルムなどでトンネル状《じょう》に作物をおおって温度を高めるトンネル栽培《さいばい》もおこなわれています。関東《かんとう》各地の出荷量が減《へ》る４～６月に出荷します。また、北海道《ほっかいどう》や青森《あおもり》県でも大規《だいき》模《ぼ》に栽培《さいばい》されています。

年間収穫量《しゅうかくりょう》ベスト5

にんじん　全国合計=61.6万トン　単位：万トン

1位	2位	3位	4位	5位
北海道《ほっかいどう》	千葉《ちば》県	徳島《とくしま》県	青森《あおもり》県	茨城《いばらき》県
19.2	11.7	5.0	3.7	2.9

かぶ　全国合計=16.8万トン　単位：万トン

1位	2位	3位	4位	5位
千葉《ちば》県	埼玉《さいたま》県	青森《あおもり》県	北海道《ほっかいどう》	滋賀《しが》県
5.1	1.6	0.9	0.7	0.6

ごぼう　全国合計=17.2万トン　単位：万トン

1位	2位	3位	4位	5位
青森《あおもり》県	茨城《いばらき》県	北海道《ほっかいどう》	千葉《ちば》県	宮崎《みやざき》県
3.9	2.6	1.9	1.9	1.3

2004年の統計：「野菜生産出荷統計」『ポケット園芸統計平成17年度版』（農林水産省）より

にんじん

▶五寸《ごすん》にんじんという、長さの短い西洋にんじんの一種が栽培《さいばい》の中心。

▲北海道《ほっかいどう》では4～5月ごろに種をまき、8～10月に収穫《しゅうかく》する。夏がすずしい冷《れい》涼《りょう》地《ち》では生育もよく、病害虫の発生が少ない。

▶大規模《だいきぼ》に栽培《さいばい》される北海《ほっかい》道《どう》では、ハーベスターという機械で収穫《しゅうかく》する。

かぶ

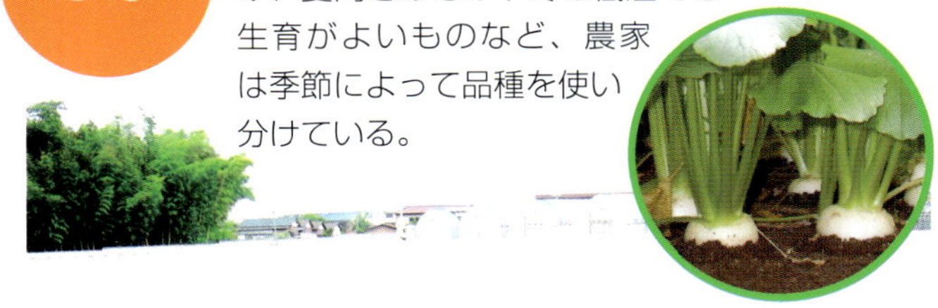

◀多く出回っている小かぶという種類は、かぶが土の上に出たまま大きくなる。品種改良が進み、夏向きのものや冬の低温でも生育がよいものなど、農家は季節によって品種を使い分けている。

ごぼう

▲収穫量《しゅうかくりょう》第1位（2004年）の千葉《ちば》県では、露《ろ》地《じ》、トンネル栽培《さいばい》（写真上）、ハウス栽培《さいばい》を組み合わせ、1年を通して栽培《さいばい》している。

▶長く太いごぼうを育てるため、機械で深く土を掘《ほ》り起《お》こす。ごぼうは「肥料《ひりょう》でなく土でつくる」といわれ、土のよし悪《あ》しが収穫量《しゅうかくりょう》に大きく影響《えいきょう》する。

もっとも生産量の多い野菜

じゃがいも（ばれいしょ）は、日本でもっとも多く生産されている野菜です。生のまま出荷されるもののほか、スナック菓子《がし》や冷凍食品《れいとうしょくひん》など加工品の原料にも多く使われています。農林水産省では、じゃがいもとさつまいも（かんしょ）は、いも類に分類しています。いも類には、このほか、煮物《にもの》に使われるさといもや、長いもなどすりおろすとねばりが出るやまのいも（やまいも）類などがあります。

じゃがいもの収穫量《しゅうかくりょう》の7割《わり》以上が北海道《ほっかいどう》です。ほくほくとおいしい「男爵《だんしゃく》いも」、煮《に》くずれしにくい「メークイン」、男爵《だんしゃく》いもを改良してつくった「キタアカリ」など、さまざまな品種が栽培《さいばい》されています。

じゃがいもの生育温度は15～21℃くらいで、1年中、全国各地で栽培《さいばい》されています。北海道《ほっかいどう》では、4～5月に種いもを植えつけ、8～10月にかけて収穫《しゅうかく》します。それを貯蔵庫《ちょぞうこ》で保管《ほかん》し、次の年の5月までに出荷します。

秋になると、鹿児島《かごしま》県、広島《ひろしま》県などの暖《あたた》かい地域《ちいき》で栽培《さいばい》がはじまり、11～4月にかけて収穫《しゅうかく》されます。ビニールシートなどで地面をおおい地温を高めるマルチ栽培《さいばい》が多く、早い農家では3月末くらいから「新じゃが」として出荷しています。1～3月には長崎《ながさき》県や千葉《ちば》県、静岡《しずおか》県などで栽培《さいばい》がはじまり、5～7月にかけて収穫《しゅうかく》されます。

年間収穫量《しゅうかくりょう》ベスト5

じゃがいも　全国合計=288.8万トン

単位：万トン

1位	2位	3位	4位	5位
北海道《ほっかいどう》	長崎《ながさき》県	鹿児島《かごしま》県	茨城《いばらき》県	千葉《ちば》県
223.5	11.2	8.8	4.5	3.6

さつまいも　全国合計 =100.9万トン

単位：万トン

1位	2位	3位	4位	5位
鹿児島《かごしま》県	茨城《いばらき》県	千葉《ちば》県	宮崎《みやざき》県	熊本《くまもと》県
37.8	19.3	13.1	5.9	3.0

2004年の統計：「野菜生産出荷統計」『ポケット園芸統計平成17年度版』及び「作物統計」（農林水産省）より

じゃがいもの栽培《さいばい》

北海道《ほっかいどう》では、大型の機械を使って、大規模《だいきぼ》なじゃがいも栽培《さいばい》をしています。

種いもの準備《じゅんび》

種いもに太陽光を当て芽を出させる「浴光催芽《よっこうさいが》」（写真上部）をおこなう。植えつけ後、地表から芽が出るのが早くなる。種いもは、植えつけ前に切れ目を入れ切断《せつだん》しておく（写真下部）。

植えつけ

4月下旬ごろ、種いもを植えつける。種いもを機械にセットすると、株《かぶ》と株《かぶ》の間が均一《きんいつ》になるように植えつけられる。

生育期の管理

雑草《ざっそう》をふせぐためにうねを耕《たがや》す「中耕《ちゅうこう》」をおこなったり、土を寄《よ》せる「培土《ばいど》」をおこなう。培土《ばいど》はもっとも大切な作業で、いもが地表に出て緑色になったり、病気にかかったりするのをふせぐ。

収穫《しゅうかく》

8月下旬《げじゅん》になると茎《くき》や葉が黄色くなり、収穫《しゅうかく》期《き》をむかえる。じゃがいも用のハーベスターという機械によって掘《ほ》りとり、収穫《しゅうかく》する。

貯蔵《ちょぞう》

収穫後《しゅうかくご》のじゃがいもは0～10℃の低温貯蔵庫《ちょぞうこ》で保管《ほかん》され、需要《じゅよう》に応《おう》じて出荷する。

▶でん粉《ぷん》（かたくり粉）の原料として、工場に運びこまれたじゃがいも。

暑い気候を好むさつまいも

さつまいもはどのように育つのでしょうか。じゃがいもとは逆《ぎゃく》に、暖《あたた》かい気候が適《てき》していて、生育適温《せいいくてきおん》は20〜30℃くらいです。水はけのよい栄養分の少ない火山灰《かざんばい》の土壌《どじょう》が栽培《さいばい》に向いています。鹿児島《かごしま》県や宮崎《みやざき》県、熊本《くまもと》県などの暖《あたた》かい地域《ちいき》や、茨城《いばらき》県や千葉《ちば》県など関東《かんとう》でも栽培《さいばい》がさかんです。

関東《かんとう》では4〜5月に植えつけ、収穫《しゅうかく》は秋。地中や専用《せんよう》の貯蔵庫《ちょぞうこ》で保存《ほぞん》し、次の年の5月まで出荷できます。また、鹿児島《かごしま》県や宮崎《みやざき》県などの暖《あたた》かい地域《ちいき》では、2〜3月に植えつけ、ビニールでおおって加温するトンネル栽培《さいばい》やマルチ栽培《さいばい》を利用して、6〜8月の早い時期に収穫《しゅうかく》し、出荷しています。

さつまいも

▶根にでん粉《ぷん》がたまり、大きくなったものが、さつまいもになる。

▲さつまいもの収穫《しゅうかく》。茨城《いばらき》県は、千葉《ちば》県と並《なら》んでさつまいも栽培《さいばい》がさかんである。

▲ビニールシートでおおわれたさつまいも畑。鹿児島《かごしま》県や宮崎《みやざき》県では、マルチ栽培《さいばい》などによって出荷時期を早めている。

年間収穫量《しゅうかくりょう》ベスト5

さといも 全国合計=18.5万トン 単位：万トン

1位	2位	3位	4位	5位
千葉《ちば》県	宮崎《みやざき》県	埼玉《さいたま》県	鹿児島《かごしま》県	栃木《とちぎ》県
2.9	2.0	1.6	1.2	0.9

やまのいも 全国合計 =19.8万トン 単位：万トン

1位	2位	3位	4位	5位
青森《あおもり》県	北海道《ほっかいどう》	長野《ながの》県	千葉《ちば》県	群馬《ぐんま》県
7.2	6.7	1.0	0.9	0.9

2004年の統計：「野菜生産出荷統計」『ポケット園芸統計平成17年度版』及び「作物統計」（農林水産省）より

縄文《じょうもん》時代から食べられてきたさといも、やまのいも

煮物《にもの》などにして食べられるさといもは、縄文《じょうもん》時代から栽培《さいばい》されてきた野菜で、山に生えている「やまのいも（やまいも）」に対して、「さといも」とよばれます。高温を好み、北海道《ほっかいどう》をのぞく全国で栽培《さいばい》されています。

おもな産地は、千葉《ちば》県や埼玉《さいたま》県など関東近郊《かんとうきんこう》で、4月に植えつけし、10〜11月に収穫《しゅうかく》する露地栽培《ろじさいばい》がおこなわれています。冬でも暖《あたた》かい宮崎《みやざき》県や鹿児島《かごしま》県では、1〜2月に植えつけて、トンネル栽培《さいばい》などを利用して6〜7月に収穫《しゅうかく》し、出荷します。

やまのいもには「じねんじょ」「ながいも」「いちょういも」などがあります。本来、山に生えるものでしたが、現在《げんざい》は畑で栽培《さいばい》されることが増《ふ》え、青森《あおもり》県が生産の中心となっています。

さといも

▶広く栽培《さいばい》されている石川早生《いしかわわせ》という品種。親いものまわりにたくさんの子いもができ、この子いもを食べる。

▲千葉《ちば》県は収穫量《しゅうかくりょう》全国第1位。収穫《しゅうかく》は機械で掘《ほ》りとり、手作業でいもを外す。

▲収穫後《しゅうかくご》のさといもは、畑に穴を掘《ほ》り地中に貯蔵《ちょぞう》する。1月から4月まで、順次掘《ほ》りだして出荷する。

やまのいも

▶じねんじょの収穫《しゅうかく》。じねんじょは地中深くのびていき、掘《ほ》りだすのがたいへんなので、パイプの中で栽培《さいばい》する。

葉や茎《くき》を食べる野菜

キャベツやレタス、ねぎ、ほうれん草など葉や茎《くき》の部分を食べる野菜は、東京《とうきょう》や大阪《おおさか》などの大都市近郊《きんこう》での栽培《さいばい》がさかんです。食卓《しょくたく》に欠かすことのできないこれらの野菜は、どのように生産されているのでしょうか。

すずしい気候を生かしたキャベツ、レタスの栽培《さいばい》

サラダなどに使われることが多いキャベツやレタスは、食生活の洋風化にともない、生産量が増《ふ》えつづけています。ともにすずしい場所が栽培《さいばい》に適《てき》しています。

夏から秋にかけては、群馬《ぐんま》県の嬬恋《つまごい》地域《ちいき》や長野《ながの》県の八《やつ》ヶ《が》岳《たけ》山麓《さんろく》の高原地帯を中心に栽培《さいばい》された「高原キャベツ」とよばれるキャベツが出荷されます。春から初夏にかけて種をまき、7～10月に収穫《しゅうかく》します。

1年を通してたくさんの需要《じゅよう》があることから、冬から春にかけては、大都市近郊《きんこう》の暖《あたた》かい地域《ちいき》が産地となっています。

11～3月に店頭に出回るのは愛知《あいち》県、千葉《ちば》県、神《か》奈川《ながわ》県など、春先のものは千葉《ちば》県や神奈川《かながわ》県のそれぞれ海ぞいの地域《ちいき》で栽培《さいばい》されます。

一方、レタスもキャベツと同じように、夏から秋にかけては長野《ながの》県の高原地帯、冬から春先にかけては茨城《いばらき》県、兵庫《ひょうご》県、香川《かがわ》県などを中心に栽培《さいばい》されています。

キャベツの栽培《さいばい》

愛知《あいち》県の東《ひがし》三河《みかわ》地域《ちいき》は、冬に温暖《おんだん》な気候を生かし、日本一のキャベツの大産地となっています。12～4月までの市場への出荷量はつねにトップです。この地域《ちいき》でのキャベツ栽培《さいばい》のようすを見てみましょう。

植えつけ

畑に直接《ちょくせつ》種をまく方法と、苗《なえ》を植えつける方法がある。最近は、ハウス内で苗《なえ》をつくり、8～9月ごろ苗《なえ》を機械で植えつけるやり方が増《ふ》えている。

生育期の管理

雑草《ざっそう》の発生をふせぎ、根の生育をよくするためにうねを掘《ほ》り起《お》こす「中耕《ちゅうこう》」や、病害虫をふせぐための消毒をおこなう。

収穫《しゅうかく》

植えつけから5か月ほどたつと、収穫期《しゅうかくき》をむかえる。収穫《しゅうかく》にはうねをまたぐ運《うん》搬車《ばんしゃ》が使われる。収穫後《しゅうかくご》はトラックで予冷庫へ運ばれ、出荷作業がおこなわれる。

◀球内の葉が緑色を帯びていて、やわらかくておいしい「春系《はるけい》」という種類。これまでは球が固くしまり球内が白い「寒玉《かんだま》」という種類が主流だったが、最近は「春系《はるけい》」が増《ふ》え、ほぼ半々の栽培《さいばい》となっている。

レタス

▶レタスの苗《なえ》を植えつける。長野《ながの》県川上《かわかみ》村はすずしい気候を生かし、レタスの大産地となっている。5～9月にかけては長野《ながの》県からの出荷が市場の大半をしめる。

冬の野菜の代表、はくさい

はくさいはキャベツと同様、葉が重なりあって球をつくる野菜で、葉を利用します。すずしい気候を好み、生育の過程《かてい》、栽培《さいばい》の方法、産地などがキャベツと似《に》ています。

秋から冬にかけて収穫《しゅうかく》される代表的な冬野菜で、11～3月に多く出回り、茨城《いばらき》県や愛知《あいち》県などがおもな産地です。最近は、真冬に種をまき、ビニールでおおって加温するトンネル栽培《さいばい》で冬を越《こ》させて春に収穫《しゅうかく》したり、夏でもすずしい気候を生かし、長野《ながの》県や北海道《ほっかいどう》、群馬《ぐんま》県で夏どり栽培《さいばい》をしたりします。

都市近郊《きんこう》で栽培《さいばい》されるねぎ

ねぎは冬野菜の代表のひとつで、秋から冬にかけて大都市近郊《きんこう》の千葉《ちば》県や埼玉《さいたま》県、大阪《おおさか》府などで露地《ろじ》栽培《さいばい》されています。最近は品種改良によって夏場に収穫《しゅうかく》できる品種も誕生《たんじょう》し、冬と同様に千葉《ちば》県や埼玉《さいたま》県などでつくられ、1年を通して出回っています。

ねぎは、白くて長い「白《しろ》ねぎ（根深《ねぶか》ねぎ）」と細長い緑の葉の「青《あお》ねぎ（葉《は》ねぎ）」に分けられます。白ねぎは東日本で、青ねぎは西日本を中心に食べられてきましたが、最近は区別がなくなっています。

年間収穫量《しゅうかくりょう》ベスト5

レタス 全国合計=50.9万トン　単位：万トン

1位	2位	3位	4位	5位
長野《ながの》県	茨城《いばらき》県	群馬《ぐんま》県	兵庫《ひょうご》県	香川《かがわ》県
17.6	6.5	3.2	3.0	3.0

はくさい 全国合計 =88.8万トン　単位：万トン

1位	2位	3位	4位	5位
長野《ながの》県	茨城《いばらき》県	北海道《ほっかいどう》	愛知《あいち》県	群馬《ぐんま》県
21.0	17.8	4.7	3.9	3.2

ねぎ 全国合計 =48.6万トン　単位：万トン

1位	2位	3位	4位	5位
千葉《ちば》県	埼玉《さいたま》県	茨城《いばらき》県	北海道《ほっかいどう》	群馬《ぐんま》県
7.0	5.5	4.8	3.1	2.4

2004年の統計：「野菜生産出荷統計」『ポケット園芸統計平成17年度版』（農林水産省）より

はくさい

▲はくさいの苗《なえ》。

▲畑に種を直接《ちょくせつ》まく方法が一般的《いっぱんてき》だったが、ポットなどに入った苗《なえ》を機械で植えつける移植栽培《いしょくさいばい》が増《ふ》えている。

▲葉が固くしまったものから収穫《しゅうかく》する。茨城《いばらき》県は収穫量《しゅうかくりょう》全国第2位(2004年)。

ねぎの栽培《さいばい》

埼玉《さいたま》県のJA《ジェーエー》ふかやでは、利根《とね》川がもたらした豊《ゆた》かな土と冬の日照時間が長いことから、白《しろ》ねぎの栽培《さいばい》がさかんです。「深谷《ふかや》ねぎ」というブランドで全国に知られています。

植えつけ

苗《なえ》は3月ごろに種をまき、苗専用《なえせんよう》の畑で育てたあと、5月下旬《げじゅん》、手作業で畑の溝《みぞ》へ植えつける。

◀機械による苗《なえ》の植えつけ。手で1本1本植えていくのは手間がかかることから、最近は機械が中心。

生育期の管理

「土寄《つちよ》せ」をした白ねぎの畑。生長にしたがって、溝《みぞ》を掘《ほ》って土を寄《よ》せていく「土寄《つちよ》せ」をする。これにより太陽の光をさえぎり、葉緑素《ようりょくそ》ができないようにし、白いねぎにする。

収穫《しゅうかく》～出荷

12月に収穫《しゅうかく》され、箱づめされ出荷される。JA《ジェーエー》ふかやでは全国20の市場へ、1日1万ケースを出荷している。

産地が広がるほうれん草

ほうれん草は、大都市近郊《きんこう》で栽培《さいばい》される代表的な冬野菜で、東日本では千葉《ちば》県や埼玉《さいたま》県など、西日本では福岡《ふくおか》県や愛知《あいち》県などが、おもな産地です。

最近は、寒さに強く味がよい東洋種と、収穫量《しゅうかくりょう》が多く、春から夏にかけて栽培《さいばい》できる西洋種をかけあわせた品種がつくられて、産地が広がっています。夏に北海道《ほっかいどう》や岩手《いわて》県、岐阜《ぎふ》県などのすずしい地域《ちいき》で栽培《さいばい》できるようになり、1年を通して店頭に並《なら》んでいます。

▲土を使わないほうれん草の水耕栽培《すいこうさいばい》もはじまっている。1年に15回以上収穫《しゅうかく》できる。

ほうれん草

▶ほうれん草は生育が早く、種まきから、高温期であれば30〜40日、低温期で50〜60日で収穫《しゅうかく》できる。

▲露地《ろじ》のほか、雨よけのためハウス（写真）やトンネルを使い栽培《さいばい》することが多い。雨をふせいで、病害虫の発生を減《へ》らすことができる。

◀出荷当日の早朝に収穫《しゅうかく》し出荷する。埼玉《さいたま》県は収穫量《しゅうかくりょう》全国第2位（2004年）。東京市場に夏場をのぞく、10〜6月まで出荷。

生産量が増《ふ》えるブロッコリー

ブロッコリーは、キャベツと共通の祖先《そせん》をもつといわれる野菜です。これまでアメリカからの輸入《ゆにゅう》が多い野菜でしたが、消費量が増《ふ》えるにつれて、各地に産地が生まれました。

すずしい気候を好み、秋から春先にかけては、東日本では埼玉《さいたま》県や群馬《ぐんま》県、西日本では愛知《あいち》県や徳島《とくしま》県などで栽培《さいばい》されています。夏場は北海道《ほっかいどう》がおもな産地となっています。

ブロッコリー

▶箱づめされたブロッコリー。つぼみの集まりと茎《くき》の部分を食べる。

▲開花する前に、太い茎《くき》のつけ根を切って収穫《しゅうかく》する。埼玉《さいたま》県は収穫量《しゅうかくりょう》全国第1位（2004年）。

年間収穫量《しゅうかくりょう》 ベスト5

ほうれん草　全国合計 =28.9万トン　単位：万トン

1位	2位	3位	4位	5位
千葉《ちば》県	埼玉《さいたま》県	群馬《ぐんま》県	茨城《いばらき》県	岐阜《ぎふ》県
3.6	3.1	2.3	1.6	1.3

ブロッコリー　全国合計 =9.4万トン　単位：万トン

1位	2位	3位	4位	5位
埼玉《さいたま》県	愛知《あいち》県	北海道《ほっかいどう》	群馬《ぐんま》県	長野《ながの》県
1.4	1.2	1.1	0.5	0.5

2004年の統計：「野菜生産出荷統計」『ポケット園芸統計平成17年度版』（農林水産省）より

北海道《ほっかいどう》中心のたまねぎ栽培《さいばい》

たまねぎの生産量は、いも類をのぞく野菜のなかで第３位(2004年)となっています。

すずしい気候を好み、栽培《さいばい》の中心である北海道《ほっかいどう》では、春に種をまき８月上旬《じょうじゅん》～９月下旬《げじゅん》に収穫《しゅうかく》します。９～４月までの出荷量の大半が北海道《ほっかいどう》産で、国内生産量の５割《わり》以上をしめています。

夏の間は、暖《あたた》かい気候を生かし、秋に種をまいて初夏に収穫《しゅうかく》する九州《きゅうしゅう》地方や愛知《あいち》県、兵庫《ひょうご》県などが栽《さい》培《ばい》の中心となります。

たまねぎは地上部が枯《か》れたあとは、根の活動が低下して１～３か月間は発芽しません。低温貯蔵庫《ていおんちょぞうこ》で１～２℃をたもち、長期保存《ちょうきほぞん》ができるため、１年を通して比較的《ひかくてき》安定して出荷ができ、１年中店頭に並《なら》んでいます。

最近は、佐賀《さが》県や宮崎《みやざき》県などで、２～３月に出荷する「新たまねぎ」の生産が増《ふ》えています。早い収《しゅう》穫《かく》ができる品種を、ビニールでおおって加温するトンネル栽培《さいばい》でさらに早く生長させているのです。

たまねぎ

▶宮崎《みやざき》県では「新たまねぎ」の出荷がさかん。

▲北海道では2月下旬《げじゅん》～3月中旬《ちゅうじゅん》、育苗《いくびょう》トレイに種をまき、苗《なえ》を育てる。春まき栽培《さいばい》は、種まき後、約150～180日で収穫《しゅうかく》できる。

▲移植機《いしょくき》に苗《なえ》のトレイをセットすると、機械が自動的に1本ずつ植えていく。

▲地上部の葉や茎《くき》が枯《か》れたら収《しゅう》穫《かく》時期。北海道《ほっかいどう》では大型のハーベスターで収穫《しゅうかく》する。

作物が育たなくなる 連作障害《れんさくしょうがい》ってなに？

同じ土地に同じ種類の野菜をつくりつづけると、野菜が病気になったり、育ちが悪くなる「連作障害《れんさくしょうがい》」が起きます。原因《げんいん》の90%以上は、その作物を好む病原菌《びょうげんきん》やセンチュウが増《ふ》えすぎることと考えられています。

連作障害《れんさくしょうがい》が起きやすい野菜は、ナス科のトマト、じゃがいも、ピーマン、ウリ科のきゅうり、メロン、アブラナ科のはくさい、キャベツ、だいこんなどです。

農家は連作障害《れんさくしょうがい》を避《さ》けるため、同じ土地で同じ野菜や同じ科の作物を栽培《さいばい》せず、いくつかの作物を、順番を決め交替《こうたい》で栽培《さいばい》する「輪作《りんさく》」をおこなっています。輪《りん》作《さく》によって土地の力の低下をふせぐことができます。

◀ネコブセンチュウによるメロンの被害《ひがい》。ネコブセンチュウが増《ふ》えすぎたことによって、根が水や栄養分を吸《す》いあげる力を失って枯《か》れた。

◀土の中にいる青枯病菌《あおがれびょうきん》が増《ふ》え、トマトの体内に入り、水が通らなくなり枯《か》れる。トマト栽培《さいばい》でもっともおそれられている病気。

▲連作障害《れんさくしょうがい》を起こした畑を回復させるため、センチュウを殺す効果《こうか》のあるマリーゴールドを収穫後《しゅうかくご》の畑に植えている（北海道七飯《ほっかいどうななえ》町）。

実を食べる野菜

**トマトやきゅうり、なす、ピーマンなど、実の部分を食べる野菜は果菜類《かさいるい》とよばれます。
これらの多くは施設栽培《しせつさいばい》を利用し、
1年を通して収穫《しゅうかく》できるようになっています。**

施設栽培《しせつさいばい》が中心

トマトは24～30℃の高い気温が生育に適《てき》しており、夏場の大都市近郊《きんこう》での露地栽培《ろじさいばい》が中心でした。しかし、サラダなどの食材として1年を通して需要《じゅよう》が多いことから、温室などの施設栽培《しせつさいばい》が増《ふ》え、冬場も出荷できるようになりました。暖《あたた》かい気候を生かした熊本《くまもと》県、千葉《ちば》県、愛知《あいち》県などがおもな産地です。

夏から秋にかけては、1年を通して出荷している千葉《ちば》県のほか、茨城《いばらき》県、福島《ふくしま》県、青森《あおもり》県などが産地となっています。

トマトは雨に当たると病気になったり実がさけたりすることから、これらの地域《ちいき》では屋根だけのハウスで雨をさける「雨《あま》よけ栽培《さいばい》」が増《ふ》えています。

ピーマンも生育適温《てきおん》が22～30℃と高く、露地栽培《ろじさいばい》で夏から秋にかけて収穫《しゅうかく》される野菜でしたが、トマトと同じように、暖《あたた》かい地域《ちいき》での施設栽培《しせつさいばい》がさかんになり、11～5月にかけては宮崎《みやざき》県や高知《こうち》県が栽培《さいばい》の中心になっています。

夏から秋にかけては、茨城《いばらき》県の施設栽培《しせつさいばい》、岩手《いわて》県や北海道《ほっかいどう》での露地栽培《ろじさいばい》が中心です。ピーマンの仲間であるししとう（76ページ参照）は、高知《こうち》県や千葉《ちば》県などがおもな産地です。

なすも、暖《あたた》かい地域《ちいき》での施設栽培《しせつさいばい》が増《ふ》えていて、高知《こうち》県、熊本《くまもと》県が12～6月にかけての収穫《しゅうかく》、出荷の中心となっています。地方によってさまざまな品種が育てられていますが、中長《ちゅうなが》（長卵形《ちょうらんけい》）がもっとも出回っています。比較的栽培《ひかくてきさいばい》が簡単《かんたん》なことから、夏場、東京近郊《とうきょうきんこう》で露地栽培《ろじさいばい》が広くおこなわれています。

トマト

▶完熟《かんじゅく》してから収穫《しゅうかく》する糖度《とうど》（甘《あま》さ）の高い「完熟系《かんじゅくけい》」という種類が栽培《さいばい》の中心。このほか、ミニトマトの栽培《さいばい》も増《ふ》えている。

▲種をまき苗《なえ》を育てる。育苗《いくびょう》期間は約60日で、苗《なえ》を畑に植えつけてから収穫《しゅうかく》までは約60日。

▲熊本《くまもと》県は収穫量《しゅうかくりょう》全国第1位で、日本最大のトマトの産地となっている。12～6月にかけて東京《とうきょう》や大阪《おおさか》などの市場に出荷している。

ピーマン

▼種まきから育苗期《いくびょうき》をへて、約120日ほどで、緑色の未熟《みじゅく》な状態《じょうたい》で収《しゅう》穫《かく》する。収穫《しゅうかく》期間は長く、約5か月におよぶ。

▲高知《こうち》県は黒潮《くろしお》の影響《えいきょう》もあって温《おん》暖《だん》なことから、ピーマンの施設栽《しせつさい》培《ばい》がさかんにおこなわれている。

高温を好むきゅうり

きゅうりは高温を好み、夏の野菜の代表です。夏から秋にかけて出荷されるものは、群馬《ぐんま》県や福島《ふくしま》県を中心に栽培《さいばい》されています。果菜類《かさいるい》のなかでは生育が早く、種まきから収穫《しゅうかく》まで約80日ほどです。

トマトなどと同じように施設栽培《しせつさいばい》が増《ふ》えていて、冬から春にかけて店頭に並《なら》ぶものは、おもに温室を利用して栽培《さいばい》する宮崎《みやざき》県産のものです。

◀きゅうりは果実の表面に、ブルームとよばれる白い粉のようなものが生じるが、現在《げんざい》はブルームがなく、つやのあるブルームレスきゅうりが多く生産されている。

きゅうり

▶病気をふせぎ、ブルームをなくすために、病気に強いかぼちゃの苗《なえ》を台木《だいぎ》にして、そこにきゅうりの茎《くき》をつなぎあわせる「接《つ》ぎ木苗《きなえ》」が利用される。接《つ》ぎ木《き》作業は接《つ》ぎ木《き》ロボットでおこなう。

▲群馬《ぐんま》県は収穫量《しゅうかくりょう》全国第1位（2004年）で、施設《しせつ》栽培《さいばい》と露地栽培《ろじさいばい》を組み合わせ、1年中出荷している。

▲暖《あたた》かい気候を生かした宮崎《みやざき》県は冬の大産地。地面をはわせるのではなく、支柱《しちゅう》を立て、枝《えだ》がからみあわないように栽培《さいばい》する。

年間収穫量《しゅうかくりょう》ベスト5

トマト　全国合計=75.5万トン　単位：万トン

1位	2位	3位	4位	5位
熊本《くまもと》県	千葉《ちば》県	北海道《ほっかいどう》	茨城《いばらき》県	愛知《あいち》県
8.2	5.1	5.0	5.0	4.7

なす　全国合計=39.0万トン　単位：万トン

1位	2位	3位	4位	5位
高知《こうち》県	熊本《くまもと》県	福岡《ふくおか》県	群馬《ぐんま》県	茨城《いばらき》県
4.0	3.1	2.8	2.5	2.0

ピーマン　全国合計=15.3万トン　単位：万トン

1位	2位	3位	4位	5位
宮崎《みやざき》県	茨城《いばらき》県	高知《こうち》県	鹿児島《かごしま》県	岩手《いわて》県
3.4	3.1	1.6	1.1	0.9

きゅうり　全国合計=67.3万トン　単位：万トン

1位	2位	3位	4位	5位
群馬《ぐんま》県	宮崎《みやざき》県	埼玉《さいたま》県	福島《ふくしま》県	茨城《いばらき》県
6.9	6.5	5.7	5.5	3.5

2004年の統計：「野菜生産出荷統計」『ポケット園芸統計平成17年度版』（農林水産省）より

もっともおいしい季節

野菜の旬《しゅん》を知ろう！

野菜には「旬《しゅん》」といって、もっともおいしく、収穫《しゅうかく》に適《てき》した時期があります。ところが、施設栽培《しせつさいばい》の普及《ふきゅう》や栽《さい》培《ばい》技術《ぎじゅつ》の向上、品種改良などによって、多くの野菜は1年中収穫《しゅうかく》できるようになっています。そのため、本来の旬《しゅん》が失われ、季節感がうすれています。

旬《しゅん》の時期には、露地栽培《ろじさいばい》で収穫《しゅうかく》された野菜がもっとも多く出回り、味もよく、値段《ねだん》も安くなります。春は葉ものや山菜、夏は果菜類《かさいるい》、冬は根菜類《こんさいるい》というように、季節ごとに特徴《とくちょう》があります。

それぞれの野菜の旬《しゅん》がいつなのか見てみましょう。

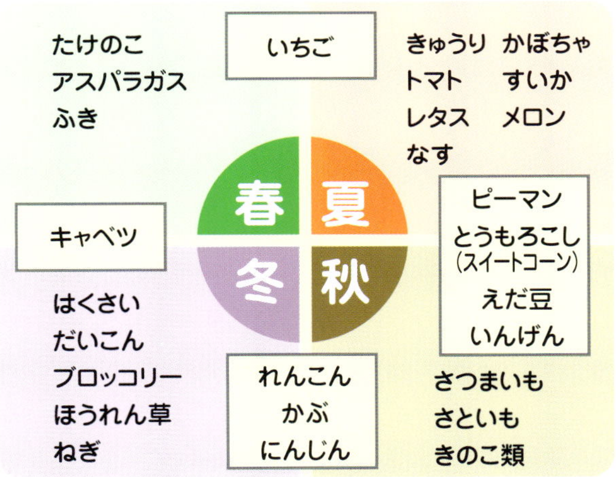

＊地域《ちいき》や品種によって旬《しゅん》の時期がことなるものもあります。

露地《ろじ》で栽培《さいばい》されるかぼちゃ

かぼちゃは比較的《ひかくてき》高温を好みますが、トマトやピーマンなどとちがい、ビニールハウスなどの施設《しせつ》で栽培《さいばい》されることはあまりありません。おもな産地は北海道《ほっかいどう》で、露地《ろじ》で栽培《さいばい》され、8～11月にかけて収穫《しゅうかく》、出荷されます。

最近は鹿児島《かごしま》県や茨城《いばらき》県などで、2～3月に苗《なえ》を植えつけ、ビニールでおおって加温するトンネル栽培《さいばい》を利用して5～6月に収穫《しゅうかく》、出荷するというかたちも増《ふ》えています。これ以外の季節は、メキシコやニュージーランドなどから輸入《ゆにゅう》されています。

栽培《さいばい》されている品種は、水分が多くうす味の「日本かぼちゃ」が減《へ》り、甘味《あまみ》の強い「西洋かぼちゃ」が主流になっています。

かぼちゃの栽培《さいばい》

種まき～植えつけ

北海道《ほっかいどう》では4月上旬《じょうじゅん》くらいに種をまき、育苗用《いくびょうよう》の施設《しせつ》で約40日ほど育てる（写真）。6月、苗《なえ》を畑に植えつけ、ビニールシートで地面をおおう。

生育期の管理

6月下旬《げじゅん》、つるがのびてきたら、混《こ》みあわないように支柱《しちゅう》を立てて固定する。病害虫の被害《ひがい》は少ない。

収穫《しゅうかく》

8月下旬《げじゅん》～9月上旬《じょうじゅん》に収穫《しゅうかく》をむかえる。

▲西洋かぼちゃ。

産地が少ないとうもろこし

ふつう野菜として食べられる甘味《あまみ》のあるとうもろこしは、スイートコーンとよばれています。スイートコーンはキャベツなどとちがい、つねに料理に必要とされる野菜ではないので、産地も出回る時期もかぎられています。おもな産地は北海道《ほっかいどう》や千葉《ちば》県、茨城《いばらき》県などで、露地栽培《ろじさいばい》、トンネル栽培《さいばい》が中心で、6～9月の夏場に出荷されます。夏場以外の季節はぐっと出回る量が減《へ》り、沖縄《おきなわ》県産やオーストラリアなどの海外からの輸入品《ゆにゅうひん》が増《ふ》えます。

収穫後《しゅうかくご》、鮮度《せんど》が落ちやすいことから、気温の低い早朝のうちに収穫《しゅうかく》し、すぐに冷やして、鮮度《せんど》が落ちないうちに出荷します。

とうもろこし

▲北海道《ほっかいどう》の広大なとうもろこし畑。

年間収穫量《しゅうかくりょう》ベスト5

単位：万トン

	1位	2位	3位	4位	5位
かぼちゃ 全国合計=22.6万トン	北海道《ほっかいどう》 10.5	鹿児島《かごしま》県 1.3	茨城《いばらき》県 1.1	千葉《ちば》県 0.6	長崎《ながさき》県 0.6
*とうもろこし 全国合計=26.6万トン	北海道《ほっかいどう》 11.5	千葉《ちば》県 2.1	茨城《いばらき》県 1.5	長野《ながの》県 1.2	群馬《ぐんま》県 1.2
いちご 全国合計=19.8万トン	栃木《とちぎ》県 2.9	福岡《ふくおか》県 2.0	熊本《くまもと》県 1.4	長崎《ながさき》県 1.3	静岡《しずおか》県 1.3
メロン 全国合計=24.9万トン	茨城《いばらき》県 5.7	北海道《ほっかいどう》 3.8	熊本《くまもと》県 3.5	静岡《しずおか》県 1.6	愛知《あいち》県 1.5
すいか 全国合計=45.4万トン	熊本《くまもと》県 7.1	千葉《ちば》県 6.7	山形《やまがた》県 3.4	茨城《いばらき》県 2.6	鳥取《とっとり》県 2.5

＊とうもろこしはスイートコーンの統計。
2004年の統計：「野菜生産出荷統計」『ポケット園芸統計平成17年度版』（農林水産省）より

栽《さい》培《ばい》技《ぎ》術《じゅつ》が発達したいちご

いちごやメロン、すいかはくだものの売場に並《なら》んでいますが、くだもののように木にならないので果実的野菜とよばれ、野菜に分類されています。

1960年代まで、いちごが収穫《しゅうかく》されるピークは４～５月でした。それが現在《げんざい》は、10～５月ごろまで、半年以上も収穫《しゅうかく》がつづきます。このように、収穫《しゅうかく》期間が長くなったのは、施設栽培《しせつさいばい》の発達に加え、花を早く咲《さ》かせる技術《ぎじゅつ》が大きく進歩したためです。

おもな産地は東日本では栃木《とちぎ》県、静岡《しずおか》県、西日本では福岡《ふくおか》県、熊本《くまもと》県、長崎《ながさき》県などで、栃木《とちぎ》県が収穫量《しゅうかくりょう》第１位となっています。いちごは品種改良も進んでいて、現在《げんざい》、東日本でもっとも多く栽培《さいばい》されているのが「とちおとめ」、福岡《ふくおか》県、熊本《くまもと》県など西日本に多いのは「とよのか」です。これに加え、より糖度《とうど》（甘《あま》さの目安）の高い「さちのか」「章姫《あきひめ》」といった品種も登場しています。

いちごは、種をまいて育てるのではなく、収穫後《しゅうかくご》の株《かぶ》から発生するランナーとよばれるつるにできる子株《こかぶ》を苗《なえ》にします。いちごの苗《なえ》は日が短くなり気温が下がると、花芽《はなめ》をつけることから、人工的に低温の環境《かんきょう》をつくりだし、早く花を咲《さ》かせています。

いちご

▶収穫《しゅうかく》したいちごを人の手で選別し、パックにつめる。

▲いちご栽培《さいばい》は腰《こし》をかがめる作業が多く、体に負担《ふたん》がかかったが、現在《げんざい》は高い位置で楽に作業ができる「高設《こうせつ》ベッド栽培《さいばい》」が普及《ふきゅう》している。

高温を好むメロン、すいか

メロンは高い温度と長い時間、日に当たるのを好む野菜です。そのため、ビニールハウスやガラス温室などの施設《しせつ》で、温度を高くして栽培《さいばい》する方法が増《ふ》えています。

おもな産地は、冬から春にかけては熊本《くまもと》県や静岡《しずおか》県、高知《こうち》県、愛知《あいち》県などの暖《あたた》かい地域《ちいき》、夏は茨城《いばらき》県や千葉《ちば》県などの関東《かんとう》地方、夏の終わりから秋にかけては、北海道《ほっかいどう》から出荷されます。

1980年代前半までは、値段《ねだん》が安く、網目《あみめ》（ネット）のないプリンスメロンが多く栽培《さいばい》されていましたが、現在《げんざい》は、網目《あみめ》のあるアンデスメロン、高級なアールスメロンが栽培《さいばい》の中心です。

すいかも高温を好み、とくに夏の出荷が多く、熊本《くまもと》県、千葉《ちば》県、山形《やまがた》県などがおもな産地です。

メロンの栽培《さいばい》

愛知《あいち》県の渥美《あつみ》半島ではガラス温室でのアールスメロンの栽培《さいばい》がさかんです。種まきから、だいたい130日ほどで収穫《しゅうかく》できます。

▼ガラス温室の中で栽培《さいばい》されるメロン。

受粉《じゅふん》

苗《なえ》の植えつけ後、２～３週間で花をつけるので、ミツバチまたは人の手で受粉《じゅふん》させる。

摘果《てきか》

受粉《じゅふん》がすむと、ひと株《かぶ》に複数《ふくすう》の果実ができるので、卵形《たまごがた》の形のよいものを残し、ほかの果実をつみとる。最終的にひと株《かぶ》にひとつにする。大きくなったメロンは、地面にふれないようにひもでつるす。

収穫《しゅうかく》

受粉《じゅふん》して50～60日ほどで収穫《しゅうかく》をむかえる。表面の網目《あみめ》は、生育の遅《おそ》い表皮が、内部の肥大《ひだい》によってひび割《わ》れ、それをなおすためにできたもの。最初は縦《たて》、次は横をくり返《かえ》しながら網目《あみめ》ができあがり、収穫期《しゅうかくき》となる。

伝《でん》統《とう》野《や》菜《さい》図《ず》鑑《かん》

各地に残る伝統野菜《でんとうやさい》

それぞれの土地の風土に根ざして、古くから栽培《さいばい》されてきたのが、各地に伝わる伝統野菜《でんとうやさい》です。独特《どくとく》の形や風味をもった伝統野菜《でんとうやさい》にはどんなものがあるのか、見てみましょう。

伝統野菜《でんとうやさい》ってなに？

それぞれの土地の風土に合わせて、昔から育てられてきた野菜が伝統野菜《てんとうやさい》です。かぎられた地域《ちいき》で栽《さい》培《ばい》され、郷土《きょうど》料理の食材などとして使われてきました。もともとある品種という意味で、在来品種《ざいらいひんしゅ》ともよばれます。これらの野菜は栽培量《さいばいりょう》が少なく、形もふぞろいで長距離輸送《ちょうきょりゆそう》に適《てき》さなかったので、ほとんど地元だけで栽培《さいばい》、消費されてきました。

これに対して、スーパーマーケットや青果店に並《なら》ぶ野菜は、土地や気候がちがう場所でつくっても、味や形に大きなちがいのない改良品種です。

日本では1970（昭和《しょうわ》45）年ごろから経済《けいざい》の成長にともなって、都市に人口が集中するようになりました。そのため都市では大量の野菜が必要になり、産地から長距離輸送《ちょうきょりゆそう》しやすい、形や大きさの均一《きんいつ》な野菜が求められ、改良されてきました。さらに、生産性《せいさんせい》が高く、安定した収穫《しゅうかく》が期待できるF1品種《エフワンひんしゅ》（77ページ参照）が誕生《たんじょう》すると、在来品種《ざいらいひんしゅ》を育てる農家は減《へ》っていきます。

現在《げんざい》、伝統野菜《でんとうやさい》を栽培《さいばい》する農家はわずかになりましたが、最近になって、ふるさとの味を伝える文化として、伝統野菜《でんとうやさい》を大切に守っていこうという動きが起こっています。

加賀野菜《かがやさい》 石川《いしかわ》県

加賀野菜《かがやさい》とは石川《いしかわ》県金沢《かなざわ》市やその周辺で、生産される野菜で、大部分が江戸《えど》時代から栽培《さいばい》されています。加賀藩《かがはん》の城下町《じょうかまち》として発展《はってん》した金沢《かなざわ》では、豊《ゆた》かな食文化が育《はぐく》まれてきました。打木赤皮甘栗《うつぎあかがわあまぐり》かぼちゃ、金時草《きんじそう》、加賀太《かがふと》きゅうり、加賀《かが》れんこんなど、15種類がつくられています。

金沢一本太《かなざわいっぽんふと》ねぎ

冬にしか育たず、気温が低いほど甘味《あまみ》が増《ま》す。甘味《あまみ》とねばりが強く、すき焼きや鍋物《なべもの》に使われる。

金時草《きんじそう》

金時《きんとき》いもというさつまいもに葉裏《はうら》の色が似《に》ていることからこの名前がつけられた。

加賀《かが》れんこん

肉厚《にくあつ》でねばりがある。江戸《えど》時代には薬として食べられていた。

加賀太《かがふと》きゅうり

太く、重さが1kgもある。煮《に》物《もの》や、生で食べる酢《す》の物《もの》やサラダに使われる。

打木赤皮甘栗《うつぎあかがわあまぐり》かぼちゃ

赤い色があざやかで、独特《どくとく》の形をしている。甘《あま》くしっとりとした味わいがある。

北海道《ほっかいどう》 八列《はちれつ》とうもろこし

実が八列に並《なら》んだとうもろこし。甘味《あまみ》が少ないため、しょう油をつけて焼いて食べることが多い。

北海道《ほっかいどう》 札幌大球《さっぽろだいきゅう》キャベツ

ふつうのキャベツの15倍くらいの重さになる巨大《きょだい》キャベツ。肉厚《にくあつ》で漬物《つけもの》に使われる。

山形県《やまがた》 民田《みんでん》なす

庄内《しょうない》地方を中心につくられてきた漬物《つけもの》用のなす。300年以上前に伝わった京都《きょうと》のひと口《くち》なすが起源《きげん》といわれる。

山形県《やまがた》 だだちゃ豆《まめ》（えだ豆《まめ》）

鶴岡《つるおか》市周辺のかぎられた地域《ちいき》で、江戸《えど》時代から栽培《さいばい》されてきたえだ豆《まめ》。甘味《あまみ》と独特《どくとく》の香《かお》りで人気が高い。

秋田県《あきた》 とんぶり

ほうきぎという植物の実を乾燥《かんそう》させ、加工したもの。プチプチした食感を味わう。

長野県《ながの》 下栗二度芋《しもぐりにどいも》

標高800～1000mの急傾斜《きゅうけいしゃ》地でつくられてきたじゃがいも。1年に2回収穫《しゅうかく》できるところからこの名がついた。

群馬県《ぐんま》 下仁田《しもにた》ねぎ

群馬《ぐんま》県下仁田《しもにた》町で栽培《さいばい》されている太く大きいねぎ。煮《に》こむと甘味《あまみ》が出るので、鍋料理《なべりょうり》などに使われる。

群馬県《ぐんま》 国分《こくぶ》にんじん

群馬《ぐんま》県で品種改良され、かつては全国のにんじん生産量の8割《わり》をしめていた。甘《あま》くて味が濃《こ》い。

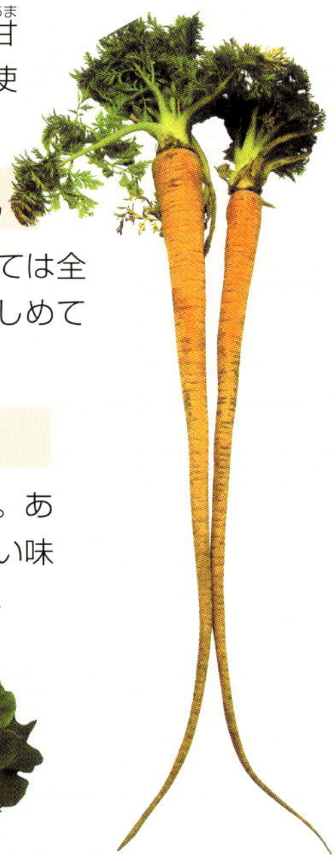

茨城県《いばらき》 赤《あか》ねぎ

北部を中心につくられるねぎ。あざやかな赤い色と、やわらかい味で、サラダなどにも使われる。

静岡県《しずおか》 水掛菜《みずかけな》

わき水が豊富《ほうふ》で、つねに水が流れる場所で栽培《さいばい》される青菜《あおな》。

東京都《とうきょう》 練馬《ねりま》だいこん

江戸《えど》時代から栽培《さいばい》されてきた。長いものでは1.5mにもなる。練馬《ねりま》だいこんでつくられるたくあんは、特産品となっている。

伝《でん》統《とう》野《や》菜《さい》図《ず》鑑《かん》

沖縄《おきなわ》野《や》菜《さい》　沖縄県《おきなわ》

日本のもっとも南にある沖縄県《おきなわ》は、亜熱《あねっ》帯《たい》の気候と、中国《ちゅうごく》からの影響《えいきょう》を受け、独《どく》自《じ》の食文化がつくられてきました。ゴーヤー（にがうり）、島《しま》にんじん、紅《べに》いもなど、たくさんの伝統野菜《でんとうやさい》があります。これらの野菜が、沖縄《おきなわ》の人の長寿《ちょうじゅ》の秘《ひ》けつともいわれ、全国的にも人気が高まっています。

島《しま》にんじん

ごぼうのように細く、黄色いにんじん。冬に出回る。

ゴーヤー（にがうり）

沖縄《おきなわ》野菜の代表。暑さがきびしい沖縄《おきなわ》の夏でも収穫《しゅうかく》できる。ゴーヤーの苦味《にがみ》を生かした炒《いた》め物《もの》、ゴーヤーチャンプルーは有名。

ターンム（田芋《たいも》）

伝統行事《でんとうぎょうじ》やお祝いの席に欠かせない野菜。さといもの仲間で、水田で栽培《さいばい》する。蒸《む》すと、甘味《あまみ》と独特《どくとく》のねばりがでる。

ナーベーラー（へちま）

ゴーヤーと並《なら》んで沖縄《おきなわ》の夏野菜の代表。なすに似《に》た味で、みそ煮《に》などにされる。

島根県《しまね》　津田《つだ》かぶ

松江《まつえ》市の津田《つだ》地方で漬物《つけもの》用につくられている。牛の角にも見えるので、牛《ぎゅう》角《かく》ともよばれる。

長崎県《ながさき》　雲仙《うんぜん》こぶ高菜《たかな》

大きくなると、茎《くき》に親指くらいの大きさのこぶができる高菜《たかな》。

鹿児島県《かごしま》　桜島《さくらじま》だいこん

ギネス世界記録にも認定《にんてい》された世界一大きなだいこん。桜島《さくらじま》の火山灰土《かざんばいど》と暖《あたた》かい気候によって大きく育つ。

京野菜《きょうやさい》

京都府《きょうと》

平安《へいあん》時代から政治《せいじ》と文化の中心地として栄えてきた京都《きょうと》では、京料理《きょうりょうり》が育《はぐく》まれてきました。その材料として使われる京野菜《きょうやさい》も歴史は古く、九条《くじょう》ねぎは約1300年前から栽培《さいばい》されていたといわれています。今もえびいも、聖護院《しょうごいん》だいこん、堀川《ほりかわ》ごぼう、鹿ヶ谷《ししがたに》かぼちゃなど、40種類以上が伝えられています。

賀茂《かも》なす

実は大きく、ボールのように丸い形をしている。皮はやわらかく、焼きなす、煮物《にもの》にされる。

堀川《ほりかわ》ごぼう

聚楽第《じゅらくだい》という建物の堀《ほり》でごぼうが育ったのがはじまりとされる。太く長さが短い。なかは空洞《くうどう》で、そこに肉などをつめて料理する。

えびいも

さといもの一種で、皮のしま模様《もよう》と、えびのような形からこの名前がつけられた。「土寄《つちよ》せ」を何度もおこない土の重みでえび状《じょう》に曲げる。煮《に》ても形がくずれにくい。

伏見《ふしみ》とうがらし

ふつうのとうがらしより細長い。辛味《からみ》がなく焼いたり炒《いた》め物《もの》に使われる。江戸《えど》時代から栽《さい》培《ばい》されてきた。

鹿ヶ谷《ししがたに》かぼちゃ

ひょうたんの形をしたかぼちゃ。鹿ヶ谷《ししがたに》で数年間栽培《さいばい》しているうちに、このような形になったといわれる。煮物《にもの》に使われる。

聖護院《しょうごいん》だいこん

大きく丸い形のだいこん。苦味が少なく、煮《に》ても形がくずれにくい。煮物《にもの》に使われる。

奈良県《なら》　大和真菜《やまとまな》

12月から2月に収穫《しゅうかく》され、やわらかく甘味《あまみ》が強い青菜《あおな》。

香川県《かがわ》　讃岐《さぬき》しろうり

香川《かがわ》県内の各地の農家で栽培《さいばい》され、漬物《つけもの》にして食べられてきた。

大阪府《おおさか》　天王寺《てんのうじ》かぶ

ふつうのかぶより甘《あま》く、実がしまっているので、煮《に》ても形がくずれにくい。煮物《にもの》や漬物《つけもの》にして食べられる。

大阪府《おおさか》　毛馬《けま》きゅうり

大阪《おおさか》の毛馬《けま》町が原産といわれる。甘《あま》い香《かお》りが特徴《とくちょう》。奈良漬《ならづけ》などにされる。

きのこ類の栽培《さいばい》

森林の豊《ゆた》かな日本では、さまざまなきのこが食べられてきました。食用となるきのこは約200種類、そのうち、栽培《さいばい》されているものは約20種類です。これらのきのこが、どんな方法で栽培《さいばい》されているのか、見てみましょう。

日本で栽培《さいばい》されているきのこ類は約20種類

現在《げんざい》、山間部を中心にしいたけ、なめこ、えのきだけ、まいたけ、ひらたけなど約20種類が栽培《さいばい》されています。なかでも、もっとも多く生産されているのが、しいたけで、生のまま出荷する生しいたけと、乾燥《かんそう》させて出荷する干《ほ》ししいたけがあります。

生しいたけの生産量が多いのは、徳島《とくしま》県、群馬《ぐんま》県などです。干《ほ》ししいたけの生産量は大分《おおいた》県がもっとも多く、全国の生産量の30%以上をしめています。

また、近年は輸入《ゆにゅう》も増《ふ》え、生しいたけの約30%、干《ほ》ししいたけは60%以上が輸入品《ゆにゅうひん》です。

しいたけは畑に種や苗《なえ》を植えてつくるのではありません。菌類《きんるい》であるきのこ類は、菌糸《きんし》を繁殖《はんしょく》させて栽培《さいばい》する作物で、栽培《さいばい》方法は大きくふたつに分けられます。ひとつは「原木栽培《げんぼくさいばい》」です。山から切りだしたクヌギやナラなどの広葉樹《こうようじゅ》の原木《げんぼく》に、種駒《たねごま》という菌《きん》の固まりが入った木片《もくへん》を打ちこみ、きのこを栽培《さいばい》します。

もうひとつは「菌床栽培《きんしょうさいばい》」です。温度や湿度《しつど》が一定にたもたれた施設《しせつ》で、ビンや袋《ふくろ》につめたおがくずに菌《きん》を植えつけ繁殖《はんしょく》させます。

以前は原木栽培《げんぼくさいばい》が中心で、屋外での生産が多かったことから、しいたけは自然にできる秋や春の出荷が中心でした。しかし、1980（昭和《しょうわ》55）年ごろから菌床栽培《きんしょうさいばい》が各地に普及《ふきゅう》し、年間を通して出荷できるようになりました。

なお、きのこは野菜として食べられていますが、農林水産省では「特用林産物」に分類しています。

原木《げんぼく》栽培《さいばい》

しいたけの場合、原木《げんぼく》の屋外栽培《おくがいさいばい》では植えつけから収穫《しゅうかく》まで1年から1年半の時間がかかりますが、厚《あつ》みのある味の濃《こ》いしいたけが収穫《しゅうかく》できます。原木《げんぼく》のハウス栽培《さいばい》もおこなわれていて、植えつけから8〜10か月で収穫《しゅうかく》できます。

1 原木の準備《じゅんび》

1月ごろ、菌《きん》を植えつける広葉樹《こうようじゅ》を山から切りだし、直径5cm以上の枝《えだ》や幹《みき》を長さ1mほどに切っていく。この丸太を、原木《げんぼく》とよぶ。

2 菌《きん》の打ちこみ

気温が低く雑菌《ざっきん》の少ない2月ごろ、原木《げんぼく》にドリルで穴をあけ、菌《きん》の入った種駒《たねごま》を金づちで打ちこんでいく。

種駒《たねごま》

3 仮伏《かりぶ》せ〜本伏《ほんぶ》せ

風通しがよく直射日光《ちょくしゃにっこう》が当たらない場所で、菌《きん》が根づくまで原木《げんぼく》を横に重ねる「仮伏《かりぶ》せ」をおこなう。気温が上がる6月ごろ、菌《きん》がよく発育するよう林内の温かい場所に原木《げんぼく》を移《うつ》し、風通しがよくなるように組み合わせる「本伏《ほんぶ》せ」をおこなう。

4 収穫《しゅうかく》

発生から1か月ほどで収穫《しゅうかく》となる。ひとつずつ手で収穫《しゅうかく》していく。干《ほ》ししいたけは乾《かん》燥機《そうき》で乾《かわ》かし、出荷する。

▶ 翌年9月ごろから、しいたけが発生。品質をよくし生長を早めるため袋《ふくろ》をかける。

菌床《きんしょう》栽培《さいばい》

菌床栽培《きんしょうさいばい》は、湿度《しつど》、温度、風などが厳密《げんみつ》に管理された施設《しせつ》の中でおこなわれます。栽培環境《さいばいかんきょう》の管理が品質《ひんしつ》を大きく左右します。たくさんのまいたけを生産する雪国《ゆきぐに》まいたけ工場《こうじょう》を例に、菌床栽培《きんしょうさいばい》のようすを見てみましょう。

生しいたけ年間生産量ベスト5

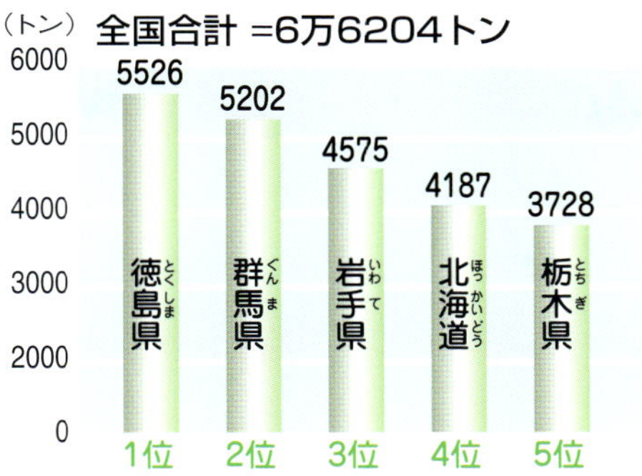

干《ほ》ししいたけ年間生産量ベスト5

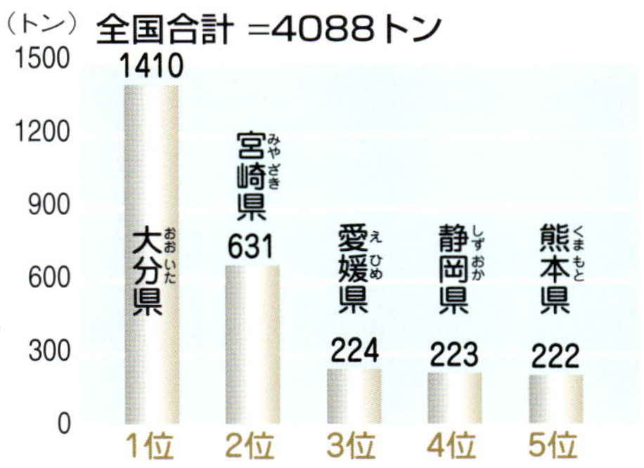

2004年の統計：「主要特用林産物生産量」『ポケット農林水産統計平成18年度版』（農林水産省）より

培地《ばいち》をつくる

▼広葉樹《こうようじゅ》のおが粉《こ》（製材《せいざい》のときに出る木の粉）、水、ふすま（小麦の外皮の部分）などを混《ま》ぜあわせ、まいたけを栽培《さいばい》する培地《ばいち》を機械でつくる。

まいたけ菌《きん》を植える

◀雑菌《ざっきん》が入らないよう専用《せんよう》の装置《そうち》の中で、培地《ばいち》にまいたけ菌《きん》を植える。

培養《ばいよう》～生長

▲◀培地《ばいち》を培養《ばいよう》室に移《うつ》し、約2か月間菌《きん》を繁殖《はんしょく》させる（写真上）。その後、袋《ふくろ》を開封《かいふう》し、発生室とよばれる別の部屋《へや》で約2週間生長させる（写真左）。

収穫《しゅうかく》

▶培地《ばいち》からまいたけを切って収穫《しゅうかく》する。社内検査《しゃないけんさ》をおこない、すぐに包装《ほうそう》し出荷する。

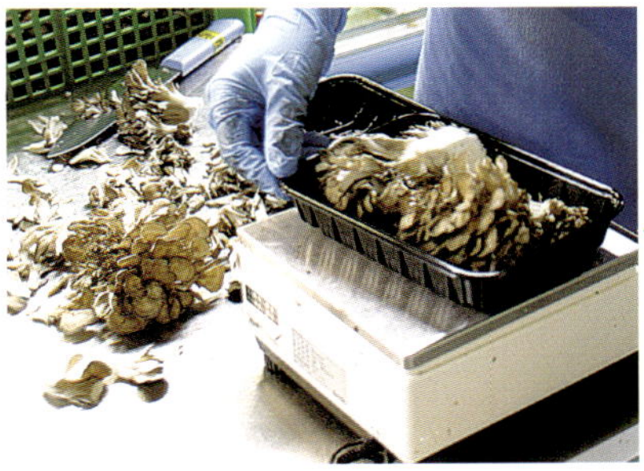

不《ふ》思《し》議《ぎ》なきのこの生《せい》態《たい》

むずかしいまつたけ栽培《さいばい》

どんなきのこでも、人工的に栽培《さいばい》できるわけではありません。たとえば、香《かお》りの王様といわれるまつたけは、人《じん》工栽培《こうさいばい》はできません。

きのこの菌《きん》は、大きく腐生菌《ふせいきん》、寄生《きせい》菌《きん》、共生菌《きょうせいきん》の三つに分けられます。腐《ふ》生菌《せいきん》は枯《か》れた木や落ち葉などを分解《ぶんかい》し生長します。人工的に栽培《さいばい》されているきのこの多くは、腐生菌《ふせいきん》の仲間です。

▲樹木《じゅもく》の根に発生したまつたけ。

寄生菌《きせいきん》は生きているものに寄生《きせい》し、そこから養分を吸収《きゅうしゅう》し生長します。冬虫夏草《とうちゅうかそう》というきのこは、土の中で冬眠《とうみん》している昆虫《こんちゅう》の体内に侵入《しんにゅう》し、養分を吸収《きゅうしゅう》します。種類によっては死んでいる動植物にも寄生《きせい》するので、人《じん》工栽培《こうさいばい》が可能《かのう》です。

これに対して、まつたけは共生菌《きょうせいきん》に分類されます。生きた植物と養分を補《おぎな》いあいながら生長するという性質《せいしつ》があり、そのしくみがよくわかっていません。そのため、まつたけは人工栽培《じんこうさいばい》することができないのです。

野菜の品種改良

野菜はもともと野生に生えていた植物でした。野生の植物のなかから、食べられるものを選びだし、食べやすく、育てやすく改良してきたのです。どのように品種改良されてきたのか、見てみましょう。

おいしく育てやすい品種

野菜の品種改良も稲《いね》と同じように（33ページ参照）、目的とする性質《せいしつ》をもつ野菜を交配《こうはい》し、その子孫のなかからすぐれた性質《せいしつ》をもつものを選びだしていきます。

品種改良の目的はいくつかありますが、ひとつは、消費者の好みに合わせ、味を甘《あま》くしたり、見た目を美しくしたり、食べやすい大きさにしたりすることです。もうひとつは、病気に強くしたり、さまざまな気象条件《きしょうじょうけん》で生育するようにしたり、農家が栽培《さいばい》しやすくすることです。

たとえば、1950年代後半までのピーマンは、今よりも緑が濃《こ》く、香《かお》りも味も強いものでした。独特《どくとく》の味がきらわれ、多くの子どもはピーマンが苦手でした。大きさも現在《げんざい》の倍以上あり、肉厚《にくあつ》で、重さは1個150gぐらいと、料理がしにくいのも不人気の原因《げんいん》だったようです。そこで、くせが少なく、肉がうすい小さな品種にしようと何度も改良がおこなわれました。そして、今、おもに栽培《さいばい》されている中型のピーマンが誕生《たんじょう》したのです。これは、重さが30g程度《ていど》で、しわが少なく、つやがよいのが特徴《とくちょう》です。

品種改良によって病気にも強くなりました。ピーマンは、地面の温度が高く、乾燥《かんそう》している状態《じょうたい》では、茎《くき》が腐《くさ》る病気が発生します。また、強い光が当たると、表面に黒いしみができてしまうこともあります。品種改良によって、こういった病気も起こりにくくなりました。現在《げんざい》、ピーマンは、年間を通して収穫《しゅうかく》するため、低温にも、暑さに対しても強い品種になっています。

ピーマンのいろいろ

ピーマンは、とうがらしの仲間に分類され、とうがらしのなかで辛味《からみ》のないものをピーマンとよんでいます。どんな種類があるのでしょうか。

ししとう

ピーマンの品種の一種。関西では「青《あお》とう」ともよばれている。緑色のまま収穫《しゅうかく》し、日本料理などで使われている。

薄《うす》肉《にく》中《ちゅう》型《がた》種《しゅ》

日本で流通している一般的《いっぱんてき》な品種。緑色で収穫《しゅうかく》するが、熟《じゅく》すと赤くなる。

パプリカ（カラーピーマン）

大型のピーマン。赤、黄、オレンジ、黒などカラフルなのが特《とく》徴《ちょう》。甘《あま》く、果肉がやわらかい。

ジャンボ大《おお》獅《じ》子《し》型《がた》

重さ約120gで、肉厚《にくあつ》約5mmのピーマン。赤と緑のものがある。

高い生産《せいさん》性《せい》を上げるF_1《エフワン》品《ひん》種《しゅ》

日本に古来からある野菜はごぼう、ふきなど十数種類で、そのほかの野菜は海外から日本に入ってきたものです。それらは各地に伝えられ、その土地の気候や土の質《しつ》に合うように改良され、在来品種《ざいらいひんしゅ》がたくさん誕生《たんじょう》しました。

1950年ごろまでは、これら在来品種《ざいらいひんしゅ》が栽培《さいばい》されていましたが、品種改良技術《ぎじゅつ》の進歩により、現在《げんざい》は、高い生産性《せいさんせい》を上げるための、F_1品種《エフワンひんしゅ》とよばれる品種がつくられています。

F_1品種《エフワンひんしゅ》とは、ことなった性質《せいしつ》をもつ品種を交配《こうはい》してつくった１代目の子（F_1《エフワン》）のことで、安定して育つ、収穫量《しゅうかくりょう》が多い、寒さ暑さに強い、性質《せいしつ》がそろうなどの特徴《とくちょう》があらわれます。これは雑種強勢《ざっしゅきょうせい》という現象《げんしょう》で、ことなる品種や系統《けいとう》を交配《こうはい》すると両親のすぐれた性質《せいしつ》が出ることから、農産物や家畜《かちく》の新しい品種をつくる方法として利用されています。

しかし、F_1《エフワン》の子のF_2《エフツー》世代になると、すぐれた性《せい》質《しつ》が引《ひ》き継《つ》がれず、生産性《せいさんせい》が下がります。つまり、F_1《エフワン》でつくられた種をまいて栽培《さいばい》しても、性質《せいしつ》が同じ作物ができないのです。そのため農家では、じゃがいもなど一部の作物をのぞいて、毎年、種や苗《なえ》を種苗会社《しゅびょうがいしゃ》から買う必要があります。

新しい野菜

食べやすく、栄養価《えいようか》も高く、より健康によい野菜も、品種改良によって登場しています。

そのひとつが、機能性《きのうせい》野菜です。本来の野菜にはふくまれていない栄養素《えいようそ》が加えられたり、ある特定の栄養素《えいようそ》が多くふくまれる野菜をいいます。

くだもの感覚で食べられる野菜もあります。くだもの（フルーツ）のような野菜（ベジタブル）という意味で、ベジフルーツともよばれています。

また、品種改良によって新しい特産野菜をつくろうという試みもあります。そのひとつが、山口《やまぐち》県農業試験場で誕生《たんじょう》した「はなっこりー」です。中国《ちゅうごく》生まれの野菜「サイシン」と「ブロッコリー」を交配《こうはい》させて誕生《たんじょう》しました。

また、にらの産地の栃木《とちぎ》県では、ねぎとにらを４代にわたってかけ合わせ、「ねぎにら」という野菜をつくりました。根もとはねぎで、葉先はにら、断面《だんめん》は三角形でにんにくのような香《かお》りがします。

このように、時代の変化に合わせ、野菜の品種改良も多様化しています。

機能性《きのうせい》野菜

アイコ

ふつうのミニトマトよりリコピンが2倍近くふくまれている。果肉が厚《あつ》く、甘《あま》いので食べやすい。

ベーターリッチ

β《ベータ》-カロテンがふつうのにんじんよりも多くふくまれている。糖度《とうど》が高く甘味《あまみ》があり、ジュースなどにするとおいしい。

ベジフルーツ

ペンダント

甘味《あまみ》と酸味《さんみ》のバランスがとれた黄色いミニトマト。熱を加えると、さらに甘味《あまみ》が増《ま》す。

アナスタシア・グリーン

肉厚《にくあつ》で甘味《あまみ》が強く、独特《どくとく》のにおいと苦味が少ないピーマン。ビタミンC《シー》がふつうのピーマンの約2倍、レモンの3倍ふくまれている。

グリーン・ハート

緑のまま熟《じゅく》すトマト。見た目とちがい甘味《あまみ》が強い。

地域《ちいき》の特産野菜

はなっこりー

細いブロッコリーのような形で、甘味《あまみ》が強い。つぼみの部分だけではなく、茎《くき》もすべて食べることができる。

ねぎにら

鉄分はねぎの2倍、糖質《とうしつ》は2.5倍。宇都宮《うつのみや》市名物のぎょうざにぴったり合う。

花の産地

母の日にはカーネーション、お彼岸《ひがん》やお盆《ぼん》には「きく」というように、私たちのくらしにはさまざまな花がいろどりをあたえてくれます。花も野菜と同じように農家が栽培《さいばい》します。全国のおもな花の産地を見てみましょう。

栽培《さいばい》の中心は近郊《きんこう》農業

１年間に日本国内に出回る花は、１万5000～２万種類といわれ、切り花、球根、鉢《はち》もの、花壇用苗《かだんようなえ》ものの4つに大きく分けられます。とくに多いのがきくやカーネーション、ばらなどの切り花と、シクラメン、洋らん類などの鉢《はち》ものです。

花の生産農家は、８万9700戸（2004年）で、冬でも暖《あたた》かい愛知《あいち》県の渥美《あつみ》半島や千葉《ちば》県の房総《ぼうそう》半島をはじめ、埼玉《さいたま》県、福岡《ふくおか》県など、輸送《ゆそう》に便利な大都市近郊《きんこう》での施設栽培《しせつさいばい》がさかんです。

飛行機を使うフライト農業

切り花は、大都市から遠い北海道《ほっかいどう》や九州《きゅうしゅう》、沖縄《おきなわ》県などの地域《ちいき》でも栽培《さいばい》されています。交通網《こうつうもう》が発達し、北海道《ほっかいどう》や沖縄《おきなわ》県でも飛行機を使えば、短時間での輸送《ゆそう》が可能《かのう》です。

そのため、東京《とうきょう》や大阪《おおさか》への直行便が飛ぶ空港の近くが産地になっており、「フライト農業」とよばれます。飛行機での輸送《ゆそう》は費用が高くなりますが、花は重さが軽いので輸送費《ゆそうひ》が比較的《ひかくてき》安くすみ、また、販売価格《はんばいかかく》も比較的《ひかくてき》高いので、フライト農業に適《てき》しているといわれます。

野菜と同じように、花の産地は全国に広がっていて、１年を通して買える花が増《ふ》えています。たとえば、暑さが苦手なかすみそうは、夏はすずしい北海道《ほっかいどう》や福島《ふくしま》県などの高地で、冬は暖《あたた》かい熊本《くまもと》県や高知《こうち》県で栽培《さいばい》されます。

▲岐阜《ぎふ》県恵那《えな》市はシクラメンを日本で最初に栽培《さいばい》した。シクラメンの生産量（鉢《はち》もの）の第1位（2004年）は愛知《あいち》県で、ほかに長野《ながの》県や栃木《とちぎ》県でも栽培《さいばい》がさかん。

◀花のなかでもっとも生産量の多いきくは、沖縄《おきなわ》県、愛知《あいち》県、鹿児島《かごしま》県など暖《あたた》かい地方での栽培《さいばい》がさかん。沖縄《おきなわ》県の生産量は愛知《あいち》県についで第2位（2004年）で、とくに小菊《こぎく》の生産量が多い。

切り花の出荷量

2004年の統計：『ポケット園芸統計平成17年度版』（農林水産省）より

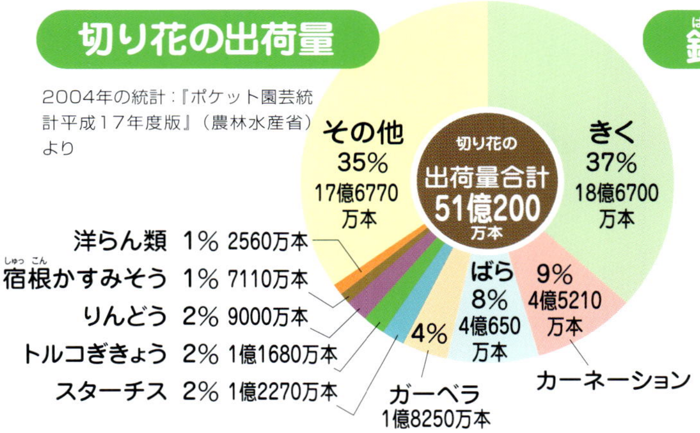

鉢《はち》ものの出荷量

＊花木類はつつじ、さつきなど花が咲く木。
2004年の統計：『ポケット園芸統計平成17年度版』（農林水産省）より

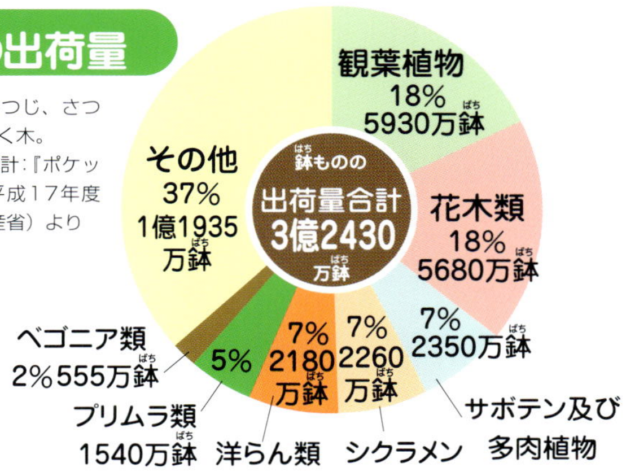

おもな花の産地

◀岩手《いわて》県では1950年代後半から本格的《ほんかくてき》に栽《さい》培《ばい》がはじまり、生産額《せいさんがく》、栽培面積《さいばいめんせき》が全国第1位（2004年）。露地《ろじ》とハウスで栽培《さいばい》され、夏から秋に出荷される。

▼長野《ながの》県の高地では、花の栽培《さいばい》がさかん。カーネーションは施設栽培《しせつさいばい》で年間を通して生産されているが、出荷のピークは7〜9月。

▲長野《ながの》県での施設栽培《しせつさいばい》のほか、熊本《くまもと》県や福岡《ふくおか》県といった暖《あたた》かい地方で栽培《さいばい》されている。5〜12月にかけて出荷される。

◀出荷間近のゆり。埼玉《さいたま》県深谷《ふかや》市では大型ハウスで1年を通して栽培《さいばい》している。高知《こうち》県、新潟《にいがた》県、鹿児島《かごしま》県の沖永良部《おきのえらぶ》島でも生産がさかん。

▲大正《たいしょう》時代に、水田の裏作《うらさく》として栽培《さいばい》がはじまった。富山《とやま》県は球根の生産量全国第1位（2004年）、切り花のチューリップの生産は新潟《にいがた》県が多い。

▲静岡《しずおか》県では昭和初期から、ばらの温室栽培《おんしつさいばい》がおこなわれてきた。出荷量は愛知《あいち》県についで第2位（2004年）。

▲千葉《ちば》県は、愛知《あいち》県についで花の栽培《さいばい》がさかん。暖《あたた》かな房総《ぼうそう》半島を中心に、きくなどの切り花、シクラメンなどの鉢《はち》もの、パンジーなどの苗《なえ》ものが生産されている。

花の栽培《さいばい》

**花の栽培《さいばい》は、多くがガラス温室やビニールハウスでの施設《しせつ》でおこなわれています。
そのため、施設《しせつ》内の環境《かんきょう》の管理が大切になります。
きくを例にして、花の栽培《さいばい》から出荷までを見てみましょう。**

技術力《ぎじゅつりょく》が求められる花の栽培《さいばい》

花の生産農家は、生産する花の種類によって、経営の方法がことなります。

切り花を生産する農家は、産地ごとに花の種類をしぼって栽培《さいばい》するのが一般的《いっぱんてき》です。

たとえば、きくを栽培《さいばい》している農家は、カーネーションやゆりをいっしょにつくることはあまりありません。きくのなかでも白輪菊《しろりんぎく》は、葬式《そうしき》に多く使われ、一年中必要とされるため、地域《ちいき》一帯で計画的に時期をずらしながら、白いきくだけをつくっているところもあります。

花の栽培《さいばい》の多くは施設《しせつ》でおこなわれるので、たくさんの資金《しきん》を必要とします。使った資金《しきん》をむだにせず、すぐれた花を安定して大量に収穫《しゅうかく》するためには、農家の労働力を集中させ、高い技術力《ぎじゅつりょく》で効率《こうりつ》のよい作業をしていかなければなりません。

きくだけでなく、カーネーション、ばら、ゆりなども、1年を通して必要とされることから、農家が共同で大型の施設《しせつ》をつくって栽培《さいばい》し、出荷することが増《ふ》えています。

切り花に対して、鉢《はち》ものは、1軒《けん》の農家が複数《ふくすう》の種類の花を、季節ごとにつくっています。その数は、年間で5～30種類くらいになります。

きくの栽培《さいばい》

愛知《あいち》県の渥美《あつみ》半島のほか、大分《おおいた》県、長崎《ながさき》県の農家のグループ「有限会社お花屋さん」がおこなっている、きく栽培《さいばい》のようすを見てみましょう。電照栽培《でんしょうさいばい》で白い輪菊《りんぎく》を中心に栽培《さいばい》し、1年を通し出荷しています。

土づくり➡植えつけ

▲施設《しせつ》内の地面を肥料《ひりょう》などを混《ま》ぜながら耕《たがや》したあと、7cmくらいにつみとったきくの穂《ほ》を地面にさして植えつける。

▲水と肥料《ひりょう》は施設《しせつ》に取りつけたスプリンクラーで均一《きんいつ》に散布《さんぷ》される。肥料《ひりょう》や水の量、あたえる間隔《かんかく》は、コンピュータで管理されている。

▲きくの穂《ほ》。

電照《でんしょう》

▶草丈《くさたけ》が60～70㎝の長さになるまで花《はな》芽《め》をもたないよう、電照《でんしょう》をおこなう。

▲夜間に電気をつけ、施設《しせつ》内のきくに光を当てる（電照《でんしょう》）。電照《でんしょう》をやめると約50～60日で収穫《しゅうかく》になる。

花の咲《さ》く時期を調節する 電照栽培《でんしょうさいばい》

切り花を代表する、きくの栽培《さいばい》方法にはどのような特徴《とくちょう》があるのでしょうか。

本来、きくは10～11月にかけて花が咲《さ》く秋の花です。昼の長さが、ある一定の時間よりも短くなると、花を咲《さ》かせる性質《せいしつ》をもっています。その性質《せいしつ》を利用して、年間を通してきくを出荷するための工夫《くふう》がされています。

ひとつは、花を本来の時期より早く、昼の長い時期に咲《さ》かせるための促成栽培《そくせいさいばい》です。ハウス内部を黒いカーテン（シェード）でおおって暗くすることで、日の当たる長さを短くします。すると、きくは昼の長い季節でも「秋がきた」とかんちがいして、花を咲《さ》かせます。

逆《ぎゃく》に、夜間に施設《しせつ》内を電気で照らし（電照《でんしょう》）、人工的に日の当たる長さを長くし、花の咲《さ》く時期を遅《おそ》くすることもおこなわれています。これを電照栽培《でんしょうさいばい》といい、生産された花を電照菊《でんしょうぎく》とよびます。

渥美《あつみ》半島や八女《やめ》（福岡《ふくおか》県）など電照菊《でんしょうぎく》の産地では、電照《でんしょう》やシェード以外にも、ハウスに暖房《だんぼう》を入れたり、夏に咲《さ》く品種と組み合わせたりしながら、１年中出荷できるようにしています。

農家から企《き》業《ぎょう》へ

企業《きぎょう》の進出が進む花卉産業《かきさんぎょう》

肉、魚、野菜につぐ生鮮品《せいせんひん》といわれる花をつくる花卉産業《かきさんぎょう》は、世界的な規模《きぼ》でみると、巨大《きょだい》な産業です。きく、カーネーション、ペチュニアが三《さん》大花卉《だいかき》とされ、各国が品種の開発、生産、販売《はんばい》をおこなっています。

世界の花卉産業《かきさんぎょう》のなかでも、日本企業《きぎょう》のキリンビールは、切り花用の種《たね》や苗《なえ》の販売量《はんばいりょう》で世界一となっています。カーネーションは世界の種苗販売《しゅびょうはんばい》の35%、ペチュニアは60%をしめており、きくの種苗生産《しゅびょうせいさん》にも取り組んでいます。

たくさんの資金《しきん》を投入し、大規模《だいきぼ》な施設《しせつ》で効率《こうりつ》的《てき》に生産するやり方が増《ふ》えていることから、花卉《かき》産業《さんぎょう》には企業《きぎょう》の進出が進んでいます。

▲品種開発がおこなわれるキリンビール栃木《とちぎ》工場の温室。

芽かき

▲輪菊《りんぎく》は一輪だけ大きく咲《さ》かせて使うので、一番上のつぼみだけ残し、ほかは取りのぞく。また、わきから出てくる芽も出荷までにつみとる。

▼つぼみがつくころ、バランスのよい形になるようわい化《か》剤《ざい》という薬品を散布《さんぷ》する。

収穫《しゅうかく》➡出荷

▶規格表《きかくひょう》にそって選花機で長さを切りそろえ、重さ別に分けてから箱につめる。切り花は箱づめで出荷するのが一般的《いっぱんてき》。

▲花のいたみをふせぐため、朝夕のすずしいときに収穫《しゅうかく》。

野菜・花がとどくまで ❶ 流通のしくみ

収穫《しゅうかく》された野菜や花は、
どのように私たちのもとにやってくるのでしょうか。
新鮮《しんせん》な野菜や花を効率《こうりつ》よくとどけるため、さまざまな努力がおこなわれています。

収穫《しゅうかく》した野菜や花を運ぶ集出荷場《しゅうしゅっかじょう》

農家が収穫《しゅうかく》した野菜や切り花は、JA《ジェーエー》（農業協同組合）や出荷組合などの集出荷場《しゅうしゅっかじょう》へ運ばれ、選別作業がおこなわれます。傷《きず》がついたものや、みかけの悪いものを取りのぞき、規格《きかく》にそって大きさや品質《ひんしつ》をそろえて箱づめしていきます。種類によっては農家で箱づめするものもあります。

集出荷場《しゅうしゅっかじょう》の利点は、地域《ちいき》の農家が収穫《しゅうかく》したものをまとめて複数《ふくすう》の卸売《おろしうり》市場に運ぶことができる点です。大都市から離《はな》れた地域《ちいき》の場合、1軒《けん》の農家だけでは、輸送《ゆそう》に高い費用がかかり、複数《ふくすう》の市場に出荷することはできません。

各地の市場の取引状況《とりひきじょうきょう》を調べ、どこの市場へどのくらいの量を出荷するかを決めていくのもJA《ジェーエー》の仕事です。野菜や花がより高く売れるように、また、出荷できずにあまってしまう農産物がないようにしなければなりません。

▲全国へなすやピーマンを出荷している高知《こうち》県のJA芸西村《ジェーエーげいせい》の集出荷場《しゅうしゅっかじょう》。選果カメラを使って、形や色、傷《きず》などを自動的に選別する。

野菜・花の流通

野菜、花、くだものは、基本的に生産者→JA《ジェーエー》（農業協同組合）→卸売《おろしうり》市場→小売店というルートで、消費者にとどけられます。最近は、生産者から小売店や消費者に直接《ちょくせつ》とどけるルートも増《ふ》えています。

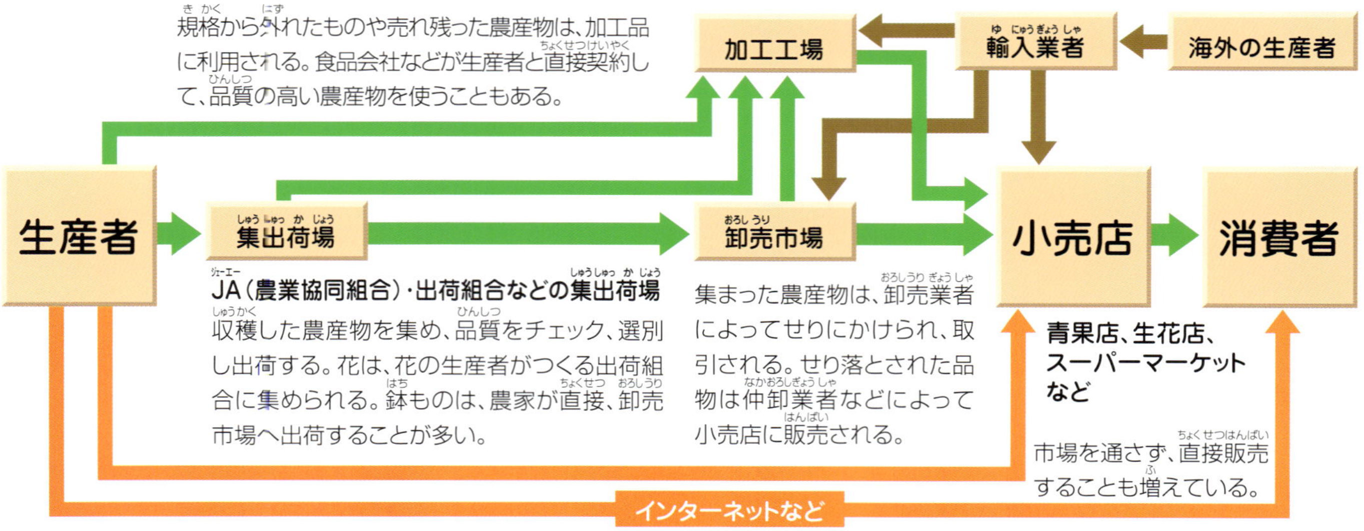

野菜の輸送《ゆそう》はトラックが中心

かつて、農産物は鉄道貨物による輸送《ゆそう》が中心でしたが、現在《げんざい》ではトラックがおもな手段《しゅだん》となっています。高速道路が全国的に整備《せいび》されたことに加え、道路のあるところなら、産地から市場まで、直接《ちょくせつ》、農産物を輸送《ゆそう》できるからです。

九州《きゅうしゅう》や北海道《ほっかいどう》の遠隔地《えんかくち》からは、フェリーや鉄道貨物が使われることがあります。切り花やいちご、まつたけといった、軽くて、かさばらず、価格《かかく》の高いものは、飛行機による輸送《ゆそう》もおこなわれています。

低温輸送技術《ていおんゆそうぎじゅつ》が向上したことで、大都市から離《はな》れた地域《ちいき》からでも、野菜の鮮度《せんど》を落とさずに輸送《ゆそう》できます。ただ、その一方で、箱づめしやすいように、まっすぐなきゅうりなど、形や大きさが整った野菜だけが求められ、規格《きかく》に合わない野菜は産地で処分《しょぶん》されることも少なくありません。

◀宮崎県《みやざきけん》のJA延岡《ジェーエーのべおか》では、新たまねぎをどこよりも早く出荷するため、収穫《しゅうかく》するとすぐに飛行機にのせ、「空飛ぶ新玉ネギ」と名づけて東京《とうきょう》に出荷している。

輸送機関《ゆそうきかん》の長所と短所

	長所	短所
トラック	●高速道路が整備《せいび》されているので、短時間での輸送《ゆそう》が可能《かのう》。 ●道路のあるところなら、どこでも自由に運ぶことができる。	●道路の渋滞《じゅうたい》など、交通《こうつう》状況《じょうきょう》などの影響《えいきょう》を受けやすい。 ●長距離輸送《ちょうきょりゆそう》は、運転手の体への負担《ふたん》が大きい。 ●排《はい》ガスにより環境《かんきょう》を汚染《おせん》するおそれがある。
鉄道	●道路の渋滞《じゅうたい》などで遅《おく》れる心配がない。 ●たくさんのものを一度に運ぶことができる。	●鉄道の通っていない地域《ちいき》には運べない。 ●時刻《じこく》が決まっているので、それ以外の時間での輸送《ゆそう》ができない。
飛行機	●輸送時間《ゆそうじかん》が短いので、野菜や花の鮮度《せんど》をたもって輸送《ゆそう》できる。	●輸送費《ゆそうひ》がかかる。 ●重いものや、かさばる荷には適《てき》していない。
船	●重いものを一度にたくさん運ぶことができるため、運賃《うんちん》が安い。	●時間がかかるので、鮮度《せんど》が大切な野菜や花には適《てき》していない。

低温のまま運ぶ

鮮度《せんど》をたもつコールドチェーン

野菜や花を冷蔵《れいぞう》したまま、産地から消費者までとどけるしくみをコールドチェーンといいます。低温流通ともよばれます。産地の集出荷場《しゅうしゅっかじょう》で低温保存《ていおんほぞん》された野菜や花は、保冷設備《ほれいせつび》のあるトラックで卸売《おろしうり》市場まで運ばれ、そこからまた、保冷車《ほれいしゃ》で小売店までとどけられます。コールドチェーンが発達したことで、野菜や花を遠い地域《ちいき》からでも、鮮度《せんど》をたもったまま、消費者のもとへ運ぶことができるようになりました。

▲収穫後《しゅうかくご》ダンボールにつめられた野菜は、集出荷場《しゅうしゅっかじょう》の真空予冷装置《そうち》で鮮度《せんど》をたもつため適正《てきせい》な温度までいっきに冷やされる。適正温度《てきせいおんど》は野菜ごとにちがう。

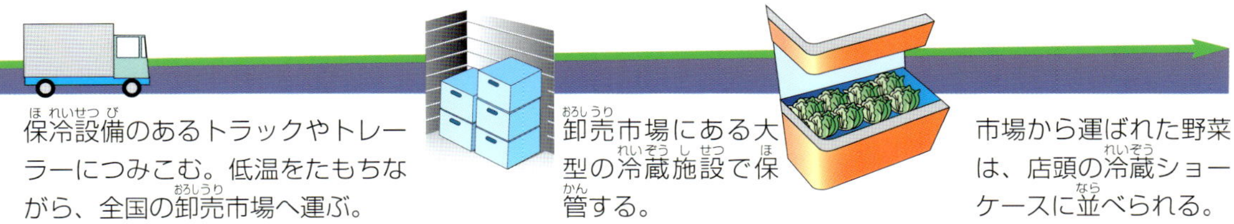

産地の予冷装《そう》置《ち》でいっきに冷やす。

保冷設備《ほれいせつび》のあるトラックやトレーラーにつみこむ。低温をたもちながら、全国の卸売《おろしうり》市場へ運ぶ。

卸売《おろしうり》市場にある大型の冷蔵施設《れいぞうしせつ》で保管《ほかん》する。

市場から運ばれた野菜は、店頭の冷蔵《れいぞう》ショーケースに並《なら》べられる。

野菜・花がとどくまで ② 卸《おろし》売《うり》市場

**産地から卸売《おろしうり》市場に運ばれた野菜や花は、せりにかけられ、値段《ねだん》が決められていきます。
同じ市場でも野菜と花とでは、せりの方法がちがいます。
野菜と花のせりのようすを見てみましょう。**

卸《おろし》売《うり》市場の役《やく》割《わり》

全国の産地から卸売《おろしうり》市場に集まった野菜やくだものは、せりにかけられ、仲卸業者《なかおろしぎょうしゃ》を通して、スーパーや青果店などに販売《はんばい》されます。

せりとは、卸売業者《おろしうりぎょうしゃ》と仲卸業者《なかおろしぎょうしゃ》、売買参加者との間でおこなわれる売り買いです。卸売業者《おろしうりぎょうしゃ》は、出荷された野菜を、農家のかわりに仲卸業者《なかおろしぎょうしゃ》や売買参加者に売る人のことです。せりには青果店の人も、売買参加者として参加することができます。仲卸業者《なかおろしぎょうしゃ》は、せりで買った野菜を市場内にある自分の店に並《なら》べて、小売店などに売る人のことです。

東京都《とうきょうと》中央卸売《ちゅうおうおろしうり》市場大田《おおた》市場では、前日の午後3時ごろからその日の午前2時ごろまでに、各地から野菜やくだものが運ばれてきます。到着《とうちゃく》した野菜は、仲卸業者《なかおろしぎょうしゃ》などに見せるため、卸売業者《おろしうりぎょうしゃ》によって種類ごとに並《なら》べられていきます。

せりがはじまるのは午前6時ごろ。野菜のせりは「固定《こてい》ぜり（見本ぜり）』と「移動《いどう》ぜり（現物《げんぶつ》ぜり）」の2種類の方法でおこなわれています。

「固定《こてい》ぜり」は決まった場所でおこなわれるせりです。せりの進行をとりおこなうせり人が、品物の大きさや数量を小さな黒板に書いて順番に売っていきます。たくさんの仲卸業者《なかおろしぎょうしゃ》や売買参加者が見本を見ながら、希望の値段《ねだん》を示していきます。示される値《ね》段《だん》はどんどん上がっていき、もっとも高い値段《ねだん》をつけた人が、野菜をせり落とすのです。これを、「せり上げ」とよびます。

「移動《いどう》ぜり」は、せり人を多くの仲卸業者《なかおろしぎょうしゃ》などが囲み、品物を一つひとつ見ながらおこなうせりです。

野菜市場のようす

▶せりの直前午前5時ごろ、仲卸業者《なかおろしぎょうしゃ》はていねいに商品をチェックしながら、どの商品をいくらで買うかを考えていく。

▲午前6時。ベルの音とともに固定《こてい》ぜりがはじまる。たくさんの仲《なか》卸業者《おろしぎょうしゃ》が集まり、多くの品物が取引される。

▲せり人は、品物を黒板に書き、指を立てながら金額《きんがく》をあらわしていく。これは手振《てぶ》り符丁《ふちょう》とよばれ、せりにかかわる人だけがわかる合図。

◀移動《いどう》ぜりも、午前6時ごろからはじまる。

正確《せいかく》で早い花の機械ぜり

東京都中央卸売市場《とうきょうとちゅうおうおろしうりしじょう》の花卉《かき》市場では、せりをオークションとよび、コンピュータを取り入れた「機械ぜり」がおこなわれています。せり時計といわれる電光表示板《ひょうじばん》に花の情報《じょうほう》が流れ、会場に集まった仲卸業者《なかおろしぎょうしゃ》が品物を見ながら、手元のボタンを押《お》して、せり落とします。

野菜の値段《ねだん》が、せり上げで決まるのに対して、花の場合は、最初に高い値段《ねだん》を示して下がっていく「せり下げ」を取り入れています。せりのスタートとともに値段《ねだん》がせり時計に示《しめ》され、少しずつ下がっていきます。買い手はそれを見て、一番ほしい値段《ねだん》で手元のボタンを押《お》します。

商品の値段《ねだん》が決まるまでの時間はわずか3秒くらい。種類や量がとても多い花卉《かき》市場は、このシステムにより取引時間が短くなり、値段《ねだん》のまちがいもなく、正確《せいかく》で早い取引がおこなわれています。

花卉《かき》市場のようす

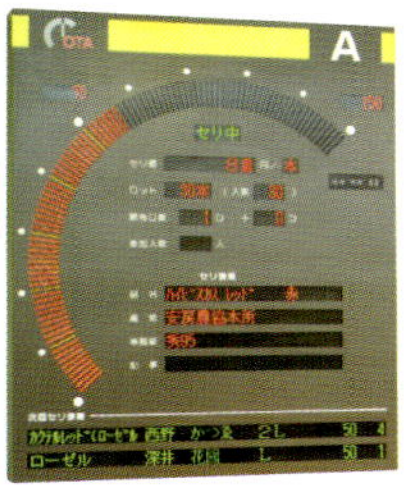

◀せり時計。花の種類、本数、生産地などが表示《ひょうじ》される。半円型の赤い枠《わく》が価格表示《かかくひょうじ》ランプで、せり人がスタートボタンを押《お》すと、下がりはじめる。買いたい金額《きんがく》になったらボタンを押《お》し、取引終了。

◀せり落とされた花は運搬《うんぱん》される直前まで、低温倉庫に保管《ほかん》される。

▶午前7時、オークションがはじまる。せり人は、花を高くかかげ、値段《ねだん》を示《しめ》していく。

▲バケット輸送《ゆそう》。鮮度《せんど》をよりよく維《い》持《じ》するための輸送方法《ゆそうほうほう》。バケットの中に水をはったまま輸送《ゆそう》できる。

新しいせり

インターネットの市場

売り手である生産者と、買い手である生花店などの小売業者をインターネットで結ぶ、パソコンを通したせりの方法もあります。これは、ブロードバンド・フラワー・オークションシステムとよばれ、オークネットという会社が運営《うんえい》しています。

毎週、日曜日、火曜日、木曜日の15時30分からインターネットでせりがおこなわれます。JA《ジェーエー》（農業協同組合《のうぎょうきょうどうくみあい》）や生産者が、前日までに、出荷情報《しゅっかじょうほう》と希望取引《きぼうとりひき》価格《かかく》を登録《とうろく》し、ネット市場が開くと、オークネットに登録《とうろく》した生花店などがせり落としていきます。

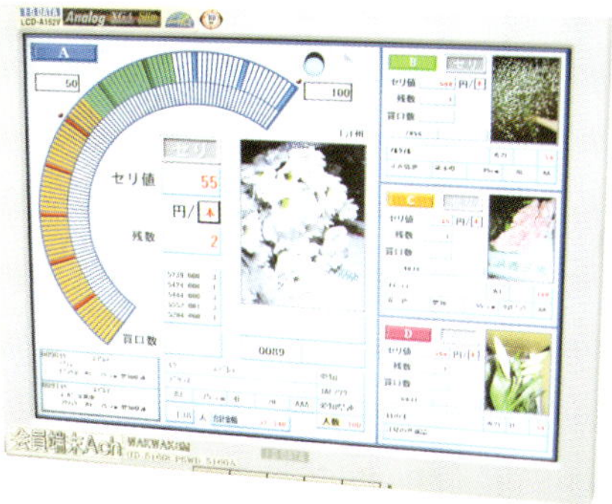

◀生花店のパソコンの画面。オークネット社の社内にいるせり人がスタートボタンを押《お》すと、卸売市《おろしうりし》場のように値段《ねだん》が下がりはじめる。生花店は買いたい値段《ねだん》でキーボードを押《お》す。

買い手は、店にいながらせりに参加することができるため、市場に行く手間がはぶける新しいせりの方法です。

野菜・花がとどくまで ③ 変化する流通

安全な野菜を求める消費者の声が高まっています。
そのため、消費者が野菜の生産情報《せいさんじょうほう》を知るシステムがつくられたり、
安全な野菜をあつかう会社が誕生《たんじょう》したりと、これまでの流通に変化が起きています。

安全な食をとどける

安全な食べ物を食べたいという声が、消費者の間で高まっています。農林水産省が2005年３月におこなった調査《ちょうさ》によると、全体の４割《わり》近くの消費者が、「農畜水産物《のうちくすいさんぶつ》の生産過程《せいさんかてい》での安全性《あんぜんせい》」に「不安がある」または「どちらかといえば不安だ」と答えました。

そういった不安を減《へ》らすため、農畜水産物《のうちくすいさんぶつ》がどの産地でどのような生産者によってつくられてきたかという生産情報《せいさんじょうほう》を、消費者が知ることができるしくみづくりがはじまっています。

トレーサビリティというシステムがそのひとつで、すでに牛肉では、2003（平成《へいせい》15）年６月に、牛肉トレーサビリティ法という法律《ほうりつ》が制定《せいてい》されました。この法律《ほうりつ》によって、牛がどこで生まれ、どのようなえさを食べ、どのような経路《けいろ》で店にとどいたかなどの情報《じょうほう》を、生産者や販売者《はんばいしゃ》は消費者に明らかにしなければならなくなりました。

野菜に関《かん》しては、ＪＡ《ジェーエー》（農業協同組合）と農家が協力して、生産記帳運動《せいさんきちょううんどう》に取り組んでいます。

これは、野菜を栽培《さいばい》する農家が、決められた方法で作物を栽培《さいばい》し、それを記録《きろく》していくというものです。その情報をＪＡ《ジェーエー》がまとめ、消費者に伝えます。法律《ほうりつ》ではないので、すべての農家がこの運動に参加しているわけではありません。

しかし、スーパーマーケットが独自《どくじ》に、生産の過《か》程《てい》をたどるしくみをつくったり、野菜などを宅配《たくはい》する会社が、農家と協力して生産情報《せいさんじょうほう》を消費者に伝えるしくみをつくったりと、安全な農産物をとどける取り組みは広がっています。

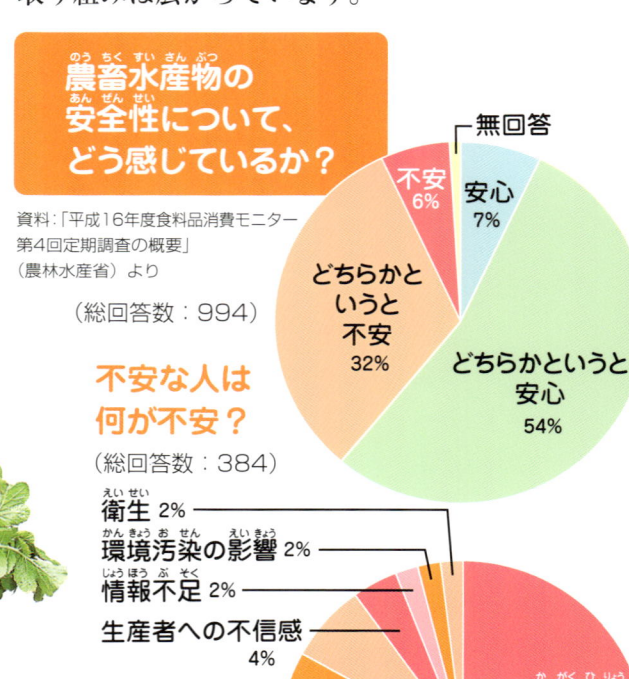

農畜水産物《のうちくすいさんぶつ》の安全性《あんぜんせい》について、どう感じているか？

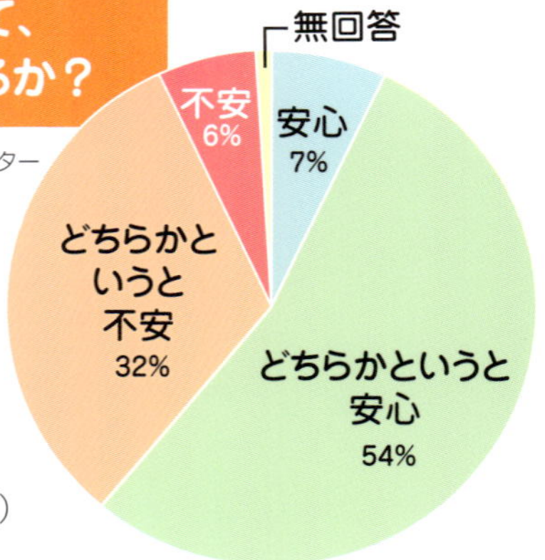

資料：「平成16年度食料品消費モニター第4回定期調査の概要」（農林水産省）より

（総回答数：994）

不安な人は何が不安？

（総回答数：384）

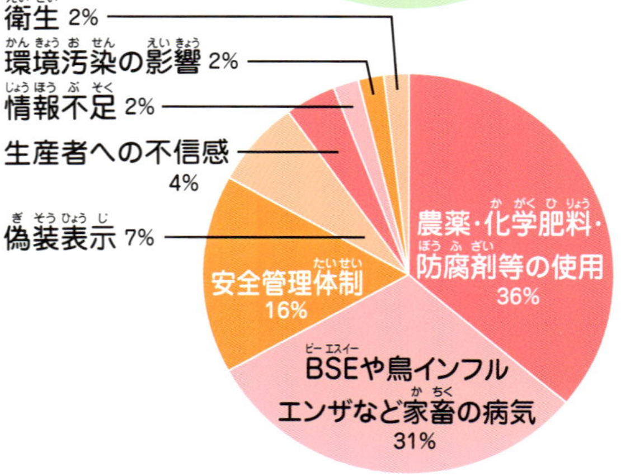

▲「らでぃっしゅぼーや」という会社では、きびしい基《き》準《じゅん》で生産された安全な野菜を、全国の生産者から直接《ちょくせつ》仕入れ、会員に向け販売《はんばい》する。

▼旬《しゅん》の安全な野菜をセットにした商品。

自立する農家

農業だけでくらしていける農家をめざして

現在《げんざい》、全国各地に農産物の直売所が誕生《たんじょう》し、卸売《おろしうり》市場を通さずに農家から直接《ちょくせつ》野菜を買うことができるようになってきています。

農家の収入《しゅうにゅう》が増《ふ》える

茨城《いばらき》県つくば市にある農業法人「みずほの村市場」は、各地にある直売所のさきがけとして1990（平成《へいせい》２）年に開店しました。

直売所では、つくった野菜の値段《ねだん》を農家自身が決めますが、「みずほの村市場」では、その値段《ねだん》は１年を通してできるだけ変わらないようにします。大量に収穫《しゅうかく》できても安売りはしませんし、逆《ぎゃく》に長雨などで収穫量《しゅうかくりょう》が多少減《へ》っても、高くしたりはしません。こうすることで、農家が、あらかじめ「この野菜をつくれば、このくらいの収入《しゅうにゅう》になる」と計画を立てることができます。

また、１袋《ふくろ》200円の野菜なら通常《つうじょう》の流通のしくみでは農家の手元に入るのは25％の50円くらいですが、「みずほの村市場」では85％の170円です。残りの30円は直売所の収入《しゅうにゅう》となります。

▶生産者のちがう２種類のトマト。それぞれ試食できるようになっている。値段《ねだん》がちがっても、お客さんはおいしいと思うほうを買っていく。

◀野菜だけではなく、花や苗《なえ》、肉やソーセージをはじめとする加工品など、つくば市とその周辺でつくられたものが並《なら》ぶ。

▼「みずほの村市場」の生産者の写真と名前が、店の入り口にはられている。生産者にも、おいしく安全な野菜をつくるための責任《せきにん》が生まれる。

◀茨城《いばらき》県つくば市の「みずほの村市場」。

きびしい約束

もちろん、その分、農家が「みずほの村市場」といくつかの約束を取りかわさなければなりません。

栽培《さいばい》計画を立てたら、「みずほの村市場」に「今年はこのくらいの売り上げをめざします」と目標を伝えます。その金額《きんがく》を上回れば、報奨金《ほうしょうきん》が出ますし、とどかないと違約金《いやくきん》を取られます。

また、どんな野菜やくだものも必ず２人以上の生産者のものを並《なら》べなければなりません。さらに、あとから並《なら》べる農家は、先に並《なら》べていた農家より高い値段《ねだん》をつけなくてはいけないというルールもあります。高い値段《ねだん》でも、おいしい野菜やくだものなら売れるのです。

どれもきびしい約束ばかりですが、直売所に来る人に、よりおいしいものを買ってもらうための大切な約束です。

そして、それは農家自身のためでもあります。農家が品質《ひんしつ》で競争し、努力をつづけ、おいしい農産物をつくれば、たくさん売れます。そのことによって、農家が農業だけでくらしていける収入《しゅうにゅう》が得られるのです。

野菜農家のくらし

農業は天候の変化に左右される仕事です。
なかでも野菜は収穫量《しゅうかくりょう》によって価格《かかく》が変わりやすいため、
1年を通して安定した収入《しゅうにゅう》を得られるよう、さまざまな努力がおこなわれています。

天候に左右される野菜栽培《さいばい》

野菜栽培《さいばい》は、天候に左右されやすい仕事です。長雨や台風、日でり、冷害などの悪天候によって、収《しゅう》穫量《かくりょう》が少なくなると、当然、農家の収入《しゅうにゅう》は減《へ》ってしまいます。

米のように値段《ねだん》が安定していないのも、野菜栽培《さいばい》のむずかしさです。市場でのせりによって野菜の値《ね》段《だん》が決まるので、市場にどれくらいの野菜が出回るかによって、値段《ねだん》が毎日変わります。野菜の出荷量が消費者が必要とする量を上回れば値段《ねだん》は下がり、下回れば値段《ねだん》は上がります。

天候に恵《めぐ》まれ作物が順調に育ち、たくさん収穫《しゅうかく》できても、出荷される量が多くなれば値段《ねだん》が安くなってしまいます。

収穫量《しゅうかくりょう》と消費者が求める量がちょうどよいバランスにならないと、農家は安定した収入《しゅうにゅう》を得られないのです。

▲2004年、台風22号、23号がもたらした大雨によって水没《すいぼつ》したほうれん草畑。ほうれん草のほか、市場ではレタスやだいこんなどが不足して、値段《ねだん》が上がった（千葉《ちば》県香取《かとり》市）。

野菜農家の1年間の収入《しゅうにゅう》（1戸あたり）

単価《たんか》が高い野菜をあつかう施設栽培《しせつさいばい》のほうが、露地栽培《ろじさいばい》にくらべて収入《しゅうにゅう》が多いが、野菜農家の収入《しゅうにゅう》は、減少傾向《げんしょうけいこう》にある。

＊年間150日以上農業にたずさわった農家が対象。
資料：2003年「農業経営統計調査」（農林水産省）より

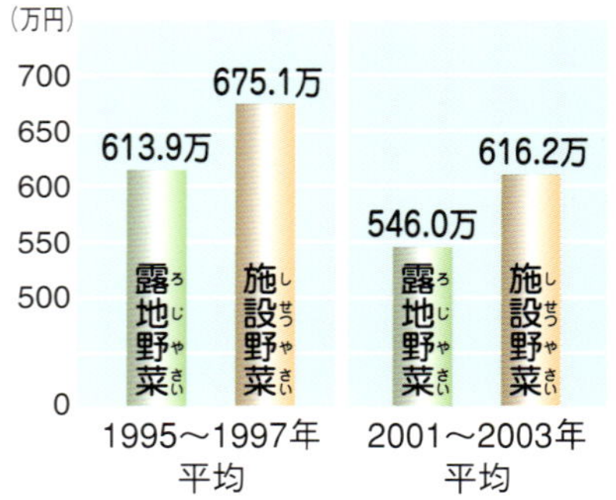

農地を有効《ゆうこう》に利用する

天候の変化に左右されず、できるだけ年間を通して、安定した収入《しゅうにゅう》を得るために、農家はさまざまな工夫《くふう》をしています。

ひとつは、収穫《しゅうかく》時期のちがう野菜をつくることです。露地栽培《ろじさいばい》や施設栽培《しせつさいばい》を組み合わせたり、トンネル栽培《さいばい》（59ページ参照）などを取り入れ、いくつかの種類の作物をつくることで、年間を通して収穫《しゅうかく》し、安定した収入《しゅうにゅう》を得ることができます。

こういった栽培方法《さいばいほうほう》は「多品目少量生産」とよばれ、多くの農家でおこなわれています。たとえせまい農地でも、時期をずらしながら、栽培《さいばい》、収穫《しゅうかく》することで、年間を通して農地を有効《ゆうこう》に使うことができるのです。

野菜農家の1年

農家の人が実際《じっさい》に1年を通して、どのような作物を、どの時期に栽培《さいばい》しているのか、出荷カレンダーを通して見てみましょう。

都市近郊《きんこう》の農家の野菜カレンダー

神奈川《かながわ》県三浦《みうら》市の田中さんは、春のキャベツ、夏のすいか、冬のだいこんを中心に出荷している。出荷のない時期は、他の作物を栽培《さいばい》したり、連作をさけるため畑を休ませたりしている。

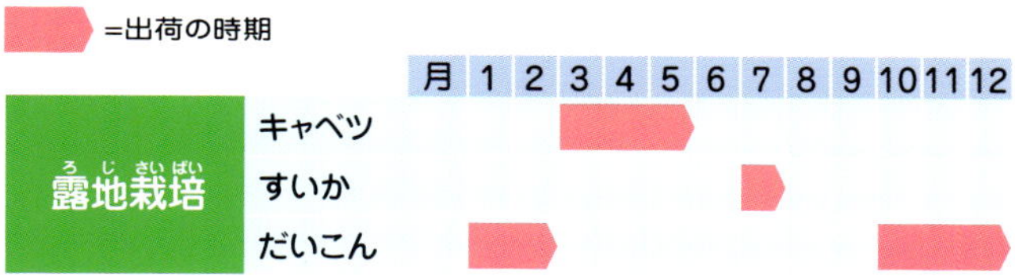

大都市からはなれた農家の出荷カレンダー

冬のピーマンの産地である宮崎《みやざき》県西都《さいと》市の鈴木さんは、施設栽培《しせつさいばい》のピーマンを中心に出荷している。ピーマンの収穫《しゅうかく》が終わると、暖《あたた》かい気候を利用して早期栽培《さいばい》した稲《いね》の収穫《しゅうかく》がはじまる。

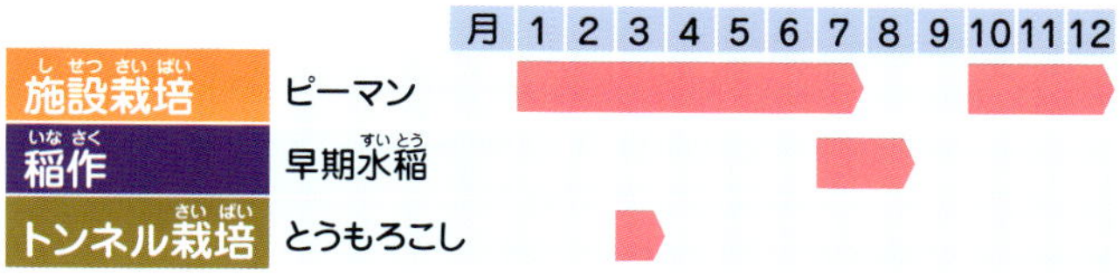

野菜の価格《かかく》を安定させるために

多品目少量生産の一方、野菜のなかでもとくに消費量が多く、生活に欠かせない種類は、安定して消費者に供給《きょうきゅう》するため、国が産地を特定し、計画的に生産されています。キャベツ、きゅうり、さといも、だいこん、たまねぎ、トマト、なす、にんじん、じゃがいも、ピーマン、ほうれん草、レタス、ねぎ、はくさいの14品目で、指定野菜とよばれます。

指定野菜を生産する特定の地域《ちいき》を指定産地とよび、一定量以上の野菜を出荷することが決められています。地域《ちいき》全体で年間を通して1種類の野菜をつくり、効率《こうりつ》よく出荷することで収入《しゅうにゅう》の安定がはかれます。これを「産地づくり」とよびます。

しかし、一方では、豊作《ほうさく》になりすぎたときには、値段《ねだん》が大きく下がってしまう不安もあります。そこで、これらの野菜が大きく値下《ねさ》がりしたときには、農家に一定の割合《わりあい》で国が交付金を出すことで、収入《しゅうにゅう》を補償《ほしょう》する「野菜価格安定制度《やさいかかくあんていせいど》」というものがもうけられています。

天候に恵《めぐ》まれ、野菜が大豊作《だいほうさく》になった年、産地で野菜をトラクターでつぶしたり、捨《す》てたりすることがあります。これは「産地廃棄《さんちはいき》」といって、市場に出回る野菜の量を減らし、値段《ねだん》が下がるのをふせいでいるのです。

野菜の値段《ねだん》が安くなると、送料などの費用で、出荷しても農家が損《そん》をしてしまうのです。野菜価格安《やさいかかくあん》定制度《ていせいど》では、産地で野菜を廃棄《はいき》した農家には、廃棄《はいき》した量に合わせて収入《しゅうにゅう》を補償《ほしょう》するための交付金が支《し》払《はら》われます。しかし、消費者から「廃棄《はいき》するのはもったいない」という声があがっていることから、政《せい》策《さく》の見直しが検討《けんとう》されています。

▲キャベツの産地愛知《あいち》県では、2006年12月、大豊作《だいほうさく》による値《ね》くずれをふせぐためトラクターでキャベツをふみつぶした。農家へは1kgあたり27円の交付金が支払《しはら》われた。写真：毎日新聞社

増《ふ》える輸《ゆ》入《にゅう》野菜

**日本は外国からたくさんの野菜を輸入《ゆにゅう》しています。
生鮮《せいせん》野菜はもちろん、冷凍品《れいとうひん》やカット野菜などの加工品も輸入《ゆにゅう》されています。
また、花も、外国からの輸入量《ゆにゅうりょう》が増加《ぞうか》しています。**

世界中からやってくる野菜

1970年代後半までは、日本の野菜の自給率《じきゅうりつ》はほぼ100%でしたが、現在《げんざい》は80%に下がっています。野菜は、収穫《しゅうかく》してから時間が経《た》つと、鮮度《せんど》が落ちるため、外国から輸入《ゆにゅう》することはほとんどありませんでした。しかし、低温コンテナなど輸送技術《ゆそうぎじゅつ》が発達したこと、外食産業が安い外国の野菜をたくさん輸入《ゆにゅう》しはじめたことなどによって、世界中から野菜が輸《ゆ》入《にゅう》されるようになりました。

また、花も、１年を通してさまざまな種類が楽しめるように、世界中から輸入《ゆにゅう》されています。

輸入《ゆにゅう》野菜の多くは、日本産の野菜より、安く買うことができます。日本にくらべ物価《ぶっか》が安い外国では、働く人の労働にかかる費用も安く、そのうえ広大な農場でたくさん収穫《しゅうかく》できるので、船や飛行機で運ぶ費用を加えても、日本産の野菜より安いのです。

現在《げんざい》、世界中の国々から冷凍《れいとう》野菜や生鮮《せいせん》野菜などが輸入《ゆにゅう》されています。とくに輸入量《ゆにゅうりょう》が多いのが、中《ちゅう》国《ごく》からの野菜です。

このまま輸入《ゆにゅう》が増《ふ》えつづけ、野菜までを外国からの輸入《ゆにゅう》にたよるようになると、外国の食料事情《しょくりょうじじょう》により、日本に輸入《ゆにゅう》される量が減《へ》り、国内で生産する野菜だけでは足りなくなるなどの問題が起こることも考えられます。

実際、経済発展《けいざいはってん》がめざましい中国《ちゅうごく》では、食料の消費量が急激《きゅうげき》に増《ふ》えており、大豆《だいず》やとうもろこしなどは、中国《ちゅうごく》国内で生産する分では不足し、アメリカや南《みなみ》アメリカなどから輸入《ゆにゅう》しているほどです。

▲中国《ちゅうごく》国内で急速に発展《はってん》する野菜のハウス栽培《さいばい》。日本向けの野菜は、日本市場に合う品目、品種が栽培《さいばい》され、輸出《ゆしゅつ》される。

品目別野菜の輸入量《ゆにゅうりょう》

たまねぎやかぼちゃの輸入量《ゆにゅうりょう》が多い。国内産の出荷が少なくなる時期の需要《じゅよう》をおぎなうため輸入《ゆにゅう》されることが多い。

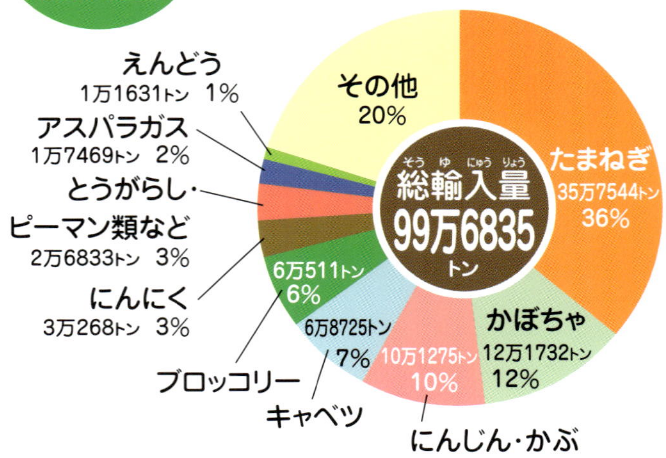

2005年の統計：「貿易統計」（財務省）より

日本人に向けた野菜を栽培《さいばい》して輸入《ゆにゅう》する

中国から輸入《ゆにゅう》される野菜の多くは、「開発輸入《かいはつゆにゅう》」というかたちをとっています。

開発輸入《かいはつゆにゅう》とは、商社など日本企業《きぎょう》が、日本の消費者が求める野菜の種や苗《なえ》を中国《ちゅうごく》の農場にもっていき、技術指導《ぎじゅつしどう》して、農薬の使用基準《しようきじゅん》など、日本の栽《さい》培《ばい》基準《きじゅん》に合わせた野菜を栽培《さいばい》してもらうものです。栽培《さいばい》した野菜は企業《きぎょう》が買い取り、日本に運んできます。

また、現地に加工工場をつくり、調理しやすいように、野菜をカットしたり皮をむいたり、加熱や冷《れい》凍《とう》をしたり、加工してから輸入《ゆにゅう》するかたちも増《ふ》えています。

開発輸入《かいはつゆにゅう》という貿易《ぼうえき》の形態《けいたい》は、タイ、インドネシア、ベトナムなど、東南アジア各国にも広がっています。

生鮮《せいせん》・冷蔵《れいぞう》野菜の輸入量《ゆにゅうりょう》の移《うつ》り変《か》わり

中国《ちゅうごく》からの輸入《ゆにゅう》が増《ふ》えつづけ、現在《げんざい》、全輸入量《ゆにゅうりょう》の半分以上をしめている。

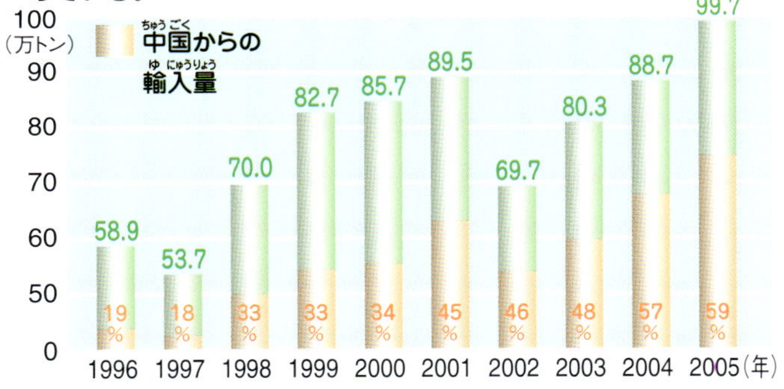

冷凍《れいとう》野菜の輸入量《ゆにゅうりょう》の移《うつ》り変《か》わり

冷凍《れいとう》野菜は外食産業向けのものが多く、生鮮《せいせん》野菜と同じように中国産《ちゅうごくさん》のしめる割合《わりあい》が大きい。

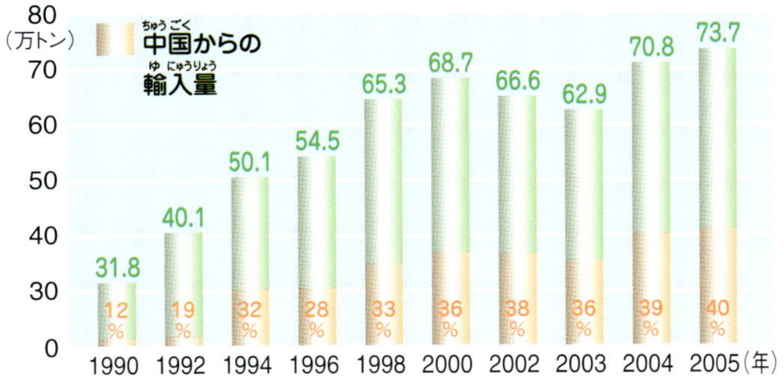

＊冷凍野菜はおもに、いんげん豆、えだ豆、ほうれん草、とうもろこしなど。

資料：「貿易統計」（財務省）より

海外からの農産物の安全性《あんぜんせい》

日本は各地の港や空港の植物防疫所《しょくぶつぼうえきじょ》で、世界各国から輸入《ゆにゅう》される野菜に、これまで日本にはいなかった虫や、病気がないかなどをきびしい基準《きじゅん》にもとづいて検査《けんさ》しています。もし、なにか問題が発見されると、その野菜は輸出国《ゆしゅつこく》にもどされたり、処分《しょぶん》されます。

残留農薬《ざんりゅうのうやく》については、一部をぬきとって検査《けんさ》していますが、輸入量《ゆにゅうりょう》が多いことから検査体制《けんさたいせい》が追いついていないのが実情です。

2000（平成《へいせい》12）年には、中国《ちゅうごく》から輸入《ゆにゅう》された大量の野菜に、日本の基準《きじゅん》を上回る量の残留農薬《ざんりゅうのうやく》や、使用を禁止《きんし》されている農薬が検出《けんしゅつ》される事件《じけん》が起こりました。このとき、日本政府《せいふ》は緊急措置《きんきゅうそち》として、輸《ゆ》入《にゅう》を禁止《きんし》しました。しかし、その後も一部の輸入《ゆにゅう》野菜から残留農薬《ざんりゅうのうやく》が検出《けんしゅつ》されています。

また、かんきつ類や小麦などは、輸送中《ゆそうちゅう》の虫やカビの発生をふせぐため、収穫後《しゅうかくご》に防《ぼう》カビ剤《ざい》が散布《さんぷ》されることがあります。これはポストハーベストとよばれ、これがほどこされた作物の安全性《あんぜんせい》に疑問《ぎもん》がもたれています。

今後も増《ふ》えると考えられる輸入《ゆにゅう》農産物の安全性《あんぜんせい》を高めるため、国ではすべての農薬に残留基準値《ざんりゅうきじゅんち》を設《せっ》定《てい》するポジティブリスト制度《せいど》（173ページ参照）をもうけています。

一方、海外の生産者も日本での販売《はんばい》を考え、今後は有機《ゆうき》農法でつくった安全《あんぜん》な野菜を生産し、輸出《ゆしゅつ》する国も増《ふ》えるのではないかと考えられています。

▶植物防疫所《しょくぶつぼうえきじょ》の職員《しょくいん》によって検査《けんさ》される中国《ちゅうごく》から輸入《ゆにゅう》されたねぎ。

おいしく安全な野菜づくり

アジア・太平洋戦争《たいへいようせんそう》後、日本の野菜づくりは、野菜を大量に生産するために、大量の農薬や化学肥料《かがくひりょう》を使用してきました。しかし、環境《かんきょう》に悪い影響《えいきょう》があらわれ、食品としての安全性《あんぜんせい》にも不安が生じたことから、安全な栽培法《さいばいほう》が必要になっています。

有機《ゆうき》農業への取り組み

農薬や化学肥料《かがくひりょう》を使うことは、野菜をたくさん生産するためにはしかたのないことと考えられてきました。しかし、このような栽培法《さいばいほう》に疑問《ぎもん》をもった人たちが、農薬や化学肥料《かがくひりょう》にたよらない農法を試み、これらの使用量を減《へ》らしたり、使用をひかえても野菜を生産できることがわかりました。

この農法を使った農業は「有機《ゆうき》農業」（180ページ参照）とよばれ、各地で広まっています。有機《ゆうき》農業では化学肥料《かがくひりょう》は使わず、家畜《かちく》の糞尿《ふんにょう》やもみがらなどを発酵《はっこう》させた堆肥《たいひ》などの有機肥料《ゆうきひりょう》で土づくりをします。この土づくりが大切なポイントになります。

害虫や雑草《ざっそう》の対策《たいさく》は、さまざまな方法が考えだされています。たとえば、害虫対策《たいさく》としては、ネットなどで作物をおおい害虫の侵入《しんにゅう》をふせいだり、害虫がきらう植物を作物の近くに植えたりします。最近は害虫のフェロモンを利用して、おびきよせてつかまえたり、害虫どうしの交尾《こうび》をさまたげたりするフェロモントラップの使用が増《ふ》えています。

雑草《ざっそう》に対してはビニールシートで地面をおおったり、機械で周囲を耕《たがや》したりして、雑草《ざっそう》がのびないようにします。農薬ほどの効果《こうか》はありませんが、さまざまな方法で工夫《くふう》しています。

現在《げんざい》、国に認定《にんてい》された有機《ゆうき》農産物は、まだ国内の全農産物の0.2%ほどしかありません。これから有《ゆう》機《き》農業が定着するためには、生産者の努力だけではなく、私たち消費者が、多少値段《ねだん》が高くても、有機《ゆうき》農産物を選ぶという意識《いしき》をもつ必要があります。

▲だいこん畑に設置《せっち》されたフェロモントラップ。メスのにおいでオスの害虫をおびきよせ殺す。オスが死ぬと交尾《こうび》できないので害虫が増《ふ》えない。

▶キャベツ畑にはられたチューブ。チューブの中にコナガという害虫のメスの合成フェロモンが入っていて、オスをかく乱《らん》し、交尾《こうび》をさまたげる。

▲マメ科やイネ科の植物を緑のまま土にすきこむ緑肥《りょくひ》。堆肥《たいひ》とはことなるが、土の質《しつ》が改善《かいぜん》される。有機《ゆうき》農業への取り組みが増《ふ》えるとともに、緑肥《りょくひ》が見直されている（北海道上湧別町《ほっかいどうかみゆうべつ》）。

肥《ひ》料《りょう》と水を減《へ》らす
作物をきびしく育てる永《なが》田《た》農《のう》法《ほう》

水や肥料《ひりょう》を最小限《さいしょうげん》しかあたえず、野菜が本来もっているおいしさや栄養を引きだす栽培法《さいばいほう》があります。いったいどのような栽培法《さいばいほう》なのか、見てみましょう。

▼ハウス内の土。乾燥《かんそう》によってひび割《わ》れている。

作物の力を引きだす

ふつう、元気な野菜を育てるには、十分な水と肥料《ひりょう》が必要だと考えられています。

しかし、静岡《しずおか》県で農業をしている永田照喜治《ながたてるきち》さんは堆肥《たいひ》などの有機肥料《ゆうきひりょう》であっても、肥料《ひりょう》のやりすぎは、植物に栄養をあたえすぎ、かえって生長をさまたげると考えました。なぜなら、野菜の多くは、熱帯や高原などの荒《あ》れた土地が原産地なので、同じような条件《じょうけん》で育てれば、植物の力を引きだせるというのです。

たとえば、トマトは南《みなみ》アメリカのアンデス高地が原産です。乾燥《かんそう》した荒《あ》れた土地がふるさとのトマトは、日本のような高温多湿《こうおんたしつ》の気候には本来適《てき》していません。

そこで、永田《ながた》さんは、雨をさけるためのビニールハウス内で、石が混《ま》じるやせた土で、トマトを栽培《さいばい》しました。水も肥料《ひりょう》もほとんどあたえず、葉がしおれたころに、うすめた液状《えきじょう》の肥料《ひりょう》を少しあたえます。トマトはわずかな水分や栄養を得ようと必死に根をのばし、本来もっている力を発揮《はっき》します。

その結果、通常《つうじょう》の栽培《さいばい》で収穫《しゅうかく》されたトマトよりもはるかに多くの栄養分をふくみ、糖度《とうど》（甘《あま》さの目安）が高く、アクが少なくなることなどが証明《しょうめい》されました。この農法は、永田農法《ながたのうほう》とよばれ、収穫量《しゅうかくりょう》は少なくなりますが、トマトだけではなく、茶、だいこん、たまねぎ、かぶ、ほうれん草、じゃがいもなどの作物でも、活用されています。

▲通常《つうじょう》の方法で栽培《さいばい》したトマトの根。

◀永田農法《ながたのうほう》で栽培《さいばい》したトマトの表面には、少ない水をのがさないよう、毛がびっしりと生えている。

▲永田農法《ながたのうほう》で栽培《さいばい》した根。少ない水分を吸収《きゅうしゅう》しようと、横に広がり毛根《もうこん》も多い。

永田農法《ながたのうほう》のトマト

果肉がぎっしりとつまったトマトは重く、水にしずむ。ふつうのトマトは軽いため、水に浮《う》く。通常《つうじょう》の栽培法《さいばいほう》で育てられたトマトの糖度《とうど》は4〜6度だが、永田農法《ながたのうほう》のトマトは12度前後に達《たっ》するものもある。ビタミンC《シー》も最高で通常《つうじょう》の30倍ふくまれる。

土からはなれる野菜の生産

トマトの新しい栽培法《さいばいほう》

野菜栽培《さいばい》は品種改良や栽培技術《さいばいぎじゅつ》が進歩し、昔にくらべると安定して生産できるようになりました。しかし、連作障害《れんさくしょうがい》が起きたり、病害虫が発生したり、気候の影響《えいきょう》を受けて不作になったりします。そこで、安定した収穫《しゅうかく》のために、土を使わない養液栽培《ようえきさいばい》という方法が広がり、みつば、小ねぎ、トマト、ピーマンなどの生産に利用されています。

最適《さいてき》な環境《かんきょう》をつくりだす

養液栽培《ようえきさいばい》とは、土のかわりに水や肥料《ひりょう》をふくんだ養液《ようえき》をあたえて栽培《さいばい》する方法です。作物の生長に最適《さいてき》な量を計算してあたえることから、生長が早く、高品質《こうひんしつ》の作物をつくることができます。また、土の中に存在《そんざい》する病原菌《びょうげんきん》がいないので、病気になることも少なく、農薬の量を減《へ》らすことができます。

トマトジュースやトマトケチャップをつくる食品会社のカゴメでは、原料トマトの生産の経験《けいけん》を生かし、1999（平成《へいせい》11）年6月に本格的《ほんかくてき》にトマトの栽培《さいばい》に取り組みました。現在《げんざい》、全国8か所に菜園をつくり、全国の年間トマト収穫量《しゅうかくりょう》の1％を超《こ》える量を生産しています。

この菜園のひとつが、福島《ふくしま》県いわき市の小名浜菜園《おなはまさいえん》です。いわき地方は、日照時間が長いことで知られ、トマトの栽培《さいばい》がさかんな地域《ちいき》です。カゴメはここに最新技術《さいしんぎじゅつ》を取り入れた菜園をつくり、トマトの養液栽培《ようえきさいばい》をおこなっています。

養液栽培《ようえきさいばい》では、土のかわりに天然の岩石からつくられたロックウールを使い、ここに根をはらせ、養液《ようえき》を吸収《きゅうしゅう》させて栽培《さいばい》していきます。通常《つうじょう》の栽培《さいばい》にくらべて生長が早く、しかも1本の茎《くき》から10か月の間、収穫《しゅうかく》ができます。

今後、こういった高度に環境《かんきょう》をコントロールできる施設栽培《しせつさいばい》や養液栽培《ようえきさいばい》が増《ふ》えていくと考えられています。しかし、施設《しせつ》の建設《けんせつ》にかかる費用などから、すべての作物でおこなうことはむずかしいことです。

▲いわき市小名浜菜園《おなはまさいえん》の温室。25万株《かぶ》のトマトが植えられている。温室は屋外の気象に左右されず、つねに生育に最適《さいてき》な環境《かんきょう》になるようコンピュータで管理されている。

▼生長に合わせて濃度《のうど》が調整された養液《ようえき》が、パイプラインを通って供給《きょうきゅう》される。

▶養液栽培《ようえきさいばい》のトマトの茎《くき》は、フックでつり下げられている。茎《くき》は1年で15〜20mになるので、のびてきたら根もとを横に移動《いどう》させながら収穫《しゅうかく》していく。

3章

くだもの

くだものづくりは、気候や土壌《どじょう》の質《しつ》に大きく左右され、
作物のなかでもっとも栽培《さいばい》に手間がかかります。
各地のくだものの産地では、おいしいくだものをつくるため、
さまざまな努力をしています。

くだものの産地

果樹《かじゅ》の栽培《さいばい》は気候や土壌《どじょう》の影響《えいきょう》が大きく、くだものの産地はかぎられています。それぞれの土地の気候を生かして、どのように果樹《かじゅ》が栽培《さいばい》されているのか見てみましょう。

かぎられる産地

くだものづくりは野菜よりも、降水量《こうすいりょう》や気温、日照時間の影響《えいきょう》を大きく受けます。また、水はけなど土の質《しつ》にも左右されるため、地域《ちいき》によって栽培《さいばい》できる果樹《かじゅ》がかぎられています。

たとえば、りんごはすずしい気候が適《てき》しているので、青森《あおもり》県など東北《とうほく》地方や長野《ながの》県で多く栽培《さいばい》されています。みかんは温暖《おんだん》な気候が適《てき》しているので、関東《かんとう》地方より西の地域《ちいき》、とくに和歌山《わかやま》県や愛媛《えひめ》県などが産地として知られています。

ぶどう、もも、さくらんぼは、水はけのよい土地で、日照時間が長く、降水量《こうすいりょう》が少ない、さらに冬に寒い地域《ちいき》が適《てき》しています。福島《ふくしま》県や山梨《やまなし》県の盆地《ぼんち》などを中心に栽培《さいばい》されています。

生産量は、みかん（温州《うんしゅう》みかん）などのかんきつ類がもっとも多く、ついで、りんご、なし、かき、ぶどう、もも、などとなっています。

おもなくだものの産地

▲北海道《ほっかいどう》と沖縄《おきなわ》県をのぞく全国で栽培《さいばい》されている。甘《あま》がきと渋《しぶ》がきがあり、渋《しぶ》がきは渋《しぶ》ぬきをしてから出荷する。甘《あま》がきは福岡《ふくおか》県、岐阜《ぎふ》県、渋《しぶ》がきは和歌山《わかやま》県、山形《やまがた》県が産地（福岡《ふくおか》県）。

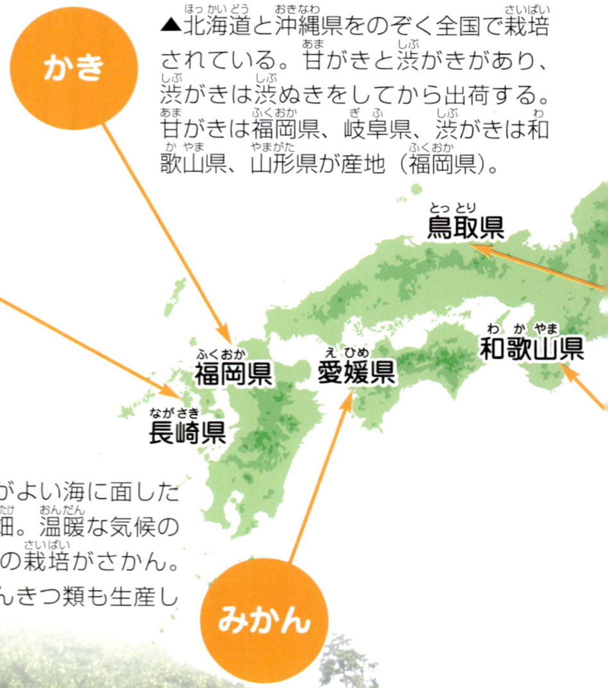

▲冬に花が咲《さ》き実を結ぶので、気温が高い地域《ちいき》が栽培《さいばい》に適《てき》している。長崎《ながさき》県の丘陵地帯《きゅうりょうちたい》は、びわの栽培《さいばい》がさかんで（写真上）、全国一の生産量をほこる。ほかに鹿児島《かごしま》県、千葉《ちば》県、和歌山《わかやま》県などが産地。安定して収穫《しゅうかく》できる施設栽培《しせつさいばい》（写真右上）も増《ふ》えている。

▼水はけ、日当たり、風通しがよい海に面した斜面《しゃめん》を利用したみかんの段々畑《だんだんばたけ》。温暖《おんだん》な気候の愛媛《えひめ》県や和歌山《わかやま》県ではみかんの栽培《さいばい》がさかん。はっさくや夏みかんなどのかんきつ類も生産している（愛媛《えひめ》県松山《まつやま》市）。

▼果樹《かじゅ》のなかで施設栽培《しせつさいばい》の割合《わりあい》がもっとも高い。栽培《さいばい》がむずかしく、多くの労力がかかる。雨が少なく、すずしい気候が適《てき》していて、山形《やまがた》県、山梨《やまなし》県、北海道《ほっかいどう》などが産地（山形《やまがた》県東根《ひがしね》市）。

▲おいしさと美しさから、さくらんぼの王様といわれる「佐藤錦《さとうにしき》」。

▼すずしい気候が適《てき》していて、東北《とうほく》地方や長野《ながの》県で栽培《さいばい》される。とくに青森《あおもり》県の生産量は他県とくらべものにならないほど多く、全国のおよそ半分をしめている。

▲福島《ふくしま》県は、春と夏の日照時間が長く、冬は乾燥《かんそう》しとても寒いことから、ももの栽培《さいばい》がさかん。山梨《やまなし》県や長野《ながの》県とともに、ももの産地として知られる。

◀大つぶの「巨峰《きょほう》」、種なしぶどうで知られる「デラウェア」などの施設栽培《しせつさいばい》が増《ふ》えている。施設栽《しせつさい》培《ばい》の普及《ふきゅう》により安定して生産できるようになった。とくに山梨《やまなし》県の甲府盆地《こうふぼんち》で栽培《さいばい》がさかん。

◀温暖《おんだん》で雨が多い日本の気候に適《てき》していて、北海道《ほっかいどう》南部から九州《きゅうしゅう》まで栽培《さいばい》できる。赤なしの「幸水《こうすい》」「豊水《ほうすい》」は千葉《ちば》県、茨城《いばらき》県などが産地で、青なしの「二十世紀《にじっせいき》」は鳥取《とっとり》県が産地。

▼とくに和歌山《わかやま》県で栽培《さいばい》がさかんで、「紀州梅《きしゅううめ》」として知られる。梅干《うめぼ》しなどに加工されることが多い（和歌山《わかやま》県日高《ひだか》郡）。

おもなくだものの年間《ねんかん》収穫量《しゅうかくりょう》ベスト5

みかん

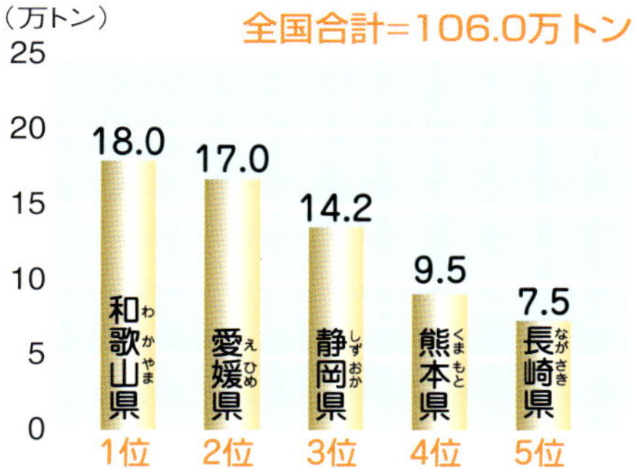

りんご

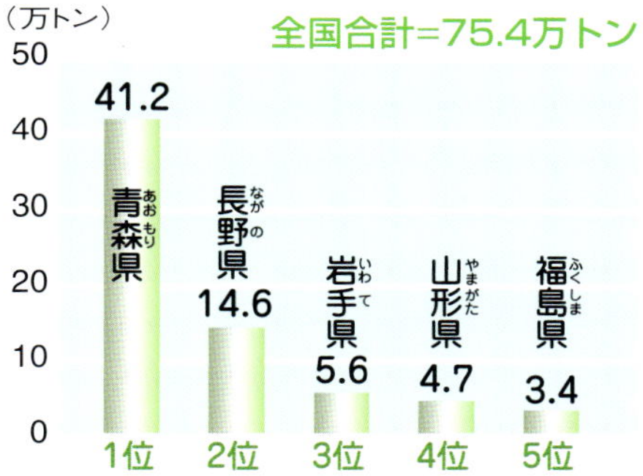

なし

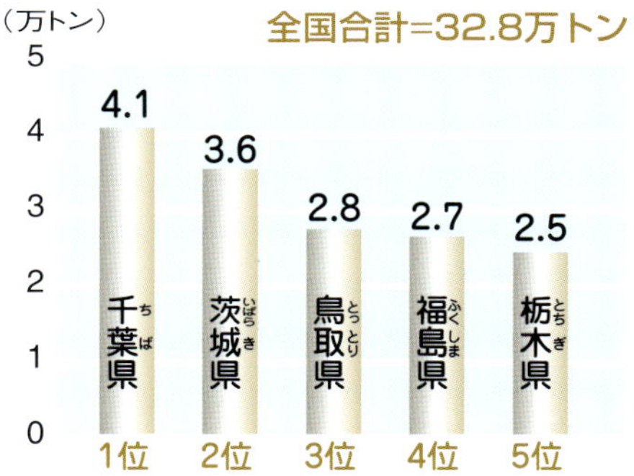

もも

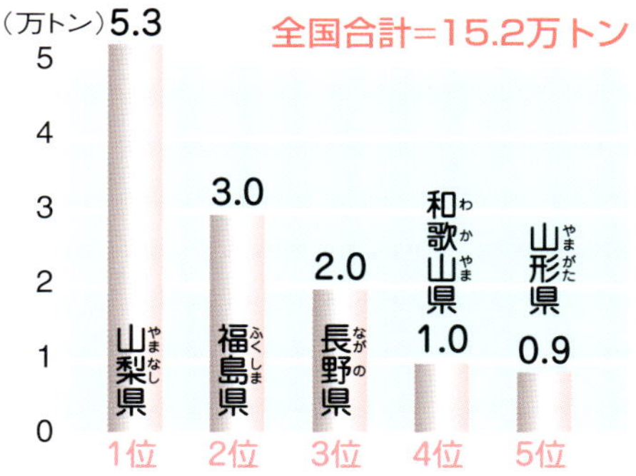

2004年の統計：「果樹生産出荷統計」『園芸統計平成17年度版』（農林水産省）より

りんごの栽培《さいばい》

すずしい気候が適《てき》したりんごは、東北《とうほく》地方を中心に栽培《さいばい》されています。
もも、ぶどう、さくらんぼなどと並《なら》んで、
手間をかけてつくる日本の果樹栽培《かじゅさいばい》の代表的なくだものです。

むずかしい果樹栽培《かじゅさいばい》

果樹《かじゅ》の栽培《さいばい》はとても手間がかかります。収穫《しゅうかく》は年に一度で、苗木《なえぎ》から育てた場合は果実をつけるまで、ふつう4～6年かかります。その間、収穫《しゅうかく》はできませんが、木の枝《えだ》の形を整え、病気や害虫に注意をはらい、育てていく必要があります。生長し果実をつけるようになったら、毎年安定した収穫量《しゅうかくりょう》を得るため、さまざまな作業が必要です。

また、くだものには品種がたくさんあり、それぞれ、味や形、色、栽培《さいばい》の方法がことなります。品種により、収穫量《しゅうかくりょう》や販売価格《はんばいかかく》もちがってくるので、どの品種を育てるかということが、大切になってきます。

日本の果樹栽培《かじゅさいばい》は、手間をかけて高品質《こうひんしつ》なくだものをつくるのが特徴《とくちょう》で、りんごはその代表です。おもにすずしい気候の東北《とうほく》地方を中心に栽培《さいばい》され、青森《あおもり》県が全国生産量のおよそ50%をしめています。人気がある品種は大きくて甘《あま》い「ふじ」で、栽培《さいばい》されている品種の約50%になります。

りんごの栽培《さいばい》は手間がかかるわりに農家の利益《りえき》が少なく、また、収穫時期《しゅうかくじき》が秋になるので、台風などの被害《ひがい》を受けやすく、毎年の収穫量《しゅうかくりょう》が安定しないという不安もかかえています。

りんごの栽培《さいばい》

1～3月

剪定《せんてい》

▼木が休眠《きゅうみん》をしている冬に、実をつける枝《えだ》に養分を集中させるため、剪定《せんてい》をおこなう。長くのびた枝《えだ》の先端《せんたん》を切り、不要な枝《えだ》を取りのぞく。収穫量《しゅうかくりょう》の決め手となる作業。

4～5月

人工受粉《じんこうじゅふん》

▼花が咲《さ》く。りんごは自分の花粉では受粉《じゅふん》しないので、専用《せんよう》の機械で別の品種の花粉を直接《ちょくせつ》花につけたり、別の品種の木をそばに植えたりする。また、マメコバチなどの昆虫《こんちゅう》を使い、人工受粉《じんこうじゅふん》させる。

▲雑草《ざっそう》は木の養分を吸《す》いとったり、害虫のすみかとなるので、5～9月にかけて、機械で除草《じょそう》する。

摘果《てきか》

▼大きくて品質《ひんしつ》のよいりんごをつくるため、形の悪い実、病気にかかった実を取りのぞく。

高品質《こうひんしつ》のりんごをつくる工夫《くふう》

りんごの栽培《さいばい》は、冬の剪定《せんてい》からスタートします。「剪定《せんてい》」とはよぶんな枝《えだ》を切って、果実がつく花芽《はなめ》がある枝《えだ》に養分がいくようにしたり、枝《えだ》への日当たりがよくなるようにしたりする作業で、果樹栽培《かじゅさいばい》のなかで、もっとも大切な作業です。

５月になると花が咲《さ》きはじめ受粉《じゅふん》をします。自然に受粉《じゅふん》をしない品種の場合、また、受粉《じゅふん》を確実《かくじつ》にするために、人の手で「人工受粉《じんこうじゅふん》」をさせます。受粉《じゅふん》した花はやがて実を結び、果実となります。

つぼみがふくらんでくると、大きな果実をつくるため、つぼみの数を減《へ》らす「摘蕾《てきらい》」、実の数を減《へ》らす「摘果《てきか》」をおこないます。果実が大きくなってきたら、病害虫をふせぎ、見た目を美しくするための「袋《ふくろ》かけ」などをして、収穫《しゅうかく》まで大切に育てます。

▶「ふじ」はよく熟《じゅく》すと中心部に蜜《みつ》が入る。

もも の 栽培法《さいばいほう》

手間がかかるももの栽培《さいばい》

ももは、雨が少なく日照時間が長い地域《ちいき》が栽培《さいばい》に適《てき》しています。産地はかぎられていて、おもに山梨《やまなし》県、福島《ふくしま》県、長野《ながの》県で生産されています。

りんごと同じように、人工受粉《じんこうじゅふん》、摘果《てきか》、袋《ふくろ》かけなどをして栽培《さいばい》します。

施設栽培《しせつさいばい》もおこなわれていますが、生長に合わせた温度管理がたいへんで、露地栽培《ろじさいばい》にくらべて倍以上の労働時間を必要とします。収穫後《しゅうかくご》、温度が高いとくさりやすいので、すぐに予冷庫に入れられ、冷やされます。

ももは生産量が少ないことから、販売価格《はんばいかかく》が高いくだもののひとつです。

▲反射《はんしゃ》シートを地面にしき、太陽の光を反射《はんしゃ》させ、ももの色づきをよくする。

▲もっとも人気のある品種「あかつき」。福島《ふくしま》県では出荷量のおよそ半分がこの品種。

病害虫をふせぐ

▲病害虫をふせぐため、4月下《げ》旬《じゅん》～9月中旬《ちゅうじゅん》にかけて専用《せんよう》の機械で農薬を散布《さんぷ》する。フェロモントラップ（92ページ参照）の登場により、農薬の使用量は減《へ》っている。

6月　袋《ふくろ》かけ

▼病害虫をふせぎ、見た目を美しくするため果実に袋《ふくろ》をかぶせる。袋《ふくろ》をかけないで栽培《さいばい》する「無袋《むたい》栽培《さいばい》」も増《ふ》えており、そのほうが味がよいといわれる。

7月下旬《げじゅん》～8月上旬《じょうじゅん》　色をつける

▼袋《ふくろ》かけをした場合、収穫《しゅうかく》の1～6週間前に袋《ふくろ》をはずし、日光に当て、色づかせる。また、果実のまわりの葉を取りのぞく「葉とり」（写真）や、果実を回して日光が当たるように「玉回し」をおこなう。

8月下旬《げじゅん》～11月下旬《げじゅん》　収穫《しゅうかく》

▼ひとつひとつ傷《きず》がつかないように収穫《しゅうかく》する。貯蔵技術《ちょぞうぎじゅつ》が進歩し、長期保存《ほぞん》が可能《かのう》になったことで、1年中出荷できる。

みかんの栽培《さいばい》

生産量の多いみかんは、果樹栽培《かじゅさいばい》のなかでもっとも効率化《こうりつか》が進んでいます。生産量が多く、消費量を上回ることがあり、生産調整もおこなわれています。今後は、さらにすぐれた品質《ひんしつ》のみかんの生産が求められています。

もっとも生産量の多いみかん

みかんは日本でもっとも生産量が多いくだもので、「温州《うんしゅう》みかん」という品種が栽培《さいばい》されています。温暖《おんだん》な気候が適《てき》したみかんの栽培《さいばい》は、和歌山《わかやま》県や愛《え》媛《ひめ》県など南の地域《ちいき》でさかんです。

みかんは早くから生産の拡大《かくだい》に取り組んだことから、大きな産地が生まれ、地域《ちいき》全体で計画的に栽培《さいばい》、出荷するところが少なくありません。

作業を効率化《こうりつか》するため、果樹園《かじゅえん》を整備して機械を導入《どうにゅう》するなど、さまざまな努力がおこなわれています。ハウス栽培《さいばい》も増《ふ》え、ボイラーでハウス内を温《あたた》めて早く花を咲《さ》かせることにより、これまで出荷ができなかった夏場でも出回るようになっています。

収穫《しゅうかく》したみかんはJA《ジェーエー》（農業協同組合）などの共《きょう》同選果場《どうせんかじょう》に出荷されます。選果場《せんかじょう》では糖度《とうど》（甘《あま》さの目安）や大きさなどがチェックされ、等級別に分けられます。傷《きず》があるなどして商品として適《てき》さないものは、缶詰《かんづめ》やジュースなどに加工されます。

1965（昭和《しょうわ》40）年以降《いこう》、みかんは急速に生産量が増《ふ》え、消費量を上回り、販売価格《はんばいかかく》が下がるようになりました。そこで1980年以降《いこう》は別の果樹《かじゅ》に植えかえたり、伐採《ばっさい》するなどして生産量を調整しています。

これからのみかん栽培《さいばい》は、さらにおいしい品種の開発や糖度《とうど》を高くするための栽培技術《さいばいぎじゅつ》などが必要になっています。

みかんの栽培《さいばい》

みかんの露地栽培《ろじさいばい》は3月の剪定《せんてい》からはじまります。5月になると花が咲《さ》き、自分の花粉で受粉《じゅふん》して実をつけるので、人工受粉《じんこうじゅふん》の必要はありません。実が大きくなってきたら摘果《てきか》し、10〜12月にかけて収穫《しゅうかく》します。

▲みかんのビニールハウスが連なる愛媛《えひめ》県砥部《とべ》町。加温して本来は春に咲《さ》く花を冬に咲《さ》かせ、露地《ろじ》ものが出回らない5〜9月に出荷している。ハウス内の土中の水分を調節することにより、露地《ろじ》ものより甘《あま》いみかんを生産している。

3月

剪定《せんてい》

▼不要な枝《えだ》や混《こ》みあう枝《えだ》を切り、内部まで日が当たるようにする。みかんは冬も葉をつけている常緑果樹《じょうりょくかじゅ》なので、たくさんは剪定《せんてい》しない。

4〜6月

花が咲《さ》き、実がつく

▲みかんの花。

天候に左右されない
増《ふ》える施設栽培《しせつさいばい》

野菜などと同じように、くだものもビニールハウスなどの施設《しせつ》で育てられることが増《ふ》えています。とくに、さくらんぼ、ぶどう、いちじくなどは、施設《しせつ》で栽培《さいばい》されることが多くなっています。

施設栽培《しせつさいばい》は、天候に左右されずふつうより早く収穫《しゅうかく》できます。また、病害虫の発生が少ないため、農薬の使用量を減《へ》らせるなどの利点があります。

一方で、施設《しせつ》を建てるための費用、暖房費《だんぼうひ》などが必要で、生産費が高くなります。そのため、施設栽培《しせつさいばい》できるくだものは、高い価格で販売《はんばい》できる種類にかぎられます。

▼ももは雨に当たると果実がさけやすいので、雨《あま》よけなどの施設《しせつ》がもうけられる。

おもな果樹《かじゅ》の栽培《さいばい》面積における施設栽培《しせつさいばい》の割合《わりあい》

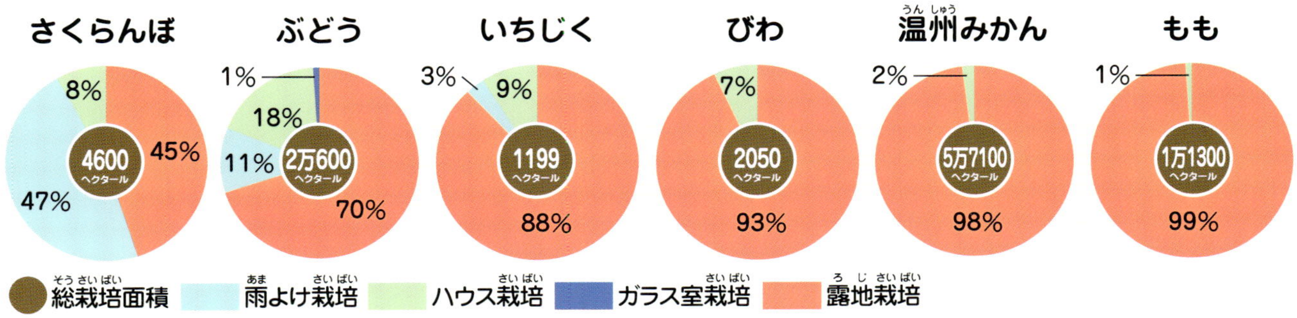

＊ハウスとは、ビニールフィルム、ポリエチレンフィルム、硬質プラスチック板など、ガラス以外のものをさす。

2003年の統計：「耕地及び作付面積統計」『ポケット園芸統計平成17年度版』及び「園芸用ガラス室･ハウス等の設置状況」「特産果樹生産動態等調査」（農林水産省）より

7〜8月　　9月　　10〜12月

摘果《てきか》

▼ついた実をすべて成熟《せいじゅく》させると、木に負担《ふたん》がかかり、毎年ならなくなるので、摘《てき》果《か》して実の数を減《へ》らす。

収穫《しゅうかく》

▲斜面《しゃめん》がきつい畑では、収穫《しゅうかく》したみかんを、手作業で運ぶのはたいへんなので、運搬《うんぱん》用の機械を使って運ばれる。

▼だいだい色に色づいたみかんから収穫《しゅうかく》していく。収穫《しゅうかく》したみかんは共同選果場《きょうどうせんかじょう》に運び、選別してから各地に出荷する。

果《か》樹《じゅ》農《のう》家《か》のくらし

**果樹農家《かじゅのうか》も、米や野菜と同じようにさまざまな問題をかかえています。
消費量が増《ふ》えず、逆《ぎゃく》に安い輸入品《ゆにゅうひん》が増《ふ》えるなか、
果樹農家《かじゅのうか》はさらに品質《ひんしつ》のよいくだものを生産するため、さまざまな工夫《くふう》をこらしています。**

果樹農家《かじゅのうか》の特徴《とくちょう》

果樹農家《かじゅのうか》の多くは小規模《しょうきぼ》で、ほとんどが家族経営《けいえい》です。約７割《わり》が0.5ヘクタール未満の農地で果樹栽《かじゅさい》培《ばい》をしています。１種類だけでなく、３～４種類の果樹《かじゅ》をつくる農家が多く、野菜づくりや稲作《いなさく》もしている農家が少なくありません。

果樹栽培《かじゅさいばい》の特徴《とくちょう》として、収穫《しゅうかく》までに時間がかかることがあげられます。種類にもよりますが、苗木《なえぎ》を植えてから果実がなるまでに、３～８年かかります。たくさん収穫《しゅうかく》できる期間は、だいたい20～30年とかぎられていて、収穫量《しゅうかくりょう》が減《へ》ってきたところで、木を植えかえる必要があります。

また、ほかの農産物とちがい、機械化が進んだにもかかわらず、労働費が多いのが特徴《とくちょう》です。1970年代にくらべ、耕《たがや》したり雑草《ざっそう》をとったり、農薬や肥料《ひりょう》をまいたりするのにかかる時間は、機械化により減《へ》っています。

しかし、人工受粉《じんこうじゅふん》、摘果《てきか》など、実を大きくするための作業や、袋《ふくろ》かけ、葉とり、反射《はんしゃ》シートなど、色づきをよくし見た目をよくするための作業時間が増《ふ》えており、労《ろう》働費《どうひ》が減《へ》らない原因となっています。

くだものの生産にかかる費用

（りんご栽培《さいばい》の10アールあたりの年間費用）

労働費が大半をしめ、ついで、病害虫をふせぐための農薬などの防除費《ぼうじょひ》、農機具費となっている。

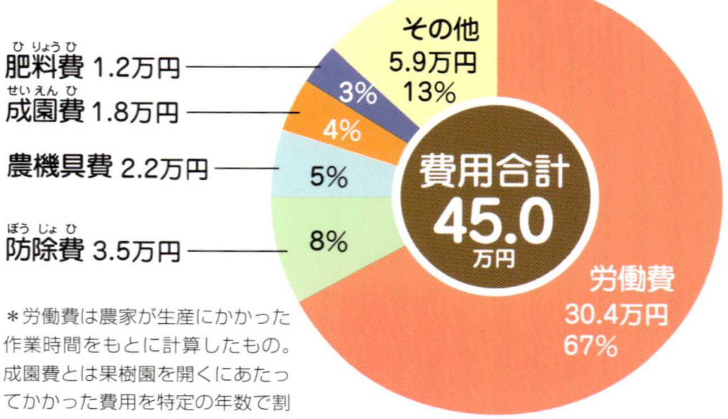

＊労働費は農家が生産にかかった作業時間をもとに計算したもの。成園費とは果樹園を開くにあたってかかった費用を特定の年数で割ったもの。
2004年の統計：青森県農林水産部りんご果樹課データより

減《へ》りつづける生産量

みかんは、1960年代からはじまった農業基本法《のうぎょうきほんほう》で「選択的拡大《せんたくてきかくだい》」（195ページ参照）の対象農産物に選ばれたことから、畑や水田にみかんの苗木《なえぎ》を植えるなどして、生産の拡大《かくだい》に取り組んできました。

▶樹高《じゅこう》が高くならない特引な苗木《なえぎ》を用い、木全体を低く仕立てたりんごの「わい化栽培《かさいばい》」。剪定《せんてい》や収穫《しゅうかく》などの作業を効率化《こうりつか》する工夫《くふう》のひとつ。

しかし、くだものの生産量は、1975（昭和《しょうわ》50）年をピークに少しずつ減《へ》っています。これは、みかんの生産量が増《ふ》えすぎたため、生産量を減《へ》らす対策《たいさく》がとられたからです。また、日本では欧米《おうべい》のように食事にくだものや果実加工品を食べることが少なく、消費量が増《ふ》えなかったことや、海外からの輸入《ゆにゅう》が増《ふ》えたことの影響《えいきょう》もあり、くだもの全体の生産量も減《へ》りつづけています。

2005（平成《へいせい》17）年の果樹《かじゅ》全体の栽培《さいばい》面積は、1975年の約65%になっています。

果樹農家《かじゅのうか》の工夫《くふう》

日本の果樹農家《かじゅのうか》は経営規模《けいえいきぼ》が小さく、大規模《だいきぼ》な果《か》樹園《じゅえん》で生産される外国産のくだものには、価格《かかく》では勝てません。

消費者に買ってもらうには、高い栽培技術《さいばいぎじゅつ》で高品《こうひん》質《しつ》なものを生産しなければなりません。そのため、剪定《せんてい》など栽培技術《さいばいぎじゅつ》の勉強を欠かすことができません。また、人気のある果樹《かじゅ》やおいしい品種を選びだして栽培《さいばい》する必要もあります。

最近は、もも狩《が》り、なし狩《が》りなど、観光用に果樹《かじゅ》園《えん》を一般《いっぱん》の人に開放し、直接《ちょくせつ》消費者に販売《はんばい》する農家が増《ふ》えています。観光果樹園《かじゅえん》では、さくらんぼ、もも、ぶどう、なしなどに人気が集中しています。

ジュースやジャム、干《ほ》しがきなど、果樹《かじゅ》園《えん》でとれた果実を農家自身が加工し、インターネットなどで販売《はんばい》することも増《ふ》えています。

▶ブルーベリー狩《が》りのようす。他の果樹園《かじゅえん》とのちがいを出すため、これまで一般的《いっぱんてき》でなかった果樹《かじゅ》を栽培《さいばい》する果樹園《かじゅえん》が増《ふ》えている。

くだものの生産量、輸入量《ゆにゅうりょう》、1人あたりの年間消費量の移《うつ》り変《か》わり

輸入量《ゆにゅうりょう》が増《ふ》える一方で、1975年をピークに生産量が減《へ》りつづけている。1人あたりの消費量は1960年以後増《ふ》えたが、その後はあまり変わっていない。

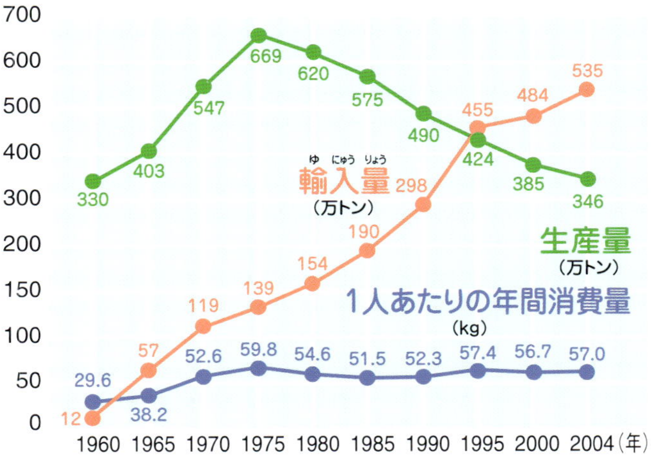

資料：「食糧需給表」（農林水産省）より

▲みかんの産地で知られる愛媛県《えひめけん》宇和島市《うわじまし》では、熟練《じゅくれん》した農家が若《わか》い農家に、「芽接《めつ》ぎ」という苗木《なえぎ》の生産方法を伝え、世代間の技術《ぎじゅつ》交流をはかっている。

▲くりの木の高さを低くしたり、くりの実を大きくしたりするための剪定技術《せんていぎじゅつ》の講習会《こうしゅうかい》のようす。地域《ちいき》の農家約80人が参加した（愛媛《えひめ》県宇和島《うわじま》市吉田《よしだ》町）。

くだものがとどくまで

くだものは野菜と同じように卸売《おろしうり》市場を通って、私たちのもとにとどけられます。最近は農家から消費者に直接販売《ちょくせつはんばい》されることも増《ふ》えています。輸入《ゆにゅう》されるくだものも多く、1年を通してさまざまなくだものを食べることができます。

増《ふ》える直接販売《ちょくせつはんばい》

収穫《しゅうかく》したくだものは野菜と同じように、各地域《かくちいき》のJA《ジェーエー》（農業協同組合）に集められ、品質《ひんしつ》をチェックされます。みかん、りんご、なし、うめなどはJA《ジェーエー》などが運営する共同選果場《きょうどうせんかじょう》で、機械によって糖《とう》度《ど》（甘《あま》さの目安）や大きさなどが選別され、自動で箱につめられます。

ぶどうやさくらんぼなど、果実がデリケートなためあつかいに注意が必要で、また価格《かかく》が高いものは、選果場《せんかじょう》へは出荷されず、各農家が自分の家で選別、箱づめして出荷します。

箱づめされたくだものは、鮮度《せんど》をたもったまま各地の卸売《おろしうり》市場へ出荷されます。JA《ジェーエー》では各市場での取引量や価格《かかく》などを見て、出荷する量や時期を調整します。

卸売《おろしうり》市場では、野菜と同じようにせりにかけられ、値段《ねだん》が決まり、仲卸業者《なかおろしぎょうしゃ》が買い入れます。そして仲《なか》卸業者《おろしぎょうしゃ》がスーパーマーケットや青果店などの小売店に販売《はんばい》するのです。

最近は、卸売《おろしうり》市場を通さず、農家が直接契約《ちょくせつけいやく》しているスーパーマーケットなどに販売《はんばい》する方法や、農家自身がインターネットや観光果樹園《かじゅえん》を使って、直《ちょく》接《せつ》消費者に販売《はんばい》する方法が増《ふ》えています。流通にかかる費用を節約でき、生産者の利益《りえき》が増《ふ》えることから、今後は、このような直接販売《ちょくせつはんばい》が増《ふ》えていくと考えられています。

▲収穫《しゅうかく》したさくらんぼは、農家の手でひと粒《つぶ》ひと粒《つぶ》ていねいに化粧箱《けしょうばこ》につめられる。さくらんぼの「佐藤錦《さとうにしき》」は美しく、また値段《ねだん》が高いことから「赤いダイヤ」とよばれている。

共同選果場《きょうどうせんかじょう》のしくみ

共同選果場《きょうどうせんかじょう》とは、品質《ひんしつ》の統一《とういつ》、出荷作業の効率化《こうりつか》のため、地域《ちいき》ごとにまとめて、収穫《しゅうかく》したくだものの品質《ひんしつ》をチェックし、規格《きかく》に合わせて選別し、箱づめ、出荷する施設《しせつ》です。

みかんの産地、和歌山《わかやま》県有田川《ありだがわ》町のJA《ジェーエー》ありだの選果場《せんかじょう》では、地域《ちいき》で栽培《さいばい》されるかんきつ類の多くを選別、出荷しています。作業は農家やJA《ジェーエー》の職員《しょくいん》によっておこなわれ、温州《うんしゅう》みかんの出荷最《さい》盛期《せいき》となる11～12月が、もっともいそがしい時期です。うめ、もも、かきなどの選別、出荷作業もおこなわれます。

▲集められたみかんは、まず、人の手によって傷《いた》んだものなどが取りのぞかれる。大きさや形が規格外《きかくがい》のものは、缶詰《かんづめ》やジュースなどの加工工場へ回される。

▲色、傷《きず》、形などの見た目、糖度《とうど》（甘《あま》さ）や酸度《さんど》（すっぱさ）を、それぞれ専用《せんよう》の機械でチェックし選別する。写真は光を当てて糖度《とうど》と酸《さん》度《ど》をチェックするセンサー。

▲品質《ひんしつ》チェックが終わったものを、「L《エル》、M《エム》、S《エス》」などの大きさをあらわす階級と、「秀《しゅう》、優《ゆう》、良《りょう》」などの見た目や糖度《とうど》をあらわす等級に分け、箱づめする。

海外からやってくるくだもの

くだものの輸入《ゆにゅう》が本格的《ほんかくてき》にはじまったのは、世界の貿易《ぼうえき》に関《かん》するルールを取り決めるGATT《ガット》（関税及《かんぜいおよ》び貿易《ぼうえき》に関《かん》する一般協定《いっぱんきょうてい》。198ページ参照）において、貿易《ぼうえき》の自由化が進められた、1960（昭和《しょうわ》35）年ごろからです。

日本では、安い輸入《ゆにゅう》くだものが国内の生産に大きな影響《えいきょう》をあたえるため、オレンジなどの輸入《ゆにゅう》を制限《せいげん》してきました。しかし、世界的な自由貿易《じゆうぼうえき》の拡大《かくだい》によって、1991（平成《へいせい》3）年にオレンジ、翌年《よくねん》にはオレンジジュースの輸入《ゆにゅう》が自由化されました。これをきっかけに、すべての生鮮果実《せいせんかじつ》、果実加工品の輸入《ゆにゅう》が自由化されました。

1960年代はバナナやパイナップルなどの熱帯果実をのぞいて国内でほとんどを生産していましたが、現在、くだものの自給率《じきゅうりつ》は40%（2004年）と大きく下がっています。しかし、生鮮果実《せいせんかじつ》にかぎっては90%近くを国内で生産しており、心配されたりんごやさくらんぼの生鮮果実《せいせんかじつ》の輸入《ゆにゅう》も、消費者の口に合わず、国内産にダメージをあたえませんでした。

現在《げんざい》、輸入量《ゆにゅうりょう》が多いくだものは、バナナやグレープフルーツ、レモン、オレンジ、パイナップル、キーウィフルーツなどで、とくに果汁《かじゅう》などの加工品や果実調製品《かじつちょうせいひん》の輸入《ゆにゅう》が増《ふ》えています。

くだものの輸入品目《ゆにゅうひんもく》と輸入量《ゆにゅうりょう》

バナナは輸入果実《ゆにゅうかじつ》のつねにトップとなっている。レモンやオレンジなどのかんきつ類の輸入量《ゆにゅうりょう》も多い。

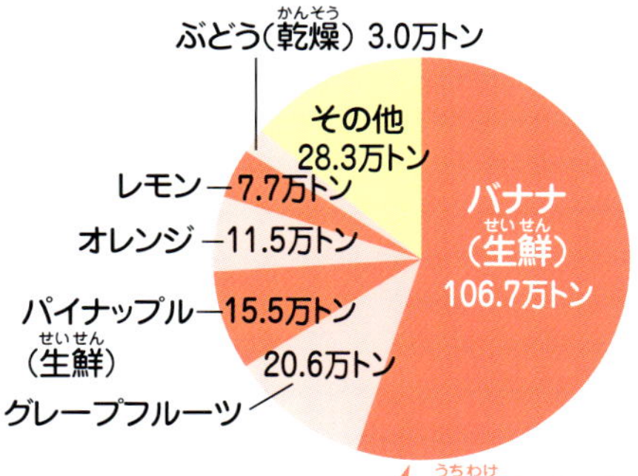

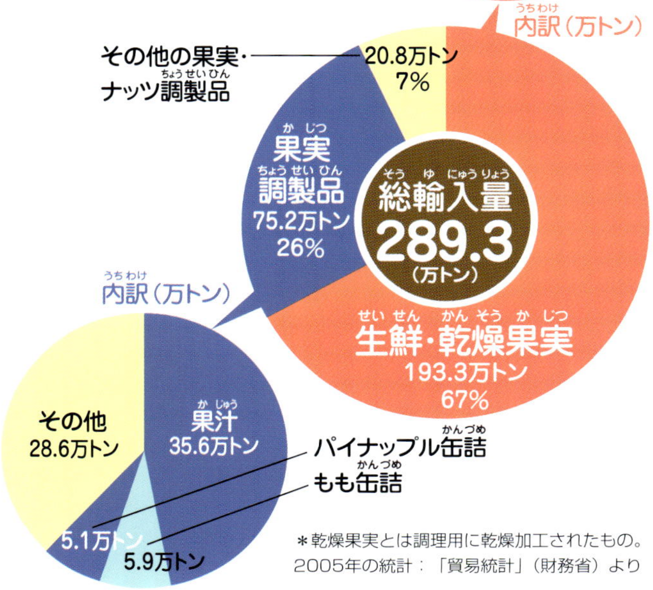

＊乾燥果実とは調理用に乾燥加工されたもの。
2005年の統計：「貿易統計」（財務省）より

▲害虫の侵入《しんにゅう》をふせぐため、バナナは未熟《みじゅく》な青い状態《じょうたい》で収穫《しゅうかく》、輸出《ゆしゅつ》される。日本に着くと、エチレンガスを充満《じゅうまん》させた専用《せんよう》の倉庫で追熟《ついじゅく》（熟《う》れさせること）させ、黄色くなったところで出荷する。

くだもののおもな輸入相手国《ゆにゅうあいてこく》

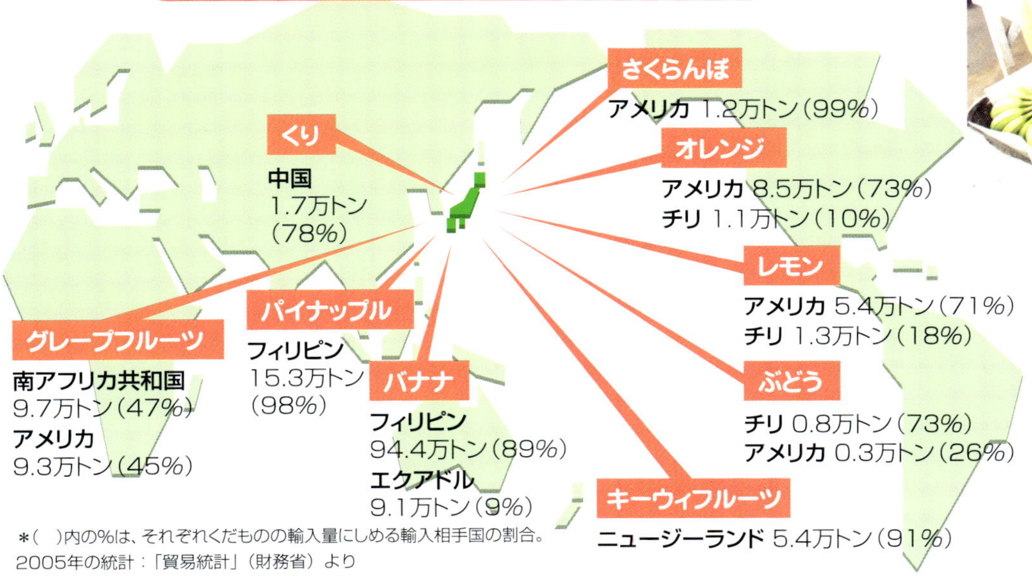

＊（ ）内の%は、それぞれくだものの輸入量にしめる輸入相手国の割合。
2005年の統計：「貿易統計」（財務省）より

安全でおいしいくだものづくり

**米や野菜では有機《ゆうき》農法で栽培《さいばい》されるものが増《ふ》えていますが、
果樹栽培《かじゅさいばい》で農薬を減《へ》らすことは、簡単《かんたん》なことではありません。
栽培現場《さいばいげんば》では、農薬の使用量を少しでも減《へ》らそうと、さまざまな工夫《くふう》をしています。**

むずかしい果樹《かじゅ》の有機栽培《ゆうきさいばい》

甘《あま》くておいしい実のなる果樹《かじゅ》は、作物のなかで病害虫がもっとも多く発生します。また、苗木《なえぎ》を植えてから果実を収穫《しゅうかく》できるまでふつう４～６年が必要で、その間に害虫の被害《ひがい》にあい枯《か》れてしまったらたいへんな損害《そんがい》です。種類にもよりますが、果樹栽培《かじゅさいばい》で農薬をまったく使わずに栽培《さいばい》するのはたいへんむずかしいことです。とくに、ももやりんご、なし、さくらんぼなどでの無農薬栽培《むのうやくさいばい》は、不可能《ふかのう》に近いといわれています。

そのため、果樹《かじゅ》ごとに農薬を使用する時期、使用量、散布《さんぶ》の仕方などが、それぞれの土地の気候に合わせて各県ごとに決められています。収穫《しゅうかく》までには使用した農薬が分解《ぶんかい》して、果実に農薬が残らないよう決められているので、正しい使い方をしていれば安全と考えられています。

しかし、消費者の安全を求める声の高まりから、農薬の使用量や散布《さんぶ》回数を減《へ》らす試みが果樹《かじゅ》農家《のうか》でもはじまっています。

▶害虫に食べられてしまったりんご。

安全を考えた果樹栽培《かじゅさいばい》のポイント

土づくりをしっかりとおこない、じょうぶな木を育てることが基本《きほん》です。あとはさまざまな方法を組み合わせて農薬の量を減《へ》らして栽培《さいばい》します。薬剤《やくざい》をまく必要があるときは、病害虫が発生する時期の直前に少量まくようにします。

▶りんごの木にとりつけたフェロモントラップ。巻《ま》きつけた白いチューブにメスのフェロモンが入っており、オスをかく乱《らん》しメスがどこにいるかわからなくして、交尾《こうび》できなくする。

土づくり → **環境《かんきょう》づくり** → **害虫退治《たいじ》**

土づくり

- 堆肥《たいひ》や米ぬか、魚かす、雑《ざっ》草《そう》などを燃《も》やした草木灰《そうもくばい》など、有機質《ゆうきしつ》の肥料《ひりょう》を混《ま》ぜて土づくりをおこなう。じょうぶな木に育てば病害虫に負けることはない。

環境《かんきょう》づくり

- 日当たりと風通しをよくする。
- 枯《か》れ枝《えだ》や落ち葉などは病原菌《びょうげんきん》が発生する原因《げんいん》や害虫のすみかになるので、焼却《しょうきゃく》する。
- 長雨にあうと病原菌《びょうげんきん》に感染《かんせん》しやすくなるので、雨よけをする。
- 袋《ふくろ》かけをし、害虫の侵《しん》入《にゅう》をふせぐ。
- 農薬の使用をひかえ、アブラムシを食べるテントウムシなどの天敵《てんてき》昆虫《こんちゅう》を増《ふ》やす。

害虫退治《たいじ》

- 害虫のいる枝《えだ》や葉を取りのぞき焼却《しょうきゃく》する。
- フェロモントラップをしかけたり、害虫を光で集めて殺す誘《ゆう》が灯《とう》などを設《せっ》置《ち》する。

農薬にたよらない
りんごの無《む》農《のう》薬《やく》栽《さい》培《ばい》

むずかしいといわれるりんごの無農薬栽培《むのうやくさいばい》に成功した人がいます。青森《あおもり》県でりんご栽培《さいばい》をしている木《き》村秋則《むらあきのり》さんです。木村《きむら》さんははじめ通常《つうじょう》のりんご栽《さい》培《ばい》をしていましたが、年十数回も農薬を散布《さんぷ》する栽《さい》培法《ばいほう》に疑問《ぎもん》を感じ、20年ほど前に農薬にたよらない栽培《さいばい》に取り組みました。

まず、農薬を１年目から毎年少しずつ減《へ》らしていき、４年目に農薬の散布《さんぷ》をすべてやめました。当然たくさんの害虫があらわれます。害虫を１ぴきずつ手で取りのぞきますが、きりがありません。その年、葉はすべて食べられ、花が咲《さ》かなくなりました。さまざまな方法を試みましたが、効《き》き目《め》がなく、その後、数年間花が咲《さ》かなくなりました。

あるとき、木村さんは森の木に害虫や病気が少ないことに気づき、そのひみつが土にあることを発見しました。そこで、りんご畑の土を森の土に近づけるため、土づくりに専念《せんねん》しました。すると、自然に害虫が少なくなっていきました。害虫の天敵《てんてき》が増《ふ》え、虫が虫を食べる食物連鎖《しょくもつれんさ》が復活したのです。

９年目の春に、一面に白いりんごの花が咲《さ》き乱《みだ》れました。自然の生態系《せいたいけい》がよみがえり、りんごの木が本来もっている生命力が引きだされたのです。そして、10年目にようやく収穫《しゅうかく》をむかえました。

現在《げんざい》、木村《きむら》さんのりんご畑では、害虫に対しては、卵《たまご》が増《ふ》えすぎたときだけ取りのぞき、病気には酢《す》をうすめて散布《さんぷ》するだけです。肥料《ひりょう》は化学肥料《かがくひりょう》だけではなく、有機肥料《ゆうきひりょう》も使いません。

▶木の切り口などから病原菌《びょうげんきん》が侵《しん》入《にゅう》し幹《みき》や枝《えだ》が腐《くさ》ってしまう腐乱病《ふらんびょう》は、わさびの抗菌作用《こうきんさよう》を利用したものを傷口《きずぐち》にぬることで克服《こくふく》した。

▲木村《きむら》さんと、農薬を使わないで栽培《さいばい》しているりんご畑。

▲粗皮《そひ》けずり。

- 冬に木の樹皮《じゅひ》をけずる「粗皮《そひ》けずり」をし、害虫が越冬《えっとう》するすみかをなくす。
- 幹《みき》にわらを巻《ま》き害虫を集め、そのわらを燃《も》やす。
- 病害虫がきらう木酢液《もくさくえき》（炭をつくるときに出る煙《けむり》を冷やして液体《えきたい》にしたもの）などを木にふりかける。

雑草《ざっそう》対策《たいさく》

◀マメ科の植物の種をまき、雑草《ざっそう》を生やさないようにした果《か》樹園《じゅえん》。ある時期がくると、いっせいに枯《か》れ、木の肥料《ひりょう》となる。

- 雑草《ざっそう》を枯《か》らす除草剤《じょそうざい》は使わず、手作業や機械で刈《か》る。
- 木の生長をさまたげない植物を下草として生やし、雑草《ざっそう》が出てこないようにする。

収《しゅう》穫《かく》後《ご》

- 収穫後《しゅうかくご》に、光沢《こうたく》を出すワックスや防腐剤《ぼうふざい》などを使わない。

生長をコントロールする

新しい栽《さい》培《ばい》法《ほう》いろいろ

品質《ひんしつ》のよい果実を、早くたくさん収穫《しゅうかく》するため
さまざまな栽培法《さいばいほう》が考えだされています。
どのような栽培法《さいばいほう》があるのか、見てみましょう。

根《こん》域《いき》制《せい》限《げん》栽《さい》培《ばい》

ある一定の範囲《はんい》から根が広がらないよう、根の周囲に囲いをもうける栽培法《さいばいほう》です。土中の水分や肥料《ひりょう》の量を正確に管理することができ、糖度《とうど》（甘《あま》さの目安）が高く高品質《こうひんしつ》な果実をたくさんつくることができます。ぶどうやみかん、さくらんぼなど、さまざまな果実で応用《おうよう》されています。

▶ぶどうの根域制限栽培《こんいきせいげんさいばい》。センサーにより適切《てきせつ》な水分、肥料《ひりょう》をあたえることができる。糖度《とうど》が高くなり、収穫量《しゅうかくりょう》も増《ふ》える。

▼鉢植《はちう》えを使ったパパイヤの根域制限栽培《こんいきせいげんさいばい》。土中の水分が多く通気性が悪いと、根が腐《くさ》ってしまうことや、樹高《じゅこう》が1年で施設《しせつ》の屋根にとどいてしまうなどの問題が解決《かいけつ》される。手前に見えるチューブで水と肥料《ひりょう》をあたえる。

養《よう》液《えき》栽《さい》培《ばい》

土を使わず、肥料《ひりょう》などを混《ま》ぜた養《よう》液《えき》で栽培《さいばい》する方法で、いちじくやぶどうなどの栽培《さいばい》で利用されています。糖度《とうど》が高く大きな果実になります。収穫《しゅうかく》も早まります。

▼発泡《はっぽう》スチロールの容《よう》器《き》にロックウールとよばれる鉱物質《こうぶつしつ》の繊維《せんい》をしきつめ、木を植え、肥料《ひりょう》を溶《と》かした養液《ようえき》をあたえる。

▲いちじくの養液栽培《ようえきさいばい》。連作障害《れんさくしょうがい》（65ページ参照）をふせぐことができる。露地栽培《ろじさいばい》では9～10月の出荷1回になるが、養液栽培《ようえきさいばい》では1年に2回収穫《しゅうかく》できる。

電《でん》照《しょう》栽《さい》培《ばい》

人工的に光を当てて日照不足をおぎなったり、生長を早めたりします。ぶどうやパッションフルーツの栽培《さいばい》で利用されています。

▲温室を使ったパッションフルーツの栽培《さいばい》。電照栽培《でんしょうさいばい》（80ページ参照）がおこなわれ、1年中収穫《しゅうかく》ができる。

4章

工《こう》芸《げい》作《さく》物《もつ》

工《こう》芸《げい》作《さく》物《もつ》とは、収穫《しゅうかく》されたあとに加工され、
食品や工業原料になる作物です。
生産量は少なく産地もかぎられていますが、
全国各地でそれぞれの風土を生かした作物が栽培《さいばい》されています。

工《こう》芸《げい》作《さく》物《もつ》の産地

収穫後《しゅうかくご》に加工され、食品や工業製品《せいひん》の原料となる作物を「工芸作物《こうげいさくもつ》」といいます。
工芸作物《こうげいさくもつ》は生産量は少ないのですが、
私たちのくらしのさまざまなところで役立っています。

専《せん》門《もん》的《てき》な技《ぎ》術《じゅつ》が必要な栽《さい》培《ばい》

工業製品《せいひん》は原料《げんりょう》によって品質《ひんしつ》が左右されるため、工芸作物《こうげいさくもつ》の栽培《さいばい》には高い品質管理《ひんしつかんり》が求められます。さまざまな作物がそれぞれ適《てき》した土地で、専門的《せんもんてき》な技術《ぎじゅつ》を使って、栽培《さいばい》されています。

私たちがよく知っている工芸作物《こうげいさくもつ》には、こんにゃくいもや茶、たばこなどがあります。

◀▲い草《ぐさ》は茎《くき》を加工して畳《たたみ》の表《おもて》に使う。水田で栽培《さいばい》される。写真上は、い草《ぐさ》の先端《せんたん》を刈《か》る先刈《さきが》りのようす。先刈《さきが》りすることでその後の生育がよくなる。熊本《くまもと》県が全国の生産量の約90%をしめる（2005年）。

▲たばこは大きな葉が特徴《とくちょう》。乾燥《かんそう》させた葉を細かくきざみ、紙巻《かみま》きたばこなどの原料にする。全国でつくられているが、なかでも南九州《みなみきゅうしゅう》の宮崎《みやざき》県、熊本《くまもと》県、鹿児島《かごしま》県で多く栽培《さいばい》される。

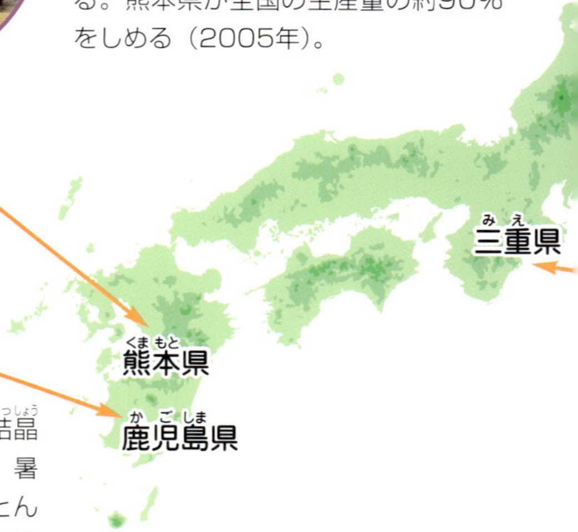

▼茎《くき》をしぼった汁《しる》を濃縮《のうしゅく》し結晶《けっしょう》を取りだして砂糖《さとう》をつくる。暑い地方でよく育つため、ほとんどが鹿児島《かごしま》県の種子島《たねがしま》以南の島と沖縄《おきなわ》県で栽培《さいばい》される。

▶砂糖《さとう》だいこんともよばれ、根が砂糖《さとう》の原料となる。寒い地方でよく育つため、おもに北海道《ほっかいどう》で栽培《さいばい》される。

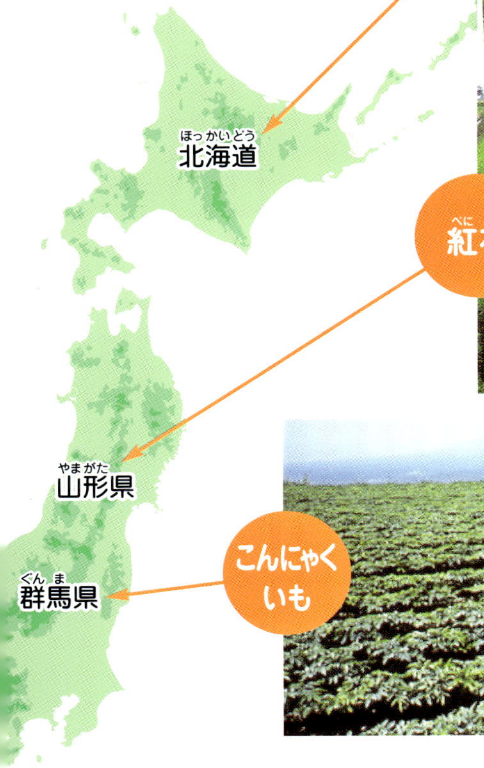

◀紅花《べにばな》の花びらが少し赤くなったころ、花びらをつみとる。花びらから染色《せんしょく》用の紅《べに》をつくり、衣料の染《せん》色《しょく》に使う。中国《ちゅうごく》などからの安い紅花《べにばな》の輸入《ゆにゅう》、化学《かがく》染料《せんりょう》の普及《ふきゅう》によって、国内の生産はわずかとなっている。

◀地下の球茎《きゅうけい》（地下の茎《くき》がいものように丸くふくらんだもの）から粉をつくり、それを加工してこんにゃくをつくる。群馬《ぐんま》県での生産量が、全国の80%以上をしめる（2005年）。

▲三重《みえ》県は、かぶせ茶（114ページ参照）用の茶の栽培《さいばい》がさかん。茶はほかに静岡《しずおか》県や鹿児島《かごしま》県で多く栽培《さいばい》される。

そのほかのおもな工芸作物《こうげいさくもつ》

繊維《せんい》をとる	綿《わた》、麻《あさ》、こうぞ、みつまた、からむし
油をとる	ごま、なたね（油菜《あぶらな》）、ひまわり、紅花《べにばな》、えごま
香辛料《こうしんりょう》になる	とうがらし、はっか、サフラン
薬になる	おたねにんじん（朝鮮《ちょうせん》にんじん）、しゃくやく、はっか、せんきゅう、はぶ草《そう》、うこん
染料《せんりょう》になる	藍《あい》、紅花《べにばな》、うこん

＊作物により加工せずに食用作物として出荷する場合もある。

茶の栽培《さいばい》

**日本を代表する工芸作物《こうげいさくもつ》のひとつに茶があります。
茶づくりは、栽培《さいばい》から加工まで高い技術《ぎじゅつ》が求められます。
どの地方で、どのように栽培《さいばい》されているのでしょうか。**

日本一の生産地は静岡《しずおか》県

茶は、もともと中国《ちゅうごく》南部の雲南《ユンナン》省の低地が原産地の亜熱帯《あねったい》の植物で、気候が比較的温暖《ひかくてきおんだん》で雨の多い場所が栽培《さいばい》に適《てき》しています。日本では、おもに埼玉《さいたま》県より西南の暖《あたた》かい地方で栽培《さいばい》されています。

現在《げんざい》、もっとも茶の生産量が多いのは静岡《しずおか》県で、全体の40%以上をしめています（2005年）。このほか、鹿児島《かごしま》県や三重《みえ》県などでも多く栽培《さいばい》されています。また、京都《きょうと》府はてん茶（114ページ参照）用の茶が多く生産されています。

日本で栽培《さいばい》されている茶の80%以上が「やぶきた」という品種で、とくに静岡《しずおか》県ではその割合《わりあい》は90%を超《こ》えています。

茶の年間収穫量《しゅうかくりょう》ベスト10

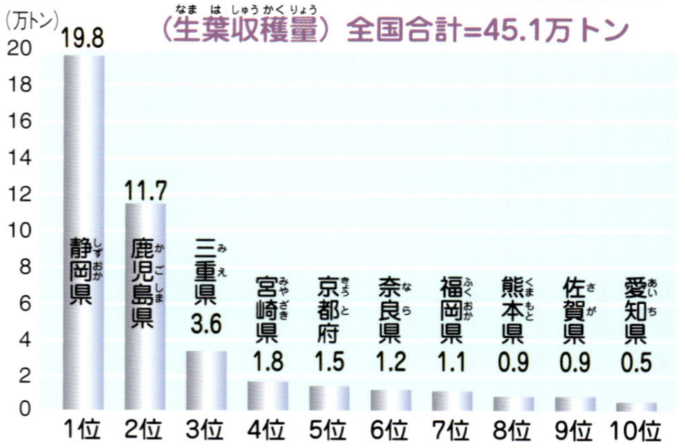

2005年の統計：「作物統計」（農林水産省）より

茶の栽培《さいばい》

苗木《なえぎ》の育成➡幼木期《ようぼくき》の管理

育苗《いくびょう》

▲茶の苗木《なえぎ》はさし木によって育てる。雑草《ざっそう》や乾燥《かんそう》をふせぐため周囲にはわらをしく。1～2年たったところで、3月ごろに畑に植えかえる。

幼木期《ようぼくき》の管理

▲木の形を整え、土や水の管理をしながら、約2年育てると、葉を収穫《しゅうかく》できるようになる。

成木期の管理➡茶葉の収穫《しゅうかく》

2～3月	4～5月
春肥《はるごえ》	一番茶つみ
肥《ひ》料《りょう》をまく	最初の茶葉の収穫《しゅうかく》

▼機械による収穫《しゅうかく》が一般的《いっぱんてき》となっている。

1年に4回収穫《しゅうかく》する茶葉

茶は、葉が2枚程度《まいていど》ついた枝《えだ》の先を切り取って土にさし（さし木）、1〜2年育てた後、春に畑に植えつけます。植えつけられた苗《なえ》は、畑で2年ほど育てられると、はじめての収穫《しゅうかく》をむかえます。ふつう、植えつけから葉を収穫《しゅうかく》できるようになるまで4年以上かかります。安定して収穫《しゅうかく》ができるのは5年目からで、一般的《いっぱんてき》に一度植えると35〜50年ほど収穫《しゅうかく》できます。

4〜5月につまれ、収穫《しゅうかく》される茶葉を「一番茶」といいます。一番茶は、その後につむ茶葉よりも香《かお》りが強く、品質《ひんしつ》がよいとされています。その後、肥料《ひりょう》をあたえたり、枝《えだ》の先端《せんたん》を切る整枝《せいし》をしたり、害虫駆除《くじょ》をしたりしながら、一番茶の収穫《しゅうかく》から50日ほどで二番茶を収穫《しゅうかく》します。さらに40日ほどで三番茶をつみ取ります。地方によっては三番茶を収穫《しゅうかく》しないところもあります。

9〜10月ごろには「秋番茶」とよばれる茶葉を収穫《しゅうかく》します。

茶つみは、現在《げんざい》は機械による作業が主流ですが、てん茶などの高級な茶では、今も手で茶葉をつむ「手づみ」がおこなわれています。

安全な茶の栽培《さいばい》

近年、多くの消費者が、作物をはじめとするさまざまな食品に対して、いっそう安全性《あんぜんせい》を求めるようになっています。

茶の栽培《さいばい》でも、有機肥料《ゆうきひりょう》を使い、農薬を使わない有機栽培《ゆうきさいばい》に取り組む農家が増《ふ》えています。

茶の有機栽培《ゆうきさいばい》では、農薬のかわりに害虫の天敵昆虫《てんてきこんちゅう》を畑にまいて、害虫を食べさせたり、大型の送風機で害虫を吹《ふ》き飛《と》ばし、それを袋《ふくろ》につかまえる「送風式捕虫機《そうふうしきほちゅうき》」を使ったりします。また、病気に強い品種《ひんしゅ》を栽培《さいばい》することも工夫《くふう》のひとつです。

▲送風式補虫機《そうふうしきほちゅうき》。送風機からの風と少量の水で、葉についた害虫を吹《ふ》き飛《と》ばし、それを機械後部の回収袋《かいしゅうぶくろ》につかまえる。

▲茶の害虫ハダニを食べるケナガカブリダニ。有機栽培《ゆうきさいばい》では農薬のかわりに畑にこのダニをはなし、ハダニを減《へ》らす効果《こうか》をあげている。

茶つみが終わるごとに、肥料《ひりょう》をまく。
また、整枝《せいし》や草刈《くさか》りなどもおこなう。

▶のびてきた新芽。
この葉を収穫《しゅうかく》する。

6月

二番茶つみ

2回目の茶葉の収穫《しゅうかく》

7月

三番茶つみ

3回目の茶葉の収穫《しゅうかく》

8月

◀手づみの茶葉は品質《ひんしつ》はよいが、作業の効率《こうりつ》が悪く、一部の地域《ちいき》や特別な高級茶以外ではおこなわれない。

9〜10月

秋番茶つみ

4回目の茶葉の収穫《しゅうかく》

秋整枝《あきせいし》

◀翌年《よくねん》の春に収穫《しゅうかく》する一番茶の葉がまんべんなく芽を出すように、枝《えだ》の先端《せんたん》を軽く切る。

◀9〜12月ごろに花が咲《さ》く。

茶の加工

緑茶、紅茶《こうちゃ》、ウーロン茶など、さまざまな種類の茶が世界各地で生産されています。このうち、日本で生産されているのは、おもにせん茶や番茶など、緑茶の仲間です。日本では、茶はどのように加工されているのでしょうか。

日本の茶は不発酵茶《ふはっこうちゃ》

茶は、葉の発酵《はっこう》の程度《ていど》によって、発酵茶《はっこうちゃ》（紅茶《こうちゃ》）、半発酵茶《はんはっこうちゃ》（ウーロン茶など）、不発酵茶《ふはっこうちゃ》（せん茶や玉露《ぎょくろ》などの緑茶）に分けることができます。世界的に見ると、紅茶《こうちゃ》が茶の全生産量の70%以上をしめていますが、日本ではおもに「やぶきた」という品種を用いた緑茶が生産されています。

日本で生産される緑茶のうち、約70%がせん茶です。つづいて、番茶、かぶせ茶、玉緑茶《たまりょくちゃ》の順に多く生産されています。

日本の緑茶の生産量とその割合《わりあい》

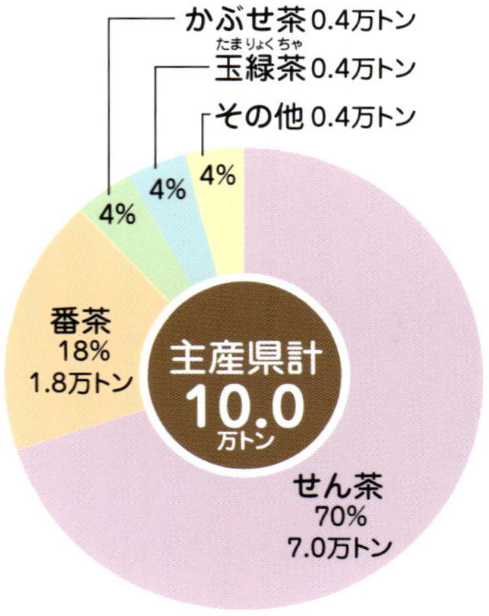

＊主産県とは生産量の多い県のことをいう。
2005年の統計：「作物統計」『ポケット農林水産統計平成18年度版』（農林水産省）より

茶の種類

- **不発酵茶《ふはっこうちゃ》** — 緑茶
- **半発酵茶《はんはっこうちゃ》** — ウーロン茶など
- **発酵茶《はっこうちゃ》** — 紅茶《こうちゃ》
- **後発酵茶《こうはっこうちゃ》** — 黒茶（中国茶の一種）など

これらとは別に、ほうじ茶、玄米《げんまい》茶《ちゃ》などの加工法もある。

蒸《む》し製《せい》緑茶《りょくちゃ》

せん茶＝ もっとも一般的《いっぱんてき》な緑茶で、若《わか》い生葉《なまは》を短時間蒸《む》し、もみながら乾燥《かんそう》させてつくる。一番茶の品質《ひんしつ》がもっともよい。

玉緑茶《たまりょくちゃ》＝ 蒸《む》した葉を、せん茶のようにもまず、そのまま乾燥《かんそう》させてつくる。やさしい味と香《かお》りが特徴《とくちょう》。

玉露《ぎょくろ》＝ うま味やこくを高めるために、直射日光《ちょくしゃにっこう》をさえぎって栽《さい》培《ばい》した葉を、せん茶と同じように蒸《む》し、もみながら乾燥《かんそう》させてつくる。低温で出してうま味を味わう。

てん茶＝ 玉露《ぎょくろ》と同じように、直射日光《ちょくしゃにっこう》をさえぎって栽培《さいばい》した葉を蒸《む》し、もまずにつくる。てん茶をきざみ、石うすでひくとまっ茶になる。

かぶせ茶＝ 玉露《ぎょくろ》と同じように、直射日光《ちょくしゃにっこう》をさえぎって栽培《さいばい》するが、光のさえぎり方やさえぎる期間がちがう。玉露《ぎょくろ》とせん茶の中間的な茶。

番茶＝ 葉をつんだ時期や品質《ひんしつ》から考えて、せん茶の品質基準《ひんしつきじゅん》からはずれる葉でつくられた茶。せん茶と同じように葉を蒸《む》し、もみながら乾燥《かんそう》させる。ややしぶ味が強い。

釜《かま》炒《い》り製緑茶《せいりょくちゃ》

釜《かま》炒《い》り玉緑茶《たまりょくちゃ》＝ 生葉《なまは》をそのまま熱した鉄の釜《かま》で炒《い》って仕上げる。香《こう》ばしい香《かお》りが特徴《とくちょう》。

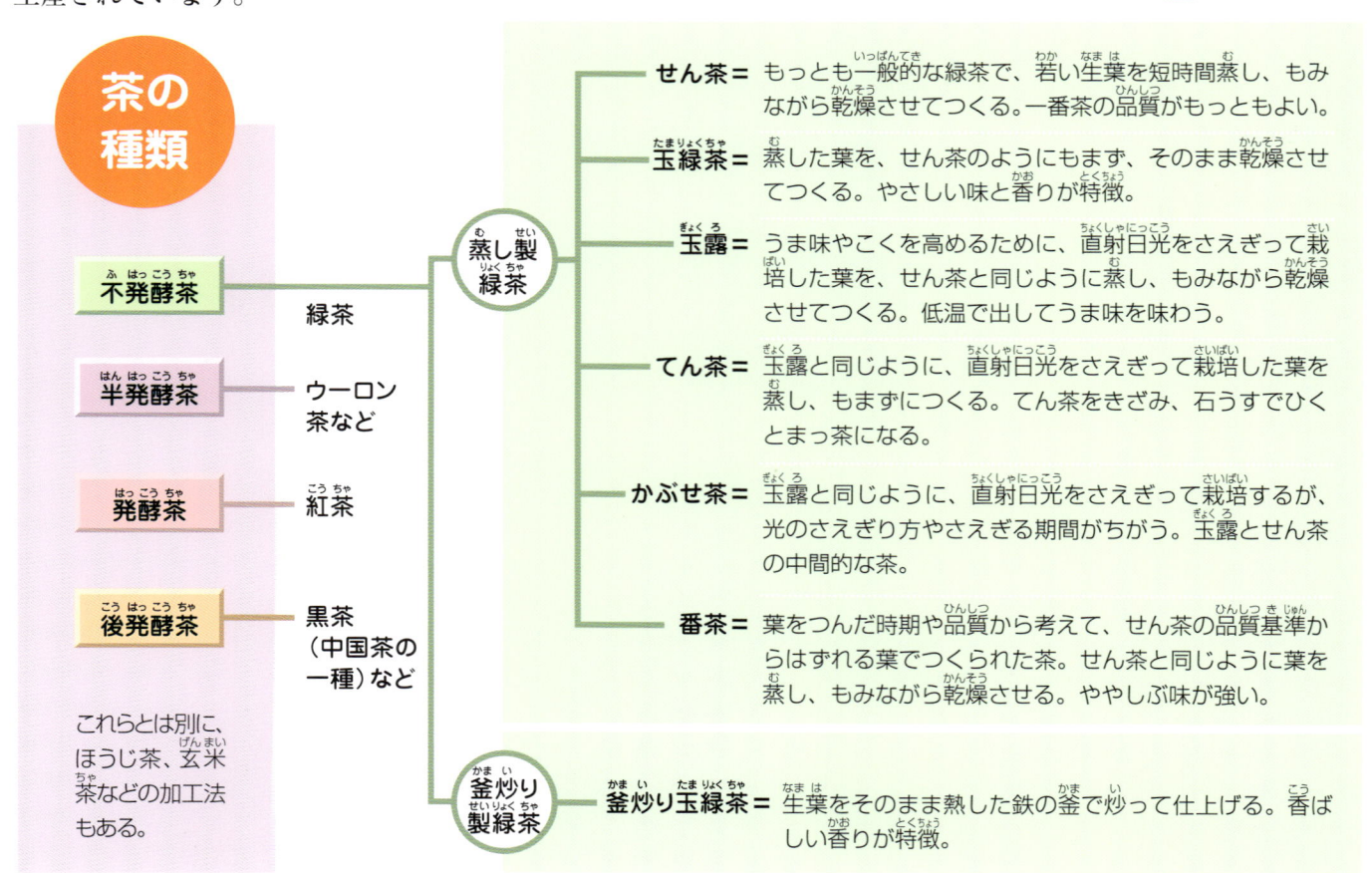

荒茶《あらちゃ》ができるまで

畑で収穫《しゅうかく》された生葉《なまは》は、すぐに生産地の工場に運ばれ、まず「荒茶《あらちゃ》」という茶に加工されます。荒茶《あらちゃ》は、保存《ほぞん》できる状態《じょうたい》にしたもので、最終的な加工はされていません。

荒茶《あらちゃ》づくりは生葉《なまは》の鮮度《せんど》や香《かお》りをのがさないように、すばやく進めなければなりません。最近は、コンピュータで制御《せいぎょ》された大型の機械を使うことが増《ふ》えています。

生産量がもっとも多いせん茶用の荒茶《あらちゃ》のつくり方は、大きく「蒸《む》し」「もみ」「乾燥《かんそう》」の３段階《だんかい》に分けることができます。

荒茶《あらちゃ》から仕上げ茶へ

生産地の工場で加工された荒茶《あらちゃ》は、市場や業者などを通して製茶問屋《せいちゃどんや》に売られたあと、「仕上げ茶」に加工されます。荒茶《あらちゃ》は形がふぞろいで、まだ水分を多少ふくんでいるので、製茶問屋《せいちゃどんや》の加工工場で、消費者の好みと需要《じゅよう》に合わせて加工されます。これを仕上げ茶といいます。こうしてつくられた茶が小売店を通して私たちのもとにとどけられるのです。

せん茶の荒茶《あらちゃ》のつくり方

①蒸《む》し（蒸熱《じょうねつ》）
葉を発酵《はっこう》させず、きれいな緑色をたもつように、蒸《む》して酵素《こうそ》の働きをおさえる。

②もみ（粗揉《そじゅう》～揉捻《じゅうねん》～中揉《ちゅうじゅう》～精揉《せいじゅう》）
粗揉機《そじゅうき》、揉捻機《じゅうねんき》、中揉機《ちゅうじゅうき》、精揉機《せいじゅうき》という、それぞれの機械で葉をもむことをくり返す。同時に葉に熱風を当てて水分量を下げ、乾燥《かんそう》させる。写真は中揉機《ちゅうじゅうき》。

③乾燥《かんそう》
さらに、葉に熱風を当てて乾燥《かんそう》させる。

長期間保存《ほぞん》できるようになった荒茶《あらちゃ》。乾物《かんぶつ》のような状態《じょうたい》。

せん茶の仕上げ茶のつくり方

①ふるい分け
さまざまなふるいにかけて、茶の太さや長さをそろえ、粉などのよぶんなものを取《と》りのぞく。

②火入れ
家庭で保存《ほぞん》ができるように、加熱して乾燥《かんそう》させる。それとともに、独特《どくとく》の香《かお》りを引きたたせる。

③選別
静電気を利用して、茶の葉と茎《くき》をより分ける。

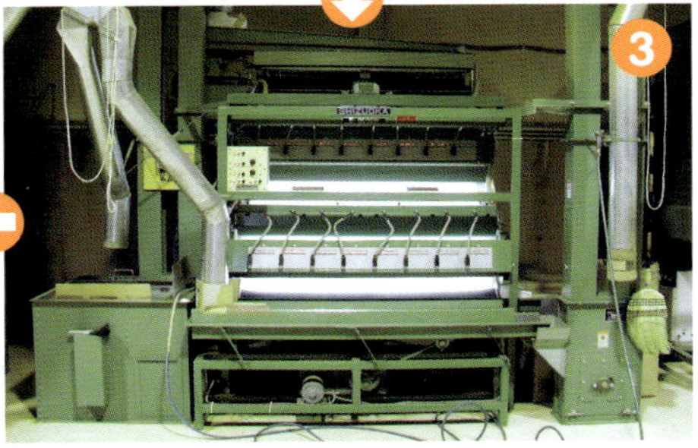

④合組《ごうぐみ》
いろいろな産地や品種の茶を混《ま》ぜ、さまざまな味の製《せい》品《ひん》をつくりだす。製茶問屋《せいちゃどんや》の職人《しょくにん》は長年の経験《けいけん》を生かして配合する。

こんにゃくいもの栽《さい》培《ばい》と加工

こんにゃくは、「こんにゃくいも」というさといもの仲間からつくられます。こんにゃくいもはどのように栽《さい》培《ばい》され、どのような方法で加工されるのでしょうか。

収《しゅう》穫《かく》まで数年かかるこんにゃくいも

こんにゃくいもを食用にしているのは、おもに日本と中国《ちゅうごく》です。日本では、昔はのりの原料としても使われていましたが、今はほとんどが食用として栽《さい》培《ばい》されています。収穫量《しゅうかくりょう》が多いのが群馬《ぐんま》県で、つねに全国の生産量の80%以上をしめています（2005年）。そのほか、茨城《いばらき》県や栃木《とちぎ》県、広島《ひろしま》県などで栽《さい》培《ばい》されています。

こんにゃくいもが収穫《しゅうかく》できるようになるまでには、数年かかります。春に「生子《きご》」という小いもを種いもにして植えつけると、秋には生子《きご》よりも大きないも（1年生という）が実ります。次に、これを掘《ほ》りとって再《ふたた》び2年目の春に植えつけ、秋に掘《ほ》りとります（2年生）。この作業をくり返し、おもに2～3年目に収穫《しゅうかく》するいもが、こんにゃくの材料になります。

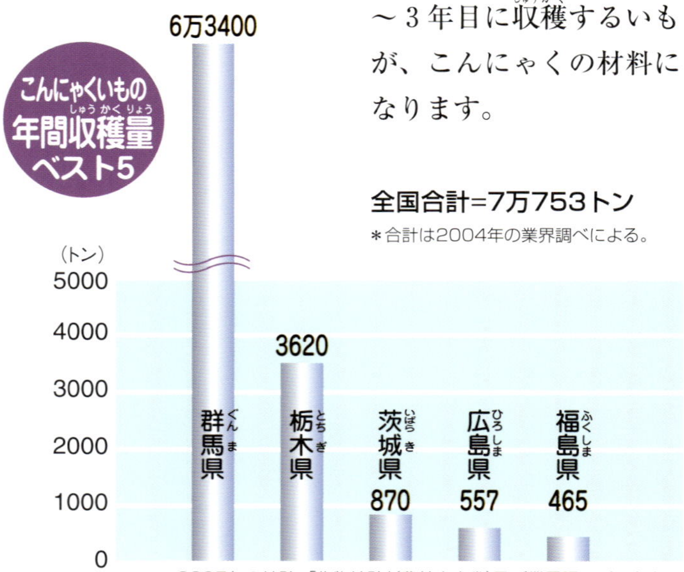

2005年の統計：「作物統計」（農林水産省）及び業界調べデータより

こんにゃくいもの栽《さい》培《ばい》

	4～5月	6～9月	10月
1年目（1年生）	畑の準《じゅん》備《び》・植えつけ	畑の管理	掘《ほ》りとり
	 ▲畑の土を消毒し、肥料《ひりょう》をまいた後、おもに前年の2年生のいもといっしょに掘《ほ》りとった生子《きご》を畑に植えつける。	 ▲植えつけから芽が出るまでの1か月に、除草《じょそう》やうねを耕《たがや》す中耕《ちゅうこう》などをおこなう。写真は腐敗病《ふはいびょう》などをふせぐための農薬を散布《さんぷ》するところ。	 ▲できたいもを機械で掘《ほ》りとる。収《しゅう》穫《かく》したいもは、翌年《よくねん》に植える種いもとして、日光で乾燥《かんそう》させてから低温で湿度《しつど》の高い場所に保管《ほかん》する。
2年目（2年生）	畑の準《じゅん》備《び》・植えつけ	畑の管理	掘《ほ》りとりまたは収穫《しゅうかく》
3年目（3年生）	畑の準《じゅん》備《び》・植えつけ	畑の管理	収穫《しゅうかく》

機械化されたこんにゃくづくり

こんにゃくづくりは、大きくふたつの工程《こうてい》に分けられます。

まずはじめに、いもをうすく切って乾燥《かんそう》させます(荒粉《あらこ》)。これを鉄のうすに入れてつき、細かい粉にします。この粉を「精粉《せいこ》」といいます。

次に、精粉《せいこ》を水に入れ、ふやかしてのり状《じょう》にします。これに、凝固剤《ぎょうこざい》の石灰《せっかい》(水酸化《すいさんか》カルシウム)を入れて固め、湯で煮《に》てあくをぬくと、こんにゃくになります。

これらの作業はすべて手作業でおこなわれていましたが、現在《げんざい》では多くの工程《こうてい》で機械化されています。

こんにゃくの製造《せいぞう》

洗《あら》う

いもを洗《あら》い、表面の土を落とす。

乾燥《かんそう》させる

洗《あら》ったいもをうすく切り、乾燥《かんそう》させる。この状態《じょうたい》のものを「荒粉《あらこ》」という。

精粉《せいこ》にする

荒粉《あらこ》を鉄のうすに入れて機械でつき、細かい粉(精粉《せいこ》)にする。

水にとかす

精粉《せいこ》を水に入れ、ふやかしてのり状《じょう》にする。

固める

凝固剤《ぎょうこざい》の石灰《せっかい》などを入れ、よく練る。黒いこんにゃくにするときには、かじめ(海草の一種)の粉などを混《ま》ぜる。

型に入れる

練ったものを型に入れる。

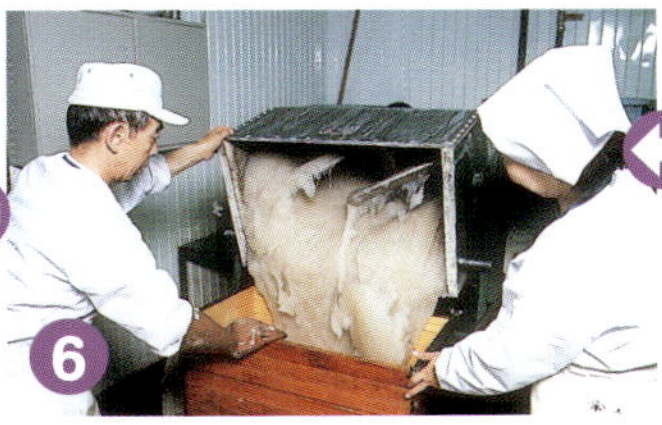

あくをぬく

固まったら、型から取りだしてお湯に入れてあくをぬく。これでこんにゃくが完成。その後、切り分けて袋《ふくろ》に入れる。

健康によいこんにゃく

ダイエット食品として人気のこんにゃく

こんにゃくは約97～98%が水分で、残りの2～3%がたんぱく質《しつ》や炭水化物、ミネラルなどです。ほとんどが水分で、カロリーが低いため、ダイエット食品として人気があります。

こんにゃくにふくまれるグルコマンナンという食物繊維《しょくもつせんい》は、栄養分として吸収《きゅうしゅう》されることがなく、腸内《ちょうない》の有害物質《ゆうがいぶっしつ》をつつみこんで体の外に運びだしたり、腸《ちょう》の働きを活発にしたりしてくれます。

心臓《しんぞう》や脳《のう》の病気をひき起こす動脈硬化《どうみゃくこうか》(血管がかたくなる病気)など、不規則《ふきそく》な生活が原因《げんいん》で起こる「生活習慣病《せいかつしゅうかんびょう》」を予防《よぼう》する効果《こうか》もあります。

◀こんにゃくを利用した食品。

また、こんにゃくにはカルシウムなどのミネラルが、体に吸収《きゅうしゅう》しやすい形でふくまれています。このカルシウムは、こんにゃくを固める凝固剤《ぎょうこざい》にふくまれるもので、骨《ほね》をつくったり、いらいらを解消《かいしょう》したりする働きがあります。

砂糖《さとう》きび・てんさいの栽培《さいばい》と加工

砂糖《さとう》は、砂糖《さとう》きびとてんさいという作物からつくられます。
最近はてんさいが使われることが多くなっています。
砂糖《さとう》きびは鹿児島《かごしま》県の島や沖縄《おきなわ》県などで、てんさいはおもに北海道《ほっかいどう》で栽培《さいばい》されています。

暑い地方で栽培《さいばい》する砂糖《さとう》きび

砂糖《さとう》きびは、ニューギニアやインドネシアなどの暑い地方が原産のイネ科の植物です。日本ではてんさいからの砂糖《さとう》づくりが主流ですが、世界的にみると、砂糖《さとう》全体の約65%が砂糖《さとう》きびからつくられています。砂糖《さとう》きびは、日本では鹿児島《かごしま》県の種子島《たねがしま》以南で栽培《さいばい》されています。生産農家は、毎年数%ずつ減《へ》りつづけていて、収穫量《しゅうかくりょう》も少しずつ減《へ》っています。2005（平成《へいせい》17）年の収穫量《しゅうかくりょう》は、10年前にくらべて約63%にまで落ちこんでいます。

苗《なえ》は夏と春に植えられ、夏植えは翌年《よくとし》の冬から、春植えは１年目の冬から茎《くき》の部分を収穫《しゅうかく》します。また、収穫《しゅうかく》後の株《かぶ》を残し、株《かぶ》から出た芽を育てて収穫《しゅうかく》する「株出《かぶだ》し」という栽培方法《さいばいほうほう》もおこなわれ、ふつう一株《ひとかぶ》から３～４回収穫《しゅうかく》することができます。

砂糖《さとう》きびの栽培《さいばい》

年：1年目 ／ 2年目 ／ 3年目
月：1 2 3 4 5 6 7 8 9 10 11 12 ／ 1 2 3 4 5 6 7 8 9 10 11 12 ／ 1 2 3 4

夏植え：植えつけ → 畑の管理 → 収穫《しゅうかく》

▲長い砂糖《さとう》きびの苗《なえ》を専用《せんよう》の機械にセットすると、みぞ掘《ほ》り、苗《なえ》の切断《せつだん》、植えつけ、土をかぶせる、肥料《ひりょう》・農薬の散布《さんぷ》を機械が自動でおこなう。

▲根の発育をよくし、雑草《ざっそう》をふせぐために根もとに土をよせる「培土《ばいど》」を1～2回おこなう。秋には枯《か》れた葉を取る。

▲ハーベスターという機械で根もとの部分で刈《か》りとる。機械のなかで茎《くき》と葉に分けられ、葉ははき出され畑にまかれる。

春植え：植えつけ → 畑の管理 → 収穫《しゅうかく》

株出《かぶだ》し：春植え、夏植えの収穫後《しゅうかくご》の株《かぶ》 → 畑の管理 → 収穫《しゅうかく》

収穫後《しゅうかくご》の株《かぶ》の管理

残した株《かぶ》の先端《せんたん》を専用の機械で切りそろえ、土を返して葉をすきこみ、肥料《ひりょう》を散布《さんぷ》する。この作業をすることで株《かぶ》から発芽しやすくなり、株出《かぶだ》しがうまくいく。

さまざまに利用される砂糖《さとう》きび

収穫《しゅうかく》された砂糖《さとう》きびは、製糖工場《せいとうこうじょう》へ運ばれ、細かく砕《くだ》かれます。そして、圧搾機《あっさくき》のローラーでしぼられ、さらに不純物《ふじゅんぶつ》が取りのぞかれ、そのしぼり汁が濃縮《のうしゅく》されると結晶《けっしょう》ができます。この結晶《けっしょう》が砂糖《さとう》のもとになる「原料糖《げんりょうとう》」です。

原料糖《げんりょうとう》は、精製糖工場《せいせいとうこうじょう》へと運ばれます。原料糖《げんりょうとう》には、まだ不純物《ふじゅんぶつ》が混《ま》ざっています。そこで、精製糖《せいせいとう》工場《こうじょう》では、水に溶《と》かして不純物《ふじゅんぶつ》を取りのぞく操作《そうさ》をおこない、濃縮《のうしゅく》して結晶《けっしょう》にし、白く美しい砂糖《さとう》(グラニュー糖《とう》)に仕上げます。グラニュー糖《とう》をさらに加工すると、しっとりとして甘味《あまみ》の強いふつうの砂《さ》糖《とう》（上白糖《じょうはくとう》）になります。

砂糖《さとう》きびをしぼったり、原料糖《げんりょうとう》をとったあとの液《えき》体《たい》を「廃糖《はいとう》みつ」、グラニュー糖《とう》などの精製糖《せいせいとう》をとったあとの液体《えきたい》を「洗糖《せんとう》みつ」といいます。廃糖《はいとう》みつや洗糖《せんとう》みつを発酵《はっこう》させると、エタノールというアルコール燃料《ねんりょう》をつくることができます。

砂糖《さとう》きび生産のさかんなブラジルでは1980年代から、政府《せいふ》が原料を買い上げ、工場でエタノールをつくって自動車の燃料《ねんりょう》に使うという政策《せいさく》が進められています。日本でも、自動車の燃料《ねんりょう》用にエタノールを使う研究がおこなわれています。

また、砂糖《さとう》きびのしぼりかすからは、ろう（ワックス）や紙などをつくることができます。

増《ふ》えるてんさいの収穫量《しゅうかくりょう》

てんさいは「砂糖《さとう》だいこん」ともよばれ、おもにヨーロッパで栽培《さいばい》されています。寒い地方でよく育つため、日本では北海道《ほっかいどう》を中心に栽培《さいばい》され、じゃがいもや小麦などと組み合わせた「輪作《りんさく》」がおこなわれています。

北海道《ほっかいどう》では生産農家は減《へ》っているものの、栽培方《さいばいほう》法《ほう》の改良などで、面積あたりの収穫量《しゅうかくりょう》が増《ふ》え、全体の収穫量《しゅうかくりょう》も増《ふ》えています。日本では2004年には、てんさいを原料とする砂糖《さとう》の量が、砂糖《さとう》きびからつくられる量の約6倍になりました。砂糖《さとう》きびにくらべると機械化が進んでいて、労働時間も砂糖《さとう》きび栽培《さいばい》の5分の1以下となっています。

▲てんさいの収穫《しゅうかく》。4～5月に種をまき、10月ごろに収穫《しゅうかく》をむかえる。収穫《しゅうかく》されたてんさいは製糖工場《せいとうこうじょう》に運ばれ、1ヘクタールあたり100万円ほどで販売《はんばい》される。根の部分に糖《とう》がふくまれ、砂糖《さとう》きびと同じように糖《とう》を取りだす。

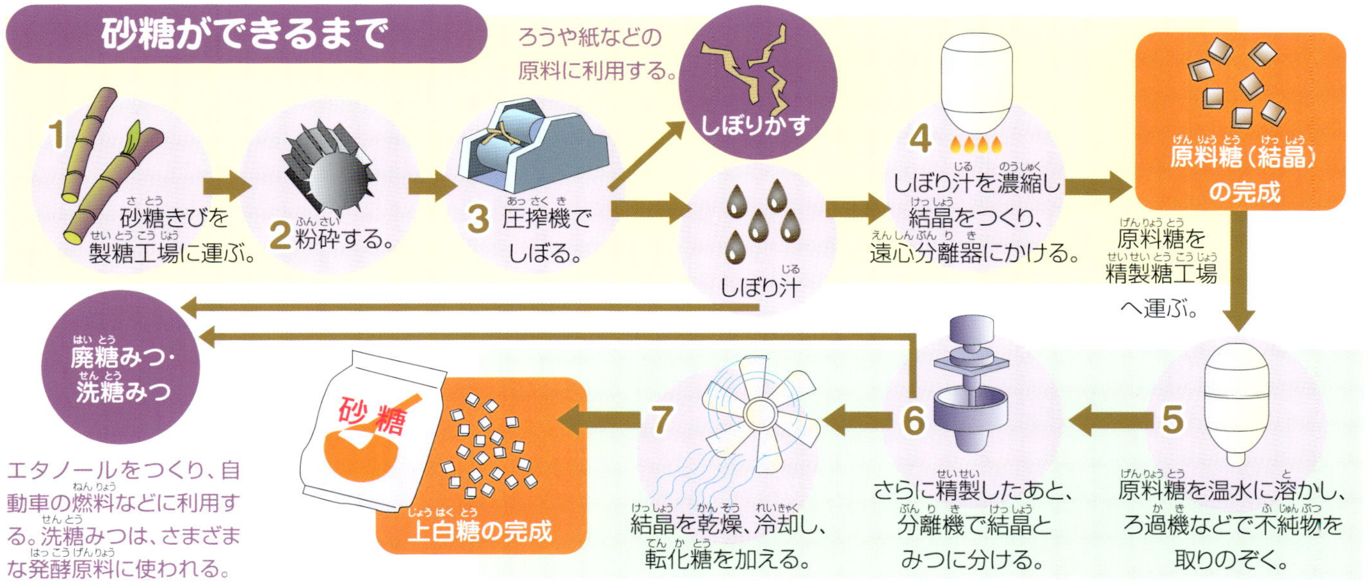

増《ふ》える工芸《こうげい》作物《さくもつ》の輸入《ゆにゅう》

工芸《こうげい》作物《さくもつ》のなかには、安い外国産のものにおされて、生産量が減《へ》っているものも少なくありません。どのような工芸《こうげい》作物《さくもつ》が海外からの輸入《ゆにゅう》によって影響《えいきょう》を受けているのでしょう。

増《ふ》える茶の輸入量《ゆにゅうりょう》

現在《げんざい》、紅茶《こうちゃ》やウーロン茶などを合わせると、国内で消費される茶の約3分の1が海外から輸入《ゆにゅう》されています。

緑茶の消費量は、夏の暑さなどによって変動するものの、全体的には1980年代半ばからのびつづけています。

この増加《ぞうか》をささえているのが、海外から輸入《ゆにゅう》される緑茶です。1990年以前、緑茶の輸入先《ゆにゅうさき》はおもに台湾《たいわん》で、輸入量《ゆにゅうりょう》もそれほど多くありませんでした。しかし、1990年以降《いこう》、中国《ちゅうごく》から安い緑茶の輸入《ゆにゅう》が急速に増《ふ》えはじめました。2005（平成《へいせい》17）年の緑茶全体の輸入量《ゆにゅうりょう》は約1万5000トンですが、そのほとんどが中国《ちゅうごく》産です。

おもに緑茶飲料に利用される輸入《ゆにゅう》緑茶

ペットボトルや缶《かん》に入った茶を「茶類飲料」といいます。代表的なものはウーロン茶や紅茶《こうちゃ》などでしたが、1990年代以降《いこう》、これらの消費量はほとんど変わっていません。かわりに健康によいというイメージが強い緑茶飲料の消費量が急速にのびています。この原料に使うため、中国《ちゅうごく》から緑茶の輸入《ゆにゅう》が増加《ぞうか》したのです。

緑茶は、中国《ちゅうごく》でももっともよく飲まれている茶ですが、製法《せいほう》や味は日本の釜《かま》炒《い》り製緑茶《せいりょくちゃ》と似《に》ています。最近は、中国《ちゅうごく》の緑茶本来の味を味わうための「中国《ちゅうごく》緑茶《りょくちゃ》」という緑茶飲料も発売されています。

茶の生産量と輸入量《ゆにゅうりょう》の移《うつ》り変《か》わり

緑茶の輸入量《ゆにゅうりょう》は増《ふ》えてきたが、最近は国内生産量が安定しているため大《おお》はばな増加《ぞうか》は見られない。1990年に急激《きゅうげき》に輸入量《ゆにゅうりょう》が減《へ》っているのは、日本で紅茶《こうちゃ》ブームが起こったため。

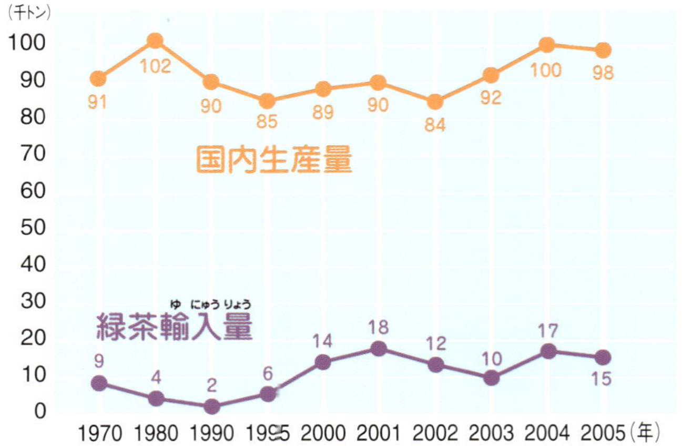

＊輸入量には紅茶・その他の茶（ウーロン茶など）をふくまない。
資料：「貿易統計」（財務省）及び「作物統計」（農林水産省）より

茶類飲料の生産量の移《うつ》り変《か》わり

緑茶飲料は緑茶ブームにより急激《きゅうげき》に増《ふ》えている。

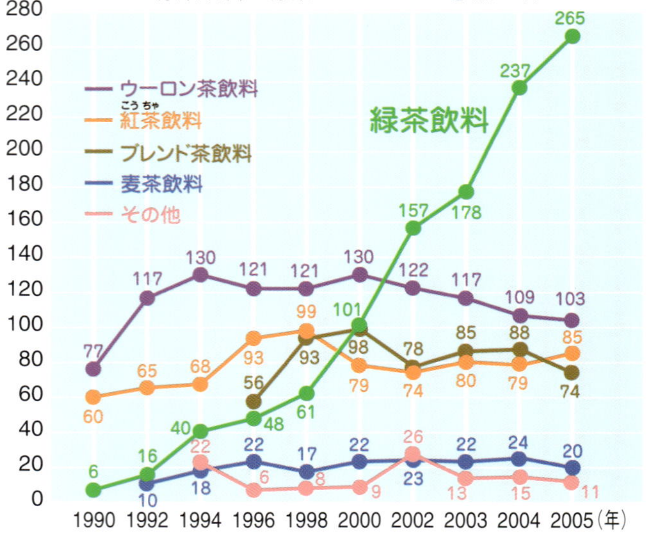

資料：社団法人全国清涼飲料工業会のデータより

中国《ちゅうごく》からの輸入《ゆにゅう》で打撃《だげき》を受けた「い草《ぐさ》」の生産

い草《ぐさ》は、畳表《たたみおもて》やござをつくるのに使われる植物で、熊本《くまもと》県が日本での生産量の約90%以上をしめています（2005年）。

かつてはほとんどが日本産で、台湾《たいわん》などからわずかに輸入《ゆにゅう》される程度《ていど》でした。しかし、中国《ちゅうごく》が、日本のい草栽培《ぐささいばい》の技術《ぎじゅつ》をとりいれ大量に栽培《さいばい》するようになり、い草《ぐさ》を使った製品《せいひん》（畳表《たたみおもて》やござなど）に加工して日本向けに輸出《ゆしゅつ》をはじめました。中国《ちゅうごく》からの輸入《ゆにゅう》は1990年代から急速に増《ふ》え、日本のい草《ぐさ》の生産農家の生活をおびやかすまでになりました。

生産農家の数は、2000年までの10年間で、３分の１以下にまで減《へ》っています。そのため、2001年に、政府《せいふ》は国産のい草《ぐさ》を保護《ほご》するために輸入《ゆにゅう》い草《ぐさ》に対して高い関税《かんぜい》をかける「セーフガード」（199ページ参照）を発動しました。

これにより、い草《ぐさ》や畳表《たたみおもて》の輸入量《ゆにゅうりょう》は一時的に減《へ》りました。しかし、その後も畳《たたみ》を使用する家が減《へ》ったことなどの影響《えいきょう》もあり、国内での生産量は減《へ》りつづけています。

い草《ぐさ》の生産量とい草《ぐさ》・い製品《せいひん》の輸入量《ゆにゅうりょう》の移《うつ》り変《か》わり

国内でのい草《ぐさ》の生産量は減少《げんしょう》をつづけ、輸入《ゆにゅう》は製品《せいひん》に加工されたものが増《ふ》えている。

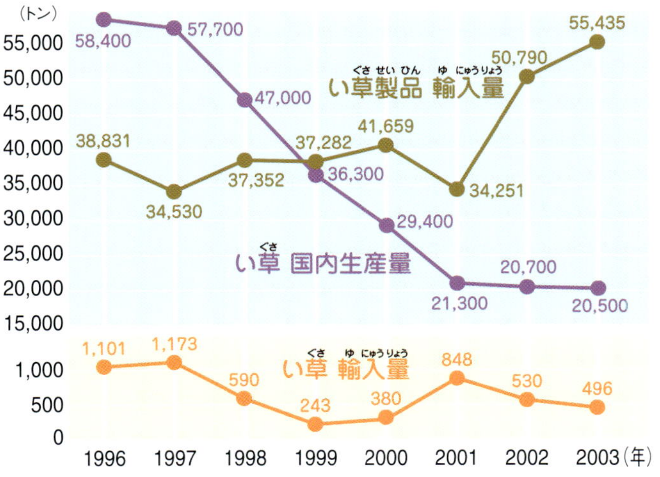

＊生産量の数字は、生産量の多い主産県の合計
資料：農林水産省・JA熊本県経済連い業市場課調べデータより

安全を求めて

国産のなたねを復活させる取り組み

種から油をとるなたね（油菜《あぶらな》）は、かつては日本中で栽培《さいばい》されていましたが、今では安い海外のなたねが輸入《ゆにゅう》され、自給率《じきゅうりつ》はわずか0.05%にまで落ちこんでいます。

ところが、現在輸入《げんざいゆにゅう》されているなたねには、遺伝子《いでんし》組《く》みかえの技術《ぎじゅつ》（178ページ参照）を用いたものも多く、輸入《ゆにゅう》なたねからつくられる食用のなたね油のうち、約50%が「遺伝子組《いでんしく》みかえなたね」を原料にしているといわれています。

最近は、遺伝子組《いでんしく》みかえなたねを使わない、なたね油を求める消費者が増《ふ》え、同時に、国産なたねを復活させるためのさまざまな取り組みが、各地ではじまっています。北海道滝川《ほっかいどうたきかわ》市では、なたねの栽培面積《さいばいめんせき》が年々広がり、なたねを使った製品《せいひん》を開発する研究などもおこなわれています。

▲積極的《せっきょくてき》に栽培《さいばい》をおしすすめている滝川《たきかわ》市のなたね畑。

なたねの生産量

国内の生産量はわずかで、大半を輸入《ゆにゅう》にたよっていることがわかる。

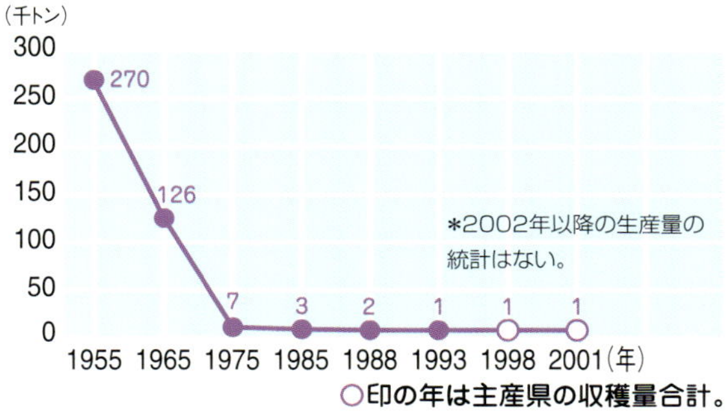

○印の年は主産県の収穫量合計。
＊主産県は青森県、鹿児島県。
資料：「作物統計」（農林水産省）より

紙や布《ぬの》になる
繊維《せんい》をとる工芸作物《こうげいさくもつ》

生活に結びついた紙や布《ぬの》などの繊維《せんい》として利用される工芸作物《こうげいさくもつ》があります。どのようなものがあるのでしょうか。

こうぞ・みつまた

こうぞは、高さが3mほどのクワ科の植物で、障子紙《しょうじがみ》や美術《びじゅつ》用の紙など和紙の原料として、おもに福島《ふくしま》県や高知《こうち》県などで栽培《さいばい》されています。しかし、最近はタイや中国《ちゅうごく》からの輸入《ゆにゅう》が増《ふ》え、量産されている和紙のほとんどは、これらの国から輸入《ゆにゅう》されたこうぞを使っています。

一方、みつまたはお札《さつ》（紙幣《しへい》）の原料として使われる工芸作物《こうげいさくもつ》です。岡山《おかやま》県や四国《しこく》で栽培《さいばい》され、財務省《ざいむしょう》が毎年一定量をお札《さつ》の原料として購入《こうにゅう》しています。また、書道や美術《びじゅつ》用の紙にも利用されています。

▶こうぞ。木の皮に繊維《せんい》がたくさんふくまれる。

▲蒸《む》したあと、こうぞの表皮をはぐ。

▶はいだ表皮を煮《に》て繊維《せんい》を取りだし、和紙の原料とする。

綿《わた》

綿《わた》は、アオイ科の植物で、実のまわりにできる繊維《せんい》を利用します。やわらかくてじょうぶなため、ふとんなどのつめ物や木綿《もめん》にされ、さまざまな繊維製品《せんいせいひん》に使われています。日本では江戸《えど》時代から綿《わた》が栽培《さいばい》され、1930年代には輸出量《ゆしゅつりょう》が世界一でした。しかし、その後は中国《ちゅうごく》やインドなどの安い綿《わた》におされ、生産量が減《へ》ってきました。現在《げんざい》は、国内ではほとんど生産されておらず、ほぼ100%を輸入《ゆにゅう》にたよっています。最近は、さまざまな化学繊維《かがくせんい》が開発されたため、綿《わた》の輸入量《ゆにゅうりょう》は少しずつ減《へ》っています。

▼アメリカの綿花畑《めんかばたけ》。

麻《あさ》

麻《あさ》（大麻《たいま》）は、アサ科の植物で、茎《くき》からとれる繊維《せんい》を織物《おりもの》などの原料として使います。麻《あさ》の実は、七味《しちみ》とうがらしなどにも利用されます。葉などに麻酔作用《ますいさよう》があるため、栽培《さいばい》するには都道府県の許可《きょか》が必要で、栃木《とちぎ》県や群馬《ぐんま》県などで栽培《さいばい》されています。

◀麻《あさ》の収穫《しゅうかく》。煮《に》て、表皮をはぎ乾燥《かんそう》させると、織物《おりもの》などの原料となる（群馬《ぐんま》県東吾妻《ひがしあがつま》町）。

5章

畜《ちく》産《さん》業《ぎょう》

日本の畜《ちく》産《さん》業《ぎょう》は効《こう》率《りつ》化《か》が進み、
大量の畜《ちく》産《さん》物《ぶつ》を生産できるようになりました。
しかし、生き物をあつかう産業なので、
さまざまな苦労や問題をかかえています。

畜産業《ちくさんぎょう》のさかんな地方

日本の畜産業《ちくさんぎょう》は、牛、豚《ぶた》、鶏《にわとり》の飼育《しいく》が中心です。
おもに、えさとなる牧草地が多い北海道《ほっかいどう》や九州《きゅうしゅう》、
そして、大消費地である東京《とうきょう》などの都市近郊《きんこう》でおこなわれています。

北海道《ほっかいどう》、九州《きゅうしゅう》がおもな産地

牛や豚《ぶた》、鶏《にわとり》などの家畜《かちく》を飼育《しいく》して、肉や牛乳《ぎゅうにゅう》、卵《たまご》などを生産する農業が畜産業《ちくさんぎょう》です。私たちは、家畜《かちく》のおかげで、肉だけでなく、牛乳《ぎゅうにゅう》を原料とするチーズやバターなど、さまざまな食料を手に入れることができます。

畜産《ちくさん》の歴史は古く、人類が狩猟生活《しゅりょうせいかつ》から農耕生活《のうこうせいかつ》に入ったのと同時にはじまりました。日本では6世紀ごろに、現在《げんざい》のヨーグルト、バター、チーズに近い「酪《らく》」「酥《そ》」「醍醐《だいご》」とよばれる乳製品《にゅうせいひん》があったことがわかっています。ただ、当時は肉食が禁止《きんし》されていたため、肉を庶民《しょみん》が食べることは、明治《めいじ》時代までなく、畜産業《ちくさんぎょう》とよべるものはありませんでした。明治《めいじ》時代以降《いこう》、じょじょに肉食の習慣《しゅうかん》が広まっていきますが、1960（昭和《しょうわ》35）年ごろまでは、肉や乳製《にゅうせい》品《ひん》を食べることはぜいたくなことでした。

その後、畜産業《ちくさんぎょう》は「栄養豊富《ほうふ》な牛乳《ぎゅうにゅう》を飲みたい」「おいしい肉をたくさん食べたい」という人々の要求にこたえるように大きく発展《はってん》しました。2006年現在《ざい》、食肉全体の生産量は、1960年にくらべると5倍以上になっています。

畜産業《ちくさんぎょう》のなかでも、乳牛《にゅうぎゅう》を飼《か》って牛乳《ぎゅうにゅう》を生産したり、バターやチーズなどの加工品をつくる仕事を酪農《らくのう》といいます。酪農《らくのう》は牧草地が広く気候のすずしい北海道《ほっかいどう》でとくにさかんで、乳牛《にゅうぎゅう》の約50%が飼育《しいく》されています。北海道《ほっかいどう》とくらべると規模《きぼ》は小さいですが、気候がすずしい東北《とうほく》地方、大消費地に近い関東《かんとう》地方でもおこなわれています。

肉牛の飼育《しいく》は、牧草地が広い北海道《ほっかいどう》や鹿児島《かごしま》県、宮崎《みやざき》県などの九州《きゅうしゅう》地方が中心です。豚《ぶた》の飼育《しいく》は鹿児《かご》島《しま》県や宮崎《みやざき》県がさかんです。豚《ぶた》は牧草地を必要としないので、大都市近郊《きんこう》の茨城《いばらき》県や群馬《ぐんま》県、愛知《あいち》県などでも飼《か》われています。

鶏《にわとり》は大規模《だいきぼ》な施設《しせつ》で飼育《しいく》されることが多く、肉をとるためのブロイラーは、稲作《いなさく》に向かないシラス台地（火山灰《かざんばい》が降《ふ》り積《つ》もってできた台地）が広がる鹿《か》児島《ごしま》県や宮崎《みやざき》県が産地となっています。

卵《たまご》をとるための採卵鶏《さいらんけい》は、愛知《あいち》県や東京近郊《とうきょうきんこう》の千《ち》葉《ば》県や茨城《いばらき》県など、大消費地に近い場所で飼《か》われています。

▶九州《きゅうしゅう》の山地で放牧される黒毛和種《くろげわしゅ》。日本の肉牛の代表で、肉がやわらかく、霜降《しもふ》り肉がとれる（宮崎《みやざき》県小林《こばやし》市）。

◀鹿児島《かごしま》県では豚《ぶた》の飼育《しいく》がさかん。さつまいもを食べさせるなどして肉質《にくしつ》を高めている、「薩摩黒豚《さつまくろぶた》」が有名（鹿児島《かごしま》県鹿児島《かごしま》市）。

▼豊《ゆた》かな牧草地で放牧される乳牛《にゅうぎゅう》。牛がくらすのに適《てき》したすずしい気候と広大な牧草地があることから、北海道《ほっかいどう》では大規模《だいきぼ》な酪農《らくのう》がさかん（北海道帯広《ほっかいどうおびひろ》市）。

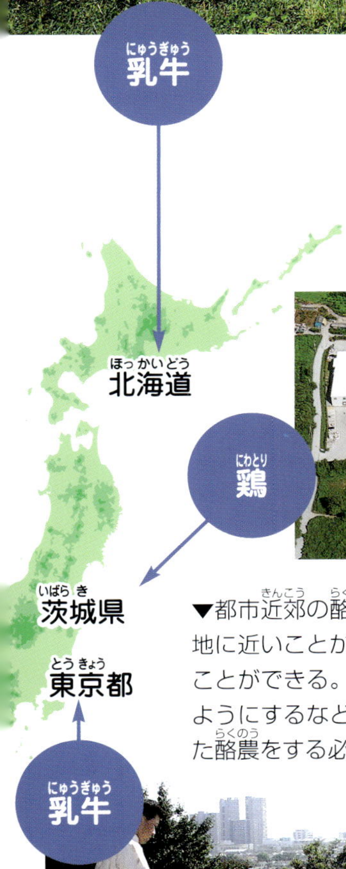

▼巨大《きょだい》な工場のような養《よう》鶏場《けいじょう》。ウィンドレス鶏舎《けいしゃ》とよばれる窓《まど》のない建物の中で、卵《たまご》をとるための採卵鶏《さいらんけい》が飼育《しいく》されている（茨城《いばらき》県小美玉《おみたま》市）。

▼都市近郊《きんこう》の酪農《らくのう》。規模《きぼ》は小さいが大消費地に近いことから、新鮮《しんせん》な牛乳《ぎゅうにゅう》をとどけることができる。周囲ににおいが広がらないようにするなど、地域《ちいき》の環境《かんきょう》に気をつかった酪農《らくのう》をする必要がある（東京都町田《とうきょうとまちだ》市）。

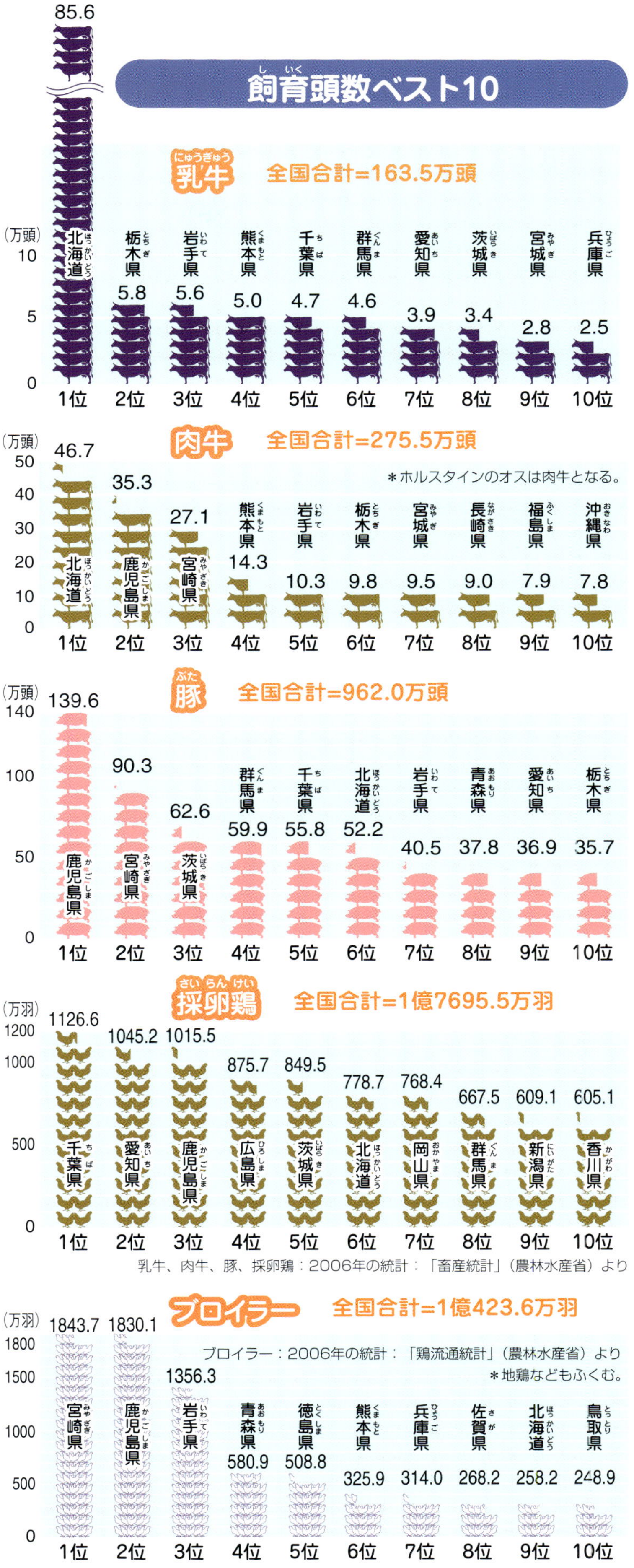

乳牛、肉牛、豚、採卵鶏：2006年の統計：「畜産統計」（農林水産省）より

ブロイラー：2006年の統計：「鶏流通統計」（農林水産省）より
＊地鶏などもふくむ。

乳牛《にゅうぎゅう》の飼育《しいく》

**酪農家《らくのうか》は、毎日朝と夕方に乳《ちち》をしぼり新鮮《しんせん》な牛乳《ぎゅうにゅう》を出荷しています。
効率的《こうりつてき》に牛乳《ぎゅうにゅう》を生産したり、健康な牛を飼育《しいく》したりするために、
さまざまな努力をしています。**

専業《せんぎょう》が多い日本の酪農家《らくのうか》

2005（平成《へいせい》17）年現在《げんざい》、日本では３万戸の酪農家《らくのうか》が約165万頭の乳牛《にゅうぎゅう》を飼育《しいく》しています。1964（昭和《しょうわ》39）年に40万戸の酪農家《らくのうか》で120万頭の牛を飼育《しいく》していたのとくらべると、1戸あたりの飼育規模《しいくきぼ》が大きくなったことがわかります。

大規模化《だいきぼか》したおもな理由は効率的《こうりつてき》な生産をするためですが、その過程《かてい》で、新しい機械の導入《どうにゅう》や畜舎《ちくしゃ》の建設《けんせつ》などができない、小規模《しょうきぼ》な酪農家《らくのうか》はすがたを消していきました。

畜産《ちくさん》の仕事が作物栽培《さくもつさいばい》とくらべて大きくちがう点は、作業を１年中１日も休むことができないことです。そのため、酪農家《らくのうか》の多くが牧場内や畜舎《ちくしゃ》の近くに住み、家族で経営《けいえい》しています。また、酪農《らくのう》からの収入《しゅうにゅう》が80%以上の専業酪農家《せんぎょうらくのうか》です。

酪農《らくのう》は土地の広さや環境《かんきょう》によって、やり方がちがいます。広い牧草地のある北海道《ほっかいどう》や東北《とうほく》地方では、夏の間は放牧、雪の降《ふ》る冬の間は牛舎《ぎゅうしゃ》で飼《か》う方法が一般的《いっぱんてき》です。飼育《しいく》頭数は、１戸あたり100〜200頭が平均的《へいきんてき》です。

都市近郊《きんこう》では広い牧草地がないので、飼料《しりょう》を購入《こうにゅう》して飼育《しいく》する酪農家《らくのうか》がほとんどです。牛は牛舎《ぎゅうしゃ》につないで飼育《しいく》し、飼育頭数《しいくとうすう》は１戸あたり20〜40頭が平均的《へいきんてき》です。

◀日本の乳牛《にゅうぎゅう》の多くはホルスタイン種で、明治《めいじ》時代に、ドイツから輸入《ゆにゅう》された。乳房《ちぶさ》が発達していて、年間6000〜8000ℓの乳《ちち》を出す。

◀ジャージー種。乳量《にゅうりょう》は年間4000ℓとそれほど多くないが、乳《ちち》の乳脂肪《にゅうしぼう》率《りつ》が高くバターの原料に適《てき》している。

草を乳《ちち》や肉に変える体のひみつ

牛が草から乳《ちち》や肉をつくることができるひみつは、その特《とく》殊《しゅ》な胃にあります。

牛には4つの胃がありますが、そのうち第1胃（ルーメン）には微生物《びせいぶつ》がすんでいます。この微生物《びせいぶつ》が草の繊維《せんい》を発酵《はっこう》、分解《ぶんかい》し、栄養素《えいようそ》として利用できる形にするのです。人間の場合、食物中の繊維《せんい》は5%しか消化できませんが、牛は50〜80%を消化し、草にふくまれる質《しつ》の低いたんぱく質《しつ》を、質《しつ》の高いたんぱく質《しつ》に変えることができます。

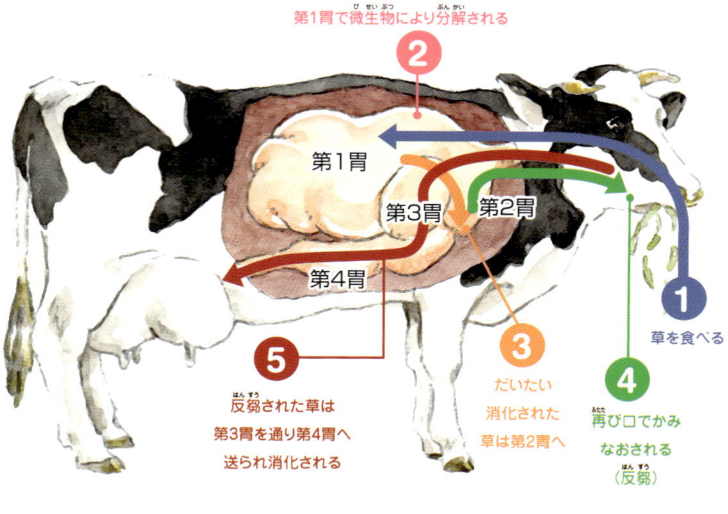

●牛のえさ

牛のえさには、粗飼料《そしりょう》と濃厚飼料《のうこうしりょう》の2種類があります。これは乳牛《にゅうぎゅう》も肉牛も同じです。

粗飼料《そしりょう》とは、草食動物の牛本来の食べ物である草などのことで、主食になります。濃厚飼料《のうこうしりょう》とは、粗飼料《そしりょう》よりでん粉《ぷん》やたんぱく質《しつ》を多くふくむ栄養価《えいようか》の高い飼料《しりょう》で、とうもろこしや大豆《だいず》などのほか、たんぱく質《しつ》やビタミン、ミネラルなどを配合したものです。乳《ちち》をよく出させたり、肉をやわらかくするためにあたえます。

基本的《きほんてき》には、牛の種類、成長や体調に合わせて、粗飼料《そしりょう》と濃厚飼料《のうこうしりょう》を組み合わせてあたえます。

▲ロールベーラーという機械で牧草をロール状《じょう》にする。その後ラップでおおい、サイレージをつくる。牧草地のある酪農家《らくのうか》は、飼料《しりょう》づくりも大切な仕事（北海道紋別市《ほっかいどうもんべつ》）。

粗飼料《そしりょう》

【生草・乾草《ほしくさ》】

生草は放牧地で食べる緑の草。乾草《ほしくさ》は採草地《さいそうち》で刈《か》った牧草を乾燥《かんそう》させたもの。輸入《ゆにゅう》した乾草《ほしくさ》も多い。写真は乾草《ほしくさ》。

【サイレージ】

牧草や野草、とうもろこしの茎《くき》などを発酵《はっこう》させた牧草の漬物《つけもの》のようなもの。発酵《はっこう》させることにより長期間の保存《ほぞん》ができる。

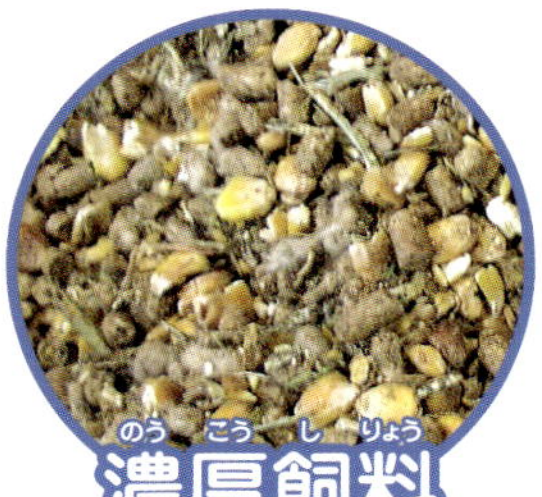

濃厚飼料《のうこうしりょう》

炭水化物としてとうもろこし、小麦、大麦などの穀類《こくるい》や米ぬかが、たんぱく源《げん》として豆腐《とうふ》、おから、大豆《だいず》かす、ビールかす、魚粉などが使われる。写真はとうもろこしと大豆《だいず》を混《ま》ぜ合《あ》わせたもの。

●乳牛《にゅうぎゅう》のすまい

土地のせまい日本では、牛を1頭1頭つないで育てるストール牛舎《ぎゅうしゃ》が90%以上をしめています。土地が広く飼育《しいく》頭数《とうすう》の多い北海道《ほっかいどう》などでは、牛が自由に動き回れるフリーストール牛舎《ぎゅうしゃ》が中心となっています。放牧場がない場所では、基本的《きほんてき》に1年中牛舎《ぎゅうしゃ》のなかで飼《か》われます。

【フリーストール牛舎《ぎゅうしゃ》（開放牛舎《かいほうぎゅうしゃ》）】

牛舎《ぎゅうしゃ》のなかで牛は放《はな》し飼《が》いになっており、自由に行動できる。乳《ちち》をしぼる搾乳場《さくにゅうじょう》（ミルキングパーラー）は別の場所にある。

【ストール牛舎《ぎゅうしゃ》（つなぎ牛舎《ぎゅうしゃ》）】

土地のせまい都市周辺に多い。1頭1頭つないで育て、その場で乳《ちち》をしぼる。牛を管理しやすいが、飼育《しいく》作業に手間がかかる。ホルスタイン種は暑さに弱いので、換気扇《かんきせん》をつけて牛舎《ぎゅうしゃ》の風通しをよくしたり、スプリンクラーで牛の体を冷やしたりする。

【牧場】

牧草地や放牧場がある飼育施設《しいくしせつ》。日中、牛は自由に動き回って牧草を食べ、朝夕の乳《ちち》しぼりのときに牛舎《ぎゅうしゃ》に帰ってくる。冬の間は牛舎《ぎゅうしゃ》で飼《か》われる。牧草地のない酪農家《らくのうか》のため、各都道府県には共同で利用できる共同牧場がもうけられている。

乳牛《にゅうぎゅう》の飼育《しいく》

酪農家《らくのうか》には乳《ちち》しぼり、えさやり、牛舎《ぎゅうしゃ》のそうじなど毎日欠かせない仕事があります。そのほか、牛を妊娠《にんしん》させ安全に出産させたり、えさとなる飼料《しりょう》づくりをしたり、さまざまな作業があります。

都市近郊《きんこう》の東京《とうきょう》都町田《まちだ》市で酪農《らくのう》をいとなんでいる中島《なかじま》牧場では、牛の健康をどのように管理し、牛乳《ぎゅうにゅう》を生産しているのか見てみましょう。

① 子牛の誕生《たんじょう》

誕生《たんじょう》した子牛にはすぐに初乳《しょにゅう》を飲ませます。初乳《しょにゅう》には病気をふせぐ免疫抗体《めんえきこうたい》が多くふくまれるため、子牛の成長に欠かせません。生後1週間ほどたつと、母牛の乳《ちち》は人間用に搾乳《さくにゅう》されるので、子牛には粉状《こなじょう》の脱脂粉乳《だっしふんにゅう》を湯でとかした人工乳《じんこうにゅう》をあたえます。

哺乳《ほにゅう》は手間がかるので、最近は早期に離乳《りにゅう》させることが増《ふ》え、生後6週間ほどで子牛用に配合した飼料《しりょう》や粗飼料《そしりょう》をあたえます。省力化のため、自動で人工乳《じんこうにゅう》をあたえる自動哺乳機《ほにゅうき》（143ページ参照）も登場しています。

▶子牛はほかの牛から病気がうつらないように、別の場所で育てる。カーフハッチ（131ページ参照）という小さな牛舎《ぎゅうしゃ》で育てることが多い。

乳牛《にゅうぎゅう》の一生

乳牛《にゅうぎゅう》は成長すると、妊娠《にんしん》、出産、乳《ちち》の出る搾乳期《さくにゅうき》、乳《ちち》をしぼらない乾乳期《かんにゅうき》を毎年くり返し、5～6回出産し乳量《にゅうりょう》が少なくなると、肉用に回されます。

乳牛《にゅうぎゅう》のメスは乳用《にゅうよう》として飼育《しいく》されますが、オスは生まれてから1か月ほどで肉用として、肉牛の肥育農家《ひいくのうか》に販売《はんばい》されます。

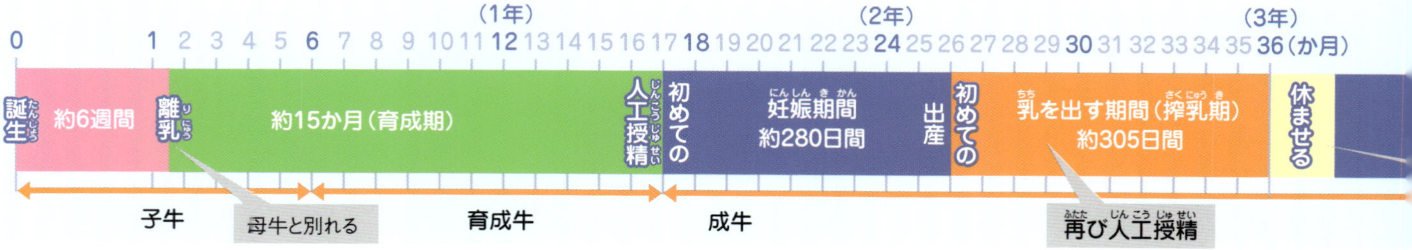

② 成長（育成期）

離乳後《りにゅうご》のえさやりには、粗飼料《そしりょう》と濃厚飼料《のうこうしりょう》をわけてあたえる方法と、はじめから粗飼料《そしりょう》、濃厚飼料《のうこうしりょう》、ミネラルなどを混《ま》ぜた完全食のようなえさをあたえる方法があります。

酪農家《らくのうか》は毎日牛のようすを見て健康をチェックします。いつもとちがうようすが見られたり、病気の症状《しょうじょう》があらわれたら、獣医師《じゅういし》に連絡《れんらく》をして治療《ちりょう》してもらいます。

◀えさやりは朝夕2回。中島《なかじま》牧場ではまず粗飼料《そしりょう》の乾草《ほしくさ》をあたえる。

▲粗飼料《そしりょう》の上に濃厚飼料《のうこうしりょう》をふりかけるようにあたえる。はじめから混《ま》ぜてあたえると、濃厚飼料《のうこうしりょう》だけを食べ、粗飼料《そしりょう》を残してしまうため。

◀糞尿《ふんにょう》を床《ゆか》のみぞにかき出し、そうじをする。牛舎《ぎゅうしゃ》の衛生状態《えいせいじょうたい》や飼育環境《しいくかんきょう》は、牛を健康に育てるためとても大切だ。

③ 人工授精《じんこうじゅせい》～出産

約15か月育成した後、妊娠《にんしん》させるため人工授精《じんこうじゅせい》をおこないます。人工授精《じんこうじゅせい》は、凍結保存《とうけつほぞん》された優秀《ゆうしゅう》なオス牛の精液《せいえき》を解凍《かいとう》し、メス牛の発情期《はつじょうき》にあわせておこないます。

妊娠《にんしん》の期間は約280日で、1回の出産で1頭の子牛を産みます。

1年に1回くらいの割合《わりあい》で妊娠《にんしん》させるため、出産後2～3か月で、次の人工授精《じんこうじゅせい》をおこないます。

④ 乳《ちち》をしぼる

出産後に出る初乳《しょにゅう》は約1週間子牛に飲ませ、その後、乳《ちち》をしぼりはじめます。

牛が乳《ちち》を出している期間は平均《へいきん》305日ですが、出産後51～110日はもっとも乳《ちち》が出る時期で、その後しだいに乳量《にゅうりょう》が減《へ》っていきます。搾乳期《さくにゅうき》は乳《ちち》を出すために濃厚飼料《のうこうしりょう》を多めにあたえます。

乳《ちち》しぼりは毎日朝夕2回、ミルカーという機械でおこないます。フリーストール牛舎《ぎゅうしゃ》では、ミルキングパーラーという施設《しせつ》を使って乳《ちち》をしぼります。

搾乳期《さくにゅうき》が終わった牛は乳《ちち》しぼりをやめ、次の出産にそなえて体を休ませます（乾乳期《かんにゅうき》）。

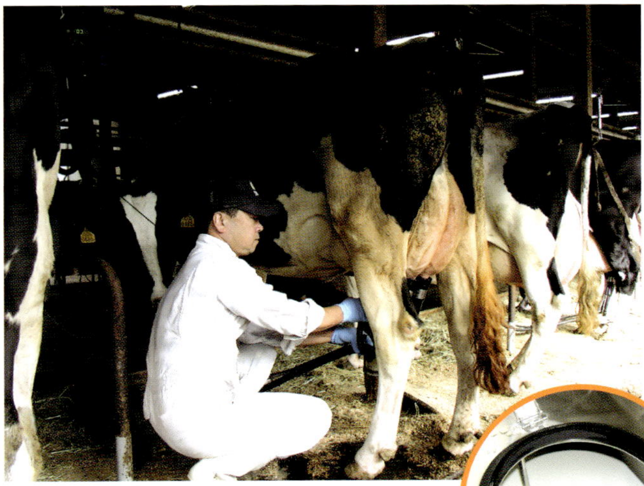

▲牛の乳頭《にゅうとう》にミルカーをつけて乳《ちち》をしぼる。しぼったあとは乳頭《にゅうとう》が炎症《えんしょう》を起こさないように消毒をする。

▲しぼった乳《ちち》は、毎日決まった時間に酪農組合《らくのうくみあい》のタンクローリーによって集められる。

出産は1年に1回おこない、5～6年の間、乳《ちち》を出させる。

肉用として

肉牛の肥育《ひいく》農家《のうか》へ

約60日間乳《ちち》をしぼらず休ませる（**乾乳期《かんにゅうき》**）

牛乳《ぎゅうにゅう》になるまで

しぼった乳《ちち》（生乳《せいにゅう》）は酪農組合《らくのうくみあい》の貯蔵《ちょぞう》タンクに運ばれ、成分と品質《ひんしつ》のチェックを受けます。その後、大きな乳製品工場《にゅうせいひんこうじょう》へと運ばれ、牛乳《ぎゅうにゅう》やヨーグルト、チーズなどに加工されます。

生乳《せいにゅう》に殺菌処理《さっきんしょり》などを加えたものを「牛乳《ぎゅうにゅう》」とよび、法律《ほうりつ》では生乳《せいにゅう》100%を原料としたものだけを「牛乳《ぎゅうにゅう》」と表示《ひょうじ》することができます。最近は、消費者の好みに合わせて、乳脂肪分《にゅうしぼうぶん》を濃《こ》くしたものやうすくしたものなど、さまざまな加工乳《かこうにゅう》がつくられています。

ここでは生乳《せいにゅう》から牛乳《ぎゅうにゅう》になるまでの一般的《いっぱんてき》な工程《こうてい》を見てみましょう。

1. よごれを取りのぞく

クリアファイヤーという装置《そうち》を通し、小さなゴミを取りのぞく。

2. 脂肪《しぼう》のつぶをくだく

消化しやすくするため、生乳《せいにゅう》の脂肪《しぼう》のつぶをくだくホモジナイズ（均質化《きんしつか》）という処理《しょり》をする。

3. 殺菌《さっきん》・冷却《れいきゃく》

高温または低温で殺菌《さっきん》して、再《ふたた》び冷やす。

4. 充《じゅう》てん・検査《けんさ》・出荷

牛乳《ぎゅうにゅう》を容器《ようき》につめる。検査《けんさ》に合格《ごうかく》した牛乳《ぎゅうにゅう》は、冷蔵《れいぞう》したままトラックでスーパーマーケットなどに運ぶ。

肉牛の飼育《しいく》

肉牛を飼育《しいく》する農家は、牛を健康に育て安全でおいしい肉をつくるために、えさの種類ややり方、飼育環境《しいくかんきょう》などにさまざまな工夫《くふう》をこらしています。私たちが食べている牛肉はどのように生産されているのか見てみましょう。

さかんな和牛の飼育《しいく》

　肉牛を育てる農家には、子牛を出産させ一定期間だけ育てる繁殖農家《はんしょくのうか》と、その子牛を買いとって大きく太らせる肥育農家《ひいくのうか》があります。

　2005年現在《げんざい》、繁殖農家《はんしょくのうか》と肥育農家《ひいくのうか》を合わせた約9万戸で約275万頭の肉牛を飼育《しいく》しています。繁殖農家《はんしょくのうか》は規模《きぼ》が小さく、1戸あたりの繁殖《はんしょく》用メス牛の頭数は平均《へいきん》8頭ほどです。肥育農家《ひいくのうか》は平均《へいきん》100頭ほどでなかには1000頭以上を肥育《ひいく》する企業《きぎょう》のような農家もあります。最近では、繁殖《はんしょく》から肥育《ひいく》までを手がける農家も増《ふ》えています。

　肉牛の飼育《しいく》は九州《きゅうしゅう》地方、北海道《ほっかいどう》がさかんで、この地域《ちいき》の肉牛は全国生産量の5割《わり》以上をしめます。暑さに強い和牛は九州《きゅうしゅう》で、暑さに弱いホルスタイン種は北海道《ほっかいどう》で飼育《しいく》されています。

　肉牛は大きく国産牛と輸入牛《ゆにゅうぎゅう》に分けられます。国産牛にはおもに和牛と乳牛《にゅうぎゅう》(ホルスタイン種など)とその交雑種《こうざつしゅ》があり、2005年現在《げんざい》、和牛は国産牛肉の38%、乳牛《にゅうぎゅう》と交雑種《こうざつしゅ》は55%をしめています。

　和牛はもともと田畑を耕《たがや》すのに利用されていた在来種《ざいらいしゅ》です。和牛のなかには、肥育《ひいく》するとおいしい霜降《しもふ》り肉《にく》になる性質《せいしつ》の牛があり、外国の牛と交配《こうはい》し日本人好みの肉質《にくしつ》に改良され、肉用として育てられています。現在《げんざい》、食べられている和牛は、黒毛和種《くろげわしゅ》、褐毛和種《かつもうわしゅ》、日本短角種《にほんたんかくしゅ》、無角和種《むかくわしゅ》などで、黒毛和種《くろげわしゅ》がその9割《わり》をしめています。

　肉用となる乳牛《にゅうぎゅう》は、おもにホルスタイン種のオス牛で、和牛にくらべ肉の味がうすくなります。乳用《にゅうよう》のメス牛も最終的には肉用として肥育《ひいく》されます。

　肉牛は牛舎《ぎゅうしゃ》で飼育《しいく》されるのが一般的《いっぱんてき》で、飼育《しいく》頭数などによって牛舎《ぎゅうしゃ》の大きさや形がちがいます。

【黒毛和種《くろげわしゅ》】

中国《ちゅうごく》地方で飼《か》われていた在来種《ざいらいしゅ》に外国の品種を交配《こうはい》し改良された。毛色は黒一色で、体はよくしまり、肉質《にくしつ》がすぐれている。各地のブランド牛《うし》(133ページ参照)のほとんどが黒毛和種《くろげわしゅ》。

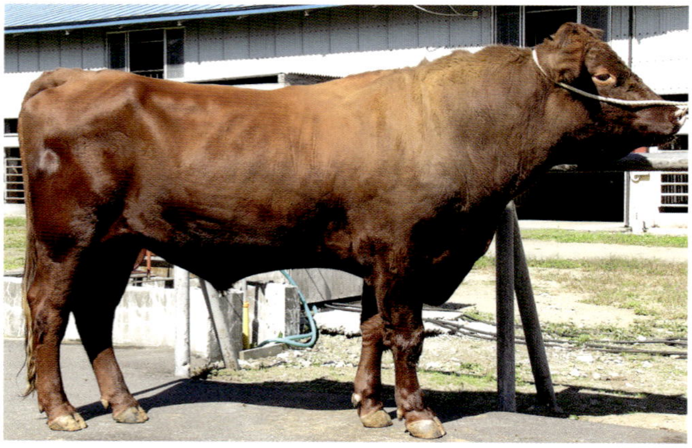

【日本短角種《にほんたんかくしゅ》】

東北《とうほく》北部原産の南部牛《なんぶうし》をもとに、外国の品種を交配《こうはい》し改良された。おもに岩手《いわて》県、青森《あおもり》県、秋田《あきた》県、北海道《ほっかいどう》で飼《か》われている。毛色は褐色《かっしょく》で濃淡《のうたん》がある。飼育《しいく》に手間がかからず成長が早い。

肉牛の一生

肉牛のメス牛は、最初は子牛を産むための繁殖牛《はんしょくぎゅう》として利用され、その後は肉用として太らせます（肥育《ひいく》）。数は少ないですが、メス牛に子牛を産ませず、肉用として32か月ほど肥育《ひいく》して高級肉とする若《わか》メス肥育《ひいく》もあります。

オス牛ははじめから肉用として育てられ、目的とする肉質《にくしつ》に合わせて太らせ、出荷されます。

乳牛《にゅうぎゅう》のオスや、5～6回出産して乳《ちち》の量が少なくなった乳牛《にゅうぎゅう》のメス牛は、肥育農家《ひいくのうか》が買い取り、肉用として肥育《ひいく》されます。

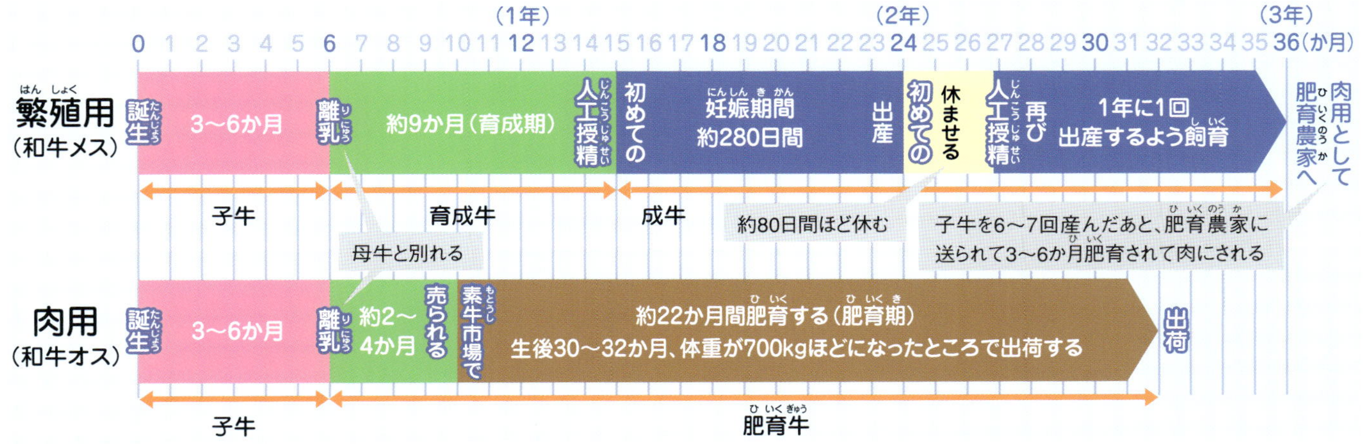

肉牛の飼育《しいく》

繁殖農家《はんしょくのうか》は、メス牛を飼育《しいく》して子牛を出産させ、じょうぶな子牛に育てるのが仕事です。肥育農家《ひいくのうか》は、すぐれた肉質《にくしつ》にするため、えさの質《しつ》や牛の健康に注意しながら、目標の体重まで太らせます。

酪農《らくのう》とちがって乳《ちち》しぼりはなく、朝夕のえさやり、牛舎《ぎゅうしゃ》のそうじ、牛たちの健康管理がおもな仕事になります。子牛の誕生《たんじょう》から出荷まで、和牛のオス牛がどのように飼育《しいく》されるのか見てみましょう。

① 子牛の誕生《たんじょう》

繁殖《はんしょく》用のメス牛に、すぐれた肉質《にくしつ》のオス牛の精子《せいし》を人工《じんこう》授精《じゅせい》させ、子牛が誕生《たんじょう》します。子牛は3～6か月間母牛といっしょに飼育《しいく》するのが一般的《いっぱんてき》です。最近は、乳牛《にゅうぎゅう》と同じように早期に離乳させることも増えています。

オス牛は離乳《りにゅう》する前に去勢《きょせい》されます。去勢《きょせい》とは睾丸《こうがん》を手術《しゅじゅつ》でとりのぞくことで、こうすることによって男性ホルモンがおさえられ、おいしくやわらかい肉になります。

生後2～3か月すると母牛の乳《ちち》だけでは栄養が足りなくなるので、乾草《ほしくさ》や濃厚飼料《のうこうしりょう》を食べさせます。えさは基本的《きほんてき》に乳牛《にゅうぎゅう》と同じです。

▲離乳《りにゅう》まで母牛と子牛がいっしょにくらす。

◀子牛は病気にかかりやすいので、ほかの牛と接触《せっしょく》しないように、1頭ずつ飼育《しいく》する単房《たんぼう》式《しき》の牛舎《ぎゅうしゃ》（カーフハッチ）で飼育《しいく》することもある。

▶群《む》れで飼《か》う牛は生後1か月以内に角を切断《せつだん》（除角《じょかく》）する。除角《じょかく》により牛がおとなしくなり、牛どうしの争いがなくなる。

▲蹄《ひづめ》の形をととのえる「削蹄《さくてい》」という作業。牛舎《ぎゅうしゃ》で飼《か》うと蹄《ひづめ》が変形して、病気になりやすいので、年に2回ほど削蹄《さくてい》をする。作業は専門《せんもん》の牛削蹄師《うしさくていし》がおこなう。

② 市場のせりに出す

8～10か月ほど飼育《しいく》したところで、子牛は市場のせりにかけられ、繁殖農家《はんしょくのうか》から肥育農家《ひいくのうか》に売られます。太らせる（肥育《ひいく》）前の牛を素牛《もとうし》といい、素牛《もとうし》の選び方がその後の成長や肉質《にくしつ》に大きく影響《えいきょう》するので、肥育農家《ひいくのうか》は自分の育て方に合った子牛を買います。牛を群《む》れで育てるときには、群《む》れの中で弱いものと強いものの差がなるべく出ないように、血統《けっとう》や体重、体高などが同じものを選びます。

◀せりにかけられる前の牛を、肥育農家《ひいくのうか》が下見をしているようす。すぐれた牛は、発育がよく、目がいきいきとして落ち着きがある。

▲せりのようす。1頭ずつ引きだされ、血統《けっとう》、体重などが紹介《しょうかい》される。気に入った牛がいたら手元の機械に希望の値段《ねだん》を入れる。すると、電光掲示板《でんこうけいじばん》に値段《ねだん》が表示《ひょうじ》され、いちばん高い値段《ねだん》をつけた農家が買うことができる。

牛の血統書《けっとうしょ》

1頭1頭につく。両親や祖父母《そふぼ》の血統《けっとう》がわかる。

牛の鼻（鼻鏡《びきょう》）は牛によって形や模様《もよう》がちがうので、人間の指紋《しもん》と同じように、牛を見分けるのに利用される。

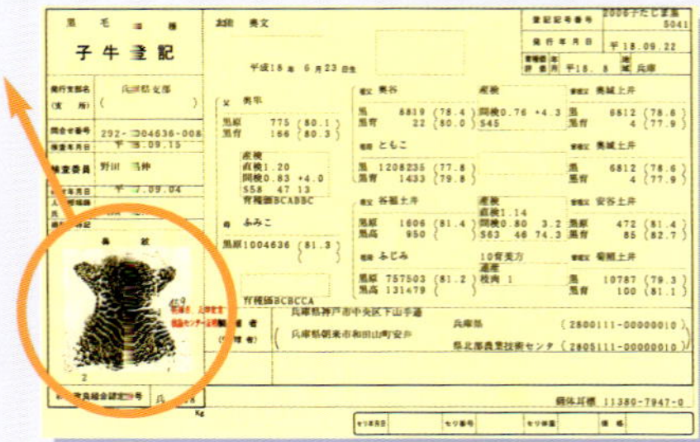

③ 太らせる（肥育《ひいく》）

肥育《ひいく》の期間やえさのやり方は、牛の種類や目標とする肉質《にくしつ》によってことなります。一般的《いっぱんてき》には、和牛は約22か月間肥育《ひいく》します。

肥育期間《ひいくきかん》は前期、中期、仕上げ期に分けられます。前期は内臓《ないぞう》、骨格《こっかく》や筋肉《きんにく》を成長させ、少し脂肪《しぼう》をつけます。中期は筋肉《きんにく》の中に本格的《ほんかくてき》に脂肪《しぼう》をつけ、仕上げ期は筋肉《きんにく》内の脂肪《しぼう》を霜降《しもふ》り状《じょう》にします。

牛肉として食べるのは筋肉《きんにく》の部分なので、ただ脂肪《しぼう》がついて太っているだけではおいしい肉にはなりません。また、脂肪《しぼう》をつけるため濃厚飼料《のうこうしりょう》をやりすぎると、病気の原因《げんいん》になります。むだな脂肪《しぼう》をつけさせないように、粗飼料《そしりょう》をよく食べさせ、運動や日光浴《にっこうよく》をさせる必要があります。

▲濃厚飼料《のうこうしりょう》を食べる肥育牛《ひいくぎゅう》。濃厚飼料《のうこうしりょう》の配合は各農家によってことなる。

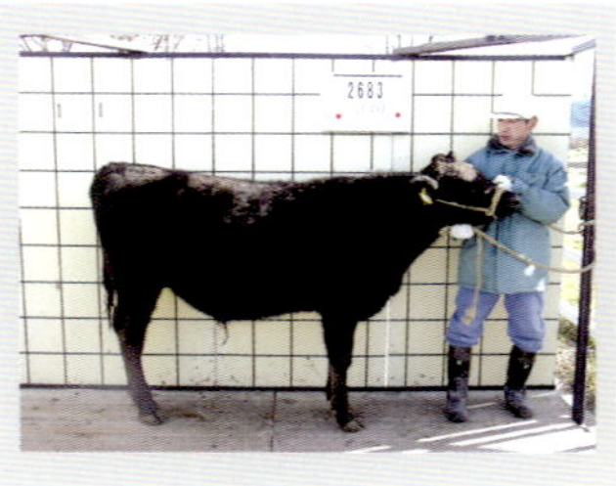

▲肥育《ひいく》を開始したときの牛。生後約9か月、体重約280kg。

▲肥育《ひいく》が終わった牛。生後約30か月、体重約700kg。

④ 出荷

牛が目標の体重になったら出荷です。生産者団体《だんたい》から食肉センターに運び、屠殺《とさつ》します。

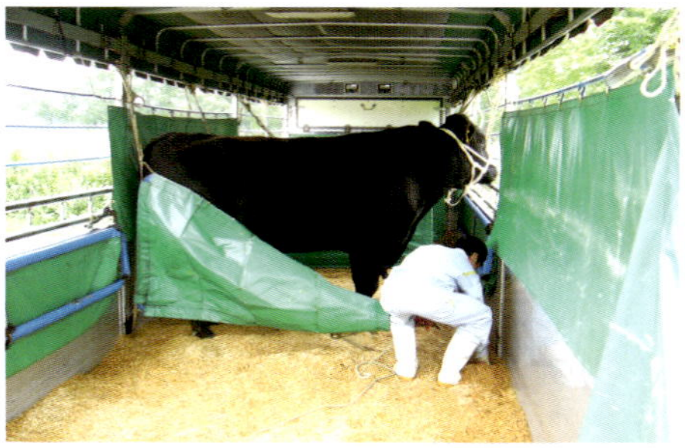

◀肥育《ひいく》が終わり、トラックにのせられ出荷される。体に傷《きず》がつかないよう大切に運ばれる。

高級牛肉

工夫《くふう》をこらしたブランド牛《うし》

松阪牛《まつさかぎゅう》（三重《みえ》）、神戸牛《こうべぎゅう》（兵庫《ひょうご》）、近江牛《おうみぎゅう》（滋賀《しが》）、米沢牛《よねざわぎゅう》（山形《やまがた》）、前沢牛《まえさわぎゅう》（岩手《いわて》）など、産地名がつけられた高級な牛肉があります。これらの肉を生産する牛をブランド牛《うし》といいます。

ブランド牛《うし》はそれぞれの土地で独特《どくとく》の育て方をした特別の牛で、その肉は一般《いっぱん》の肉より高く売ることができます。全国各地に200種類以上あり、その多くは黒毛和種《くろげわしゅ》です。

生産者は美しい霜降《しもふ》り肉《にく》をつくろうと、すぐれた繁殖牛《はんしょくぎゅう》の産地から素牛《もとうし》を買い、飼料《しりょう》に気をつかいながら時間をかけて、ていねいに肥育《ひいく》します。

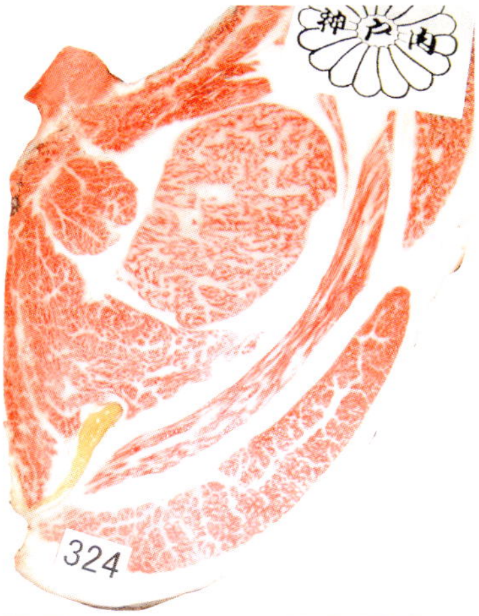

▶最高ランクの霜降《しもふ》り肉《にく》。赤身と脂肪《しぼう》がほどよく混《ま》ざり、赤身の肉に霜《しも》が降《お》りたように見えることから、霜降《しもふ》り肉《にく》とよばれる。

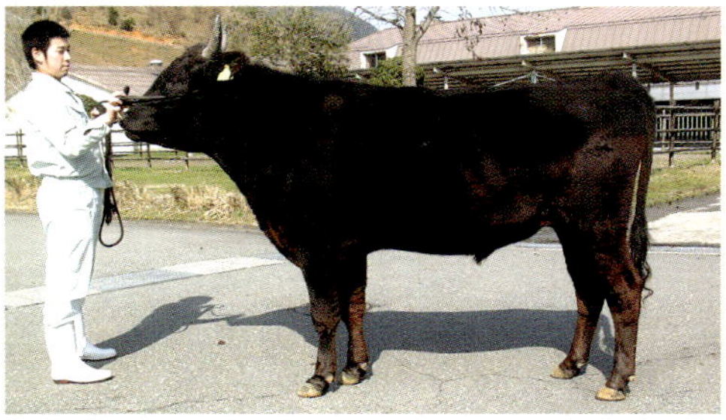

▲但馬牛《たじまうし》。兵庫《ひょうご》県北部の但馬《たじま》地方で古くから飼育《しいく》されている黒毛和種《くろげわしゅ》。肉質《にくしつ》のよさで知られ、各地に子牛を出荷している。松阪牛《まつさかうし》、神戸牛《こうべうし》などは、但馬牛《たじまうし》をそれぞれの土地で肥育《ひいく》したもの。

▲大会で1位となった松阪牛《まつさかうし》で、2006万円の値《ね》がついた。三重《みえ》県の松阪《まつさか》市を中心に飼育《しいく》されている和牛で、最高級の牛肉のひとつ。黒毛和種《くろげわしゅ》のメスの子牛を2〜3年かけて、特別な方法で肥育《ひいく》する。

牛肉のおもな部位

ステーキや焼き肉、ハンバーグなど私たちはたくさんの牛肉を食べています。牛の体のどの部分を食べているのか見てみましょう。

1 ネック

かたい肉で煮込《にこ》みやひき肉やスープに。

2 肩《かた》ロース

筋《すじ》が多いが、脂肪分《しぼうぶん》が適度《てきど》にある。焼き肉やすき焼き、ひき肉に。

3 肩《かた》

ややかたいが、うま味成分が豊富《ほうふ》。煮込《にこ》み料理《りょうり》やスープをとる。

4 リブロース

霜降《しもふ》りになりやすくおいしい。ステーキやローストビーフに。

5 サーロイン

最高の肉質《にくしつ》でステーキに。

6 ヒレ

やわらかく、脂肪《しぼう》が少ない赤身。ビーフカツやステーキに。

7 らんぷ

やわらかい赤身。タタキやステーキに。

8 うちもも

赤身のかたまりでやわらかい。焼き肉やビーフカツに。

9 そともも

足のつけ根。焼き肉やハムに。

10 ばら

あばらの肉。赤身と脂肪《しぼう》が層《そう》になっていて、かための肉質《にくしつ》。すき焼き、牛丼《ぎゅうどん》などに。

11 すね

かたい肉で煮込《にこ》みやスープに。

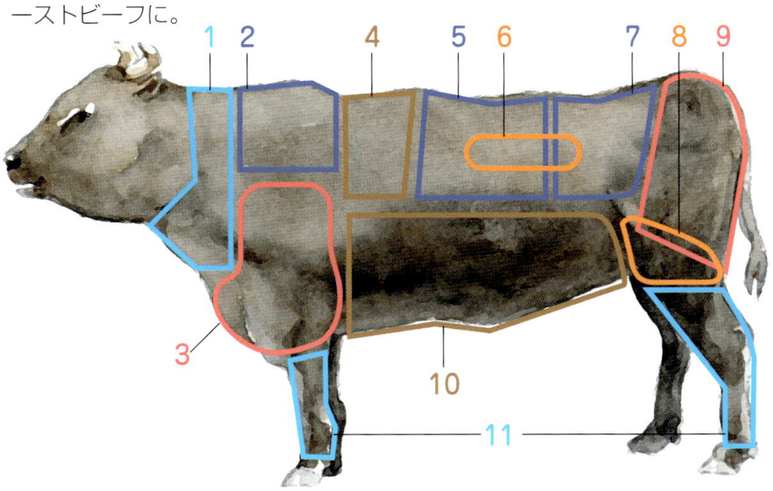

豚《ぶた》の飼《し》育《いく》

豚肉《ぶたにく》は日本人にもっとも人気がある肉です。
豚《ぶた》はとてもデリケートな動物のため、養豚農家《ようとんのうか》は飼育《しいく》にさまざまな工夫《くふう》をしています。
豚《ぶた》がどのように飼育《しいく》されているのか、そのようすを見てみましょう。

日本の養豚業《ようとんぎょう》

豚肉《ぶたにく》は、日本人が一番多く食べている肉で、ハムやソーセージなどにも加工されています。

現在《げんざい》、飼育頭数《しいくとうすう》がもっとも多い県は、江戸《えど》時代から豚《ぶた》の飼育《しいく》がさかんだった鹿児島《かごしま》県で、ほかに、宮崎《みやざき》県、茨城《いばらき》県、群馬《ぐんま》県などが産地として知られています。1970年ごろまでは、農家の庭先で残飯をえさに、2～3頭を飼《か》うというのがふつうでしたが、現在《げんざい》、養豚農家《ようとんのうか》の30%近くが1戸あたり1000頭以上を飼育《しいく》しています。

日本では、肉づきがよいデュロック種やハンプシャー種、たくさん子豚《こぶた》を産むランドレース種や大ヨークシャー種、黒豚《くろぶた》として知られるバークシャー種などの品種が飼育《しいく》されています。

しかし、これら純粋種《じゅんすいしゅ》の豚肉《ぶたにく》が出回ることは少なく、一般《いっぱん》にはこれらの品種を交配《こうはい》した交雑種《こうざつしゅ》が飼育《しいく》されており、品種や血統《けっとう》をどのように組み合わせるかが、おいしい肉をつくるポイントになります。

▲人気が高い黒豚《くろぶた》、バークシャー種。出荷までの期間は長いが、肉質《にくしつ》がすぐれている。

豚《ぶた》の一生

繁殖用《はんしょくよう》と肉用の豚《ぶた》では飼育《しいく》の方法がちがいます。繁殖用《はんしょくよう》の豚《ぶた》は8か月ほどで自然交配《こうはい》させ、子どもを出産させます。その後も1年に2回ほどくり返し出産させます。肥育期間《ひいくきかん》や出産間隔《かんかく》が短いのが特徴《とくちょう》です。肉用の豚《ぶた》は最大の体重まで成長させず、肉質《にくしつ》がよくなる生後6～7か月で出荷します。

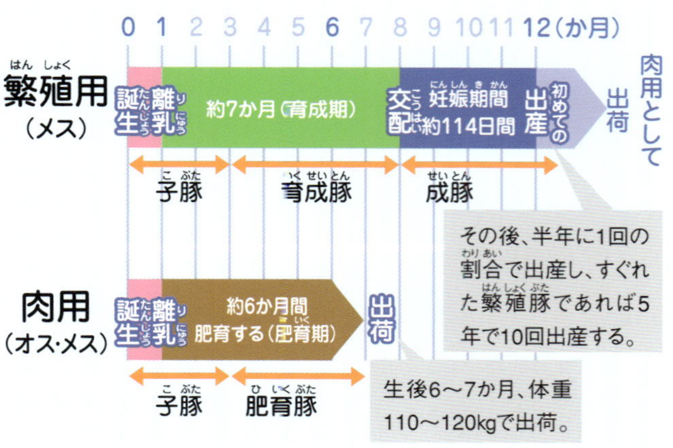

豚肉《ぶたにく》のおもな部位

1 肩《かた》

ややかための肉質《にくしつ》。

2 肩《かた》ロース

赤身のなかに脂肪《しぼう》が混《ま》ざり、やや脂肪《しぼう》が多い。

3 ロース

脂肪《しぼう》と赤身のバランスがよく、やわらかい。

4 ヒレ

脂肪《しぼう》が少なくもっとも高級な部位。トンカツに。

5 ばら

濃厚《のうこう》な味。焼《や》き豚《ぶた》や肉じゃがなどに。ベーコンにも加工される。

6 もも

赤身で脂肪《しぼう》が少ない。

7 そともも

あっさりとした味。煮込《にこ》みなどに。

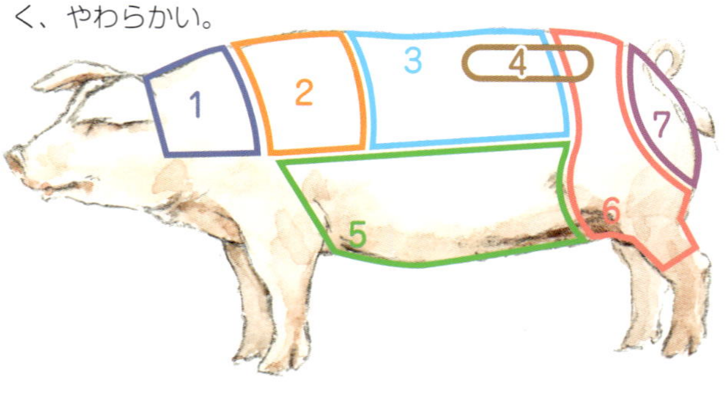

デリケートな豚《ぶた》の飼育《しいく》

豚《ぶた》は雑食性《ざっしょくせい》で、穀類《こくるい》やいもなどの植物性飼料《しょくぶつせいしりょう》、魚粉や肉粉などの動物性飼料《どうぶつせいしりょう》のどちらも食べます。日本ではとうもろこしなどを中心とした配合飼料《はいごうしりょう》を食べさせるのが一般的《いっぱんてき》です。

豚《ぶた》はとてもデリケートな動物で、豚舎《とんしゃ》がきたなかったり、せまかったりすると、強いストレスを感じて病気にかかりやすくなります。そのため、養豚農《ようとんのう》家《か》は、快適《かいてき》で清潔《せいけつ》な飼育《しいく》のできる環境《かんきょう》づくりに力を入れています。

1946（昭和《しょうわ》21）年から養豚業《ようとんぎょう》をはじめ、たくさんの豚《ぶた》を牧場で飼育《しいく》している畜産会社《ちくさんがいしゃ》の埼玉種畜牧場《さいたましゅちくぼくじょう》での飼育《しいく》のようすを見てみましょう。

●誕生《たんじょう》～離乳《りにゅう》

豚《ぶた》は一度の出産で平均《へいきん》10頭前後の子豚《こぶた》を産みます。子《こ》豚《ぶた》に病気をふせぐ免疫抗体《めんえきこうたい》をふくむ初乳《しょにゅう》を飲ませ、生後1～2週間は保温設備《ほおんせつび》のある場所で飼育《しいく》します。生後2～3週間ほどしたところで、人工乳《じんこうにゅう》をあたえ離乳《りにゅう》の準備《じゅんび》をします。肉用として飼育《しいく》するオス豚《ぶた》は離乳前《りにゅうまえ》に去勢《きょせい》（131ページ参照）します。

生後3～4週間ごろ母豚《ははぶた》と別れる離乳《りにゅう》をさせます。離乳《りにゅう》後《ご》はじょじょに人工乳《じんこうにゅう》から子豚《こぶた》用の配合飼料《はいごうしりょう》になれさせていきます。

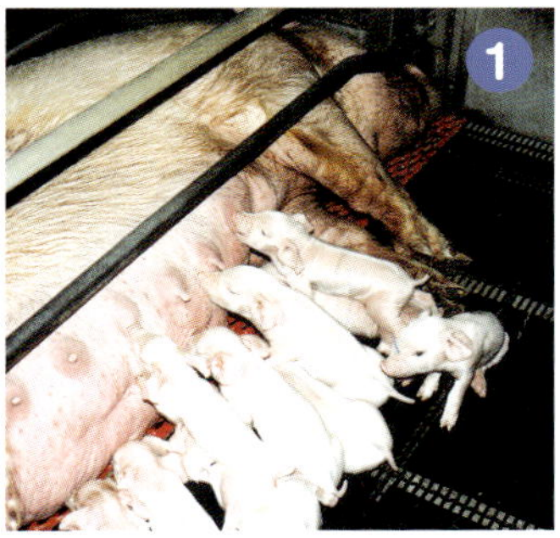

◀母豚《ははぶた》の初乳《しょにゅう》を飲む生後2～3日の子豚《こぶた》たち。母豚《ははぶた》につぶされたり、母乳《ぼにゅう》を吸《す》う力が弱いなど、この時期もっとも死亡《しぼう》しやすい。

▶子豚《こぶた》に粉状《こなじょう》の人工乳《じんこうにゅう》をあたえ、離乳《りにゅう》の準備《じゅんび》をする。

▲子豚《こぶた》は専用《せんよう》の豚舎《とんしゃ》で育てられる。床《ゆか》はすのこ式になっていて、糞尿《ふんにょう》はすきまから下に落ちる。

▼子豚《こぶた》が尾《お》をたがいにかみ合い、傷口《きずぐち》から細菌《さいきん》に感染《かんせん》することがあるので、生後2～3日で尾《お》を切る。犬歯も母豚《ははぶた》の乳《にゅう》頭《とう》を傷《きず》つけないよう切られる。

●肥育期《ひいくき》～出荷

生後3か月を過《す》ぎると、本格的《ほんかくてき》に太らせるためとうもろこしや大豆《だいず》かす、大麦などの配合飼料《はいごうしりょう》をあたえます。

飼料《しりょう》の原料やその割合《わりあい》によって、成長は早いけれど肉質《にくしつ》が悪くなったり、成長は遅《おそ》くても肉質《にくしつ》がよくなったりします。豚肉《ぶたにく》の品質《ひんしつ》は、肥育《ひいく》期間やえさによって、大きくことなります。

生後約6～7か月、約110～120kgになったところで出荷します。

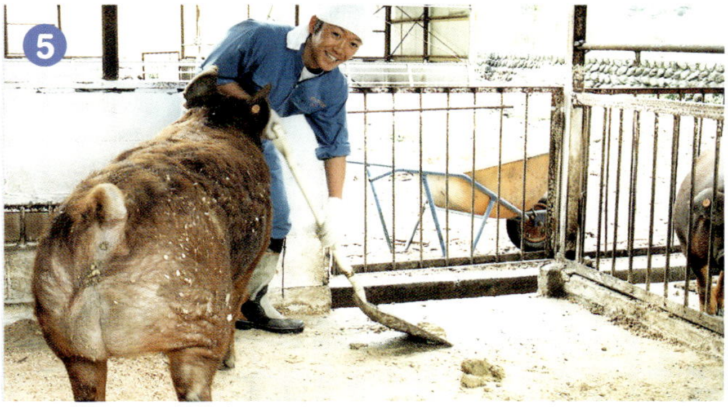

▲肥育期《ひいくき》になると子豚《こぶた》用の豚舎《とんしゃ》を出て、外が見える開放式豚舎《かいほうしきとんしゃ》に移《うつ》される。

▲繁殖《はんしょく》用の豚《ぶた》は体づくりのため、運動場を自由に走り回らせたり、どろ浴びをさせる。どろ浴びをして、体を冷やしたり、体についた寄生虫《きせいちゅう》を落としたりする。

◀出荷される豚《ぶた》。出荷にあたって、体重の測定《そくてい》、耳刻《じこく》（識別《しきべつ》のために切った耳の切れ目）の確認《かくにん》をする。

ブロイラーの飼《し》育《いく》

鳥肉や卵《たまご》を生産する鶏《にわとり》の飼《し》育《いく》は
畜産業《ちくさんぎょう》のなかで、もっとも効率化《こうりつか》が進んでいます。
鳥肉の生産にはブロイラーとよばれる若鶏《わかどり》が利用されています。

肉のためのブロイラー

昔、日本の農家は庭先で鶏《にわとり》を飼《か》い、自分たちの食べる鳥肉や卵《たまご》を手に入れていました。鳥肉や卵《たまご》が店で大量に売られることはなく、多くの人が日常的《にちじょうてき》に食べることはありませんでした。

一般《いっぱん》の人が鳥肉を食べるようになったのはアジア・太平洋戦争《たいへいようせんそう》後のことで、1950年代に食肉用のブロイラーがアメリカから導入《どうにゅう》され、大規模《だいきぼ》な鶏《にわとり》の飼《し》育《いく》がはじまりました。

ブロイラーとは品種ではなく、7～8週の短い飼《し》育《いく》期間で出荷する食肉専用《せんよう》の若鶏《わかどり》のことをまとめていいます。早く成長し、少量の飼料《しりょう》で太ることを目的に改良された鶏《にわとり》です。

一般《いっぱん》に約50日間飼育《しいく》され、体重が2.7kg前後になったところで出荷されます。出荷までに必要な飼《し》料《りょう》の量は体重の約2倍で、肉牛の約8倍とくらべると効率《こうりつ》がよく、少量のえさですみます。飼料効率《しりょうこうりつ》は家畜《かちく》のなかでもっともすぐれています。

私たちが食べている鳥肉は輸入品《ゆにゅうひん》をふくめ、その大部分はブロイラーです。現在《げんざい》、国内で流通している鳥肉の90%以上をしめており、そのほかは地鶏《じどり》などとなっています。

最大のブロイラーの産地は、昔から畜産業《ちくさんぎょう》がさかんだった鹿児島《かごしま》県や宮崎《みやざき》県です。そのほかに岩手《いわて》県、

▶ブロイラー。白色コーニッシュ種と白色プリマスロック種を交配・改良してつくられることが多い。

ブロイラーの一生

オス・メスともにふ化《か》してから、出荷体重になるまでえさをあたえられ、約50日間という短い一生を終えます。

鳥肉のおもな部位

1 むね肉

脂肪《しぼう》が少なくあっさりとした味。チキンカツ、煮物《にもの》、炒《いた》め物《もの》などに。

2 ささみ

脂肪《しぼう》が少なくやわらかい。サラダなどに。

3 かわ

脂肪《しぼう》が多い。さっとゆでて冷水で脂《あぶら》を落とし、調理する。からあげや網焼《あみや》きなどに。

4 手羽《てば》

脂肪《しぼう》が多く味が濃《こ》い。塩焼きやからあげ、煮物《にもの》などに。

5 もも肉

脂肪《しぼう》が多く味が濃《こ》い。照り焼き、からあげ、焼き鳥などに。

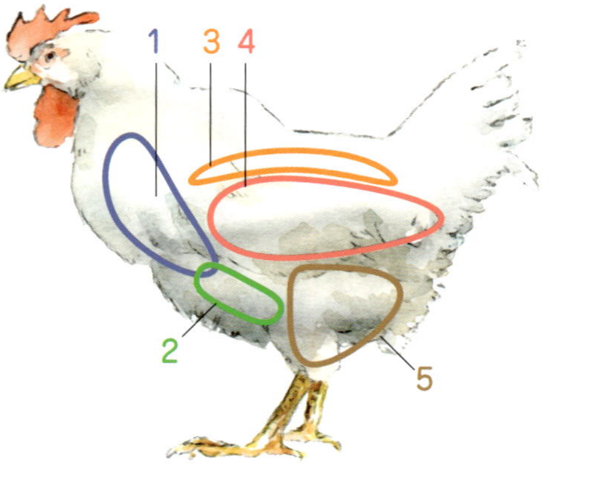

青森県《あおもり》、徳島県《とくしま》、熊本県《くまもと》、兵庫県《ひょうご》、佐賀県《さが》などがあげられます。

2006（平成《へいせい》18）年のブロイラー飼育農家《しいくのうか》の戸数は約2600戸で、１戸あたりの平均飼育羽数《へいきんしいくはすう》は４万羽を超《こ》えています。なかには100万羽以上を飼育《しいく》している養鶏場《ようけいじょう》もあります。

ブロイラーは飼育期間《しいくきかん》が短く管理もしやすいことから、企業《きぎょう》などが参入し、大規模《だいきぼ》な養鶏場《ようけいじょう》で大量生産するかたちが増《ふ》えています。

●ブロイラーの飼育《しいく》

鹿児島《かごしま》県のマルイ農協では、飼料《しりょう》の製造《せいぞう》からひなの生産、ブロイラーの飼育《しいく》、解体《かいたい》、加工、販売《はんばい》までのすべてをおこなっています。

まず、種鶏場《しゅけいじょう》とよばれる場所で親鳥を交配して種卵《しゅらん》を生産します。種卵《しゅらん》はふ卵場《らんじょう》という施設《しせつ》でふ化《か》させます。約21日間でふ化《か》し、大きな装置《そうち》では１日に数万羽が卵《たまご》からかえります。

ふ化《か》したひなは、マルイ農協の組合員である農家の鶏舎《けいしゃ》に移《うつ》します。鶏舎《けいしゃ》では、ひなを早く育てるため、温度や換気《かんき》を成長に最適《さいてき》な状態《じょうたい》に設定《せってい》しています。

鶏舎《けいしゃ》で約50日間育て、目標の体重になったところでいっせいに出荷します。出荷されたブロイラーは食鳥処理場《しょくちょうしょりじょう》で解体《かいたい》され、もも肉やむね肉などの製品《せいひん》になります。

人気の地鶏《じどり》

ブロイラーとくらべると値段《ねだん》は高いですが、肉質《にくしつ》がよくおいしいということで、地鶏《じどり》が人気となっています。

地鶏《じどり》とは、明治《めいじ》時代までに日本に定着した在来種《ざいらいしゅ》の鶏《にわとり》で、秋田《あきた》県の比内鶏《ひないどり》、鹿児島《かごしま》県の薩摩鶏《さつまどり》、名古屋種《なごやしゅ》、烏骨鶏《うこっけい》、軍鶏《しゃも》などをもとにして改良された鶏《にわとり》のことをさします。全国各地で、さまざまな地鶏《じどり》や銘柄鶏《めいがらどり》がつくられ、売り出されています。

地鶏《じどり》はブロイラーと飼育方法《しいくほうほう》がことなります。「ふ化《か》から80日以上飼育《しいく》していること」「自由に動き回れる平飼《ひらが》いで飼育《しいく》されていること」「在来種《ざいらいしゅ》の血が2分の1以上入っていること」などが、JAS《ジャス》規格《きかく》によって定められています。

放《はな》し飼《が》いに近い状態《じょうたい》でゆっくり育てることで、脂肪分《しぼうぶん》が少ないひきしまった肉質《にくしつ》になります。

▲比内鶏《ひないどり》をもとにつくられた比内地鶏《ひないじどり》。おいしい地鶏《じどり》として有名で、名古屋《なごや》コーチン、薩摩鶏《さつまどり》とともに日本三大《にほんさんだい》美味鶏《びみどり》といわれる。クローバーの牧草地で放《はな》し飼《が》いにされ、約160日間飼育《しいく》され出荷される（秋田《あきた》県大館《おおだて》市）。

▲ふ卵場《らんじょう》から運ばれてきたひな。病気予防《びょうきよぼう》のため、ひなのときにワクチンを接種《せっしゅ》する。

◀鶏舎《けいしゃ》には室内の環境《かんきょう》を自動的にコントロールして飼育《しいく》するウィンドレス鶏舎《けいしゃ》とよばれるものもある。害獣《がいじゅう》や野鳥の侵入《しんにゅう》をふせぐメリットもある。

▲給餌器《きゅうじき》や給水器が設置《せっち》された床《ゆか》の上にはなされ、出荷体重になるまでえさをあたえる。

▼ウィンドレス鶏舎《けいしゃ》の内部。出荷直前の状態《じょうたい》。

採《さい》卵《らん》鶏《けい》の飼《し》育《いく》

卵《たまご》の生産には、卵《たまご》をたくさん産むように改良された採卵鶏《さいらんけい》を利用しています。私たち消費者に新鮮《しんせん》で安全な卵《たまご》を毎日提供《ていきょう》するため、たいへん効率的《こうりつてき》な生産システムがつくられています。

工場生産される卵《たまご》

鶏卵《けいらん》はおもに卵《たまご》をたくさん産むように改良された白色レグホーン種を飼育《しいく》して生産します。白色レグホーン種の産卵能力《さんらんのうりょく》はすぐれており、毎日１個《こ》、年間280個《こ》以上の卵《たまご》を産みます。また、卵《たまご》を抱《だ》かないようにも改良されています。

飼育方法《しいくほうほう》にはケージ飼《が》いと平飼《ひらが》いの２つがあります。ケージ飼《が》いは金網《かなあみ》のケージに１～４羽ずつ入れて飼育《しいく》します。鶏舎《けいしゃ》は、病原菌《びょうげんきん》を運んでくる野鳥などの侵入《しんにゅう》をふせぎ、１年を通して生育環境《かんきょう》をコントロールできるウィンドレス鶏舎《けいしゃ》が主流になっています。

平飼《ひらが》いは鶏舎内《けいしゃない》や野外の柵《さく》の中で自由に動き回らせて飼《か》う方法です。ケージ飼《が》いにくらべて手間がかかることや、外の環境《かんきょう》に左右されやすいことから、大量生産には向いていません。

最大の産地は大消費地に近い東京近郊《とうきょうきんこう》の千葉《ちば》県で、ほかに愛知《あいち》県、鹿児島《かごしま》県、広島《ひろしま》県、茨城《いばらき》県でも多く生産されています。

鳥肉のような加工処理《かこうしょり》がないので、検査《けんさ》や包装《ほうそう》も養鶏場《ようけいじょう》でおこなうことが増《ふ》え、生産から出荷までの流れが効率化《こうりつか》されています。

かつて卵《たまご》は生産量がかぎられ、たいへん高価《こうか》な食材でしたが、生産の効率化《こうりつか》をはかる努力の結果、卵《たまご》の価格《かかく》は上昇《じょうしょう》することなく、60年以上にわたり、ほとんど変わっていません。安いだけでなく最近では、えさにビタミンなどを混《ま》ぜてつくった「機能性強化卵《きのうせいきょうかられん》」など、新しい特徴《とくちょう》をもった卵《たまご》が登場しています。

▲さまざまな特徴《とくちょう》をもった卵《たまご》。ミネラルやビタミン、DHA《ディーエイチエー》（魚にふくまれる油脂《ゆし》成分で体によいといわれる）など、健康によい成分がふくまれている。えさにこれらの成分を混《ま》ぜてつくる。

採卵鶏《さいらんけい》の一生

メスは、ふ化《か》後約150日目から卵《たまご》を産みはじめます。ケージ飼《が》いでは、卵《たまご》を効率的《こうりつてき》に産める期間は約400日で、産卵数《さんらんすう》が少なくなったところで、鶏《にわとり》はいっせいに入《い》れ替《か》えられます。役目を終えた鶏《にわとり》はソーセージなどの食品に加工されたり、ペットフードの原料になります。オスは、ふ化《か》後すぐに処分《しょぶん》されます。

衛生《えいせい》管理が徹底《てってい》された卵《たまご》の生産

大都市の消費地へ新鮮《しんせん》な卵《たまご》を毎日出荷しているイセ食品では、飼育《しいく》から採卵《さいらん》、出荷まで、すべて一貫《いっかん》生産しています。

自社の種鶏場《しゅけいじょう》から運ばれてきた卵《たまご》を、ふ卵場《らんじょう》でふ化《か》させ、メスのひなを鶏舎《けいしゃ》で大切に育て、卵《たまご》を産ませます。飼料《しりょう》をあたえる装置《そうち》、卵《たまご》を集めるベルトコンベアー、糞《ふん》の取りだし装置《そうち》など、すべての作業が機械によって自動的におこなわれています。

卵《たまご》は農場に隣接《りんせつ》した選別包装工場《せんべつほうそうこうじょう》に集められ、さまざまな検査《けんさ》を受けたあと、パックにつめられ出荷されます。

卵《たまご》は食中毒を引き起こすサルモネラ菌《きん》に汚染《おせん》されやすく、そのため、イセ食品ではすべての段階《だんかい》で、検査《けんさ》を徹底《てってい》し、病原菌《びょうげんきん》に感染《かんせん》しないシステムをつくっています。

個人の養鶏農家《ようけいのうか》の場合、卵《たまご》は農協などが経営《けいえい》する選別包装工場《せんべつほうそうこうじょう》へ送られ、洗浄《せんじょう》、殺菌《さっきん》、品質検査《ひんしつけんさ》などをおこない出荷します。

◀卵《たまご》の親の親にあたる種鶏《しゅけい》が飼《か》われている種鶏場《しゅけいじょう》。親から細菌《さいきん》などを引《ひ》き継《つ》がないよう、この段階《だんかい》から衛生《えいせい》管理と健康管理を徹底《てってい》している。

▼ふ卵場《らんじょう》の人工ふ化《か》器でふ化《か》したひな。細菌《さいきん》に対する抵抗力《ていこうりょく》をつけるため、誕生後《たんじょうご》すぐにワクチンが接種《せっしゅ》される。

▶初生《しょせい》ひな鑑別師《かんべつし》がオスとメスを見分ける。メスは飼《し》育《いく》のため鶏舎《けいしゃ》に移《うつ》される。

▲鶏舎《けいしゃ》の内部。ケージが何段《なんだん》も積み重ねられ、ひとつの鶏舎《けいしゃ》で数十万羽が飼育《しいく》されている。卵《たまご》を産むのに最適《さいてき》な環境《かんきょう》に管理されている。

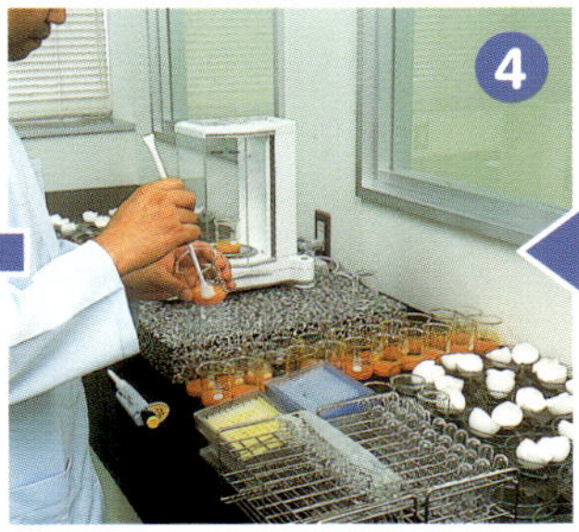

▼卵《たまご》の品質《ひんしつ》や、鶏《にわとり》が細菌《さいきん》に感《かん》染《せん》していないかなど、さまざまな検査《けんさ》がおこなわれる。

▲卵《たまご》は自動集卵装置《じどうしゅうらんそううち》で集められ、鶏《けい》舎《しゃ》とつながる選別包装工場《せんべつほうそうこうじょう》へベルトコンベアーで運ばれる。

◀工場でひび割《わ》れなどの検査《けんさ》、殺菌《さっきん》などをおこなったあと、パックにつめられ出荷される。

肉の流通

生産者から消費者のもとへ安全でおいしい肉をとどけるために、牛や豚《ぶた》を解体する屠畜場《とちくじょう》や食肉センターでの検査をはじめ、生産や流通にかかわる人たちはさまざまな努力をしています。

変化する流通

肉の流通は、野菜やくだものとは大きくちがいます。野菜は収穫後《しゅうかくご》そのままの形で卸売《おろしうり》市場や小売店に運ばれますが、牛や豚《ぶた》は生きたまま流通することはありません。必ず国や自治体に認可《にんか》された屠畜場《とちくじょう》や食肉センターで屠殺《とさつ》され、皮や内臓《ないぞう》などをのぞいた枝肉《えだにく》（大きな肉のかたまり）に解体《かいたい》され、卸売《おろしうり》市場や専門業者《せんもんぎょうしゃ》に運ばれます。

肉類は、野菜やくだものにくらべ、運ばれるとちゅうで腐《くさ》ったり、食中毒菌《しょくちゅうどくきん》に汚染《おせん》されやすいことから、国や自治体が食肉センターや屠畜場《とちくじょう》で検査《けんさ》をおこなって安全性《あんぜんせい》を管理しています。

最近は、効率的《こうりつてき》な生産と流通を目的に、商社などの企業《きぎょう》が中心となって、巨大《きょだい》な直営農場《ちょくえいのうじょう》をつくったり、各農家と契約《けいやく》したりして、生産、屠畜《とちく》、解体《かいたい》、加工、販売《はんばい》までのすべての工程《こうてい》を1社でおこなう形態《けいたい》が増《ふ》えています。この形態《けいたい》は、大規模化《だいきぼか》が進んだ養鶏《ようけい》からはじまり豚《ぶた》や牛へと広がっています。

また、安全性《あんぜんせい》や肉質《にくしつ》にこだわった肉を生産している会社が、自社で加工したものを直売店やインターネットで販売《はんばい》する形態《けいたい》も増《ふ》えています。

牛肉、豚肉《ぶたにく》がとどくまで

生産者から生きたまま運ばれた家畜《かちく》は、屠畜場《とちくじょう》や食肉センターなどで屠殺《とさつ》され、枝肉《えだにく》に解体《かいたい》されます。枝肉《えだにく》は、卸売《おろしうり》市場や専門業者《せんもんぎょうしゃ》に運ばれ、部分肉に分けられ、さらに処理《しょり》されて精肉《せいにく》となり、消費者にとどけられます。

家畜《かちく》からは枝肉《えだにく》ばかりでなく、内臓《ないぞう》などの副産物が得られます。副産物はいたみが早く、長く保存《ほぞん》できないので、生産地の周辺地域《ちいき》での流通が主となり、焼き肉屋や焼き鳥屋などで利用されます。

牛肉も豚肉《ぶたにく》もほとんど同じ流通形態《けいたい》ですが、鳥肉は少しちがいます。体が小さく処理《しょり》に手間がかからないため、専門《せんもん》の食鳥処理場《しょくちょうしょりじょう》で解体《かいたい》され、肉と内臓《ないぞう》が同じルートで流通します。ブロイラーの飼育《しいく》は企業《きぎょう》が多く参入しており、自社で解体《かいたい》し出荷する形態《けいたい》が増《ふ》えています。

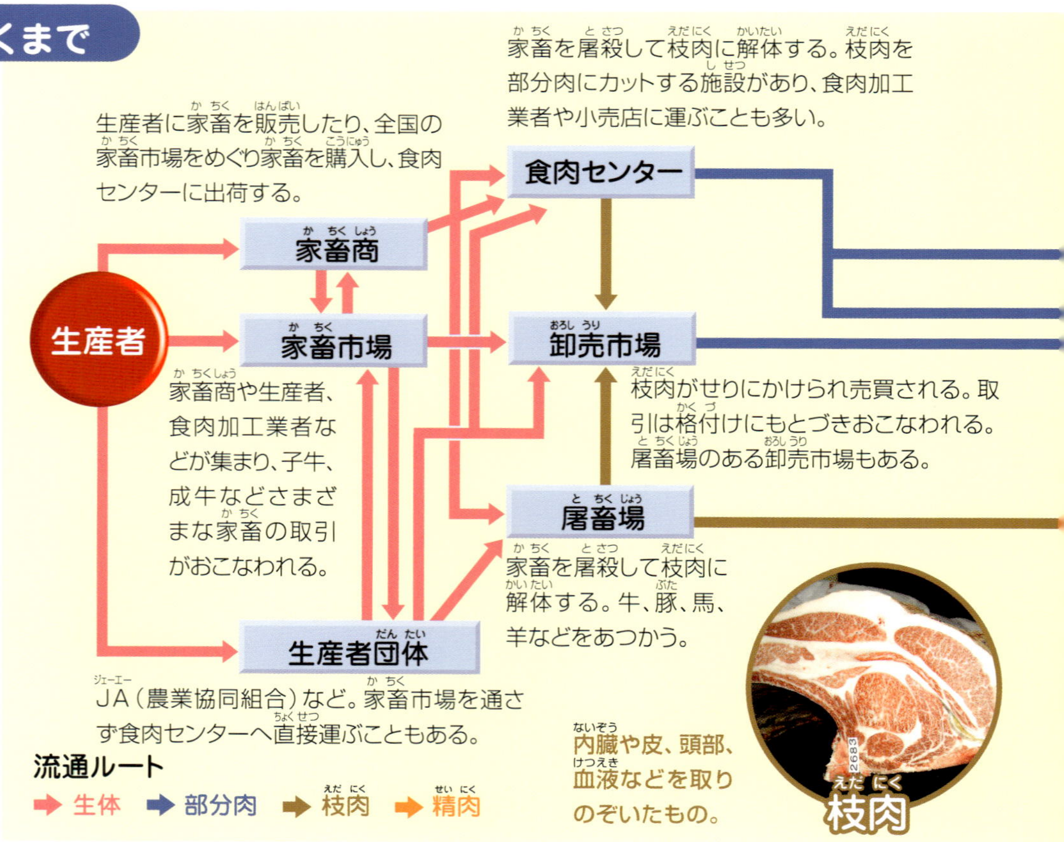

肉の安全を守る

屠畜場《とちくじょう》、食肉センターのしくみ

病気にかかった家畜《かちく》の肉が出回らないようにするために、屠畜《とちく》場《じょう》や食肉センターでは出荷された家畜《かちく》に対し、生体《せいたい》の状態、解体《かいたい》前《まえ》、解体後《かいたいご》の3段階《だんかい》にわたって検査《けんさ》をおこないます。

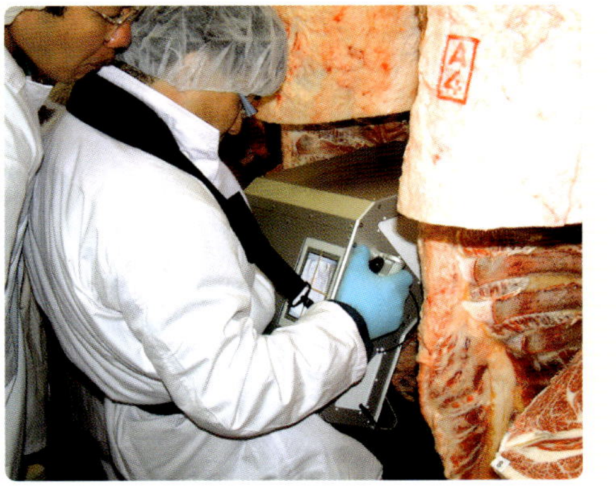

▶枝肉検査《えだにくけんさ》のようす。

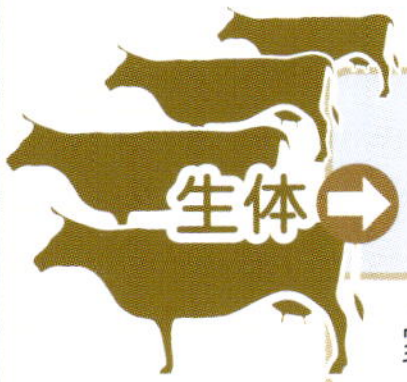

生体検査《せいたいけんさ》

家畜《かちく》のようすを目で見たり触《さわ》ったりして診察《しんさつ》する。病気の疑《うたが》いがある家畜《かちく》は精密《せいみつ》検査《けんさ》をおこない、病気が見つかった場合は屠殺《とさつ》を中止する。

解体前検査《かいたいまえけんさ》

生体検査《せいたいけんさ》に合格《ごうかく》した家畜《かちく》は失神させ、屠《と》殺《さつ》し、血をぬく。そのとき、血液《けつえき》の状態《じょうたい》を観察《かんさつ》するなどして、異常《いじょう》があった場合は解体《かいたい》を中止する。

解体後検査《かいたいごけんさ》

解体後《かいたいご》、頭部、内臓《ないぞう》、枝肉《えだにく》を再《ふたた》び目で見たり触《さわ》ったりしてチェックする。牛ではこの時点で＊BSE《ビーエスイー》（149ページ参照）検査《けんさ》をおこなう。

合格《ごうかく》した肉には検《けん》印《いん》がおされ、食用に適《てき》さないと判断《はんだん》されたものは廃棄《はいき》処分《しょぶん》される。

＊BSE検査《けんさ》　BSE（牛海《うしかい》綿状脳症《めんじょうのうしょう》）にかかった牛を見つけるための検査《けんさ》。検査《けんさ》後、危険《きけん》な部位は取りのぞかれ焼却《しょうきゃく》される。

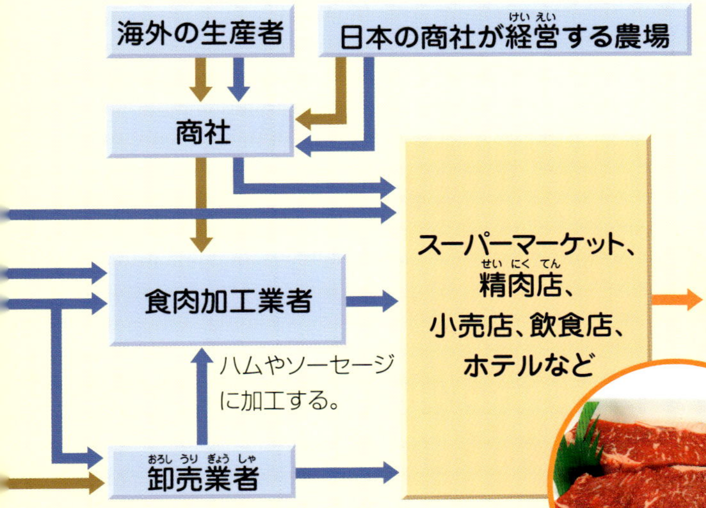

精肉《せいにく》

部分肉を消費者の用途《ようと》に合わせて、厚切《あつぎ》りや薄切《うすぎ》り、ひき肉などにしたもの。スーパーマーケットなどで売られている肉の形態《けいたい》。

部分肉

枝肉《えだにく》を各部位に分割《ぶんかつ》し、骨《ほね》とよぶんな脂《し》肪《ぼう》などを取りのぞいたもの。

肉の格付《かくづ》け

取引の目安にするため、枝肉《えだにく》は定められた規《き》格《かく》によって格付《かくづ》けされます。

牛肉は「歩留《ぶど》まり」と「肉質《にくしつ》」というふたつの等級を組み合わせてあらわします。「歩留《ぶど》まり」等級は枝肉《えだにく》から骨《ほね》を取りのぞいたとき、どれくらい肉がとれるかを、A、B、Cの3等級であらわします。「肉質《にくしつ》」等級は、特定の部分を切り開き、その断面《だんめん》の肉の脂肪《しぼう》の混《ま》ざり具合、肉色、肉のしまり、脂肪《しぼう》の色や質《しつ》などを判断《はんだん》し、1～5等級までの5段階で評価《ひょうか》します。

豚肉《ぶたにく》は、重量、背脂肪《せしぼう》の厚《あつ》さ、外観、肉質《にくしつ》などをもとに5段階《だんかい》に格付《かくづ》けされます。

鳥肉には格付《かくづ》けはありません。いずれも、味の検査《けんさ》ではないので、必ず上の格付《かくづ》けがおいしいというわけではありません。

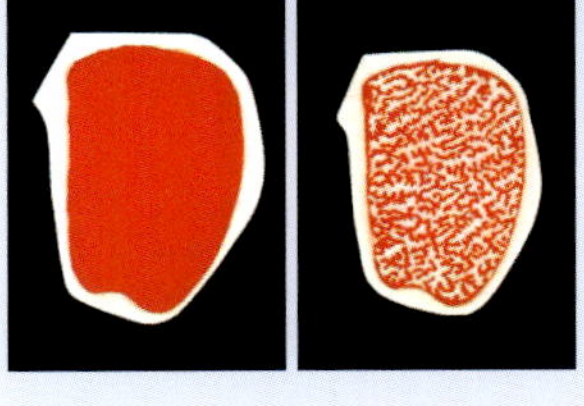

◀牛肉の脂肪《しぼう》の混《ま》ざり具合を判《はん》断《だん》するためのプレート。もっとも低い等級（左）と、もっとも高い等級（右）。

畜《ちく》産《さん》農《のう》家《か》のくらし

**効率的《こうりつてき》な生産をめざして畜産農家《ちくさんのうか》は大規模化《だいきぼか》しつづけてきました。
しかし、高齢化《こうれいか》が進《すす》むいっぽうで後継者《こうけいしゃ》は不足《ふそく》し、
また、飼料《しりょう》は外国にたよらざるを得ないなど、さまざまな問題が起きています。**

大規模化《だいきぼか》した畜産業《ちくさんぎょう》

明治《めいじ》時代に誕生《たんじょう》した日本の畜産業《ちくさんぎょう》が、本格的《ほんかくてき》に発《はっ》展《てん》したのはアジア・太平洋戦争《たいへいようせんそう》後の1950（昭和《しょうわ》25）年以降《いこう》のことです。

これは、戦後日本の経済《けいざい》が成長して生活が豊《ゆた》かになったこと、アメリカやヨーロッパの文化の影響《えいきょう》により食生活の洋風化がすすみ、肉、牛乳《ぎゅうにゅう》、卵《たまご》、チーズなどの消費量が増《ふ》えたからです。1970年代になると、毎日のように肉や乳製品《にゅうせいひん》を食べる生活が当たり前になりました。

畜産物《ちくさんぶつ》の需要量《じゅようりょう》が増《ふ》えていくにつれて、家畜《かちく》の飼《し》育頭数《いくとうすう》も増《ふ》えていきます。一方で、畜産農家《ちくさんのうか》の数は減《へ》りつづけます。これは、土地が都市化されていくのにともない、都市に近い畜産農家《ちくさんのうか》がやめていったためです。残った畜産農家《ちくさんのうか》は効率化《こうりつか》をすすめ、しだいに規模《きぼ》が大きくなっていき、1戸あたりの飼育頭数《しいくとうすう》が増《ふ》えていきます。

とくにブロイラーや採卵鶏《さいらんけい》は、大量飼育《たいりょうしいく》、大量流通が可能《かのう》なことから、飼料《しりょう》を生産する企業《きぎょう》などが経《けい》営《えい》する巨大《きょだい》な農場が増《ふ》えています。まだ一部ですが、牛や豚《ぶた》の畜産農家《ちくさんのうか》も家族経営《かぞくけいえい》から企業《きぎょう》による経営《けいえい》へと変化しはじめています。

しかし、畜産業《ちくさんぎょう》は生きた動物をあつかう産業ですので、工業のように効率化《こうりつか》するにもかぎりがあります。また、安い外国産畜産物《ちくさんぶつ》の輸入《ゆにゅう》が増《ふ》えたことによって、国内の全体生産量は減《へ》りつつあります。

日本の畜産業《ちくさんぎょう》は、輸入《ゆにゅう》にたよる飼料《しりょう》、畜産農家《ちくさんのうか》の高齢化《こうれいか》や後継者不足《こうけいしゃぶそく》など、さまざまな問題をかかえています。

牛の飼育頭数《しいくとうすう》と農家戸数の移《うつ》り変《か》わり

肉牛、乳牛《にゅうぎゅう》ともに農家の数は減《へ》りつづけている。最近は牛乳《ぎゅうにゅう》の消費量の減少《げんしょう》により乳牛《にゅうぎゅう》の飼育頭数《しいくとうすう》が減《へ》っている。

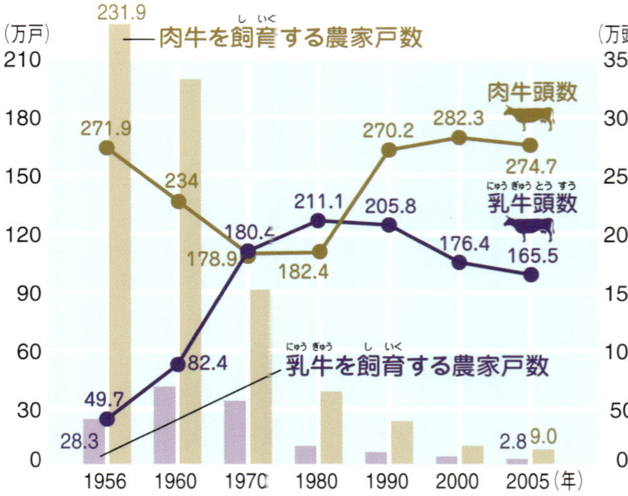

＊1956・1960年の肉牛の頭数には、農耕用の牛をふくむ。
資料：「畜産統計」『平成17年食肉便覧』(中央畜産会)より

畜産物《ちくさんぶつ》の生産量の移《うつ》り変《か》わり

1980年代までは、畜産物《ちくさんぶつ》全体の生産量が増《ふ》えつづけたが、その後はあまり増《ふ》えていない。

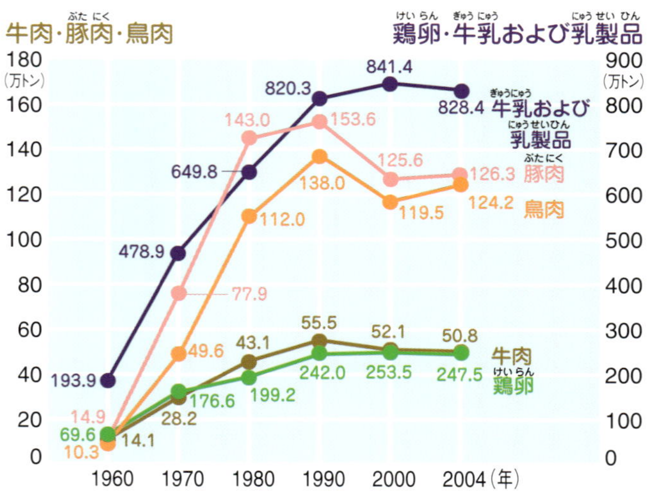

資料：「食料需給表」(農林水産省)より

畜産農家《ちくさんのうか》の経営《けいえい》

畜産業《ちくさんぎょう》への企業《きぎょう》の参入も増《ふ》えていますが、ここでは一般的《いっぱんてき》な畜産農家《ちくさんのうか》の経営《けいえい》について、酪農《らくのう》を例に考えてみます。

畑作や稲作農家《いなさくのうか》と大きくちがうのは、朝夕の乳《ちち》しぼりやえさやりなどがあるので、１日も仕事を休むことができないことです。最近では、代わりに牛の世話をする酪農《らくのう》ヘルパーという制度《せいど》がありますが、人件費《じんけんひ》がかかります。

飼料《しりょう》にかかる費用も高く、農家の大きな負担《ふたん》となっています。飼料《しりょう》の購入費《こうにゅうひ》を減《へ》らすため、耕作放棄《こうさくほうき》地《ち》などを利用して牧草を自給する努力も必要になっています。

また、生き物なので、高いお金をはらって購入《こうにゅう》した牛が病気になったり、死んでしまうなどの事故《じこ》も起きます。

このような理由から、個人《こじん》が新しく畜産農家《ちくさんのうか》になることはむずかしく、ほとんどが親の仕事を継《つ》ぐ家《か》族経営《ぞくけいえい》になっています。

生産にかかる費用

乳牛《にゅうぎゅう》　飼料費《しりょうひ》と労働費が生産費の大半をしめている。

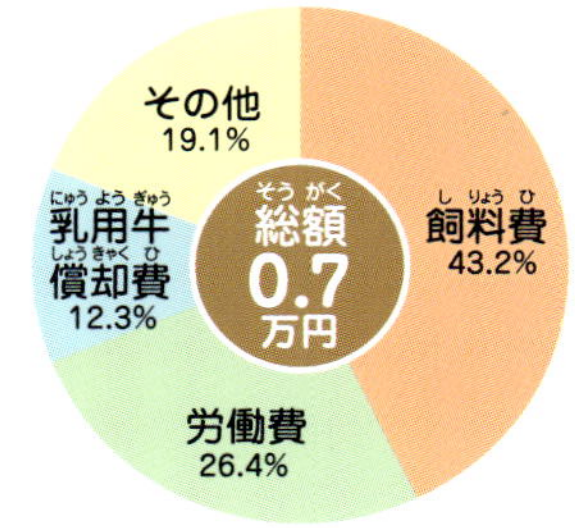

牛乳《ぎゅうにゅう》（生乳《せいにゅう》）
100ℓ あたりの生産費

＊労働費は、家族労働費と人を雇った費用の合計。飼料作物の生産や運搬などすべての労働をふくむ。
＊乳用牛償却費とは、牛の購入にかかった費用を廃牛になるまでの年数で割ったもの。
2005年の統計：「農業経営統計調査報告 畜産物生産費」『ポケット農林水産統計平成18年度版』（農林水産省）より

肉牛

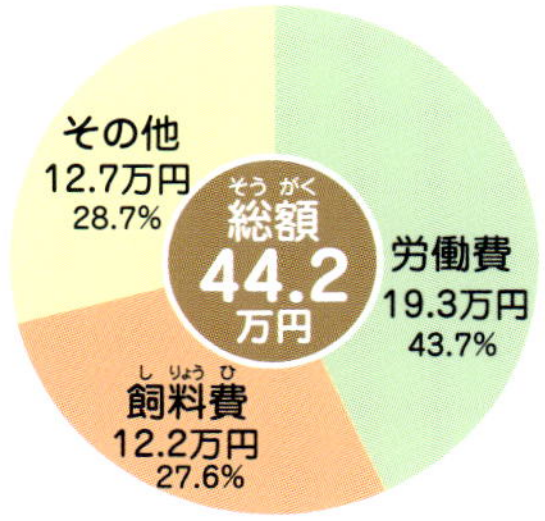

繁殖農家《はんしょくのうか》の
子牛１頭の生産費

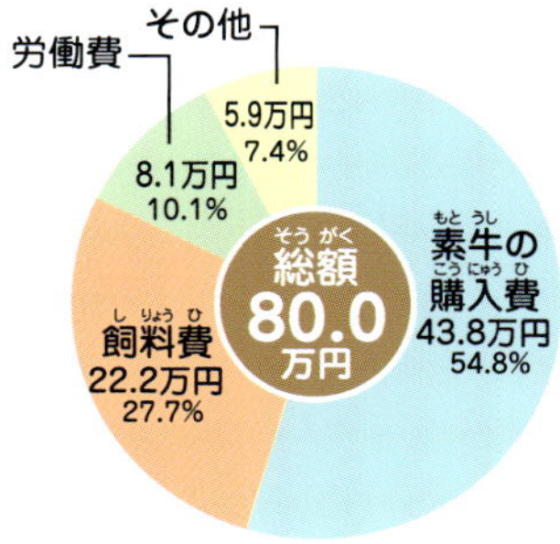

肥育農家《ひいくのうか》が
牛１頭を出荷するまでの生産費

畜産農家《ちくさんのうか》の工夫《くふう》

畜産農家《ちくさんのうか》が収入《しゅうにゅう》を増《ふ》やすためには、生産にかかる費用を減《へ》らし、生産量をあげ、高品質《こうひんしつ》の肉や牛乳《ぎゅうにゅう》を生産して販売価格《はんばいかかく》をあげる必要があります。

生産費では労働費と飼料費《しりょうひ》が多く、これらの経費《けいひ》を減《へ》らすためにさまざまな努力をしています。

作業の機械化がそのひとつで、子牛に乳《ちち》をあたえる自動哺乳機《ほにゅうき》、乳《ちち》をしぼる搾乳《さくにゅう》ロボット、自動の飼《し》料調製機《りょうちょうせいき》や自動給餌機《きゅうじき》など、多くの機械が登場しています。

酪農《らくのう》がさかんな北海道などでは、地域《ちいき》共同での機械利用が進められていますが、これらの機械は高価《こうか》で、小さい農家では購入《こうにゅう》がむずかしいという問題があります。

一方、高品質《こうひんしつ》の肉や牛乳《ぎゅうにゅう》の生産のために、特別《とくべつ》なえさをあたえたり、よく運動をさせたり、ストレスをあたえない飼育環境《しいくかんきょう》を整えたりと、手間ひまをかけた飼育《しいく》がおこなわれています。

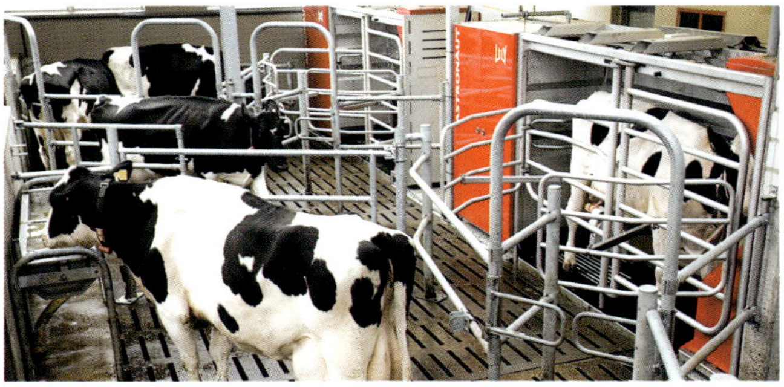

▲中央の赤い搾乳機《さくにゅうき》のなかに牛が入ると、センサーが反応してミルカーが自動的に乳頭《にゅうとう》に装着《そうちゃく》され乳《ちち》をしぼる。人が立ち会う必要はなく、24時間搾乳《さくにゅう》ができる。

▼自動哺乳機《ほにゅうき》。子牛が近づくと自動で人工乳《じんこうにゅう》が出る。機械を使わない場合は、人が哺乳《ほにゅう》びんであたえる必要がある。

▲自動給餌機《きゅうじき》。牛に必要な栄養を混《ま》ぜ合《あ》わせた完全食のような飼料《しりょう》を、牛の状態《じょうたい》に合わせ自動的にあたえる。

肉《にく》と飼《し》料《りょう》の輸《ゆ》入《にゅう》

私たちが食べている肉の約半分は、外国からの輸入品《ゆにゅうひん》です。
日本で飼育《しいく》している家畜《かちく》のえさも、大部分が輸入《ゆにゅう》されています。
日本の畜産業《ちくさんぎょう》は、外国からの輸入《ゆにゅう》にささえられているともいえます。

増《ふ》える肉の輸入《ゆにゅう》

アジア・太平洋戦争《たいへいようせんそう》後、食生活が豊《ゆた》かになるにつれて、日本人の肉の消費量は増《ふ》えていきました。1960(昭和《しょうわ》35)年にくらべると、2004(平成《へいせい》16)年の消費量は、牛肉は約５倍、豚肉《ぶたにく》、鳥肉は10倍以上になっています。

日本では外国産の肉のほうが国内産より安いこともあり、外国からの輸入《ゆにゅう》が増《ふ》えています。1991(平成《へいせい》3)年には牛肉の輸入《ゆにゅう》が自由化され、アメリカ産やオーストラリア産などの安い牛肉が店頭に並《なら》ぶようになりました。2003年にアメリカでBSE《ビーエスイー》（149ページ参照）に感染《かんせん》した牛が見つかり、アメリカ、カナダからの輸入《ゆにゅう》が一時禁止《きんし》されましたが、それでも2004年は、牛肉の国内消費量の56%を輸入《ゆにゅう》でまかなっています。

豚肉《ぶたにく》も輸入量《ゆにゅうりょう》が増《ふ》えており、国内消費量のおよそ半分をしめています。これは安い肉を求める外食産業での需要《じゅよう》が増《ふ》えているためだと考えられます。

鳥肉は国内消費量の31%が輸入品《ゆにゅうひん》です。日本の商社や食品加工メーカーが現地《げんち》に工場をつくり、焼き鳥やチキンナゲットなどに加工して輸入《ゆにゅう》するものが増《ふ》えています。価格《かかく》の安いブラジルやタイ、中国《ちゅうごく》がおもな輸入先《ゆにゅうさき》でしたが、最近は鳥インフルエンザ（149ページ参照）の影響《えいきょう》から、タイや中国《ちゅうごく》からの輸入《ゆにゅう》が減《へ》り、ブラジルからの輸入《ゆにゅう》が増《ふ》えています。

1年間の肉の消費量の移《うつ》り変《か》わり

【日本人1人あたり】

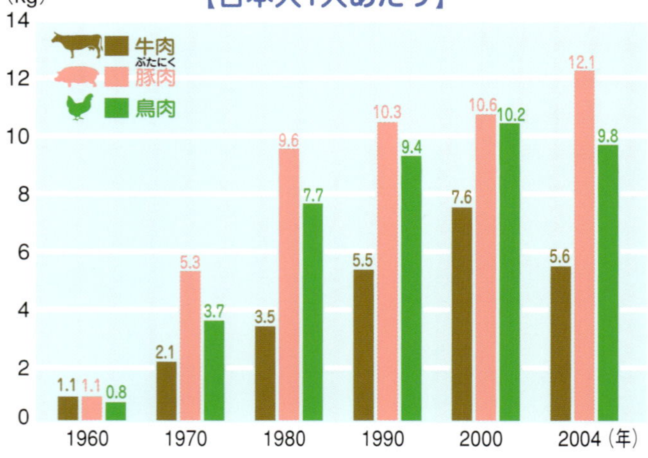

資料：「食料需給表」(農林水産省)より

肉の輸入先《ゆにゅうさき》

牛肉

BSE《ビーエスイー》の影響《えいきょう》で、アメリカからの輸入《ゆにゅう》がストップし、オーストラリアからの輸《ゆ》入《にゅう》が増《ふ》えた。

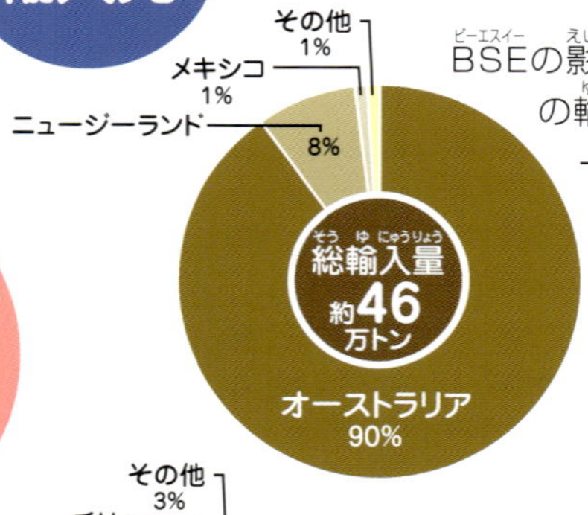

豚肉《ぶたにく》

口蹄疫《こうていえき》という伝染病《でんせんびょう》が発生したことにより、韓国《かんこく》からの輸入《ゆにゅう》が減《へ》り、他国からの輸入《ゆにゅう》が増《ふ》えている。

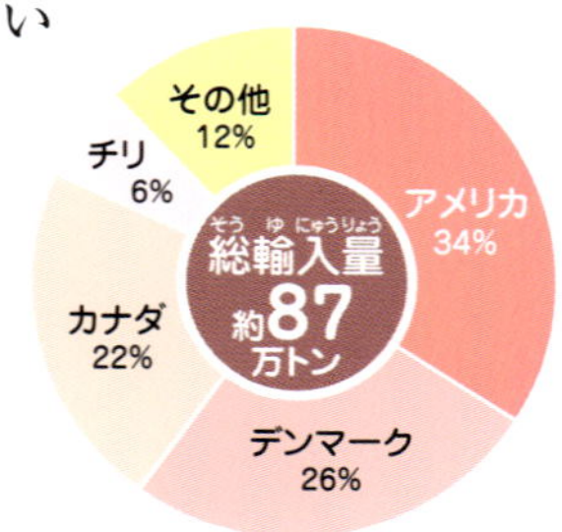

鳥肉

鳥インフルエンザの発生により、中国《ちゅうごく》やタイからの輸《ゆ》入《にゅう》が減《へ》り、９割《わり》近くがブラジルから輸入《ゆにゅう》されるようになった。

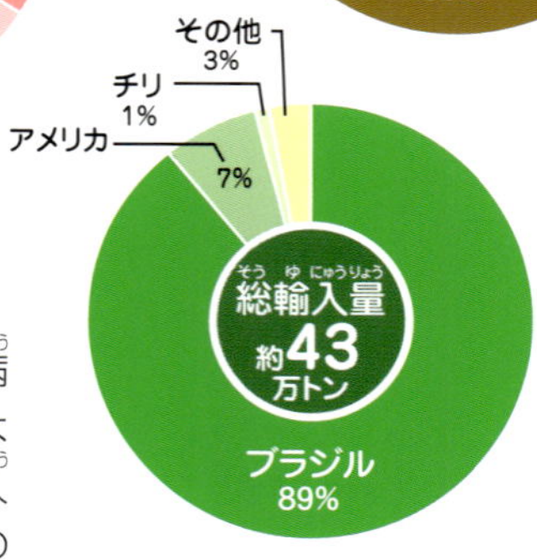

＊鳥肉の全輸入量の98%がブロイラー。
その他はアヒル、ガチョウなど。
2005年の統計：『貿易統計』(財務省)より

輸入飼料《ゆにゅうしりょう》がささえる日本の畜産業《ちくさんぎょう》

1950年代までの日本では、ほとんどの牛は、山野や道に生える草などを食べて育っていました。しかし、1960年代に入って畜産業《ちくさんぎょう》が大規模化《だいきぼか》しはじめると、アメリカから飼料用穀物《しりょうようこくもつ》の輸入《ゆにゅう》がはじまります。今では、国内の家畜《かちく》が食べる飼料《しりょう》のうち75%は輸入《ゆにゅう》されたものです。

輸入飼料《ゆにゅうしりょう》にたよるようになったのには、いくつか理由があります。まず、飼育頭数《しいくとうすう》が増《ふ》えたため、国内でまかなえる牧草では足りなくなったからです。

また、乳量《にゅうりょう》を増《ふ》やしたり肉づきをよくするためには、とうもろこし、麦類などの穀物《こくもつ》をあたえる必要がありますが、これらの飼料穀物《しりょうこくもつ》は、日本で栽培《さいばい》すると価格《かかく》が高くなり、肉の価格《かかく》も高くなってしまうからです。

最近では、乾草《ほしくさ》の輸入《ゆにゅう》も増《ふ》えています。日本で栽培《さいばい》してトラックで農場に運ぶより、外国から大きな船で大量に運んでくるほうが安いのです。

しかし、飼料《しりょう》を輸入《ゆにゅう》にたよったことで、もし輸入《ゆにゅう》が止まったら、肉や卵《たまご》の生産が減《へ》って価格《かかく》も上がり、食べられなくなるという不安もかかえることになりました。また、輸入飼料《ゆにゅうしりょう》の原料となる作物には遺伝子《いでんし》を組みかえたものが多く、その安全性《あんぜんせい》に対する不安もあります。

▲海外から飼料用穀物《しりょうようこくもつ》を運んできた貨物船。

◀運びこまれた飼料用穀物《しりょうようこくもつ》が貯蔵《ちょぞう》されるサイロ。周辺に配合飼料《はいごうしりょう》を製造《せいぞう》する工場があり、配合飼料《はいごうしりょう》は各養鶏場《かくようけいじょう》に送られる。

▼堆肥化《たいひか》される糞尿《ふんにょう》。

糞尿《ふんにょう》の循環《じゅんかん》

飼料《しりょう》の輸入増加《ゆにゅうぞうか》によって、心配されていることに糞尿《ふんにょう》の問題があります。

牛舎《ぎゅうしゃ》で飼《か》う乳牛《にゅうぎゅう》1頭が出す糞《ふん》の量は1日に約45kg、尿《にょう》の量は12ℓにもなり、牛舎《ぎゅうしゃ》から出る糞尿《ふんにょう》はたいへんな量になります。

そこで、1999年に「家畜排《かちくはい》せつ物法《ぶつほう》」が制定《せいてい》され、一定規模《いっていきぼ》以上の農家は、堆肥化施設《たいひかしせつ》などで糞尿《ふんにょう》を処理《しょり》することを義務《ぎむ》づけられました。

現在《げんざい》、畜産農家《ちくさんのうか》では共同で処理場《しょりじょう》をつくるなどして糞尿《ふんにょう》を発酵《はっこう》させて堆肥《たいひ》にしています。できた堆肥《たいひ》は畑作農家に販売《はんばい》されたり、園芸用の土として利用されています。

しかし、堆肥《たいひ》を飼料作物《しりょうさくもつ》が栽培《さいばい》された外国の農地にもどすならば資源《しげん》の循環《じゅんかん》になりますが、輸入飼料《ゆにゅうしりょう》を食べて出された糞尿《ふんにょう》を、日本の農地にもどしても、本当の循環《じゅんかん》にはなりません。

今後、このように大量に発生する堆肥《たいひ》をどうするかが問題となっています。

育《いく》種《しゅ》改良のこれまでと未来

**家畜《かちく》はもともと野生の動物でした。人間は長い年月をかけて、
食料の生産に役立つ家畜《かちく》に改良してきました。
家畜《かちく》はどのようにつくられてきたのでしょうか。**

家畜《かちく》の誕生《たんじょう》から育種《いくしゅ》改良へ

家畜《かちく》として飼《か》われた動物《どうぶつ》たちは、「もっと乳《ちち》が出るように」「もっと肉がつくように」「もっと飼《か》いやすい体型《たいけい》に」というように、人間の都合に合わせて長い年月をかけ改良されてきました。

家畜《かちく》の改良は、目的とするすぐれた形質《けいしつ》をもつ家《か》畜《ちく》を選びだし、そのメスとオスをかけ合わせて(交《こう》配《はい》)、そのすぐれた形質《けいしつ》を次の世代に伝えるためにおこないます。しかし、形質《けいしつ》の遺伝《いでん》は複雑《ふくざつ》で、すぐれた形質《けいしつ》が必ず伝わるわけではありません。そこで、たくさんの家畜《かちく》の血縁集団《けつえんしゅうだん》の中から、すぐれた形質《けいしつ》をもつ家系《かけい》を選びだす「家系選抜《かけいせんばつ》」、すぐれた家系《かけい》からすぐれた家畜《かちく》を選びだす「家系内選抜《かけいないせんばつ》」をおこないます。そして、選抜《せんばつ》された家畜《かちく》どうしをかけ合わせることで、すぐれた形質《けいしつ》を世代ごとに高めていくことができます。

このように家畜《かちく》を目的に合わせて少しずつ改良し、さまざまな品種をつくりだしてきました。これを「育種《いくしゅ》改良」といいます。

▲ホルスタイン種を改良してつくられたスーパーカウ。
年間1万5000ℓの乳《ちち》を出す。

現在《げんざい》も家畜《かちく》たちの育種《いくしゅ》改良はつづいており、すぐれた形質《けいしつ》がどの遺伝子《いでんし》によるのかなど、より効率的《こうりつてき》な改良のための技術《ぎじゅつ》が研究されています。

育《いく》種《しゅ》改良のしくみ（家《か》系《けい》内《ない》選《せん》抜《ばつ》）

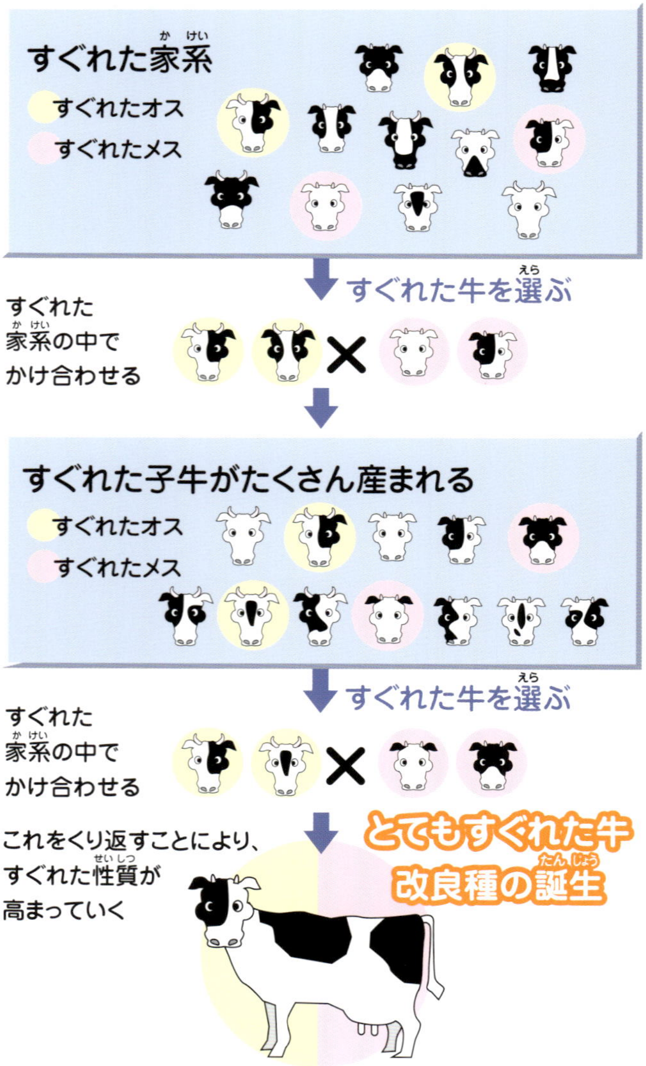

くらべてみよう家畜《かちく》の改良

現在《げんざい》、飼育《しいく》されている家畜《かちく》は、私たちの食料として、野生動物の改良をくり返し誕生《たんじょう》した動物です。改良前と改良後で、どんなところが変化したのか見てみましょう。

改良前 イノシシ

豚《ぶた》の先祖《せんぞ》。頭と首が大きくあまり肉がない。毛色は褐色《かっしょく》で自然の中で目立たない。牙《きば》があり、どう猛《もう》で慣《な》れにくい。一度に産む子どもの数は5頭ほどで、成長もゆっくりとしている。

改良後 豚《ぶた》

頭が小さくなり、体にたっぷりと肉がついている。食べ物を探《さが》したり、敵《てき》から身を守る必要がないので、鼻は短く、牙《きば》が小さくおとなしい。毛色は白、黒、ぶちなどさまざま。産む子どもの数や成長のスピードはイノシシの倍《ばい》以上。

赤色野鶏《せきしょくやけい》 改良前

鶏《にわとり》の原種といわれ、現在《げんざい》も東南《とうなん》アジアの熱帯《ねったい》地域《ちいき》に生息《せいそく》している。約5000年前に家畜化《かちくか》された。1年間に20〜30個しか卵《たまご》を産まず、体重は鶏《にわとり》の約3分の1。

改良後 鶏《にわとり》

体が大きくなり、成長も早い。現在《げんざい》では、目的に合わせて採《さい》卵種《らんしゅ》、肉用種《にくようしゅ》、卵肉兼用種《らんにくけんようしゅ》、観賞用種《かんしょうようしゅ》などがある。卵用種《らんようしゅ》の白色レグホーン種は、年間280個《こ》ほど卵《たまご》を産む。

すぐれた家畜《かちく》をたくさん生産する

これまでは家畜《かちく》に子を産ませるには、オスとメスを交配《こうはい》するしかありませんでした。ところが精子《せいし》や受精卵《じゅせいらん》を凍結保存《とうけつほぞん》できるようになり、人工授精《じんこうじゅせい》や体外受精《たいがいじゅせい》などさまざまな技術《ぎじゅつ》が生まれました。

人工授精《じんこうじゅせい》は優秀《ゆうしゅう》なオス牛の精子《せいし》を、人工的にメス牛に授精《じゅせい》させる技術《ぎじゅつ》で、優秀《ゆうしゅう》なオス牛１頭から、その性質《せいしつ》を受《う》け継いだ子牛をたくさんつくることができます。人工授精《じんこうじゅせい》は、乳牛《にゅうぎゅう》や肉牛の繁殖《はんしょく》に一般的《いっぱんてき》に使われています。

また、優秀《ゆうしゅう》なオス牛の精子《せいし》と優秀《ゆうしゅう》なメス牛の卵子《らんし》から受精卵《じゅせいらん》をつくり、これを培養《ばいよう》して別のメス牛に移植《いしょく》する、受精卵移植《じゅせいらんいしょく》という技術《ぎじゅつ》も実用化されています。この方法を使うと、すぐれた両親の性質《せいしつ》を受《う》け継《つ》いだ子牛を別のメス牛に産ませることで、効率《こうりつ》よく生産できます。現在《げんざい》、日本では１年に約２万頭の子牛が受精卵移植《じゅせいらんいしょく》で誕生《たんじょう》しています。

さらに、生き物の形質《けいしつ》を決める遺伝子《いでんし》が入っている核《かく》を別の細胞《さいぼう》に移植《いしょく》し、遺伝的《いでんてき》にまったく同じ牛を大量に生産するクローン技術《ぎじゅつ》も生まれています。

クローン技術《ぎじゅつ》には、受精卵《じゅせいらん》を利用する受精卵《じゅせいらん》クローンと、皮膚《ひふ》など体の細胞《さいぼう》を利用する体細胞《たいさいぼう》クローンの２種類あり、受精卵《じゅせいらん》クローンで誕生《たんじょう》した牛の肉は「受精卵《じゅせいらん》クローン牛」「Ｃ《シー》ビーフ」として販売《はんばい》されています。

一方、体細胞《たいさいぼう》クローンの牛の肉や食品の安全性《あんぜんせい》はまだ確《たし》かめられていないため、現在《げんざい》は、試験場《しけんじょう》などで育てられているだけです。

家畜《かちく》の病気

**家畜《かちく》は飼料《しりょう》のバランスがくずれたり、
せまい畜舎《ちくしゃ》で育てられ、ストレスを受けたりすると、病気になります。
また、人間と同じように、さまざまな感染症《かんせんしょう》にもかかります。**

病気をふせぐ努力

昔、豚《ぶた》などは庭先で人の食べ残しや野菜くずをあたえ、牛は草木を食べさせて飼《か》っていました。こういう飼《か》い方をしているときは、家畜《かちく》も健康的であまり病気が問題になりませんでした。

しかし、日の当たらないせまい畜舎《ちくしゃ》の中などでたくさん飼育《しいく》することが増《ふ》えた結果、体が弱くなり病気にかかりやすくなっています。

家畜《かちく》はさまざまな病気にかかります。ストレスによる病気、飼料《しりょう》のあたえ方が悪くて起きる病気のほか、ウイルスや細菌《さいきん》による感染症《かんせんしょう》、寄生虫《きせいちゅう》による病気などです。なかには、サルモネラ菌《きん》など人間に感《かん》染《せん》する病気もあります。

そのため、家畜《かちく》のようすにつねに気をくばり、感染症《かんせんしょう》の予防《よぼう》には決められた時期にワクチンを接種《せっしゅ》したり、細菌《さいきん》の発育をおさえる抗生物質《こうせいぶっしつ》を、法律《ほうりつ》で定められた基準《きじゅん》に従《したが》ってえさに混《ま》ぜるなどの対策《たいさく》をおこなっています。

病気にかかってしまったときは、獣医師《じゅういし》にみてもらい、抗生物質《こうせいぶっしつ》や合成抗菌剤《ごうせいこうきんざい》、寄生虫《きせいちゅう》を殺す駆虫剤《くちゅうざい》などの薬をあたえ治療《ちりょう》します。

このような動物医薬品は、使用できる薬や量、期間などが決められており、肉になったときに薬の影響《えいきょう》が出ないように考えられています。それでも、抗生《こうせい》物質《ぶっしつ》のあたえすぎによって抗生物質《こうせいぶっしつ》の効《き》かない新しい細菌《さいきん》（多剤耐性菌《たざいたいせいきん》）が発生するのではないかと心配する声もあります。

薬はなるべく使わないほうが安全です。そのため、かぎられた飼育環境《しいくかんきょう》でできるだけ家畜《かちく》を健康に育てるため、畜産農家《ちくさんのうか》は畜舎《ちくしゃ》をきれいにする、風通しをよくする、運動をさせるなどの工夫《くふう》をしています。

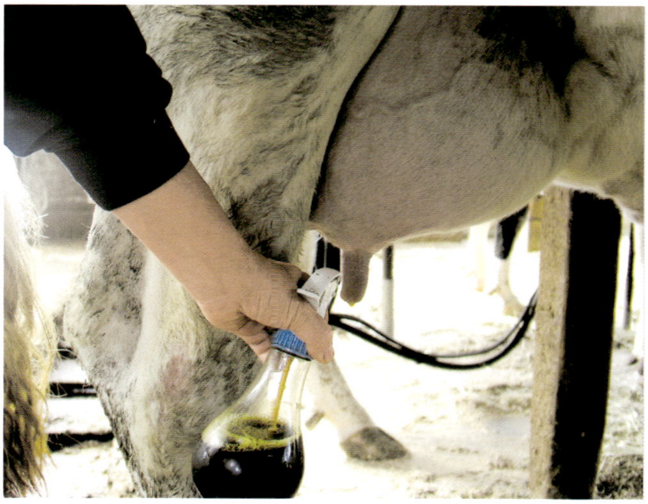

▲搾乳後《さくにゅうご》、乳房炎《にゅうぼうえん》の予防《よぼう》のため乳頭《にゅうとう》を消毒する。牛のおもな病気には乳房炎《にゅうぼうえん》のほか、粗飼料《しりょう》の不足による胃の病気が多い。インフルエンザや肺炎《はいえん》などはワクチン接種《せっしゅ》によって予防《よぼう》する。

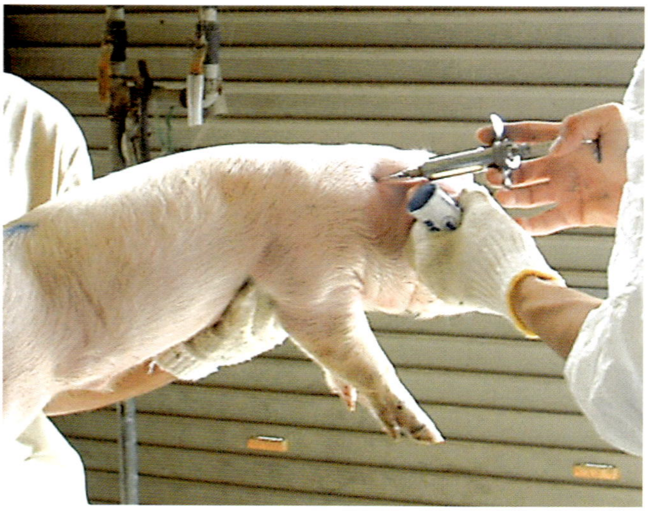

▲感染症《かんせんしょう》の予防《よぼう》のためワクチンを接種《せっしゅ》する。つねに健康状態《じょうたい》を観察しながら、病気の発生を予防《よぼう》し、健康な豚《ぶた》の生産に努めている。

世界的な広がりを見せる伝染病《でんせんびょう》

家畜《かちく》の病気でもっともこわいものに伝染病《でんせんびょう》があります。伝染病《でんせんびょう》はウイルスによってつぎつぎと家畜《かちく》に伝染《でんせん》し、世界中で流行することもあります。たくさんの家畜《かちく》に被害《ひがい》が出ることから、畜産農家《ちくさんのうか》に大きな損害《そんがい》をあたえます。

最近、世界的な規模《きぼ》で発生した伝染病《でんせんびょう》に鳥インフルエンザがあります。鳥類がインフルエンザウイルスに感染《かんせん》して起こる病気で、そのうち、とくに強い症状《しょうじょう》があらわれるものを高病原性鳥《こうびょうげんせいとり》インフルエンザとよびます。死亡率《しぼうりつ》が高く、感染力《かんせんりょく》が強いことから鳥が大量死することもめずらしくありません。

中国《ちゅうごく》、韓国《かんこく》、タイ、ベトナムなどアジア各国で発生し、日本でも2004年に山口《やまぐち》県、大分《おおいた》県、京都《きょうと》府で見つかり、2007年には宮崎《みやざき》県でも発生しました。ベトナムやタイでは鳥から人間への感染《かんせん》が確認《かくにん》され、人から人にうつる新型《しんがた》のインフルエンザの発生も心配されています。

鳥インフルエンザをふくめ、牛疫《ぎゅうえき》、口蹄疫《こうていえき》、豚《ぶた》コレラ、ブルセラ病など危険《きけん》な伝染病《でんせんびょう》は、「家畜伝染《かちくでんせん》病予防法《びょうよぼうほう》」という法律《ほうりつ》によって法定伝染病《ほうていでんせんびょう》に規定《きてい》され、予防法《よぼうほう》や検査法《けんさほう》などが決められています。

もし、これらの伝染病《でんせんびょう》が国内で発生した場合は、家畜《かちく》の移動制限《いどうせいげん》や、農場への立ち入り禁止《きんし》などの対《たい》策《さく》がとられます。また、国外で発生した場合は、病気が発生した地域《ちいき》からの輸入《ゆにゅう》を禁止《きんし》します。

▲2007年、宮崎《みやざき》県清武《きよたけ》町の養鶏場《ようけいじょう》で鳥インフルエンザが発生した。防護服《ぼうごふく》とマスクをつけた職員《しょくいん》によって、同じ養鶏場《ようけいじょう》で飼《か》われていた鶏《にわとり》はすべて処分《しょぶん》され、養鶏場《ようけいじょう》は消毒された。

効率化《こうりつか》とBSE《ビーエスイー》（牛海綿状脳症《うしかいめんじょうのうしょう》）

鳥インフルエンザのほか、世界的な規模《きぼ》で発生し、大きな問題となった家畜《かちく》の病気《びょうき》にBSE《ビーエスイー》（牛海綿状脳《うしかいめんじょうのう》症《しょう》）があります。BSE《ビーエスイー》は1986（昭和《しょうわ》61）年にイギリスで発見された牛の病気で、発病した牛は、歩行困難《ほこうこんなん》などを起こして、やがて死んでしまいます。

原因《げんいん》は牛にあたえられたえさの肉骨粉《にくこっぷん》が、病原体に汚染《おせん》されていたからだといわれています。肉骨粉《にくこっぷん》とは羊や牛のくず肉や骨《ほね》をくだいた栄養価《えいようか》の高い飼《し》料《りょう》で、牛を少しでも早く太らせ、乳《ちち》を多く出させるためにあたえられていました。BSE《ビーエスイー》は、この肉骨粉《にくこっぷん》の中にふくまれる異常《いじょう》プリオンというたんぱく質《しつ》の一種が引き起こすと考えられています。

その後、BSE《ビーエスイー》は感染《かんせん》した牛の脳《のう》や脊髄《せきずい》を食べた人にもうつる可能性《かのうせい》があることがわかりました。人の場合はクロイツフェルト・ヤコブ病とよばれ、1996年にイギリスではじめて感染者《かんせんしゃ》が発見されました。

日本では、2001年にBSE《ビーエスイー》に感染《かんせん》した牛が見つかり、これまでに32頭（2007年２月現在《げんざい》）が見つかっています。2003年には、牛肉の輸入先《ゆにゅうさき》であるアメリカ、カナダでも感染牛《かんせんぎゅう》が見つかり、両国からの牛肉の輸《ゆ》入《にゅう》が一時的に禁止《きんし》されました。

日本では屠殺《とさつ》のときに１頭１頭検査《けんさ》をし、さらに異常《いじょう》プリオンがたまりやすい「脳《のう》」「脊髄《せきずい》」などを取りのぞき、感染《かんせん》した牛肉が出回ることがないようにしています。

▲日本初のBSE感染牛《ビーエスイーかんせんぎゅう》。写真：時事通信社

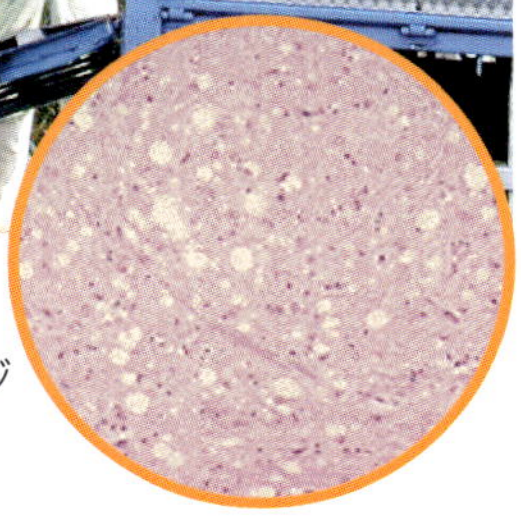

▶BSE《ビーエスイー》に感染《かんせん》しスポンジ状《じょう》になった牛の脳《のう》の断面《だんめん》。

健康な家畜《かちく》を育てる

健康な家畜《かちく》を育てるために、
日本の風土や気候に合わせた飼育法《しいくほう》が考えだされています。
まだ一部ですが、各地でさまざまな取り組みがはじまっています。

日本の風土に合った畜産業《ちくさんぎょう》

現代《げんだい》の畜産業《ちくさんぎょう》は、効率化《こうりつか》を追求するあまり、家畜《かちく》に本来の生態《せいたい》とはちがう生活をさせて多くのストレスをあたえてきました。その結果、家畜《かちく》の体は弱り、病気にかかりやすく、病気を予防《よぼう》するための薬剤《やくざい》にたよるようになっています。

また、飼料《しりょう》の大部分を輸入《ゆにゅう》にたよっており、国内で処理《しょり》しきれなくなった糞尿《ふんにょう》が生活環境《せいかつかんきょう》を汚染《おせん》する心配も大きくなっています。

このような状況《じょうきょう》を改善《かいぜん》するために、日本の気候や風土を生かした飼育法《しいくほう》が見直されています。そのひとつが放牧で、おもに、広い牧草地がある北海道《ほっかいどう》でおこなわれています。北海道《ほっかいどう》以外では肉用牛の「水田放牧」が試みられています。水田放牧では、米を収穫《しゅうかく》したあとの田や耕作《こうさく》放棄《ほうき》された水田に飼料《しりょう》となる作物を植え、そこに肉牛を放牧します。

▲耕作放棄《こうさくほうき》された棚田《たなだ》にシバを生やし、牧草地として利用する水田放牧（山口《やまぐち》県長門《ながと》市）。

▶ 電気が流れる柵《さく》で水田を囲み、その中に牛を放す。1ヘクタールに2〜3頭が放牧の目安となる。

▶ 柵《さく》の電気はソーラーパネルで充電《じゅうでん》する。

写真3点：㈳日本草地畜産種子協会

また、山地を利用した「山地酪農《やまちらくのう》」もおこなわれています。日本では広い平らな牧草地が少ないので、木を切った山に日本在来《ざいらい》のシバなどの草を育てて放牧します。斜面《しゃめん》を歩き十分運動をした牛は健康で、草食動物である牛本来の能力《のうりょく》が引きだされます。

▼荒廃《こうはい》が進んだ森林に肉牛を放牧する林間放牧《りんかんほうぼく》。牛が雑草《ざっそう》を食べ、木材として価値《かち》のあるスギは育っていく（島根《しまね》県松江《まつえ》市）。

また、林業と畜産《ちくさん》を組み合わせた「林間放牧《りんかんほうぼく》」も試みられています。これは肉牛を山林に放牧し、下草をえさとして食べさせるものです。山林の荒廃《こうはい》をふせぎ、林業の手助けとなるのではないかと考えられています。

しかし、自然を生かした畜産《ちくさん》は、どの方法も生産量が少なくなります。草だけのえさでは成長は遅《おそ》くなり、肉のつき方も乳量《にゅうりょう》も少なくなります。それでも、飼料費《しりょうひ》が節約でき、牛の世話がはぶけるうえ、病気にかかりにくくなるので薬もいらず、少ない費用での経営《けいえい》が可能《かのう》です。乳《ちち》を出す期間も長くなります。

そして、何よりも牛を健康に育てることができ、私たちも安全な肉や乳《ちち》を手に入れることができるのです。

牛の力を引きだす酪農《らくのう》

北海道《ほっかいどう》の旭川《あさひかわ》市にある斉藤《さいとう》牧場の乳牛《にゅうぎゅう》は、山地を自由に歩き回っています。山全体をそのまま牧場として、そこに牛を放牧しているのです。

牧場主の斉藤《さいとう》さんの「自然にさからわずとけこむ」という考えのもと、長い年月をかけて牛といっしょにつくりあげた牧場です。

山地に牧場をつくるには、まず木や笹《ささ》などを刈《か》り下草に火を入れます。その後、牧草の種をまきます。先に雑草《ざっそう》が生えてきますが草とりの必要はなく、牛を放牧すれば食べてくれます。牧草の種は牛にふまれ地中にうまり、芽を出して生長します。このようにして山地に牧場を広げてきました。

牛は、雪のない春から秋は毎朝、牛舎《ぎゅうしゃ》を出ると牧草を食べに山へ向かい、夕方には自然にもどってきます。乳《ちち》をしぼってほしくなった牛は、自分から搾《さく》乳場《にゅうじょう》へやってきます。地面に落ちた糞尿《ふんにょう》は、牧草の肥料《ひりょう》となります。人間がすることは乳《ちち》をしぼることと、牧草の種をまくことくらいです。

濃厚飼料《のうこうしりょう》はほとんどあたえないので、乳量《にゅうりょう》は多くありませんが、乳牛《にゅうぎゅう》としての寿命《じゅみょう》がのびるので長い期間乳《ちち》をしぼることができます。平均《へいきん》5～6歳《さい》の寿《じゅ》命《みょう》が、ここでは10歳《さい》になります。牛は自然に交配《こうはい》し自然に出産するので、人工授精《じんこうじゅせい》をする必要はありません。出産の間隔《かんかく》は長くなりますが、出産回数が増《ふ》えます。

このような酪農《らくのう》は乳量《にゅうりょう》が少なく売り上げは多くありませんが、生産にかかる費用や手間が少ないので、経営《けいえい》は成り立っています。こうした自然にかぎりなく近い環境《かんきょう》で牛を育てるやり方は、多くの酪農家《らくのうか》から注目され、全国から斉藤牧場《さいとうぼくじょう》の酪農《らくのう》を学ぶ人が集まってきます。

▲夕方になると自然に牛舎《ぎゅうしゃ》にもどってくる。冬は牛舎《ぎゅうしゃ》の中ですごす。

◀牧場内の池や川が水飲み場となる。のびのびと育っているのでおとなしく、角を切断《せつだん》する必要がない。

◀斜面《しゃめん》に生えた牧草を食べる牛たち。山の3割《わり》ほど残された木は、表土が流れるのをふせいだり、日かげをつくったりしている。

さまざまな家《か》畜《ちく》の利用

そのほかの畜産業《ちくさんぎょう》

牛や豚《ぶた》、鶏《にわとり》の飼育《しいく》のほかに、規模《きぼ》は小さいですがさまざまな畜産業《ちくさんぎょう》があります。日本にはどんなものがあるのか見てみましょう。

山羊《やぎ》

山羊《やぎ》は日本ではおもに肉用として飼育《しいく》されており、年間の肉の生産量約70トン（2004年）のうち、半分以上が沖縄《おきなわ》県で生産されています。山羊《やぎ》は牛よりも粗末《そまつ》なえさで育ち、乳《ちち》を出し、病気にもかかりにくいので、1950年代には山村部でおもに自給用として飼育《しいく》されていました。しかし、食生活が変化して牛肉や豚肉《ぶたにく》に中心がうつると飼育頭数《しいくとうすう》も減《へ》り、1960（昭和《しょうわ》35）年に食肉生産のピークをむかえたあとは減少《げんしょう》しつづけています。

羊

羊は毛を利用する採毛種《さいもうしゅ》と肉用種に分けられますが、日本では大部分が肉用種です。肉はジンギスカン料理などの食材として使われ、羊毛は弾力《だんりょく》や保温性《ほおんせい》にすぐれているので衣服の原料になります。北海道《ほっかいどう》を中心に飼《か》われていて、年間の肉の生産量は123トン（2004年）になります。

気性《きしょう》がおとなしいので、観光用に牧場で飼育《しいく》される羊も少なくありません。

馬

2003（平成《へいせい》15）年には国内で約10万頭が飼育《しいく》されていますが、大半は競走《きょうそう》馬《ば》や観光《かんこう》用に飼《か》われています。「馬《ば》さし」「桜鍋《さくらなべ》」などの食用として飼育《しいく》されている馬もいますが、他の家畜《かちく》のほうが肉としてはすぐれているため、馬を食用として飼育《しいく》することは多くありません。役目を終えた馬が屠殺《とさつ》され、年間約1万9000頭、7179トン（2004年）が肉になっています。

カイコ

カイコガの幼虫《ようちゅう》であるカイコを、桑《くわ》の葉をえさに育て、まゆから絹糸《きぬいと》をとって衣服などの原料にします。日本では1909（明治《めいじ》42）年に絹糸《きぬいと》の輸出量《ゆしゅつりょう》が世界一となり、日本の一大産業になりました。しかし最近では中国《ちゅうごく》からの安い輸入品《ゆにゅうひん》におされ、カイコを飼《か》う農家（養蚕《ようさん》家《か》）も桑畑《くわばたけ》も減《へ》り、生産量は減《へ》りつづけています。群馬《ぐんま》県や福島《ふくしま》県などが、産地として残る程度《ていど》になっています。

●ミツバチ

ミツバチを巣箱《すばこ》で飼《か》いならして花のみつ（ハチミツ）を集める養蜂《ようほう》も畜産業《ちくさんぎょう》のひとつです。手間がかかることや、農薬などの影響《えいきょう》を受けない森林や野原などに咲く花が必要なことから、国内産のハチミツは減《へ》りつづけ、中国《ちゅうごく》などからの輸入品《ゆにゅうひん》が多くなっています。

●アイガモ

アヒルとマガモを交配《こうはい》して生まれた鳥で、飼育《しいく》が簡単《かんたん》なので、ひなを水田に放して雑草《ざっそう》や害虫を食べさせるアイガモ農法（51ページ参照）に利用されています。稲《いね》の収穫後《しゅうかくご》、しばらく飼育《しいく》されてから食用にされます。肉用として農場で飼育《しいく》されるものもあります。

●ダチョウ

世界でもっとも大きな鳥で、肉は牛肉や豚肉《ぶたにく》より脂肪《しぼう》が少なく、健康によい肉として、人気が高まっています。肉と卵《たまご》を食用にするほか、装《そう》飾品《しょくひん》の原材料として、羽や皮も利用されています。日本では、各地で5600羽あまりが飼育《しいく》されています（2005年）。

6章

林業

日本の林業は、外国の安い輸《ゆ》入《にゅう》木《もく》材《ざい》などの影《えい》響《きょう》もあり、
産業としてたいへんきびしい状《じょう》況《きょう》におかれています。
今、林業は木材の生産だけではなく、森でとれる林産物も利用し、
森林の環《かん》境《きょう》を守る産業として生まれ変わろうとしています。

木材の産地

日本は国土の約70％が森林という、豊《ゆた》かな森の国です。
人々は昔から、さまざまな木を上手《じょうず》に使って生活に利用してきました。
林業は木材を生産するとともに、森林を維持《いじ》するために生まれた産業です。

日本人のくらしと林業

日本の縄文《じょうもん》時代の遺跡《いせき》からは、住居《じゅうきょ》のほか、器《うつわ》や弓など、さまざまな木材を使ったものが発掘《はっくつ》されています。これらを調べてみると、かたい、けずりやすいなどの性質《せいしつ》に合わせて、上手《じょうず》に木を使い分けていたことがわかります。また、奈良《なら》県の法隆寺《ほうりゅうじ》は、現在《げんざい》残っている世界最古の木造建築《もくぞうけんちく》です。このように木材は、家や道具をつくる材料として、また、まきや炭などの燃料《ねんりょう》として、日本人のくらしに欠かせない大切な資源《しげん》でした。

このため、天然の森林を利用するだけでなく、人の手で木を植え、育てる林業がはじまりました。日本の各地で植林によって木材を生産する林業がさかんになったのは、江戸《えど》時代からといわれています。江戸幕府《えどばくふ》が各地の大名に、材木を幕府《ばくふ》におさめることを命じたからです。

現在《げんざい》、日本の森林の約4割《わり》は人工林とよばれる、人が育てた森です。全国各地で、その土地の気候や土壌《どじょう》に合わせ、特色のある木材がつくられています。

▲室町《むろまち》時代に、民間では最古と考えられる植林がおこなわれ、江戸《えど》時代に酒樽《さかだる》の材料を生産するため林業が広がった。質《しつ》の高いスギとして有名（奈《な》良《ら》県）。

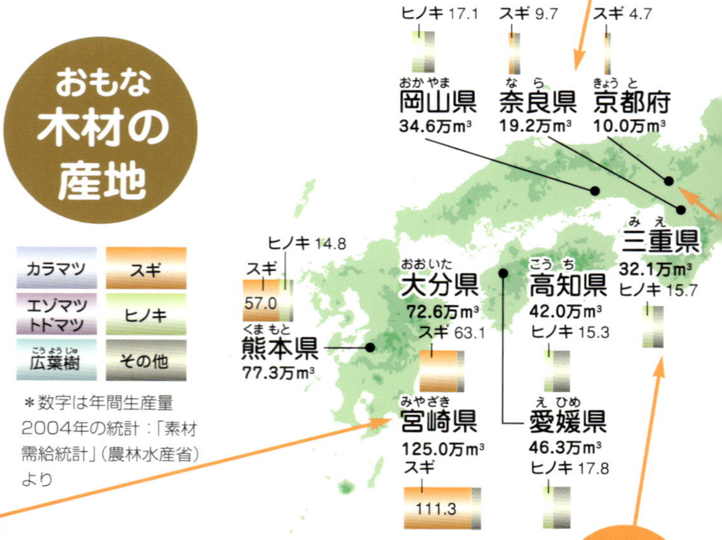

＊数字は年間生産量
2004年の統計：「素材需給統計」（農林水産省）より

▲江戸《えど》時代に植林され、豊富《ほうふ》な降水量《こうすいりょう》のなかで育ったじょうぶなスギは、船の材料に使われていた。現在《げんざい》は木造船《もくぞうせん》が減《へ》ったことにより建築材《けんちくざい》への利用が多い（宮崎《みやざき》県）。

▶尾鷲《おわせ》では、たくさんの苗木《なえぎ》を植え、間伐《かんばつ》（157ページ参照）をくり返すという方法で年輪の密《みつ》なじょうぶな木材をつくる。

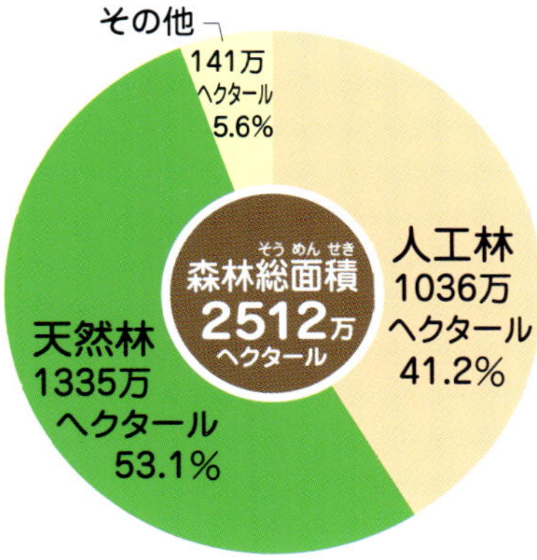

日本の森林の割合《わりあい》

日本の面積の約70%が森林で、その約4割《わり》を人工林がしめている。

＊その他は伐採跡地などで現在は木立がない土地・竹林
2002年の統計：『平成17年度　森林・林業白書』（林野庁）より

日本の三大美林

古くから良質《りょうしつ》の木材を生みだした日本の森林のなかで、青森《あおもり》ひば・秋田杉《あきたすぎ》・木曽檜《きそひのき》の天然林が、日本三大美林といわれています。中心になる針葉樹《しんようじゅ》のほかに、広葉樹《こうようじゅ》などさまざまな木が混《ま》じった美しい森林です。

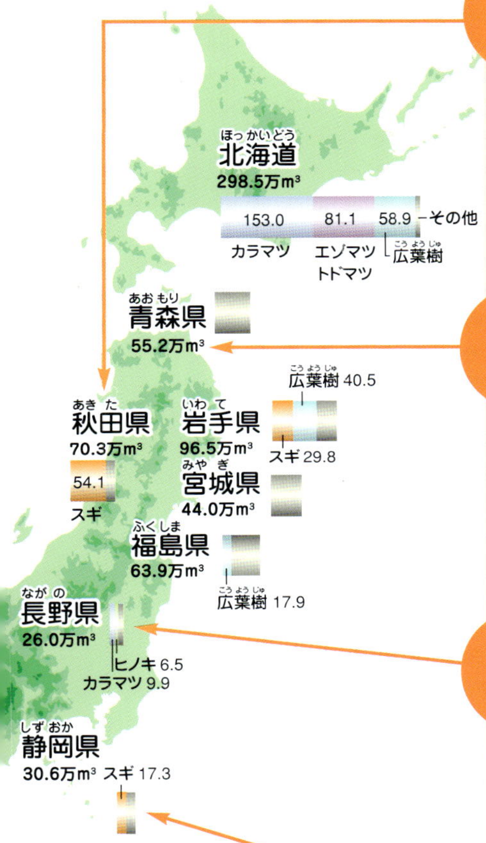

秋田《あきた》杉《すぎ》

◀秋田《あきた》県は、江戸《えど》時代からスギの産地として知られ、江戸《えど》や大坂《おおさか》（大阪）などに大量の木材を供給《きょうきゅう》した。そのため森が失われかけたが、伐採《ばっさい》を制限《せいげん》し、自然に生えた木を育てることで、明治《めいじ》時代に森が再生した。しかし、戦争の時期などに、再度《さいど》大量に伐採《ばっさい》され、天然林は少なくなっている。

青森《あおもり》ひば

◀ヒバの材質《ざいしつ》はヒノキに似《に》ているが、ヒノキよりややかたい。岩手《いわて》県平泉《ひらいずみ》の中尊寺金色堂《ちゅうそんじこんじきどう》にも使われている木材で、東北《とうほく》や北陸《ほくりく》を中心に利用されている。ヒバは生長は遅《おそ》いが、日かげに強く、下草にうもれた場所でも芽を出し、ゆっくりと育つ。

木曽《きそ》檜《ひのき》

◀伊勢神宮《いせじんぐう》など数多くの神社・仏閣《ぶっかく》に使われている木材。豊臣秀吉《とよとみひでよし》が大坂城《おおさかじょう》の築城《ちくじょう》に使ったのをはじめ、江戸《えど》時代に大量に伐採《ばっさい》された。そのため、不法に伐採《ばっさい》する者には「ヒノキ１本に首ひとつ」といわれる重い罰《ばつ》で森を守ってきた。しかし、秋田杉《あきたすぎ》同様、現在《げんざい》では天然林が減《へ》ってきている。

北山《きたやま》杉《すぎ》

▲室町《むろまち》時代から茶室などの建築材料《けんちくざいりょう》に使われ、約600年の歴史をもつ。木肌《きはだ》の光沢《こうたく》が美しく、茶室や床《とこ》の間《ま》の柱などに使われる（京都《きょうと》府）。

天竜《てんりゅう》杉《すぎ》

◀明治《めいじ》時代に天竜《てんりゅう》川の治水《ちすい》のため、スギを中心とした植林がおこなわれ、日本三大人工美林のひとつに数えられている。つやのある良質《りょうしつ》なスギとして知られている（静岡《しずおか》県）。

林業の仕事

木を育て木材を生産する林業は、伐採《ばっさい》までに長い年月がかかる仕事です。植えた苗木《なえぎ》が生長し、木材として利用できるように育つまで、早くても30〜40年かかります。その間、ていねいに手入れをしながら木を育てます。

時間をかけて木を育てる

森林を育てる仕事は、山に苗木《なえぎ》を植える「植えつけ」からはじまります。苗木《なえぎ》とは、種をまいたり、木の枝《えだ》を土にさして根を出させる「さし木」によって、30cmほどに育てた小さな木のことで、畑で育てます。苗木《なえぎ》にまで育ててから植えつけるのは、山のきびしい自然環境《しぜんかんきょう》のなかでも生長できるようにするためです。

人の手で１本１本ていねいに植えつけた苗木《なえぎ》が、その後順調に生長できるよう、さまざまな手入れをします。苗木《なえぎ》が小さなうちは、まわりの雑草《ざっそう》や自然に生えてくるほかの小さな木を刈《か》る「下刈《したが》り」の作業が大切です。生長の早い雑草《ざっそう》などが、苗木《なえぎ》をおおい、太陽の光をさえぎると、苗木《なえぎ》がうまく生長できないからです。

苗木《なえぎ》があるていどまで育つと、今度は幹《みき》に巻《ま》きつく植物のつるや、まわりにのびるほかの木の枝《えだ》などが、生長をじゃまします。このため「つる切り」やまわりの木を切る「除伐《じょばつ》」をおこないます。

木がさらに育ってくると、今度は質《しつ》のよい木材をつくるための作業になります。木の下のほうまで枝《えだ》

植えつけから伐採《ばっさい》まで

苗木《なえぎ》を育てる

植えつけ

▲苗木《なえぎ》を山に植える。おもに春に植えるが、木の種類やその土地の気候によってことなる。生長したときのことを考え、一定の間隔《かんかく》をあけて植えていく。

◀小さいうちに山に植えつけると雑草《ざっそう》に負けてしまうので、さし木という方法で苗木《なえぎ》を30cmほどまで育てる。

7〜8年目

下刈《したが》り・つる切り・除伐《じょばつ》

▼苗木《なえぎ》を雑草《ざっそう》やほかの雑木《ぞうき》、クズなどのつるから守り、うまく生長するように、周囲の草や木を刈《か》り払《はら》う。植えつけから7〜8年間は、毎年夏におこなう。

があると、幹《みき》が太ったとき、枝《えだ》のつけ根の一部が幹《みき》に巻きこまれます。すると、材木にしたとき節《ふし》ができて、そのあとが残ったり、穴《あな》があいたりします。また、下のほうの枝《えだ》を残すと、幹《みき》の下のほうが太くなり、太さのそろったまっすぐな木になりません。そのため、下のほうの枝《えだ》を切り落とす「枝打《えだう》ち」をします。

木の幹《みき》が太くなり、枝《えだ》がしげってくると、森のなかが混《こ》み合ってきます。このような森では、それぞれの木が太陽の光を求めて、上へ上へのびようとするので、ひょろ長く細い木ばかりになります。そこで、木の数を減《へ》らすために一部の木を切る「間伐《かんばつ》」をおこない、それぞれの木に太陽の光が十分当たるようにします。

間伐《かんばつ》した木は、間伐材《かんばつざい》として、合板《ごうはん》に加工したり、家具や割《わり》ばしなどの材料に使っています。

木が十分に育つと、いよいよ木材として切りたおす伐採《ばっさい》をおこないますが、伐採《ばっさい》できるのは、苗木《なえぎ》の植えつけから早くても30〜40年後、木の種類や使う目的によっては100年以上経《た》ってからになります。したがって、植えつけから伐採《ばっさい》まで、同じ人の手によっておこなわれることは、ほとんどありません。林業は長い時間をかけ、人から人に受けつがれて、つづいていく産業なのです。

▲木を伐採《ばっさい》したら、その跡地《あとち》を整理して、また苗木《なえぎ》を植える。これをくり返して木を育てていけば、木材に利用しても森林が減《へ》ることはない。写真は、伐採《ばっさい》したあとに苗木《なえぎ》を植えたところ。

10〜15年目

枝打《えだう》ち・間伐《かんばつ》

▲節《ふし》のない、まっすぐな木材をつくるために「枝打《えだう》ち」をする。幹《みき》を傷《きず》つけないように枝《えだ》だけを切り落とす。

▼木の生長を見ながら生長の悪い木、混《こ》み合う木などを切る「間伐《かんばつ》」をおこなう。

30〜40年目

伐採《ばっさい》

木の根もとをチェーンソーなどで切《き》りたおす。伐採《ばっさい》したら、枝《えだ》を切り落とす「枝払《えだばら》い」、一定の長さに切りそろえる「玉切《たまぎ》り」をおこなう。

▲伐採後《ばっさいご》の木を枝葉《えだは》をつけたまま置いておく「葉枯《はが》らし」。木の水分を蒸発《じょうはつ》させ重量を軽くし、運びやすくする。高性能林業機械《こうせいのうりんぎょうきかい》（158ページ参照）が使われるようになり、葉枯《はが》らしをすることは少なくなっている。

木材の流通

**長い時間をかけて育てた木は、伐採《ばっさい》され、木材として利用されます。
丸太は、製材工場《せいざいこうじょう》で角材などに加工され、建築材《けんちくざい》や家具の材料になったり、
紙の原料のパルプに加工されたりして、流通していきます。**

森から市場へ

伐採《ばっさい》した木は、枝《えだ》を切り落とす「枝払《えだばら》い」、決まった長さに切りそろえる「玉切《たまぎ》り」をして丸太にします。

丸太は、タワーヤーダという機械でワイヤーをはり、これにつり上げて山から降《お》ろし、1か所に集めます。枝払《えだばら》いや玉切《たまぎ》りにハーベスターという機械を使う場合は、伐採《ばっさい》したままの状態《じょうたい》で集材し、あとで玉切《たまぎ》りなどの作業をおこなうこともあります。

林道の奥《おく》など、自動車が入れるところまで機械で運ばれた丸太は、トラックに積まれ、貯木場《ちょぼくじょう》に向かいます。そこで、長さや太さによって分類されたあとは、原木市場または素材《そざい》市場とよばれる市場で、丸太のままの状態《じょうたい》でせりにかけられます。

国産木材の約70%は、柱や板などの製材品《せいざいひん》に加工されていますが、製材業者《せいざいぎょうしゃ》や建築材料《けんちくざいりょう》の会社などが、この市場で丸太を買い取り、製材品《せいざいひん》に加工しているのです。

このほか、紙の原料のパルプに使われる木材や、合板《ごうはん》などに加工される木材も、貯木場《ちょぼくじょう》から製紙工場《せいしこうじょう》や合板《ごうはん》工場などに出荷されます。

木材の流通と加工

集材

▲タワーヤーダという機械でワイヤーをはり、伐採《ばっさい》した木をつり上げて運ぶ。

▲タワーヤーダが使えないときや木が小さいときは、そりとよばれる木道をつくり、すべらすようにして運ぶ。

◀伐採《ばっさい》・枝払《えだばら》い・玉切《たまぎ》りを1台でおこなうハーベスター。丸太を集める作業にも使える。

▼原木市場では丸太がせりにかけられる。

貯木場《ちょぼくじょう》
集めた丸太を太さと長さ別に分ける。

製材《せいざい》用 → 原木市場 → 製材工場《せいざいこうじょう》 → 製品市場《せいひんしじょう》
角材や板など

合板《ごうはん》用 → 合板工場《ごうはんこうじょう》など
合板《ごうはん》や集成材《しゅうせいざい》など

パルプ用 → 製紙工場《せいしこうじょう》など
さまざまな紙類

◀貯木場《ちょぼくじょう》に集められた丸太。

材料として加工する

角材や板にされるだけでなく、合板《ごうはん》や集成材《しゅうせいざい》などに加工される木材も増《ふ》えています。合板《ごうはん》などに加工される国産木材の割合《わりあい》は高くはありませんが、最近では、少しずつ利用が広がっています。

合板《ごうはん》は、木の繊維《せんい》が直角に重なるように、うすい板を何枚《なんまい》もはり合わせてつくった板です。繊維《せんい》の方向が一定でないので、板が反《そ》ったりゆがんだりしにくくなります。集成材《しゅうせいざい》は、合板《ごうはん》より厚《あつ》い板や細い角材などを組み合わせ、一本の木からとれる木材より、より大きな木材をつくるものです。

最近は、プレカットという新しい加工法も広がってきています。日本の木造建築《もくぞうけんちく》には、柱や梁《はり》に切れこみを入れ、それを組み合わせて固定する「木造軸《もくぞうじく》組工法《ぐみこうほう》」が、昔から広く使われてきました。プレカットとは建物の設計《せっけい》に合わせ、組み合わせに必要な切れこみなどを、先に工場で機械を使って正確《せいかく》に入れておき、あとは建築現場《けんちくげんば》でそのまま組み立てられるようにしたものです。

国産木材の用途《ようと》と割合《わりあい》

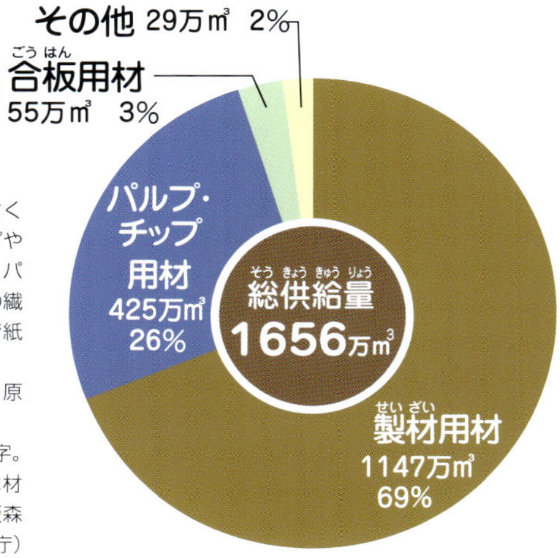

＊チップは木材を小さくくだいたもの。パルプや板などの材料になる。パルプはチップから木の繊維を取りだしたもので紙の原料になる。
＊データはしいたけ原木・薪炭材をのぞく。
＊%は四捨五入した数字。2004年の統計：「木材需給表」『平成18年版森林・林業白書』（林野庁）より

木《もく》造《ぞう》軸《じく》組《ぐみ》工《こう》法《ほう》のプレカット材の割合《わりあい》

木造軸組工法《もくぞうじくぐみこうほう》の建築《けんちく》物《ぶつ》では、プレカット材の使用が急速にのびている。

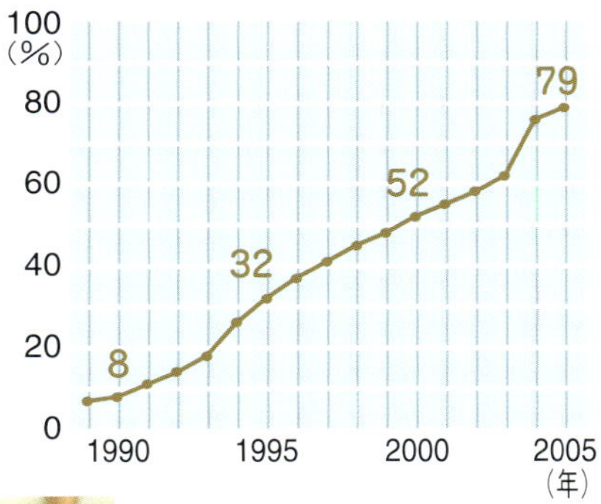

資料：『木材需給と木材工業の現況平成17年版』（財団法人日本住宅・木材技術センター）より

▲さまざまな形の切れこみをつくることができる。

▼プレカット工場。建築《けんちく》現場《げんば》でそのまま組み立てられるように、柱や梁《はり》にする材木を家の設計《せっけい》に合わせて加工する。加工工《こう》程《てい》はコンピュータによって自動化されている。

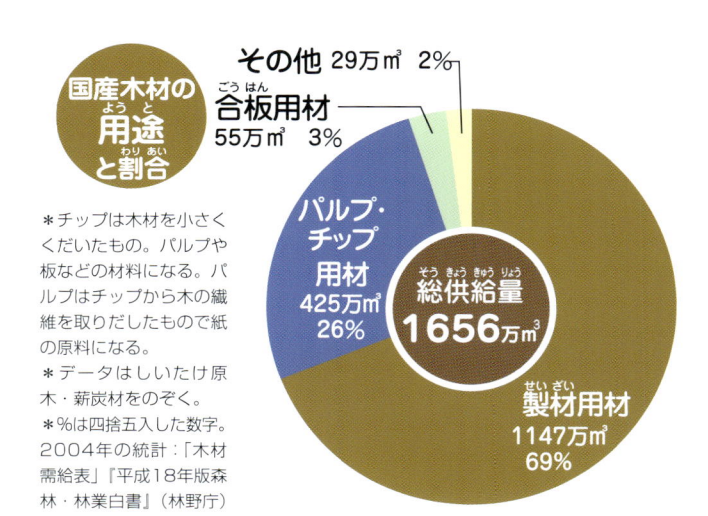

合《ごう》板《はん》用国産木材の丸太供《きょう》給《きゅう》量《りょう》

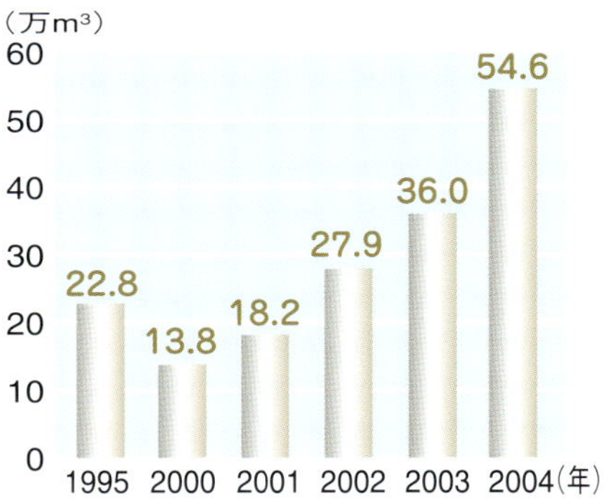

合板《ごうはん》用は、以前は広《こう》葉樹《ようじゅ》中心だったが、スギなど針葉樹《しんようじゅ》も利用されるようになり、国産材の使用が増《ふ》えてきている。

資料：「木材需給表」『平成18年版 森林・林業白書』（林野庁）より

▲合板《ごうはん》工場。くだものの皮をむくように、丸太からうすい板をけずりだし、それを重ねて圧縮《あっしゅく》し、合板《ごうはん》をつくる。

木から生まれる加工品

**豊《ゆた》かな森林に恵《めぐ》まれた私たちは、木造建築《もくぞうけんちく》をはじめ、
木を使ったさまざまな道具や工芸品などをつくってきました。
木の性質《せいしつ》をどのように生かしてきたのか見てみましょう。**

日本の木の文化

ヨーロッパなどの古い建物は、石やレンガでつくられていますが、日本の建物は木造《もくぞう》が中心です。これは、日本が豊《ゆた》かな森林のある国だったこと、木でつくった風通しのよい建物が湿度《しつど》の高い日本の気候に適《てき》していたこと、木のもつやわらかい感じが好まれたことなどの理由からです。日本は木の文化をもつ国なのです。

木がもつ性質《せいしつ》は身のまわりにあるさまざまな道具に生かされています。たとえば、お椀《わん》やはしなどの食器、フライパンや鍋《なべ》の持ち手の部分などには木が使われています。これは、木が熱を伝えにくいからです。お椀《わん》に熱いみそ汁《しる》などを入れても、火にかけたフライパンや鍋《なべ》が熱くなっても、手にふれる木の部分は熱くなりません。

家庭で使われる木製《もくせい》の家具は、会社などで使われる金属製《きんぞくせい》の机《つくえ》やロッカーにくらべ、暖《あたた》かみとやすらぎが感じられます。木目の美しさや木の色合い、やわらかな質感《しつかん》などが、人の気持ちを落ち着かせてくれるのでしょう。

音をバランスよく吸収《きゅうしゅう》し、やわらかく響《ひび》かせるという性質《せいしつ》は、さまざまな楽器も生みだしました。バイオリンやギターなどの弦《げん》をはって音を響《ひび》かせる楽器に、木は欠かすことができません。

また、木には衝撃《しょうげき》を受け止めて吸収《きゅうしゅう》するクッションのような性質《せいしつ》があります。速くてかたいボールを打つプロ野球の選手は木製《もくせい》のバットを使っています。

木は石などにくらべて加工しやすいため、日本では昔からさまざまな工芸品の材料に利用されてきました。漆器《しっき》や指物《さしもの》（板を細かく組み合わせた器具）などの伝統工芸品《でんとうこうげいひん》が、今も全国各地に残っています。

木造《もくぞう》住宅《じゅうたく》

▲柱や梁《はり》を組み合わせて骨組《ほねぐ》みをつくる日本の木造建築《もくぞうけんちく》は、窓《まど》を広くとることができ、風通しのよい家になる。取りはずしのできるふすまなども、この構造《こうぞう》から生まれている。

◀居間《いま》の柱に使われた「桁《けた》丸太」。スギの樹皮《じゅひ》をはがし、みがいてつくる。木の光沢《こうたく》や風合《ふうあ》いを楽しむ。

身のまわりの木製品《もくせいひん》

日本人のくらしのなかには木からつくられたものがたくさんあります。身のまわりで、木からつくられたものをさがし、木のどんな性質《せいしつ》やよさを生かしているのかを考えてみましょう。

食器などの道具

お椀《わん》やはしなどの食器、まな板などの調理用品、樽《たる》や桶《おけ》など、さまざまな道具がある。

スポーツ用品や楽器

野球のバットや卓球《たっきゅう》のラケットなど、スポーツの道具にも木が使われている。また、バイオリンやピアノなど、楽器の音を美しく響《ひび》かせるため、木は大切な役割《やくわり》を果たしている。

伝統工芸品《でんとうこうげいひん》

さまざまな木を組み合わせ、色や木目のちがいを利用して模様《もよう》をつくる寄木細工《よせぎざいく》は神奈川《かながわ》県箱根《はこね》の伝統工芸品《でんとうこうげいひん》。写真左は、ひみつ箱《ばこ》という小物入れ。「こけし」は、東北《とうほく》地方で江戸《えど》時代から、子どものおもちゃとしてつくられた。みやげ品として発展《はってん》し、さまざまな模様《もよう》や形がある。写真右は、宮城《みやぎ》県蔵王《ざおう》のこけし。

家具

▲伝統的《でんとうてき》な技術《ぎじゅつ》でつくられた桐《きり》だんす。よごれたり傷《きず》ついたりしても、けずり直して修理《しゅうり》すれば、親から子へ孫へと代々使っていくことができる。

▼いすやテーブル、勉強机《べんきょうづくえ》、食器棚《しょっきだな》、洋服だんす、下駄箱《げたばこ》など、身のまわりの多くの家具が木でできている。下の写真は、間伐《かんばつ》したときの木材《もくざい》を利用してつくった家具。

木炭

生木をゆっくりと蒸《む》し焼《や》きしてつくる。炭火焼きなどの調理や、バーベキューなどに利用される。

木の地《ち》産《さん》地《ち》消《しょう》

地元の木で家を建てよう

　現在《げんざい》、日本の木造建築《もくぞうけんちく》には、輸入材《ゆにゅうざい》が多く使われ、国産材の使用が減《へ》っています。自分の家が、どこからきた、どんな木材でつくられているのか、ほとんどわかりません。

　そこで、全国各地で、林業で働く人たちや、製材所《せいざいしょ》、設計事務所《せっけいじむしょ》、工務店《こうむてん》などが協力し、地元の木を使って家を建てようという運動が広がっています。木を生産する森林と、木を使った家に住む人たちを直接《ちょくせつ》むすぶ、木の地産地消《ちさんちしょう》（214ページ参照）です。地元の木を使って家を建てたい人は、直接《ちょくせつ》森に行って木を見たり、伐採《ばっさい》や製材所《せいざいしょ》の作業などを見学することができます。

　現在《げんざい》、日本の人工林には、伐採《ばっさい》できるまでに育った木がたくさんあります。地元の木を使う運動は、その木を利用することによって、地元の林業を活性化《かっせいか》させることにつながります。

東京《とうきょう》都西多摩《にしたま》地域《ちいき》の林業家などがつくる「東京《とうきょう》の木で家を造《つく》る会」は、森や家を考える講座《こうざ》などを開いている。写真は、家を建てる人が山に入り、木を選ぶようす。▼

日本の林業の今

植林から育てた木を木材という商品にするまで、何十年もの時間がかかる林業は、その間に移《うつ》り変《か》わった社会の変化に大きな影響《えいきょう》を受けています。今、日本の林業はどのような状態《じょうたい》になっているのでしょうか。

下がる木材《もくざい》価格《かかく》と減《へ》る林家《りんか》

人工林にたくさん植えられているスギは、1975（昭和《しょうわ》50）年を最高に、毎年価格《かかく》が下がりつづけています。今では、伐採《ばっさい》したスギを売っても、その金額《きんがく》は、作業をする人に払《はら》う賃金《ちんぎん》にも足りないような状態《じょうたい》です。

アジア・太平洋戦争《たいへいようせんそう》の敗戦後、家や建物を再建《さいけん》するため、多くの木材が必要でした。1960年代には工業や建築業《けんちくぎょう》が発展《はってん》し、木材の価格《かかく》も上がりました。そのため、この時期は多くの地域《ちいき》で荒《あ》れた山にスギやヒノキの大規模《だいきぼ》な植林がおこなわれ、天然の森まで伐採《ばっさい》し、人工林に変えてしまうこともありました。

この時期に植林された木は、今では木材として使えるまでに育っていますが、その多くが伐採《ばっさい》されずに残っています。伐採《ばっさい》しても、作業に見合うだけの収入《しゅうにゅう》が得られないからです。そのため、林業で働く人は減《へ》りつづけ、放置される森林が増《ふ》えています。

▲間伐《かんばつ》などの手入れがされなかったため、地面に太陽の光が当たらず下草が生えていない。むきだしになった土壌《どじょう》からは土が流れ、根があらわれている。スギやヒノキの人工林は根が浅いので土砂《どしゃ》くずれが起きやすい。

スギ1m^3の価格《かかく》と伐採《ばっさい》作業者の賃金《ちんぎん》

1995年以降《いこう》、スギの1m^3の価格《かかく》は、伐採《ばっさい》作業者1人の1日の作業に払《はら》う平均賃金《へいきんちんぎん》より安くなっている。2004年、作業者に払《はら》う金額《きんがく》は1961年の15倍になり、一方、スギの価格《かかく》は半分以下になっている。

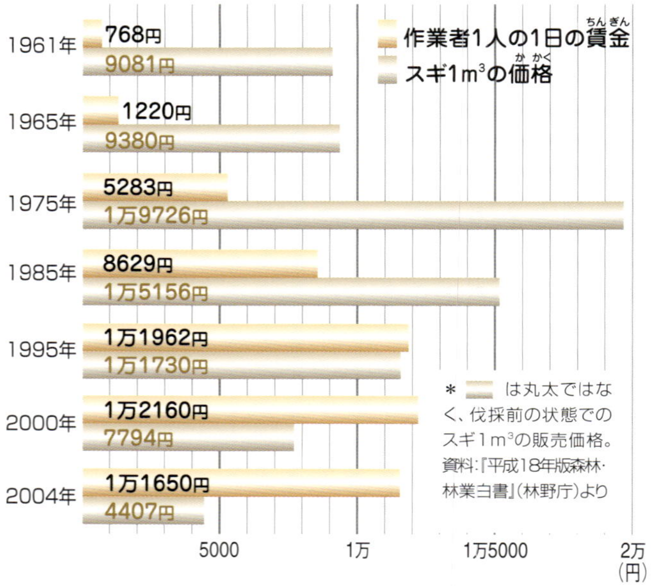

林業で働く人の数と65歳《さい》以上の人の割合《わりあい》

2000年の林業で働く人の数は1960年の約7分の1に減《へ》っている。65歳《さい》以上の人の割合《わりあい》は約5.6倍に増《ふ》えている。

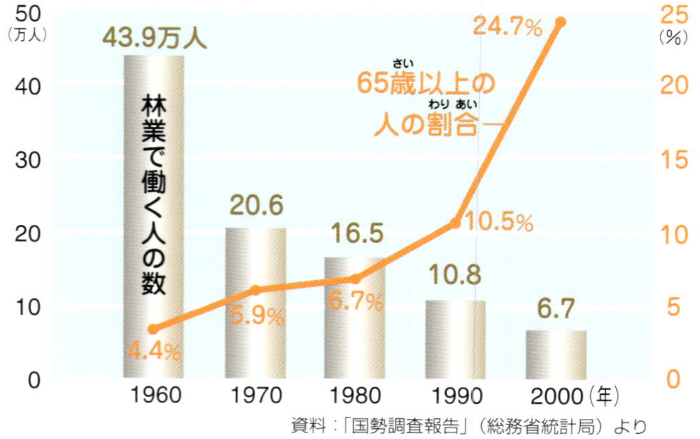

資料：「国勢調査報告」（総務省統計局）より

輸入材《ゆにゅうざい》の増加《ぞうか》

木は育てるのに長い時間がかかり、今足りないからといってすぐに生産できるものではありません。日本では、1960年代から急速に工業が発展《はってん》し、都市の人口が大きく増《ふ》えました。住宅《じゅうたく》や工場、商店、学校など多くの建物が建てられ、必要な木材の量も、どんどん増《ふ》えていきました。

しかし、国産材の生産量を急に増《ふ》やすことはできません。そこで、輸入《ゆにゅう》にたよる割合《わりあい》が大きくなっていきました。国内で使われる木材のうち、国産材の割合《わりあい》を「自給率《じきゅうりつ》」といいますが、1960（昭和《しょうわ》35）年に約87%あった自給率《じきゅうりつ》が、1970年には約半分の45%にまで下がり、2004年には約18%になっています。

輸入材《ゆにゅうざい》が広く使われるようになった大きな理由は、価格《かかく》が国産材より安いことです。また、日本の製材所《せいざいしょ》は小規模《しょうきぼ》なものが多く、住宅会社《じゅうたくがいしゃ》などが一度に同じ材料を大量に使いたくても、十分に用意できないなどの事情《じじょう》もありました。大きな貿易会社《ぼうえきがいしゃ》などが大量に輸入《ゆにゅう》する木材なら、こうした場合にも対応《たいおう》できます。

今では、輸入材《ゆにゅうざい》の増加《ぞうか》で木材の価格《かかく》が下がった結果、林業をはなれる人が多くなり、そのため国産材の生産量が減《へ》り、さらに輸入《ゆにゅう》にたよるという悪循環《あくじゅんかん》になっています。また、コンクリートなどを使った建物やプラスチック材料などが増《ふ》え、木材の需要《じゅよう》が減《へ》ったことも、国内の林業が力を失う原因《げんいん》になっています。

木材供給量《きょうきゅうりょう》と自給率《じきゅうりつ》の移《うつ》り変《か》わり

木材の需要《じゅよう》が増《ふ》えて、年間の供給量《きょうきゅうりょう》（使用量）が増加《ぞうか》した。そのため安い外国産の木材が大量に輸入《ゆにゅう》され、国産材の生産が減少《げんしょう》した。1960年には87%だった自給率《じきゅうりつ》は2004年には約18%に下がっている。

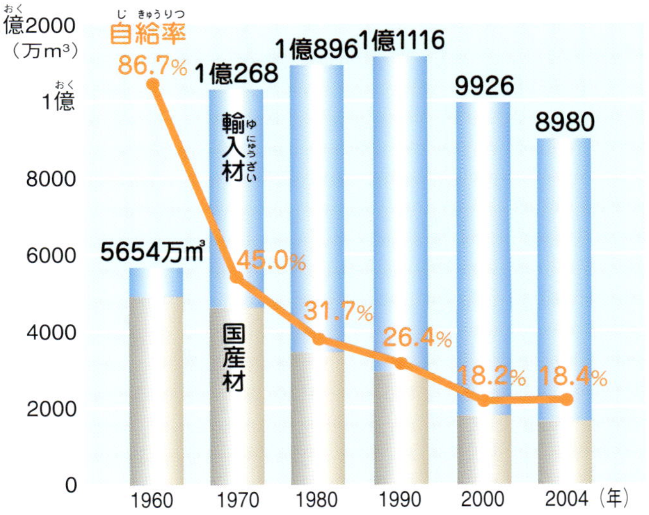

＊データは用材（製材用、パルプ・チップ用、合板用など。しいたけ原木と薪炭用はふくまず）の供給量を丸太の量に換算したもの。
資料：「木材需給表」『平成18年版森林・林業白書』（林野庁）より

木材の輸入先《ゆにゅうさき》

森林の多い国を中心に世界のさまざまな国から、木材を輸入《ゆにゅう》している。

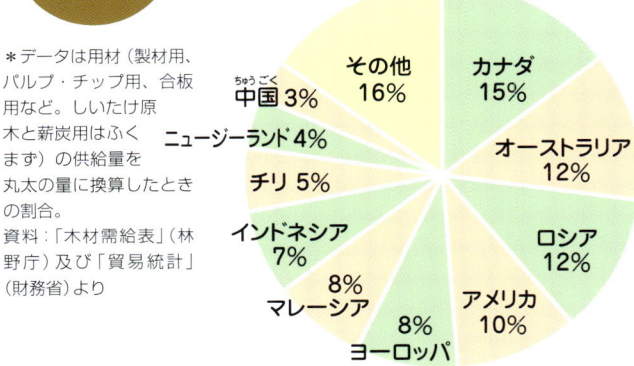

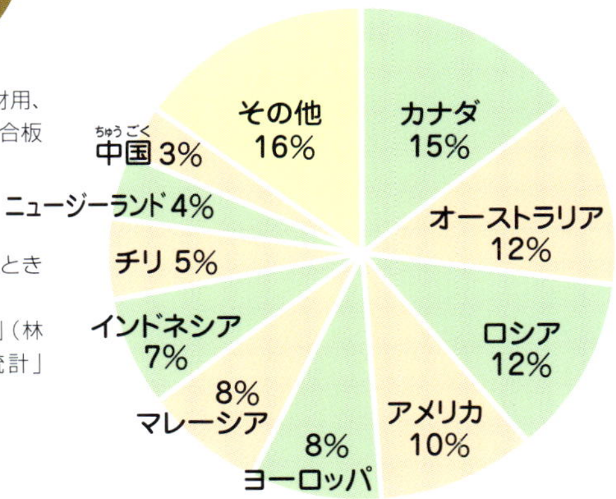

＊データは用材（製材用、パルプ・チップ用、合板用など。しいたけ原木と薪炭用はふくまず）の供給量を丸太の量に換算したときの割合。
資料：「木材需給表」（林野庁）及び「貿易統計」（財務省）より

▼海外から運ばれた丸太は海のなかの貯木場《ちょぼくじょう》に保管《ほかん》される。

◀合板《ごうはん》用に海外から丸太で輸入《ゆにゅう》される木材。輸入材《ゆにゅうざい》は製紙《せいし》用のパルプ・チップがもっとも多く半数近くをしめている。ついで製材品《せいざいひん》、丸太、合板《ごうはん》用となっている。現在《げんざい》、丸太の輸出《ゆしゅつ》を禁止《きんし》する国が増《ふ》えていて、合板《ごうはん》用の板での輸入《ゆにゅう》が増《ふ》えている。

広がる木材の利用

日本で使われる木材は長い間、柱や板に使われる製材《せいざい》用が中心でしたが、板や角材を加工してつくる集成材《しゅうせいざい》などの利用も広がってきました。さらに、廃材《はいざい》や木くずを利用した新しい素材《そざい》もつくられています。

日本の気候に合った木造建築《もくぞうけんちく》

日本の家が昔から木でつくられていたのは、木材が手に入りやすかっただけでなく、木の家が日本の気候に合っていたからです。木材には湿度《しつど》が高くなると空気中の水分を吸収《きゅうしゅう》し、乾燥《かんそう》するとその水分をはき出す性質《せいしつ》があります。つまり、湿度《しつど》が高くじめじめした夏には、その不快感《ふかいかん》をやわらげ、乾燥《かんそう》した冬には空気にうるおいをあたえてくれるのです。このほか、木材には衝撃《しょうげき》をやわらげる働きがあるため、足が疲《つか》れにくいという特徴《とくちょう》もあります。また、熱を伝えにくいため、外から伝わる暑さや寒さをやわらげるなど、いろいろなよい点があります。

こうした木の性質《せいしつ》や、人の心を落ち着かせ、やすらぎをあたえる効果《こうか》が改めて見直され、コンクリートの建物が多かった学校や公共の施設《しせつ》にも、木造建築《もくぞうけんちく》が増《ふ》えてきています。

木造建築《もくぞうけんちく》の長所

やすらぎを感じさせる

木の香《かお》りや色、質感《しつかん》などが、人の心にやすらぎをあたえる。

衝撃《しょうげき》をやわらげる

コンクリートなどの床《ゆか》にくらべ、木の床《ゆか》には弾力性《だんりょくせい》があるので、足が疲《つか》れにくく、転んだ場合もけがが軽い。

湿度《しつど》を調整する

木には、湿度《しつど》が高ければ水分を吸収《きゅうしゅう》し、乾燥《かんそう》すれば水分をはき出す働きがあり、家のなかの湿度《しつど》を適度《てきど》に調節する。

熱を伝えにくい

木は熱を伝えにくいため、暑さや寒さをやわらげる効果《こうか》がある。寒い日でも、木の床《ゆか》なら足元からの冷たさをそれほど感じない。

▶ろう下には太い木の柱が使われている。

▼岩手《いわて》県遠野《とおの》市立青笹《あおざさ》小学校は、地元遠野《とおの》市のカラマツの集成材《しゅうせいざい》を使い、校舎《こうしゃ》、体育館、屋根付きプールが木材でつくられた。

新しい木材

板や角材をはり合わせてつくる集成材《しゅうせいざい》は、木の強さや、ゆがみやすい方向などを調整しながら加工されるので、平均《へいきん》した強さとゆがみにくい性質《せいしつ》をもっています。また、何枚《なんまい》もはり合わせてつないでいくことで、一本の木からはとれないような大きな板や角材をつくることもできます。集成材《しゅうせいざい》が開発されたことで、自動車の重さをささえる木造《もくぞう》の橋や、体育館や巨大《きょだい》なドームなど、大きな木造《もくぞう》の建物もつくれるようになりました。

化学的に処理《しょり》することで、ぬれてもくさりにくい木材や、燃《も》えにくい木材などもつくられています。たとえば、水分を吸収《きゅうしゅう》しにくい樹脂《じゅし》を木材に注入すると、木のなかの水分が減《へ》り、くさりにくくなるので、木の橋やウッドデッキなど、屋外の施設《しせつ》にも利用できます。

木の利用法を広げる取り組み

板や角材をつくるときむだになる部分や、一度使用された廃材《はいざい》、間伐材《かんばつざい》などを利用した木材もあります。小さくきざんだ木のチップを、接着材《せっちゃくざい》で固め、圧縮《あっしゅく》してつくる「パーティクルボード」は、住宅《じゅうたく》の床《ゆか》や天井《てんじょう》、家具などに使われています。

また、木の成分からつくる「木質《もくしつ》プラスチック」は、石油製《せきゆせい》プラスチックのように加工しやすく、しかもゴミにならずに土にかえるので、環境《かんきょう》にやさしい素材《そざい》として注目されています。

小枝《こえだ》や樹皮《じゅひ》、木くずやおがくずなどから、「ペレット」とよばれる燃料《ねんりょう》もつくられています。まず、材料になる木を細かくくだき、おが粉《こ》とよばれる粉にします。この粉を固め、長さ約15mmの細長い粒《つぶ》にしたものがペレットです。ボイラーやストーブなどの燃料《ねんりょう》に使われ、ペレット用のストーブなども販売《はんばい》されています。あまった木を利用できるので、伐採《ばっさい》などの作業をする森林組合や、住宅《じゅうたく》用木材を加工するプレカット工場などで、ペレットを製造《せいぞう》する取り組みがはじまっています。

▼自動車が通れる木造《もくぞう》の橋、新潟《にいがた》県村上《むらかみ》市の八幡《やわた》橋。地元山北《さんぼく》地区産のスギの集成材《しゅうせいざい》を多く使い完成した。木造《もくぞう》のアーチが、やさしく暖《あたた》かみのある雰囲気《ふんいき》をつくっている。橋の中央には下の川をながめられる休息スペースがある。

ペレットができるまで

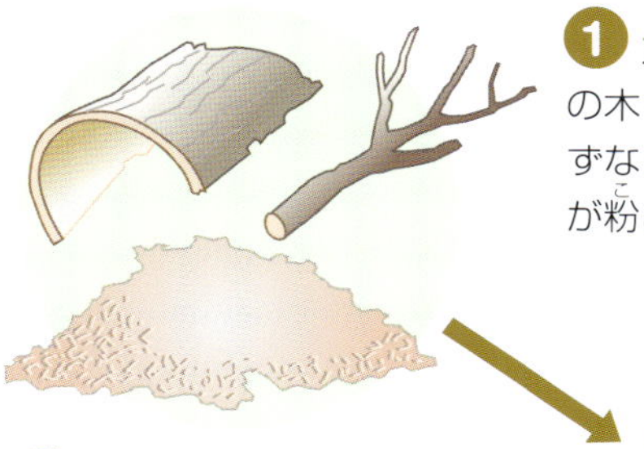

1 丸太を製材《せいざい》したときなどの木くず、樹皮《じゅひ》、枝《えだ》、おがくずなどを細かくくだいて、おが粉《こ》という粉をつくる。

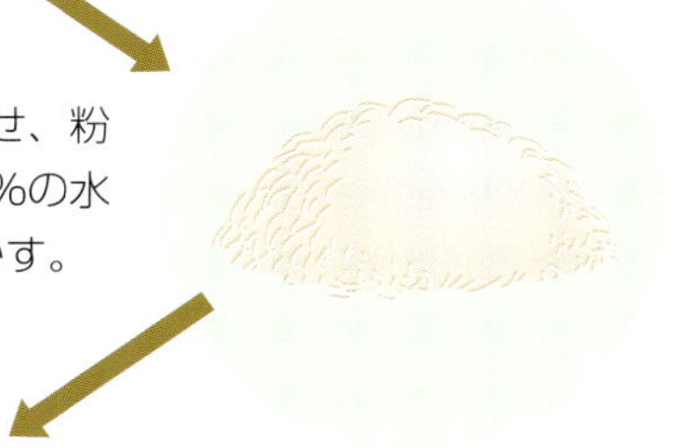

2 できたおが粉《こ》を乾燥《かんそう》させ、粉にふくまれている50～70%の水分が約20%になるまで乾《かわ》かす。

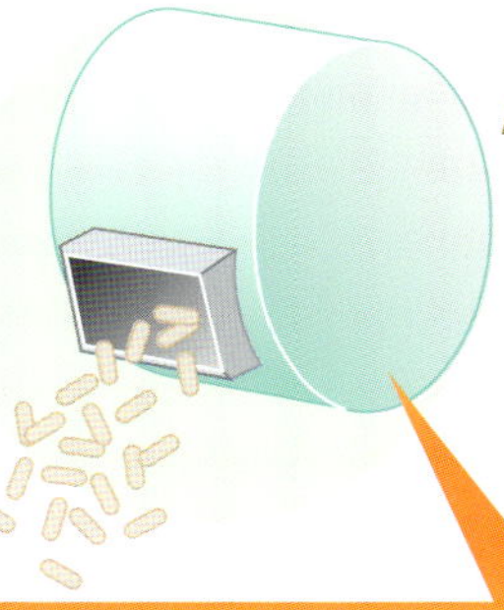

3 圧縮機《あっしゅくき》でおが粉《こ》に高温・高圧《こうあつ》を加え、冷やすと、細長い粒状《つぶじょう》のペレットになる。

ペレット

◀岩手《いわて》県のけせんプレカット事業協同組合がつくったペレット工場の圧縮成形機《あっしゅくせいけいき》。

環《かん》境《きょう》を守る林業

森林には、木材を生産する以外にもさまざまな働きがあり、国土や環境《かんきょう》を守るために大切な役割《やくわり》を果たしています。今、林業は森林を管理する技術《ぎじゅつ》を生かし、環境《かんきょう》を守る産業へとすがたを変えつつあります。

森林の働き

国土の約70%をしめる森林は、日本の自然環境《しぜんかんきょう》を形づくる大きな要素《ようそ》です。森林を管理し、育てていく林業は、森林のもつさまざまな働きを守る産業でもあります。

森林には、まず水をたくわえる働きがあります。地面には、落ち葉や枯《か》れ枝《えだ》などの有機物《ゆうきぶつ》がたくさんあり、この有機物《ゆうきぶつ》を分解《ぶんかい》する微生物《びせいぶつ》の働きによって土は、やわらかく、栄養豊富《えいようほうふ》なものになります。森林に降《ふ》った雨は、やわらかい土にゆっくりとしみこみ、いくつもの土の層《そう》を通る間にゴミやよごれが取りのぞかれ、多くの栄養分をふくんだきれいな水になります。

また、森の木々は、地中に根をはり、葉や枝《えだ》で地面をおおうことで、土が雨で流れだしたり、風で飛び散るのをふせぎます。土砂《どしゃ》くずれなどの災害《さいがい》も減《へ》らします。

さらに、森林は地球温暖化《ちきゅうおんだんか》の原因《げんいん》となる二酸化炭《にさんかたん》素《そ》を吸収《きゅうしゅう》し、地球環境《ちきゅうかんきょう》を守っています。植物は光合《こうごう》成《せい》（170ページ参照）によって、空気中の二酸化炭《にさんかたん》素《そ》を吸収《きゅうしゅう》し、酸素《さんそ》をつくっているからです。このほか、多くの生き物のすみかとなるだけでなく、美しい景色や木かげのすずしさをつくりだし、人々にやすらぎをあたえる場にもなっています。

森林の働き

人にやすらぎをあたえたり レクリエーションの場になる

森林は、豊《ゆた》かな緑につつまれた美しい景色をつくり、人が自然とふれあい、自然から学ぶ場として、人々の生活にうるおいをあたえている。

生き物の すみかになる

草や木の葉、樹液《じゅえき》などを食べる昆虫《こんちゅう》や小動物、それらをえさにする鳥や肉食動物などがくらす場になる。

暑さを やわらげる

植物には、葉から水分を蒸発《じょうはつ》させ、暑さをやわらげる働きがある。森林は、心地よいすずしさをつくりだす。

土砂《どしゃ》くずれなどの 災害《さいがい》をふせぐ

木が地中にしっかりと根をはり、土砂災害《どしゃさいがい》をふせぐ。また、下草などが地面をおおうことで、土を守る。

水をたくわえ 洪水《こうずい》をふせぐ

森林の土は、多くの水を吸収《きゅうしゅう》し、豊《ゆた》かな地下水をつくる。雨水を吸収《きゅうしゅう》することで、洪水《こうずい》などの災害《さいがい》をふせぐ役割《やくわり》もある。

二酸化炭素《にさんかたんそ》を吸収《きゅうしゅう》し 環境《かんきょう》を守る

光合成《こうごうせい》によって、地球温暖化《ちきゅうおんだんか》の原因《げんいん》となる空気中の二酸化《にさんか》炭素《たんそ》を吸収《きゅうしゅう》する森林は、環境《かんきょう》を守るために大切な役割《やくわり》を果たしている。

環境《かんきょう》を守る林業へ

2004年の国産の木材の生産量を見ると、84%がスギ、ヒノキなどの針葉樹《しんようじゅ》です。これはアジア・太平洋戦争《たいへいようせんそう》後から1960年代までつづいた大規模《だいきぼ》な植林が、柱や板などの製材品《せいざいひん》に適《てき》した、スギやヒノキなどまっすぐにのびていく針葉樹《しんようじゅ》を育てる目的でおこなわれた結果です。

同じ種類の針葉樹《しんようじゅ》だけを育てる人工林は、さまざまな木や草が育つ広葉樹《こうようじゅ》の天然林にくらべ、そこにくらす生き物の種類が非常《ひじょう》に少なくなります。

また、自然の森にくらべ、木と木の間隔《かんかく》がせまいので、間伐《かんばつ》などの手入れをしないと、太陽の光や土の栄養分がいきわたらず、やせ細った力のない木になってしまいます。こうして木が弱ると、二酸化炭素《にさんかたんそ》を取りこむ力や、根をはる力も弱り、森林の果たす役割《やくわり》も低下してしまいます。

木材を生産する人工林では、間伐《かんばつ》などの手入れをし、生長した木を伐採《ばっさい》し、新しい木を植えることが森林を守ることにつながります。木を切らず、そのまま放置すれば、森林は荒《あ》れてしまいます。

最近では、植林した針葉樹《しんようじゅ》だけを育てるのではなく、自然に生えてくる広葉樹《こうようじゅ》やシダ類なども残し、自然の森林に近い形の環境《かんきょう》を考えた林業が求められています。

◀写真左上はスギの人工林。ほかの広葉樹《こうようじゅ》などは伐採《ばっさい》され、スギだけの森林になっている。写真左は、広葉樹《こうようじゅ》を残し、針葉樹《しんようじゅ》と広葉樹《こうようじゅ》の混《ま》ざった「針広混交林《しんこうこんこうりん》」。

環境《かんきょう》を考えた森林づくり

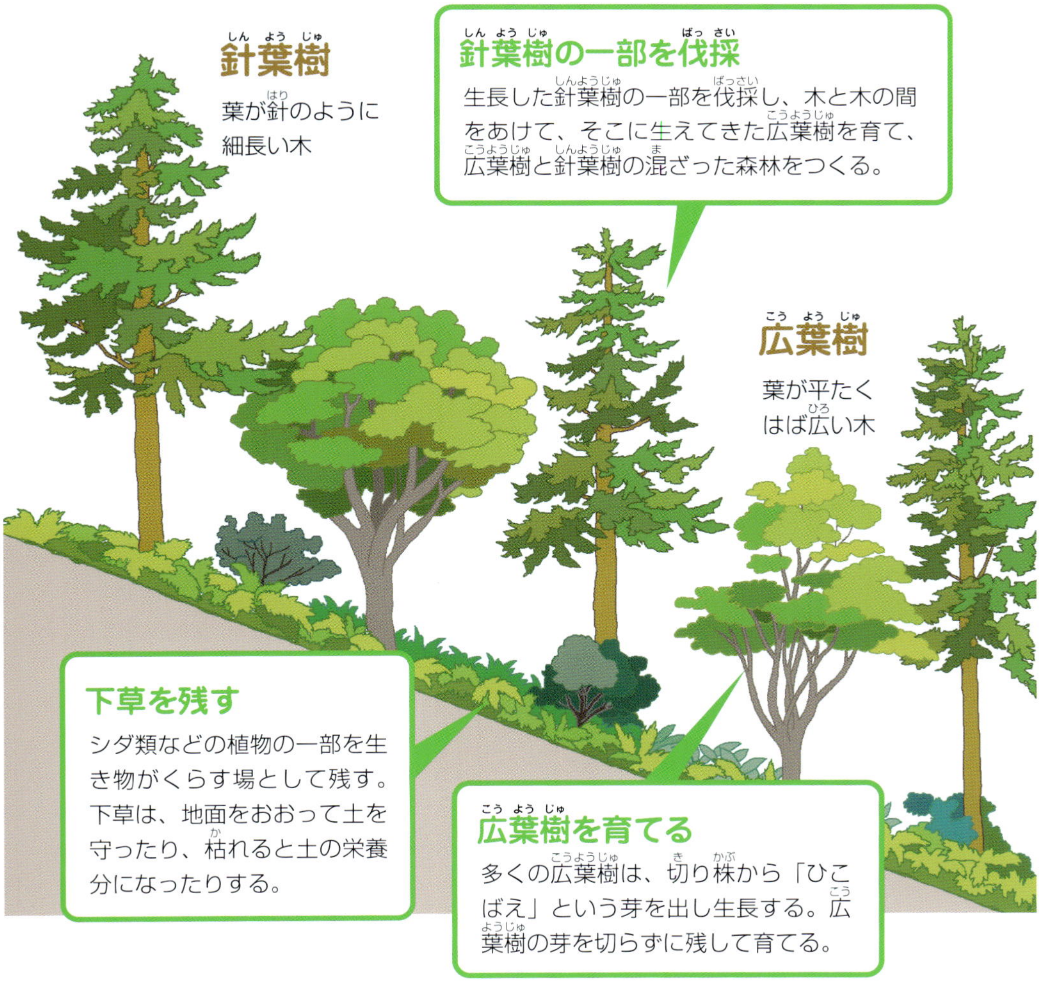

FSC《エフエスシー》ロゴマーク

国際的《こくさいてき》な組織《そしき》「森林管理協議会《しんりんかんりきょうぎかい》(FSC《エフエスシー》)」が、環境《かんきょう》のことを考えた植林や、計画的な森林管理などの条件《じょうけん》を満たしていると認《みと》めた森林に認証《にんしょう》をあたえ、そこからとれる木材やその木材を使った製品《せいひん》であることを証明《しょうめい》するマーク。日本では2006年現在《げんざい》、24か所の森林が認《みと》められている。

さまざまな林産物

木材だけではない森の恵《めぐ》み

日本では、昔から森林の木を炭にして燃料《ねんりょう》にしたり、きのこや山菜、木の実などをとったりして、木材以外にもさまざまに森林を利用してきました。

森の恵《めぐ》みを生かし増《ふ》やす

森の恵《めぐ》みには、きのこや山菜、たけのこなど、いろいろなものがあります。森林から得られる木材以外の生産物を「特用林産物《とくようりんさんぶつ》」とよんでいます。燃料《ねんりょう》として使われる木炭や、竹細工などに利用される竹類、漆器《しっき》に欠かせないうるしなども、特用《とくよう》林産物《りんさんぶつ》にふくまれます。

特用林産物《とくようりんさんぶつ》の約８割《わり》が、しいたけなどのきのこ類です。はじめは山中から採取《さいしゅ》していたきのこですが、しだいに栽培《さいばい》できるようになり、人の手で増《ふ》やせるようになりました。このほか、山菜やたけのこ、水がきれいなところでしか育たないわさびなども、森林のなかで育てられています。

特用林産物《とくようりんさんぶつ》の生産は、山村でくらす人々にとって大切な産業です。林業で働く人が減《へ》り、荒《あ》れた森林が増《ふ》えている今、特用林産物《とくようりんさんぶつ》を、多くの人に知ってもらい、積極的《せっきょくてき》に利用しようという取り組みが広がってきています。

▼鹿児島《かごしま》県知覧《ちらん》町の女性林業グループ「りんどう」では、わらび、ふきなどを植えつけ、収穫《しゅうかく》し、佃《つくだ》煮《に》などに加工して販売《はんばい》している。

▲特用林産物《とくようりんさんぶつ》を広く知ってもらうため、山梨《やまなし》県北都留《きたつる》森林組合が開催《かいさい》した「やまなし特用林産《とくようりんさん》フェア」。県内で生産されるさまざまなきのこの展示《てんじ》や販売《はんばい》、どんぐりを使った工作教室、きのこ汁《じる》の試食などをおこなった。

◀陸《りく》のあわびともいわれる高級きのこ「しらふじたけ」の栽培《さいばい》に成功し、町の特産品として販売《はんばい》。

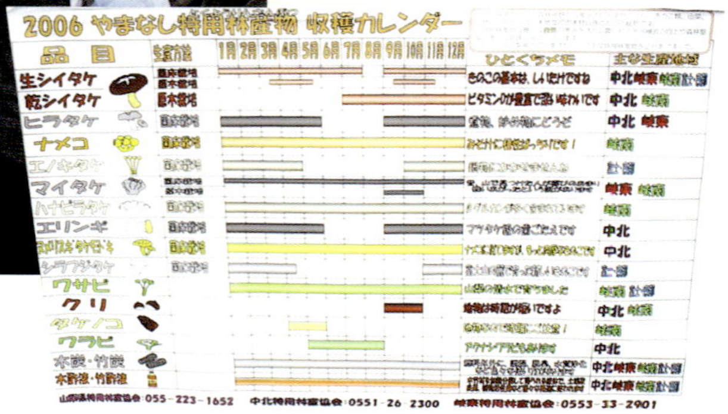

▲山梨《やまなし》県でとれる特用林産物《とくようりんさんぶつ》カレンダー。木材以外からの収入《しゅうにゅう》をいかに増《ふ》やしていくかが、山村の農林業を活発にするかぎとなる。

7章

農業と環《かん》境《きょう》

農業には自然を守っていく力があります。
一方でやり方をまちがえると、自然を破《は》壊《かい》する原《げん》因《いん》にもなります。
自然と調《ちょう》和《わ》した農業をおこなっていくには、
どうすればよいのでしょうか？

土の役割《やくわり》

作物は、土から栄養素《えいようそ》を取りこみ、光合成《こうごうせい》によって自《みずか》ら生長に必要な炭水化物などの養分をつくりだします。米も野菜もくだものも、土を基本《きほん》にしてつくられます。土は農業にどんな役割《やくわり》を果たしているのか、見てみましょう。

作物はどのように育つのか

世界各地でさまざまな植物が、作物として栽培《さいばい》されています。地域《ちいき》ごとに作物の特色がちがうのはなぜでしょうか。それは、その土地の気候や土壌《どじょう》に合った作物が選ばれているからです。

土には植物が生きていくのに必要な栄養素《えいようそ》がふくまれています。その栄養素《えいようそ》は、生き物の死がいや落ち葉、枯《か》れ枝《えだ》などの有機物《ゆうきぶつ》が、土のなかの微生物《びせいぶつ》によって分解《ぶんかい》されてできます。植物は地中に根を広げ、栄養素《えいようそ》や水を土から得ているのです。

また、植物は葉にある「葉緑体」で、太陽の光エネルギーを利用した「光合成《こうごうせい》」をおこない、大気中の二酸化炭素《にさんかたんそ》と土から吸収《きゅうしゅう》した水で、でんぷんなどの炭水化物をつくって生長します。

このように、土と太陽の光は、植物の生長に欠かせないものです。

▲パイナップルの畑(左)とさつまいもの畑(右)。作物によって、必要な栄養素《えいようそ》の量や種類、水の量などがちがうので、適《てき》した土がことなる。

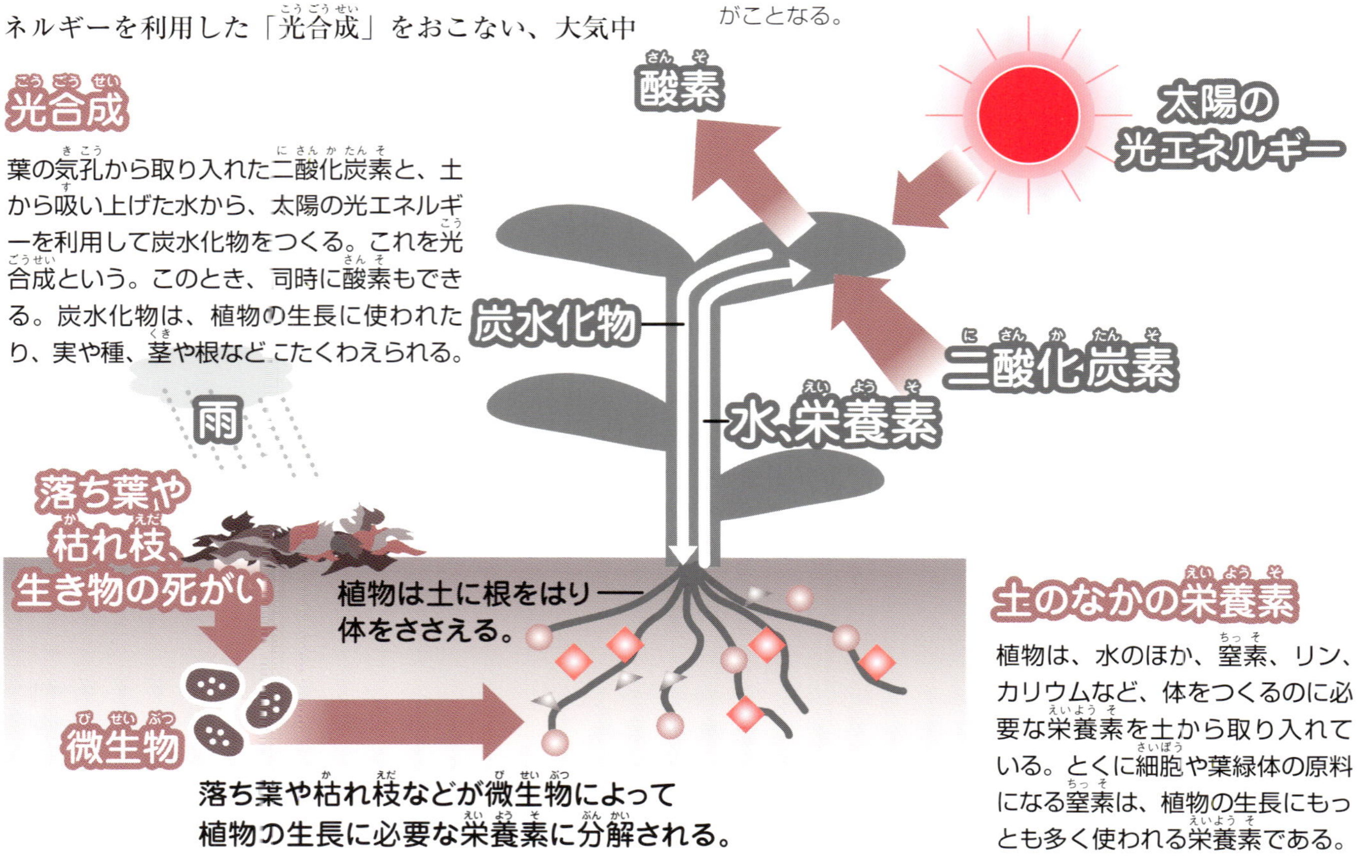

光合成《こうごうせい》

葉の気孔《きこう》から取り入れた二酸化炭素《にさんかたんそ》と、土から吸《す》い上げた水から、太陽の光エネルギーを利用して炭水化物をつくる。これを光合成《こうごうせい》という。このとき、同時に酸素《さんそ》もできる。炭水化物は、植物の生長に使われたり、実や種、茎《くき》や根などにたくわえられる。

土のなかの栄養素《えいようそ》

植物は、水のほか、窒素《ちっそ》、リン、カリウムなど、体をつくるのに必要な栄養素《えいようそ》を土から取り入れている。とくに細胞《さいぼう》や葉緑体の原料になる窒素《ちっそ》は、植物の生長にもっとも多く使われる栄養素《えいようそ》である。

よい土とは

作物が育つのによい土とは、空気、水、栄養素《えいようそ》の三要素《さんようそ》を適度《てきど》にふくんだ土です。たとえば、土の粒《つぶ》が大きすぎると、粒《つぶ》と粒《つぶ》のすき間に入った水は、そのまま下にしみこんでしまい、水をたくわえることができません。逆《ぎゃく》に、粒《つぶ》が細かくぎっしりつまっていると、水はけが悪く、根がくさりやすくなります。

空気、水、栄養素《えいようそ》を適度《てきど》にふくんだ土を調べてみると、小さな土の粒《つぶ》がかたまりをつくっています。これを「団粒構造《だんりゅうこうぞう》」といいます。団粒構造《だんりゅうこうぞう》の土では、土のかたまりとかたまりのすき間が、空気や水の通り道や、栄養素《えいようそ》をたくわえる場所、さらに有機物《ゆうきぶつ》を分解《ぶんかい》する微生物《びせいぶつ》のすみかになります。

作物を育てるには、このような団粒構造《だんりゅうこうぞう》の土が適《てき》しています。そのため、田畑を耕《たがや》したり、堆肥《たいひ》などの肥料《ひりょう》を定期的に土に混《ま》ぜたりして、土づくりをおこなうのです。

土は生きている

1gの土のなかにいる微生物《びせいぶつ》の数は、数千万～数《すう》億《おく》以上といわれています。これらの微生物《びせいぶつ》が落ち葉や枯《か》れ枝《えだ》などの有機物《ゆうきぶつ》を分解《ぶんかい》し、窒素《ちっそ》、リン、カリウムなど、植物の生長に必要な栄養素《えいようそ》をつくっています。植物は窒素《ちっそ》を空気から直接《ちょくせつ》取りこむことができず、土のなかの微生物《びせいぶつ》の働きによってできる窒素《ちっそ》化合物《かごうぶつ》の形で取りこんでいます。また、根粒菌《こんりゅうきん》などの微生物《びせいぶつ》は、植物の根に入りこみ、窒素化合物《ちっそかごうぶつ》をつくりだします。

もっと大きな土壌動物《どじょうどうぶつ》も、土を豊《ゆた》かにし、作物の生長を助けます。ダンゴムシは落ち葉を食べ、落ち葉の栄養分をふくむ糞《ふん》をします。糞《ふん》にされたことで、落ち葉は微生物《びせいぶつ》によって分解《ぶんかい》されやすくなります。また、ミミズも土を食べて、直径2～3mmの粒状《つぶじょう》の糞《ふん》をし、土をやわらかくします。

このように、微生物《びせいぶつ》からミミズまで、多くの生き物がバランスよく土のなかでくらしていることが、よい土の条件《じょうけん》なのです。

団粒《だんりゅう》構造《こうぞう》

よい土を拡大《かくだい》してみると、団粒《だんりゅう》とよばれる土のかたまりが無数にあります。団粒《だんりゅう》と団《だん》粒《りゅう》のすき間には水や空気があり、微生物《びせいぶつ》がすみやすい環境《かんきょう》になっています。

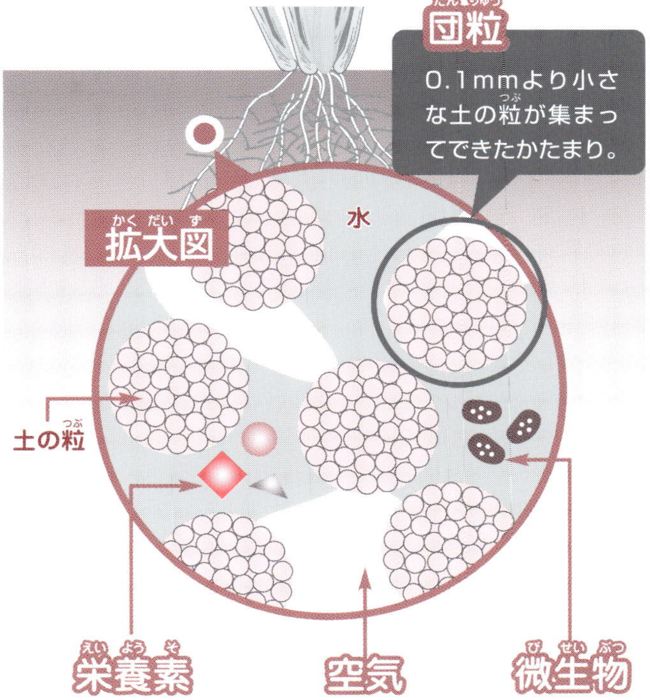

栄養素《えいようそ》は微生物《びせいぶつ》が有機物《ゆうきぶつ》を分解《ぶんかい》することによってつくられる。

団粒《だんりゅう》のすき間が水と空気の通り道。

水と空気が十分にあると、活発に活動する。

作物の生長を助ける生き物

ミミズ

土を耕《たがや》す生き物として知られ、ミミズが多い土は、よい土といわれる。土を食べ糞《ふん》として出すので、土がやわらかくなる。雨水などをよく吸《す》いこみ、しかも水はけのよい土になる。

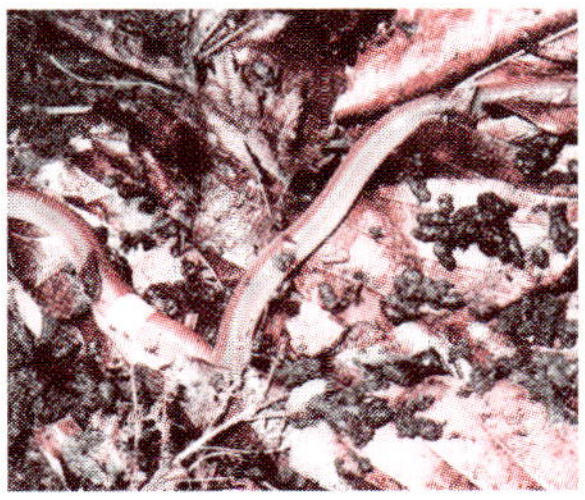

▲落ち葉を食べるミミズ。

▼大豆《だいず》の根にできた根粒《こんりゅう》。

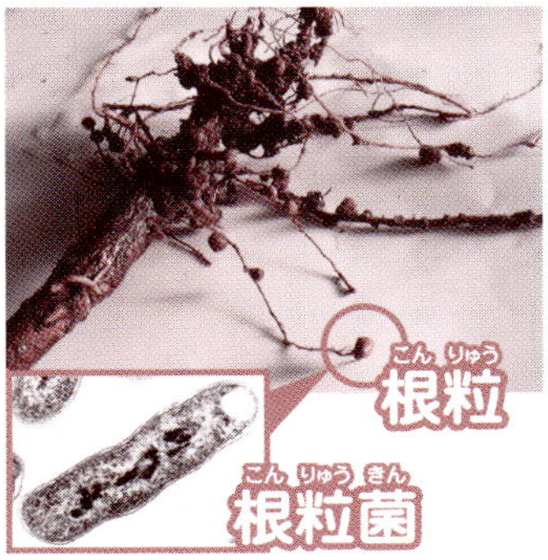

根粒菌《こんりゅうきん》

おもにマメ科の植物の根に入りこみ、「根粒《こんりゅう》」というこぶをつくってすむ。空気から窒素《ちっそ》を取りこみ、植物が吸収《きゅうしゅう》できる形に変えて植物にあたえる。菌《きん》は、植物からエネルギーになる糖《とう》分《ぶん》を得ている。

農薬の役割《やくわり》と害

作物を育てるには、さまざまな病気のほか、作物を食い荒《あ》らしたり、病原菌《びょうげんきん》を運んでくる害虫や土の栄養分を吸《す》いとる雑草《ざっそう》をふせぐ必要があります。農薬はそれらの害から作物を守るのに、大きな役割《やくわり》を果たしています。

農薬の役割《やくわり》と影響《えいきょう》

現在一般《げんざいいっぱん》に「農薬」とよばれている化学農薬がつくられはじめたのは、1940～1944年ごろからです。1938年にスイスで、DDT《ディーディーティー》という化合物がもつ強い殺虫効果《さっちゅうこうか》が発見され、害虫や病原菌《びょうげんきん》、雑草《ざっそう》を殺す農薬が、化学的につくられるようになりました。

日本に化学農薬が入ってきたのは、おもにアジア・太平洋戦争後、1946（昭和《しょうわ》21）年以降《いこう》のことです。農薬のない時代、害虫を殺し雑草《ざっそう》を取りのぞくのは、たいへん手間のかかる仕事でした。農薬を使えば、この苦労が減《へ》り、しかも収穫量《しゅうかくりょう》を上げることができたのです。現在《げんざい》、私たちが毎日値段《ねだん》の安い野菜やくだものを食べることができるのも、農薬によって大量に生産できるようになったからです。

しかし、初期の農薬には毒性《どくせい》が強く、人間の健康や環境《かんきょう》に害をあたえるものも混《ま》じっていました。

1962年には、アメリカの科学ジャーナリスト、レイチェル・カーソンが『沈黙《ちんもく》の春』という本を出版《しゅっぱん》しています。そのなかでカーソンは、農薬による直接《ちょくせつ》の害だけでなく、農薬が自然の力では分解《ぶんかい》されにくく、大気や水に蓄積《ちくせき》されていくことで、より広く、長期にわたって、生き物の命や自然環境《かんきょう》に影響《えいきょう》をあたえていくことを警告《けいこく》しています。

日本でも、1960年代に農薬を使って作業した人が中毒死するなどの問題が起きたため、多くの農薬が使用禁止《しようきんし》になりました。その結果、1971（昭和《しょうわ》46）年からは、安全性《あんぜんせい》についてきびしい検査《けんさ》が義務《ぎむ》づけられるようになり、現在《げんざい》では、さまざまな安全性試験《あんぜんせいしけん》をクリアした農薬しか使用できないようになっています。

農薬が環境《かんきょう》にあたえる影響《えいきょう》

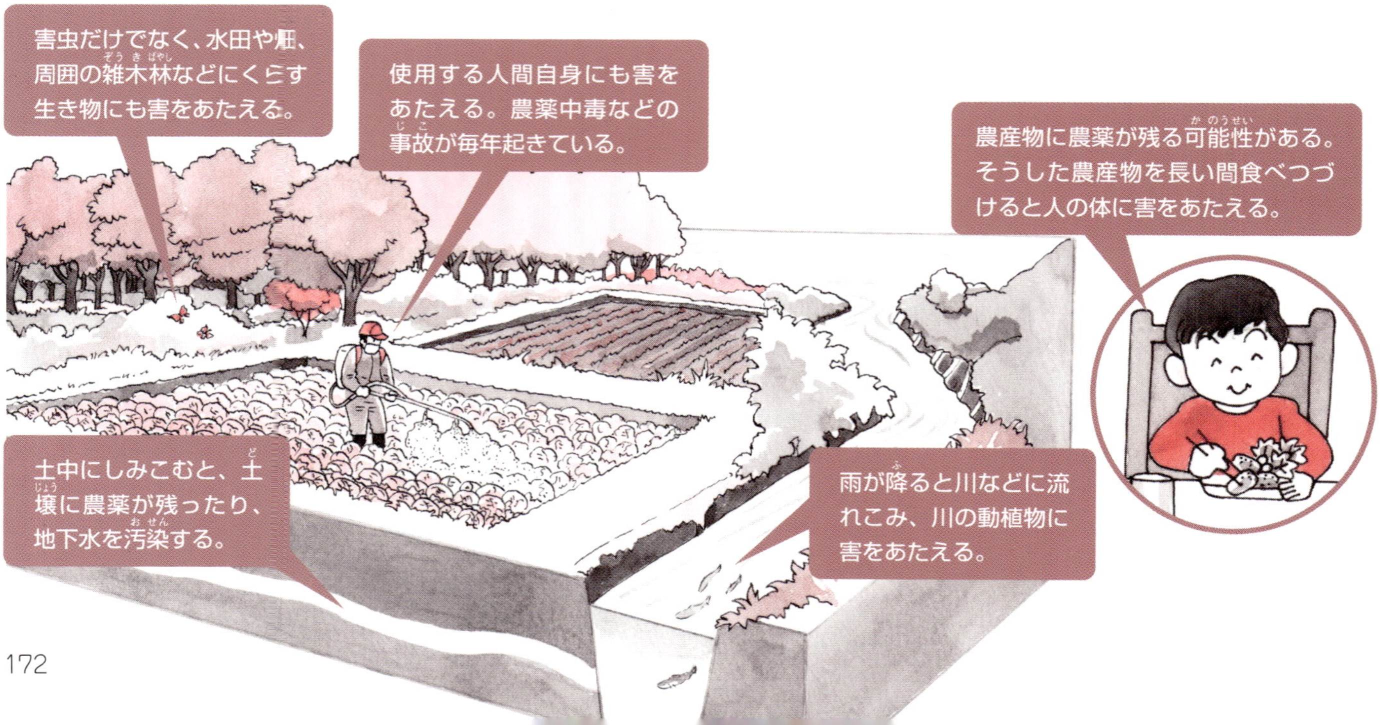

害虫だけでなく、水田や畑、周囲の雑木林《ぞうきばやし》などにくらす生き物にも害をあたえる。
使用する人間自身にも害をあたえる。農薬中毒などの事故《じこ》が毎年起きている。
農産物に農薬が残る可能性《かのうせい》がある。そうした農産物を長い間食べつづけると人の体に害をあたえる。
土中にしみこむと、土《ど》壌《じょう》に農薬が残ったり、地下水を汚染《おせん》する。
雨が降《ふ》ると川などに流れこみ、川の動植物に害をあたえる。

現在《げんざい》使われている農薬

農薬として登録されている薬剤《やくざい》には、大きく分けて、害虫を殺す「殺虫剤《さっちゅうざい》」、病原菌《びょうげんきん》をふせぐ「殺菌《さっきん》剤《ざい》」、雑草《ざっそう》を取りのぞく「除草剤《じょそうざい》」があります。

殺虫剤《さっちゅうざい》は、害虫が薬にふれたり、薬のまかれた植物を食べることによって効果《こうか》があらわれます。また、化学農薬のかわりに害虫を食べる天敵《てんてき》などを利用して害虫を駆除《くじょ》する生物農薬というものもあります。

殺菌剤《さっきんざい》には病原菌《びょうげんきん》を殺すもののほか、作物の抵抗《ていこう》力《りょく》を高め、病気にかかりにくくするものがあります。

除草剤《じょそうざい》には、除草剤《じょそうざい》が付着した植物をすべて枯《か》らすものと、特定の雑草《ざっそう》だけを枯《か》らすものがあります。雑草《ざっそう》が芽を出す前に土にまいて、生長させないようにするものもあります。

現在《げんざい》使われている農薬の多くは、液体《えきたい》の薬剤《やくざい》を水でうすめて使うものと、粉や粒状《つぶじょう》の薬剤《やくざい》をそのまま使うものです。液体《えきたい》なら霧吹《きりふ》き、粉や粒《つぶ》なら扇風機《せんぷうき》のようなしくみの散布機《さんぷき》を使って、田や畑にまきます。散布《さんぷ》の時期や回数などは、作物ごとに決められていますが、現在《げんざい》は散布《さんぷ》する量や回数を少なくする傾向《けいこう》があります。

農薬の種類と出荷量の割合《わりあい》

出荷されている農薬の約70%が、害虫と病原菌《びょうげんきん》をふせぐためのもの。とくに殺虫剤《さっちゅうざい》が多いことから、害虫の被害《ひがい》が大きいことがわかる。

＊殺虫殺菌剤《さっちゅうさっきんざい》は殺虫成分と殺《さっ》菌成分《きんせいぶん》を合わせもつもの。その他にはネズミ類に対する「殺《さっ》そ剤《ざい》」、作物の生長を促進《そくしん》したり抑《よく》制《せい》したりする「植物《しょくぶつ》成長調整剤《せいちょうちょうせいざい》」などがふくまれる。

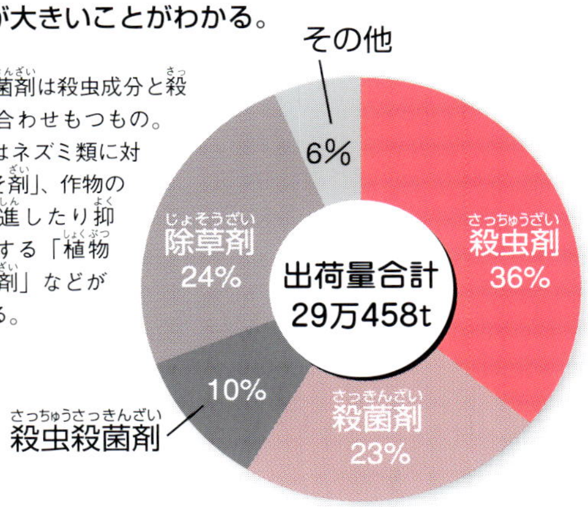

2003年の統計：『農薬要覧2004』（社団法人日本植物防疫協会）より

農薬を使用しなかった場合の作物減収率《さくもつげんしゅうりつ》

農薬を散布《さんぷ》した地区の収穫率《しゅうかくりつ》を100とした場合、どれだけ収穫《しゅうかく》が減《へ》るかをあらわしたグラフ。作物によって農薬の効果《こうか》はことなるが、収穫《しゅうかく》量《りょう》を上げるために、農薬が役立っていることがわかる。

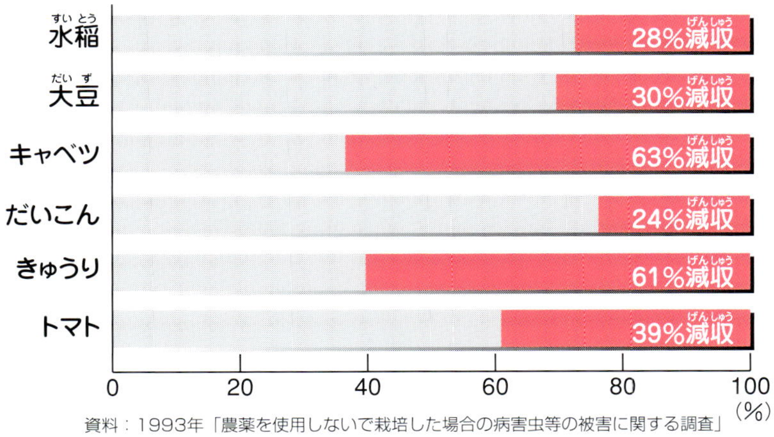

資料：1993年「農薬を使用しないで栽培した場合の病害虫等の被害に関する調査」（社団法人日本植物防疫協会）より

これからの農薬の使い方

現在《げんざい》、日本の農薬の安全性《あんぜんせい》に対する基準《きじゅん》は、以前よりずっときびしくなっています。それでも農薬などの化学物質《かがくぶっしつ》が、生き物や環境《かんきょう》にあたえる影響《えいきょう》について、すべてわかっているわけではありません。また、外国では日本で危険《きけん》とされている農薬が使われている場合もあります。

最近は食品の安全性《あんぜんせい》に対する意識《いしき》が高まり、農産物に残留《ざんりゅう》した農薬についての規制《きせい》もきびしくなりました。2006（平成18）年に「食品に残留《ざんりゅう》する農薬等へのポジティブリスト制度《せいど》」が導入《どうにゅう》されました。これは、農薬の残留量《ざんりゅうりょう》のリストで、それまで283の農薬に基準《きじゅん》がもうけられていましたが、その対象が799に増えました。リストにない農薬の使用には一律《いちりつ》0.01ppm《ピーピーエム》以下というごくわずかな残留量《ざんりゅうりょう》が基準《きじゅん》になります。植物防疫所《しょくぶつぼうえきじょ》などでの検査《けんさ》の結果、農薬が基《き》準量《じゅんりょう》をこえて残留《ざんりゅう》していた場合、その農産物は販売《はんばい》できません。

この新基準《しんきじゅん》により、輸入《ゆにゅう》を見合わせる野菜が増《ふ》えるなど、実際《じっさい》に影響《えいきょう》があらわれています。また、国内の農家も、自分が基準《きじゅん》を守っても、近くの畑から農薬が風で飛んでくる心配などがあり、今まで以上に農薬の使い方に気を配っています。

化《か》学《がく》肥《ひ》料《りょう》の役《やく》割《わり》と害

土に栄養分をおぎなうために肥料《ひりょう》をまくことは、昔からおこなわれてきました。かつては山野に生える草木や、家畜《かちく》、人間の糞尿《ふんにょう》などを肥料《ひりょう》にしていましたが、その後、化学的につくられた肥料《ひりょう》が使われるようになりました。

収穫量《しゅうかくりょう》を増《ふ》やした化学肥料《かがくひりょう》

日本では、鎌倉《かまくら》時代から、刈《か》りとった草をくさらせた「刈敷《かりしき》」や、草木を燃《も》やした「草木灰《そうもくばい》」などの肥料《ひりょう》が使われるようになりました。その後、家畜《かちく》の糞《ふん》やわらなどを混《ま》ぜて発酵《はっこう》させた堆肥《たいひ》や、人間の糞尿《ふんにょう》なども、肥料《ひりょう》として使われました。

19世紀中ごろ、ヨーロッパでは、植物が生長するのに必要な栄養素《えいようそ》の研究がさかんになりました。そして、植物に必要な窒素《ちっそ》、リン、カリウムなどの栄養素《えいようそ》が、化学的につくれることがわかったのです。1913（大正《たいしょう》２）年には、アンモニアの合成による窒素肥料《ちっそひりょう》の製造法《せいぞうほう》が開発され、その後、本格的《ほんかくてき》に化学肥料《かがくひりょう》の生産がはじまりました。

それまでの天然の材料を利用した有機肥料《ゆうきひりょう》は、植物に必要な栄養素《えいようそ》を土のなかで微生物《びせいぶつ》に分解《ぶんかい》させてつくるため、時間がかかり、すぐに収穫量《しゅうかくりょう》が上がることはありませんでした。しかし化学肥料《かがくひりょう》は、必要な栄養素《えいようそ》を直接《ちょくせつ》作物にあたえることができます。そのため、効果《こうか》も早くあらわれ、収穫量《しゅうかくりょう》が大きく増《ふ》えました。

日本でも20世紀のはじめから化学肥料《かがくひりょう》の生産がはじまり、とくに1950年代からは使用量が増加《ぞうか》し、かぎられた農地のなかで高い生産量を上げるのに役立ちました。

	化学肥料《かがくひりょう》	有機肥料《ゆうきひりょう》
材料とつくり方	窒素肥料《ちっそひりょう》は、空気中の窒素《ちっそ》と水素《すいそ》からアンモニアを合成し、それを原料にする。リンやカリウムは、鉱物《こうぶつ》を原料に化学的に製造《せいぞう》する。	有機肥料《ゆうきひりょう》は、油かすや、魚の骨《ほね》など、動植物を原料につくる。わらや落ち葉に家畜《かちく》の糞《ふん》などを混《ま》ぜ、発酵《はっこう》させてつくる堆肥《たいひ》もふくまれる。
土への効果《こうか》	土のなかの生き物や微生物《びせいぶつ》を増《ふ》やす効果《こうか》はなく、作物を育てる土の力が弱くなっていく。	土のなかの生き物を増《ふ》やし、作物の生育に適《てき》した土をつくる。作物の病気をふせぐ微生物《びせいぶつ》も増《ふ》える。
作物への効果《こうか》	植物が直接《ちょくせつ》取りこめる形で栄養素《えいようそ》をあたえるので、収穫量《しゅうかくりょう》がいっきに増《ふ》える。	作物がじょうぶに育つ。収穫量《しゅうかくりょう》は化学肥料《かがくひりょう》ほど増《ふ》えない。
手間と費用《ひよう》	すぐに効果《こうか》があらわれ、あたえる量も少なくてすむ。化学的に大量につくられるので、値段《ねだん》が安く、安定して手に入れることができる。	土に入れてから効果《こうか》が出るまで時間がかかる。堆肥《たいひ》は自分でつくることができるが、時間がかかり作業もたいへん。化学肥料《かがくひりょう》より値段《ねだん》が高い。

土にあたえる影響《えいきょう》

　化学肥料《かがくひりょう》は、作物に直接《ちょくせつ》、必要な栄養素《えいようそ》をあたえることで、収穫量《しゅうかくりょう》を効果的《こうかてき》に増《ふ》やします。しかし、化学肥料《かがくひりょう》だけを大量に使いつづけると、土そのものが弱ってしまいます。有機物《ゆうきぶつ》を分解《ぶんかい》して栄養素《えいようそ》をつくったり、水や空気をふくんだやわらかな土をつくったりする、土壌動物《どじょうどうぶつ》や微生物《びせいぶつ》が減《へ》るからです。土が弱ると、そこに育つ作物も力を失い、病気にかかりやすくなります。その結果、化学肥料《かがくひりょう》だけでなく、農薬もたくさん使うことになります。

世界の肥料消費量《ひりょうしょうひりょう》（1ヘクタールあたり）

耕地《こうち》1ヘクタールあたりに使われる化学肥料《かがくひりょう》の量をくらべたもの。日本の使用量が多い理由としては、耕地《こうち》がせまいため集中的に使われる、肥料《ひりょう》を多く使う農産物の生産が中心である、工業が発達し経済的《けいざいてき》にも豊《ゆた》かで、安価《あんか》な化学肥料《かがくひりょう》を安定して購入《こうにゅう》できる、などが考えられる。

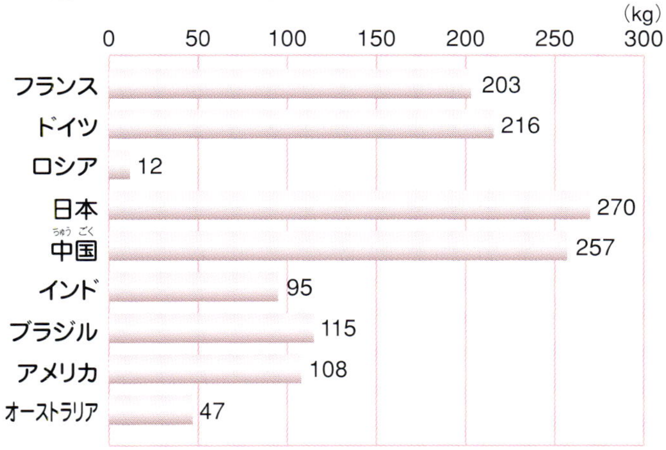

2002/2003肥料年度の統計：
「耕地１haあたりの肥料消費」
『日本国勢図会2006/2007』
（（財）矢野恒太記念会）より

水や生き物にあたえる影響《えいきょう》

　作物に化学肥料《かがくひりょう》を大量にあたえると、作物が栄養分を使いきれず、土のなかにその成分が残り、環境《かんきょう》に影響《えいきょう》をあたえます。とくに窒素成分《ちっそせいぶん》が問題で、硝《しょう》酸態窒素《さんたいちっそ》という形で雨水といっしょに川に流れこんだり、地下水にしみ出していきます。

　硝酸態窒素《しょうさんたいちっそ》が流れこんだ湖や海では、それを栄養分に植物プランクトンや動物プランクトンが増《ふ》え、水面をびっしりとおおって、湖が緑色に見える「アオコ」や、海の水が赤っぽくなる「赤潮《あかしお》」などの現《げん》象《しょう》が起きます。プランクトンの大発生により、ほかの生物が使う酸素《さんそ》が足りなくなり、魚などが大量に死んでしまいます。

　硝酸態窒素《しょうさんたいちっそ》が作物に残ると、食べ物などを通して人の体にも入る可能性《かのうせい》があります。硝酸態窒素《しょうさんたいちっそ》は、植物には大切な栄養素《えいようそ》ですが、動物には癌《がん》を引き起こす物質《ぶっしつ》をつくると考えられています。

　しかし、堆肥《たいひ》などの有機肥料《ゆうきひりょう》だけで現在《げんざい》の生産量を維持《いじ》することはできないので、化学肥料《かがくひりょう》と有機肥《ゆうきひ》料《りょう》をじょうずに組み合わせながら、できるだけ環境《かんきょう》に悪い影響《えいきょう》をあたえないよう注意して使う必要があります。

硝酸態窒素《しょうさんたいちっそ》の流れ

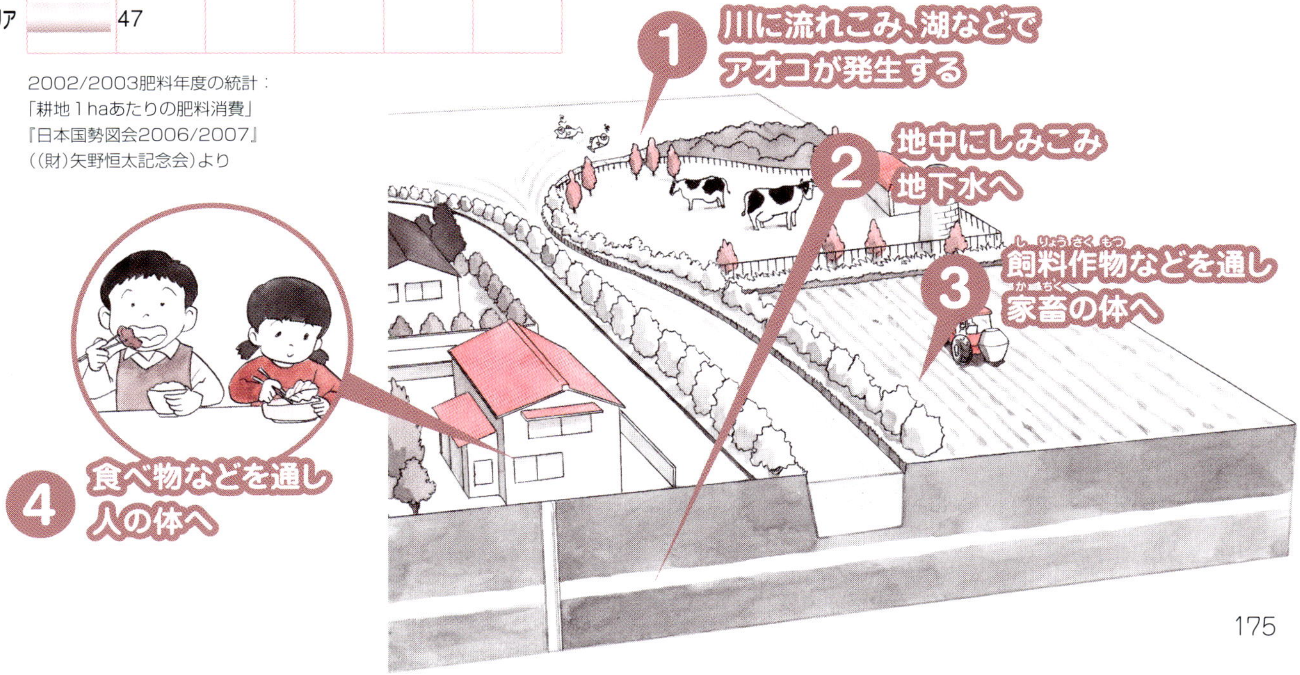

耕《こう》地《ち》となくなる水がなくなる

農業による環《かん》境《きょう》被《ひ》害《がい》

世界の人口は増《ふ》えつづけ、より多くの食料が必要とされています。
食料の生産を増《ふ》やすため、農業は世界中で耕地《こうち》や水をたくさん使ってきました。
その結果、土地が荒《あ》れ、耕地《こうち》や水が足りなくなるという問題が生じています。

土の力を使いつくす

焼き畑農業は、世界でもっとも古い農法のひとつと考えられています。森に火を入れて焼き、その灰《はい》を肥料《ひりょう》として、作物を育てます。ただし、同じ場所で何年も作物を育てていると、土のなかの栄養分が少なくなり、土地がやせてしまいます。このため、伝統的《でんとうてき》な焼き畑農業では、一度畑に使った土地は休ませ、森林にもどしてから、また畑に利用するというサイクルをくり返します。

しかし、食料の生産を増《ふ》やすためや、さとうきびやこしょうなど外国に売る商品作物を大量につくるため、同じ土地を畑として使いつづけたり、焼き畑を無計画に広げるようになりました。

この結果、地球上から多くの森林、とくに熱帯林の豊《ゆた》かな森が失われています。森林がなくなり土がむきだしになると、栄養分をふくむ表土が風雨に流され、植物が育たない土地になります。

また、家畜《かちく》をたくさん放牧《ほうぼく》しすぎること（過放《かほう》牧《ぼく》）によって、植物が食べつくされ、草木がなくなってしまう土地も増《ふ》えています。

アフリカ　サヘル地域《ちいき》

土の力をこえた過放牧《かほうぼく》

▲木の芽や葉を食べる家畜《かちく》。植物が生長するスピードより早く家畜《かちく》が食べてしまう。過放牧《かほうぼく》はアフリカのほか中国《ちゅうごく》、西アジアの国々で問題になっている。

アフリカ　サヘル地域《ちいき》

広がる焼き畑

▲土が力をとりもどす前に焼き畑がくり返され、アフリカや南アメリカのアマゾン、アジアの熱帯林が失われている。

灌漑《かんがい》が土におよぼす影響《えいきょう》

世界には、作物を育てるのに十分な水のない地域《ちいき》がたくさんあります。そこで、乾燥《かんそう》した土地に川から水を引いたり、地下水を利用したりして灌漑《かんがい》をおこない、作物を育てています。

ところが、乾燥《かんそう》した土地では日差しが強く、灌漑用《かんがいよう》の水をまいても、土にしみこんだ水がすぐに蒸発《じょうはつ》してしまいます。ふつう水には塩類がわずかにふくまれているので、水が土のなかから蒸発《じょうはつ》すると、塩類が地表にたまっていきます。これがくり返されると、土の表面が塩類でおおわれ、作物の育たない土地になってしまいます。大量の灌漑水《かんがいすい》を使って農業をつづけてきた、中国《ちゅうごく》、インド、アメリカ、中央・西アジアの国々の乾燥地帯《かんそうちたい》など、世界の灌漑農地《かんがいのうち》の約5分の1が、この塩類の問題に悩《なや》んでいるといわれています。

農業がまねく水・食料不足

灌漑《かんがい》による農業は、水不足の原因《げんいん》にもなっています。雨や雪が地中にしみこんでできる地下水は、増《ふ》える量より多く使えば、だんだん減《へ》っていきます。アメリカ西部のように、昔海だった地域《ちいき》で、海水が地下水として残っている場合も、量にかぎりがあります。

そのほか、化学肥料《かがくひりょう》や農薬が地下水を汚染《おせん》したり、焼き畑などによる森林伐採《しんりんばっさい》で水をたくわえる力が大きい森林が破壊《はかい》されたりして、農業は水不足をまねく大きな原因《げんいん》となっています。

現在《げんざい》、中国《ちゅうごく》北部やアメリカ西部、西アジア、北アフリカなどの地域《ちいき》で、水不足が起きています。2075年には、世界で40億《おく》人以上が水不足に悩《なや》まされるという＊予測《よそく》もあります。水が不足すれば作物が育てられなくなり、食料不足につながります。

アメリカ　コロラド州

スプリンクラーによる大量灌漑《たいりょうかんがい》

▲灌漑設備《かんがいせつび》が発達し、より多くの水をあたえることができるようになったが、これが水の使いすぎにつながった。

▼かつて綿花《めんか》を育てていたが、灌漑《かんがい》のしすぎによって地表に塩類がたまった。白く見えるのが塩類。地中に排水《はいすい》システムをもうけ、地表から水を流して塩類を洗い流せば、もう一度農地として利用できるが、費用も水資源《みずしげん》もないので放置《ほうち》される。

中国《ちゅうごく》

灌漑《かんがい》による塩類集積

＊「気候変動に関する政府間パネル（IPCC）」のデータにもとづく、東京大学生産技術研究所による水需給予測（2006年）より

遺伝子《いでんし》組《く》みかえ作物

私たちが食べている作物は、「育てやすい」「収穫量《しゅうかくりょう》が多い」「おいしい」などのすぐれた特徴《とくちょう》をもたせるため、改良を重ねてきたものです。現在《げんざい》、作物の改良は、新しい技術《ぎじゅつ》によって、そのスピードを早めようとしています。

品種改良の歴史

野生の植物が、作物になっていったのは、食料としてすぐれた特性《とくせい》をもった植物が選ばれ、収穫量《しゅうかくりょう》を多くする改良がつづけられたからです。たとえば、大きな実のなる植物の種を選んでまくことをくり返せば、実が大きいという性質《せいしつ》が強まっていきます。「選んで増《ふ》やす」方法の次におこなわれたのが、人の手で「交配《こうはい》させる」ことです。たとえば、「味がよい」稲《いね》と、「寒さに強い」稲《いね》を、人の手で受粉《じゅふん》させ、種をとります。すぐに目的とする品種ができるわけではありません。目的とする性質《せいしつ》がつねにあらわれるよう長い時間をかけて交配《こうはい》をくり返し、その特徴《とくちょう》を固定させます。

おいしい米の代表といわれる「コシヒカリ」、寒さに強く、北海道での米の生産量をのばした「きらら397」などの品種は、こうした品種改良からつくられました（32～33ページ参照）。

遺伝子《いでんし》組《く》みかえ作物とは？

交配《こうはい》による品種改良は、同じ種類の作物の間でしかおこなえません。ところが、遺伝子《いでんし》組《く》みかえ技術《ぎじゅつ》を使えば、種類のちがう植物どうしの組み合わせも可能《かのう》になり、さらに動物や微生物《びせいぶつ》のもつ特徴《とくちょう》も、植物にもたせることができます。

遺伝子《いでんし》組《く》みかえの技術《ぎじゅつ》とは、次のようなものです。生物の細胞《さいぼう》のなかには、親から子へ、その生物の形や性質《せいしつ》を伝える「遺伝子《いでんし》」がふくまれます。遺伝子《いでんし》はDNA《ディーエヌエー》（デオキシリボ核酸《かくさん》）とよばれる物質《ぶっしつ》でつくられています。この遺伝子《いでんし》の配列を分析《ぶんせき》することによって、ある特定の性質《せいしつ》を決めるDNA《ディーエヌエー》の一部を取りだし、ほかの生物の遺伝子《いでんし》に組みこむのです。

この技術《ぎじゅつ》を使えば、希望する特徴《とくちょう》を、遺伝子《いでんし》の形で植物に直接《ちょくせつ》組みこむことができ、交配《こうはい》による品種改良より、早く、確実《かくじつ》に改良することができます。

交配《こうはい》と遺伝子《いでんし》組《く》みかえのちがい

収穫量《しゅうかくりょう》が多く、害虫にも強いとうもろこしを、それぞれの方法でどのようにしてつくるのか見てみます。

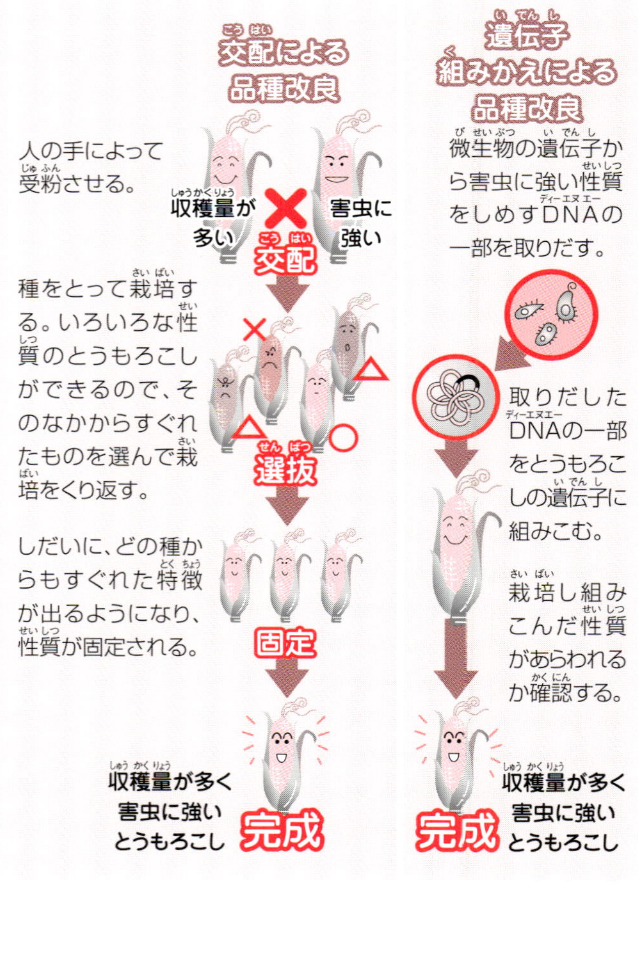

遺伝子《いでんしく》組みかえ作物の目的

現在《げんざい》つくられている遺伝子《いでんしく》組みかえ作物の多くは、生産者がより効率的《こうりつてき》に生産できることを目的に改良されたもので、おもに害虫や除草剤《じょそうざい》に強いものが栽培《さいばい》されています。作物としては、大豆《だいず》、とうもろこし、なたね、綿《わた》など、直接《ちょくせつ》人間が食べるものより、飼料《しりょう》にしたり、加工して使うものが大部分です。

このほか、健康に役立つ遺伝子《いでんしく》組みかえ作物の研究もはじまっており、日本では稲《いね》にスギ花粉症《かふんしょう》をおさえる働きを組みこむ研究などがおこなわれています。今後、高血圧《こうけつあつ》を予防《よぼう》する米や、糖尿病《とうにょうびょう》の治療《ちりょう》に役立つ米なども、できるのではないかと考えられています。そのほか、作物の育ちにくい乾燥《かんそう》した地域《ちいき》や土壌《どじょう》に塩類の多い環境《かんきょう》でも栽培《さいばい》できる作物の研究もおこなわれており、将来《しょうらい》の世界的な食料危機《しょくりょうきき》を解決《かいけつ》してくれるものと期待されています。

使われ方と問題点

現在《げんざい》日本では、一部実験場などで遺伝子《いでんしく》組みかえ作物を栽培《さいばい》していますが、食品として販売《はんばい》するための栽培《さいばい》はおこなわれていません。一方、厚生労働省《こうせいろうどうしょう》が安全と認《みと》めた、大豆《だいず》、とうもろこし、なたね、じゃがいもなどは輸入《ゆにゅう》されていて、おもに、飼料《しりょう》、植物油やしょう油などの加工食品に使われています。

豆腐《とうふ》やみそなどに遺伝子《いでんしく》組みかえ大豆《だいず》を使った場合は、包装容器《ほうそうようき》に表示《ひょうじ》するよう決められていますが、植物油などには表示義務《ひょうじぎむ》がないため、遺伝子《いでんしく》組みかえ食品かどうか見分けることはできません。

遺伝子《いでんしく》組みかえ作物が食品として認《みと》められてから、まだ年数がたっておらず、長期にわたって人が食べつづけたらどうなるのか、まだよくわからないという不安もあります。

国別 遺伝子《いでんしく》組みかえ作物の栽培面積《さいばいめんせき》

増《ふ》える遺伝子《いでんし》組《く》みかえ作物

1996年からの10年間で、世界の栽培面積《さいばいめんせき》は約50倍に増《ふ》えている。作物の中心は大豆《だいず》で、2005年は遺伝子《いでんしく》組みかえ作物の6割《わり》をしめている。栽培国《さいばいこく》は21か国で、最近は南アメリカなどを中心に栽培《さいばい》が増《ふ》えている。

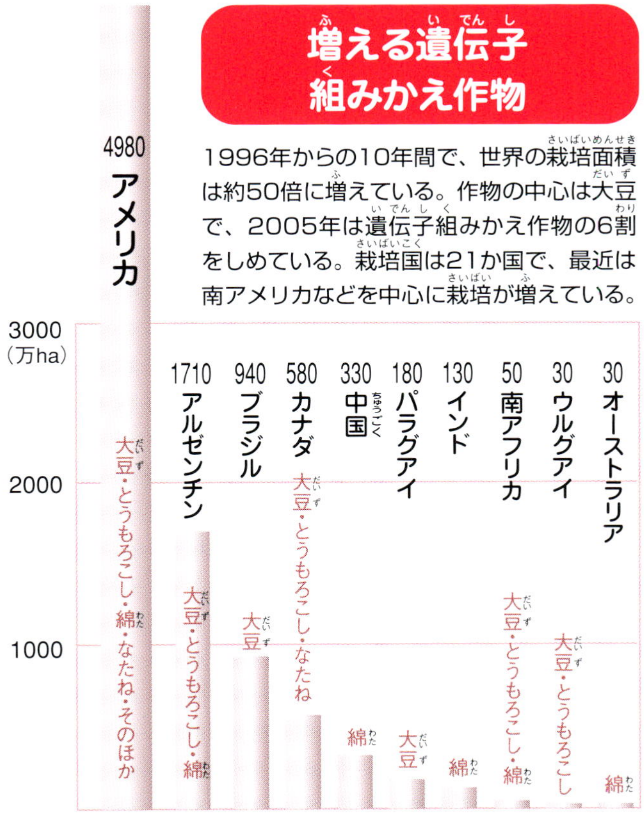

作物別 遺伝子《いでんしく》組みかえ作物の栽培面積《さいばいめんせき》

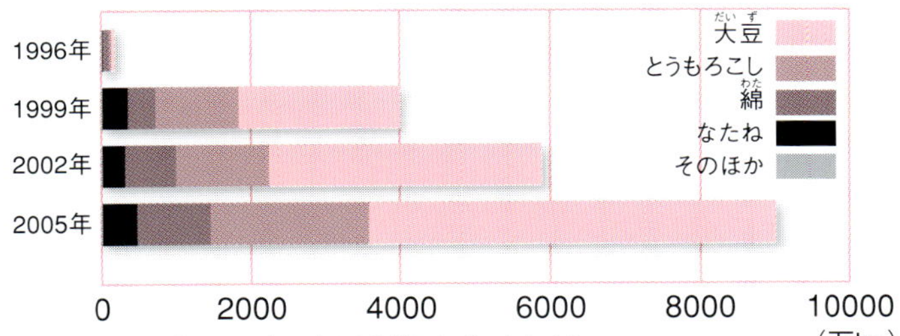

2005年の統計:「国際アグリバイオ事業団レポート」より

遺伝子《いでんしく》組みかえ作物の不安

人の体への影響《えいきょう》

遺伝子《いでんしく》組みかえ作物や、それを飼料《しりょう》とした家畜《かちく》の肉・卵《たまご》などを食べつづけた場合、どのような影響《えいきょう》があるかわからない。

まわりの植物への影響《えいきょう》

花粉が飛んで、遺伝子《いでんしく》組みかえでない作物に受粉《じゅふん》する可能性《かのうせい》があり、栽培《さいばい》していない地域《ちいき》で繁殖《はんしょく》する例もある。

企業《きぎょう》の力が大きくなる

作物を開発した企業《きぎょう》が種子の特許《とっきょ》をもつので、遺伝子《いでんしく》組みかえ作物が普及《ふきゅう》すると、企業《きぎょう》が食料の生産に大きな影響《えいきょう》をもつようになる。

有機《ゆうき》農業への取り組み

**化学肥料《かがくひりょう》や農薬は農業の生産性《せいさんせい》を高めましたが、
一方で、環境《かんきょう》や人の体に悪い影響《えいきょう》をもたらしました。この反省から、
農薬や化学肥料《かがくひりょう》にたよらない、有機《ゆうき》農業に取り組む農家が増《ふ》えてきています。**

有機《ゆうき》農業への取り組み

茨城《いばらき》県JA《ジェーエー》やさとの場合

　有機《ゆうき》農業とは、化学肥料《かがくひりょう》や農薬などの化学物質《かがくぶっしつ》を使わず、自然のものを工夫《くふう》して利用し、作物を育てる農業のことをいいます。有機《ゆうき》農業にはこれまでいろいろな考え方がありましたが、1972（昭和《しょうわ》47）年に国際有機農業運動連盟《こくさいゆうきのうぎょううんどうれんめい》（IFOAM《アイフォーム》）によって統一《とういつ》され、日本でもこの考え方にしたがって2000年に有《ゆう》機《き》農業でつくられる作物の基準《きじゅん》が法律《ほうりつ》で定められました。

　有機《ゆうき》農業でもっとも大切なのは土づくりです。土づくりには、家畜《かちく》の糞《ふん》やわらなどを発酵《はっこう》させた堆肥《たいひ》や、米ぬかなどを利用した「ぼかし肥《ひ》」とよばれる有機肥料《ゆうきひりょう》が使われます。よい土で育てられた作物は、じょうぶで病害虫にも強くなります。雑草《ざっそう》や病害虫をふせぐ化学農薬は使いません。どのように除草《じょそう》や害虫駆除《くじょ》をするのかは、それぞれの農家が工夫《くふう》しています。

　茨城《いばらき》県石岡《いしおか》市八郷《やさと》地区では、JA《ジェーエー》やさとを中心に、有機《ゆうき》農業で野菜やくだもの、米、卵《たまご》、肉などをつくっています。有機《ゆうき》農業がさかんになったのは、1986（昭和《しょうわ》61）年に、東京を中心とした東都生活協同組《とうとせいかつきょうどうくみ》合《あい》（生協《せいきょう》）と契約《けいやく》して野菜の産地直送《さんちちょくそう》をはじめたのがきっかけで、消費者が「安心して食べられる農産物」を望んでいることがわかったからです。

　八郷《やさと》地区では、昔から稲作《いなさく》、野菜づくり、養豚《ようとん》・養鶏《ようけい》などがさかんにおこなわれていたので、家畜《かちく》の糞《ふん》を肥料《ひりょう》に利用するなど、地域《ちいき》で有機《ゆうき》農業に取り組むことができました。JA《ジェーエー》やさとには、26軒《けん》の農家でつくる「有機栽培部会《ゆうきさいばいぶかい》」があり、共同で名前やメッセージをつけた野菜を出荷したり、定期的に栽培《さいばい》法《ほう》の情報《じょうほう》を交換《こうかん》する勉強会を開いたりしています。

▲化学肥料《かがくひりょう》や農薬を使わずに育てられている、なすの畑。

▼鶏《にわとり》にストレスをあたえないよう自然に近い環境《かんきょう》で育てる「平飼《ひらが》い」。遺伝子《いでんし》組みかえ飼料《しりょう》などを使わず、安心できる鳥肉《とりにく》や卵《たまご》を生産している。

有機《ゆうき》農業でポイントになるところ

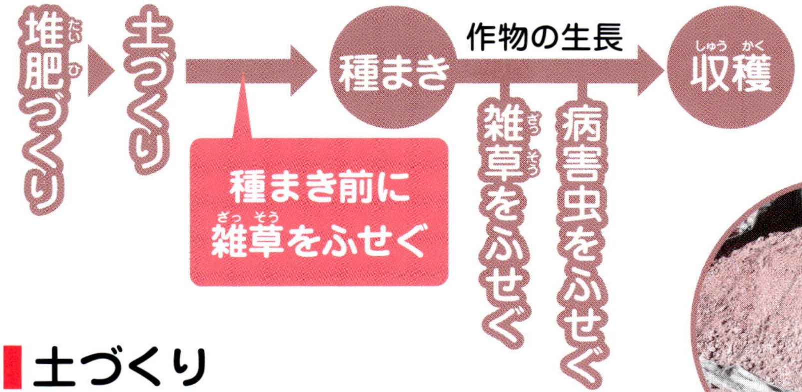

▲家畜《かちく》の糞《ふん》、もみがら、そばがら、米ぬかを混《ま》ぜた堆肥《たいひ》づくり。月に1回は混《ま》ぜ返し、8か月ほどかけて完熟《かんじゅく》させる。土づくりの材料として使われる。

▲米ぬか、油かす、魚粉などを混《ま》ぜ合わせてつくったぼかし肥《ひ》。栄養分をうすめたもので、ミネラルなどの補給《ほきゅう》に使われる。2か月ほどでできる。

土づくり

八郷《やさと》地区では、堆肥《たいひ》やぼかし肥《ひ》をつくって田畑にまき、土づくりをしています。どちらの材料も地域《ちいき》の畜産農家《ちくさんのうか》やJA《ジェーエー》の精米《せいまい》センターから出たものを使うことができます。

堆肥《たいひ》やぼかし肥《ひ》づくりでは、混《ま》ぜ合わせた材料を十分発酵《はっこう》させることがポイントになります。糞《ふん》やわらなどの有機物《ゆうきぶつ》を、そのままたくさん土に入れると、微生物《びせいぶつ》による有機物《ゆうきぶつ》の分解《ぶんかい》が活発になりすぎます。そして、一時的に作物に必要な酸素《さんそ》や窒素《ちっそ》分が足りなくなったり、植物の呼吸《こきゅう》をさまたげるガスが発生したりするのです。

十分に発酵《はっこう》させた堆肥《たいひ》やぼかし肥《ひ》は、化学肥料《かがくひりょう》よりいろいろな栄養分をふくんでいて、微生物《びせいぶつ》も活発に働きます。ミミズなどの土壌動物《どじょうどうぶつ》も増《ふ》え、やわらかく、ふかふかの土をつくることができます。

▶種をまく部分をシートでおおい、地面から熱を逃《に》がさないようにして、病原菌《びょうげんきん》や害虫の卵《たまご》などを殺す太陽熱消毒《たいようねつしょうどく》。

雑草《ざっそう》をふせぐ

種をまく前に、雑草《ざっそう》や病害虫をふせぐ方法として、「太陽熱消毒《たいようねつしょうどく》」があります。八郷《やさと》地区では、夏まきのにんじんなどにこの方法を使っています。暖《あたた》かい時期に、地面に「マルチ」とよばれる農業用フィルムをしいて、熱を逃《に》がさないようにします。こうして地面の温度を上げ、雑草《ざっそう》の種や病原菌《びょうげんきん》、害虫の幼《よう》虫《ちゅう》や卵《たまご》を熱で殺します。

作物を植えるときには、わらやマルチフィルムなどを畑や畝《うね》の間にしくと、その部分には太陽の光が当たらないので、雑草《ざっそう》が生えにくくなります。生えてしまった雑草《ざっそう》は、人の手で取りのぞきます。

▲作物の根もとをマルチフィルムでおおい、雑草《ざっそう》をふせいでいる。

病害虫をふせぐ

作物は、その作物にあった旬《しゅん》の時期（67ページ参照）に、よい土で育てれば、健康でじょうぶになり、病害虫の被害《ひがい》を少なくすることができます。また、農薬を使わないことによって、害虫の天敵《てんてき》となるクモやカエルなどの生き物が、田畑に集まりやすくなります。

毎年、同じ場所に同じ作物をつくりつづけると、土がやせるだけでなく、その作物につく病原菌《びょうげんきん》や害虫が増《ふ》えて連作障害《れんさくしょうがい》（65ページ参照）が起きやすくなりますが、何種類かの作物を順番につくる「輪作《りんさく》」をおこなえば、そうした被害《ひがい》をふせぐことができるのです。

八郷《やさと》地区の有機栽培部会《ゆうきさいばいぶかい》では、多品目の野菜を、育てる場所を変えながらつくっている農家がほとんどで、多い人では50種類もの作物を育てています。このため連作障害《れんさくしょうがい》が起きることはありません。

農産物のよさを伝える

ＪＡ《ジェーエー》やさとの農産物は、生活協同組合《せいかつきょうどうくみあい》（生協《せいきょう》）などへ直接《ちょくせつ》とどけられ、有機栽培《ゆうきさいばい》で育てられた野菜として販売《はんばい》されています。地元の直売所などでも販売《はんばい》されていて、それぞれの農産物に各農家がつくった手書きの広告などをつけ、消費者に農産物の特徴《とくちょう》を伝えています。ホームページでも有機《ゆうき》農業で育てた農産物や、自然に近い環境《かんきょう》で育てた畜産物《ちくさんぶつ》を紹介《しょうかい》しています。

こうした販売《はんばい》方法には、有機《ゆうき》農業に取り組む八郷《やさと》地区の農産物をもっと知ってほしいというメッセージがこめられています。

▲作物にネットをかけ、虫から守る。

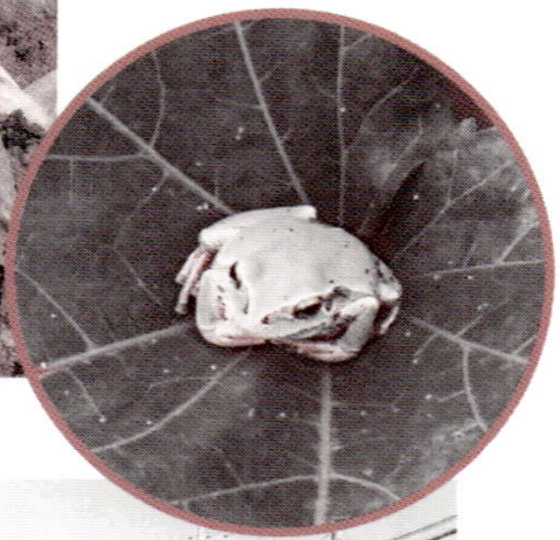

▼畑にやってきたアマガエル。たくさんの害虫を食べる。

▲連作障害《れんさくしょうがい》をふせぐため、こまつ菜《な》、チンゲン菜《さい》、ねぎなどを混植《こんしょく》した畑。1種類では病害虫の被害《ひがい》を集中的に受けることもあるが、多品目ならひとつがやられても、ほかの作物はだいじょうぶというように被害《ひがい》を分散できる。

▼ＪＡ《ジェーエー》やさとの有機《ゆうき》農産物直売所。地域《ちいき》の人に有機《ゆうき》農産物を提供《ていきょう》。

日本の有機《ゆうき》農業の今

日本の有機《ゆうき》農業への取り組みは、まだはじまったばかりです。農林水産省《のうりんすいさんしょう》に認定《にんてい》された「有機《ゆうき》農産物」は、全農産物の0.2%(2004年)にも達していません。また、価格《かかく》も、一般《いっぱん》の農産物より高いのがふつうです。有機《ゆうき》農産物は、育てるのに時間も手間もお金もかかるいっぽう、収穫量《しゅうかくりょう》は多くありません。また、毎年同じ作物を大量につくることがむずかしく、多品目を少量ずつつくるのが一般的《いっぱんてき》です。こうした理由から値段《ねだん》が高くなるのですが、ただ「高い」のではないことを、消費者によく理解《りかい》してもらう必要があります。

そこで、生産者の多くは、自分たちの農産物や栽培法《さいばいほう》について紹介《しょうかい》し、その価《か》値《ち》を伝える努力をしています。JA《ジェーエー》やさとがおこなっている生協《せいきょう》などへの産地直送や、インターネットによる販売《はんばい》なども、そうした工夫《くふう》のひとつです。

すべての農家がすぐに、有機《ゆうき》農業をはじめるのはむずかしい面もあります。土づくりにはある程度《ていど》の時間がかかりますし、農薬なしで雑草《ざっそう》や病害虫をふせごうとすれば、収穫量《しゅうかくりょう》が減《へ》ります。くだもののなかには、農薬をいっさい使わずに育てるのが困難《こんなん》なものもあります。

しかし、化学肥料《かがくひりょう》や農薬の使用量を減《へ》らす取り組みを具体的に伝えることで、消費者に受け入れられることもわかってきています。このため、各都道府県では「堆肥《たいひ》による土づくりや、化学肥料《かがくひりょう》や農薬の使用を減《へ》らす」といった環境《かんきょう》のことを考えた農業をおこなう農家を「エコファーマー」として認定《にんてい》する制度《せいど》を進めています。

▲千葉《ちば》エコ農産物の売り場。エコファーマーとして認定《にんてい》された農家は「エコ農産物」として販売《はんばい》することができる。

さらに最近では、こうした農業の生産法に関する世界的な基準《きじゅん》として「GAP《ギャップ》(適正農業規範《てきせいのうぎょうきはん》)」(205ページ参照)がつくられ、生産現場《げんば》でじょじょに広まりつつあります。

有機《ゆうき》農産物とは?

有機《ゆうき》農業に取り組む農家が増《ふ》えた結果、店頭の農産物には「無農薬栽培《さいばい》」「減農薬《げんのうやく》」「オーガニック」など、さまざまな表示《ひょうじ》が使われはじめました。しかし表示《ひょうじ》の根拠《こんきょ》があいまいで、消費者にはよくわかりません。そこで、基準《きじゅん》を定め、表示《ひょうじ》を整理する法律《ほうりつ》ができました。現在《げんざい》では、次の基準《きじゅん》にもとづき表示《ひょうじ》されています。

○有機《ゆうき》農産物

「有機《ゆうき》農産物」と表示《ひょうじ》するには、栽培《さいばい》期間中だけでなく、種まき前2年以上、禁止《きんし》された化学農薬、化学肥料《かがくひりょう》、化学土《かがくど》壌改良剤《じょうかいりょうざい》を使用しない田畑で栽培《さいばい》することが義務《ぎむ》づけられています。農林水産省《のうりんすいさんしょう》が認定《にんてい》した機関により認《みと》められた有機《ゆうき》農産物には、有機JAS《ゆうきジャス》マークがついています。

○特別栽培《とくべつさいばい》農産物

有機《ゆうき》農産物より基準《きじゅん》がゆるく、化学農薬と化学肥料《かがくひりょう》の使用量を減《へ》らして栽培《さいばい》した農産物です。ただしどちらも、都道府県などが定めた、地域《ちいき》で通常《つうじょう》使われる基準量《きじゅんりょう》の50%以下に減《へ》らさなくてはなりません。

▼有機JAS《ゆうきジャス》マーク
農産物のほか、有機飼料《ゆうきしりょう》で育てられた肉や卵《たまご》などの「有機畜産物《ゆうきちくさんぶつ》」、有機《ゆうき》農産物や有機畜産物《ゆうきちくさんぶつ》からつくられた豆腐《とうふ》や牛乳《ぎゅうにゅう》などの「有機《ゆうき》加工食品」にもこのマークがつけられている。

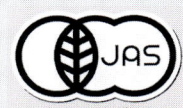

JAS
登録認定機関

農林水産省新ガイドラインによる表示
特別栽培農産物
農　　薬：栽培期間中不使用
化学肥料：栽培期間中不使用

栽培責任者　○○○○
住所　○○県○○町△△△
連絡先　TEL □□－□□－□□
確認責任者　△△△△
住所　○○県○○町◇◇◇
連絡先　TEL □□－□□－▽▽

化学肥料の使用状況		
使用資材名	用途	使用量
▽▽▽▽▽	元肥	窒素 4kg/10a
◇◇◇◇◇	追肥	窒素 1kg/10a

▲特別栽培《とくべつさいばい》農産物の表示《ひょうじ》
化学肥料《かがくひりょう》や農薬を減《へ》らした割合《わりあい》、使用した化学肥料《かがくひりょう》や農薬名、使用目的、回数や量などの表示《ひょうじ》が必要。

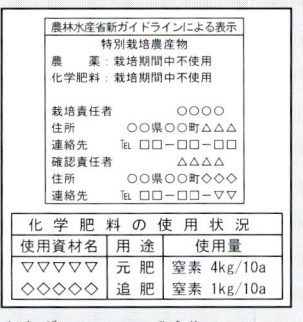

循環型《じゅんかんがた》農業をめざして

かつての日本の農業は、わらは家畜《かちく》の飼料《しりょう》にし、家畜《かちく》の糞尿《ふんにょう》は肥料《ひりょう》として田畑にもどすというように、資源《しげん》を有効《ゆうこう》に利用していました。このような資源《しげん》の循環《じゅんかん》を再《ふたた》び現代《げんだい》の農業にとりもどそうと、さまざまな取り組みがおこなわれています。

循環型《じゅんかんがた》農業ってなに？

現代《げんだい》の農業は、化学肥料《かがくひりょう》を使い、飼料《しりょう》を海外から輸入《ゆにゅう》し、以前のように家畜《かちく》の糞尿《ふんにょう》を堆肥《たいひ》にしたり、わらやあぜ草などを家畜《かちく》の飼料《しりょう》に利用することが少なくなりました。また、都市の生ゴミや、食品を加工したあとに残る食品廃棄物《しょくひんはいきぶつ》も、ほとんどがゴミとして捨《す》てられています。

そこで、ゴミとして、捨《す》てられたり、燃やされたり、うめられたりしているものを、資源《しげん》として再利《さいり》用《よう》する取り組みがおこなわれています。たとえば、稲作農家《いなさくのうか》と畜産農家《ちくさんのうか》が協力し、稲作農家《いなさくのうか》はわらを家《か》畜《ちく》の飼料《しりょう》に、畜産農家《ちくさんのうか》は堆肥《たいひ》に使う家畜《かちく》の糞尿《ふんにょう》を、おたがいに提供《ていきょう》します。肥料《ひりょう》などをつくる会社が、食品加工場やレストラン、コンビニエンスストアなどと協力し、食品廃棄物《しょくひんはいきぶつ》やあまった食品を、肥料《ひりょう》や飼料《しりょう》の材料に使うことも増《ふ》えてきています。こうして、生ゴミなどは、肥料《ひりょう》や家畜《かちく》の飼料《しりょう》にすがたを変え、再《ふたた》び農産物、畜産物《ちくさんぶつ》を生みだします。

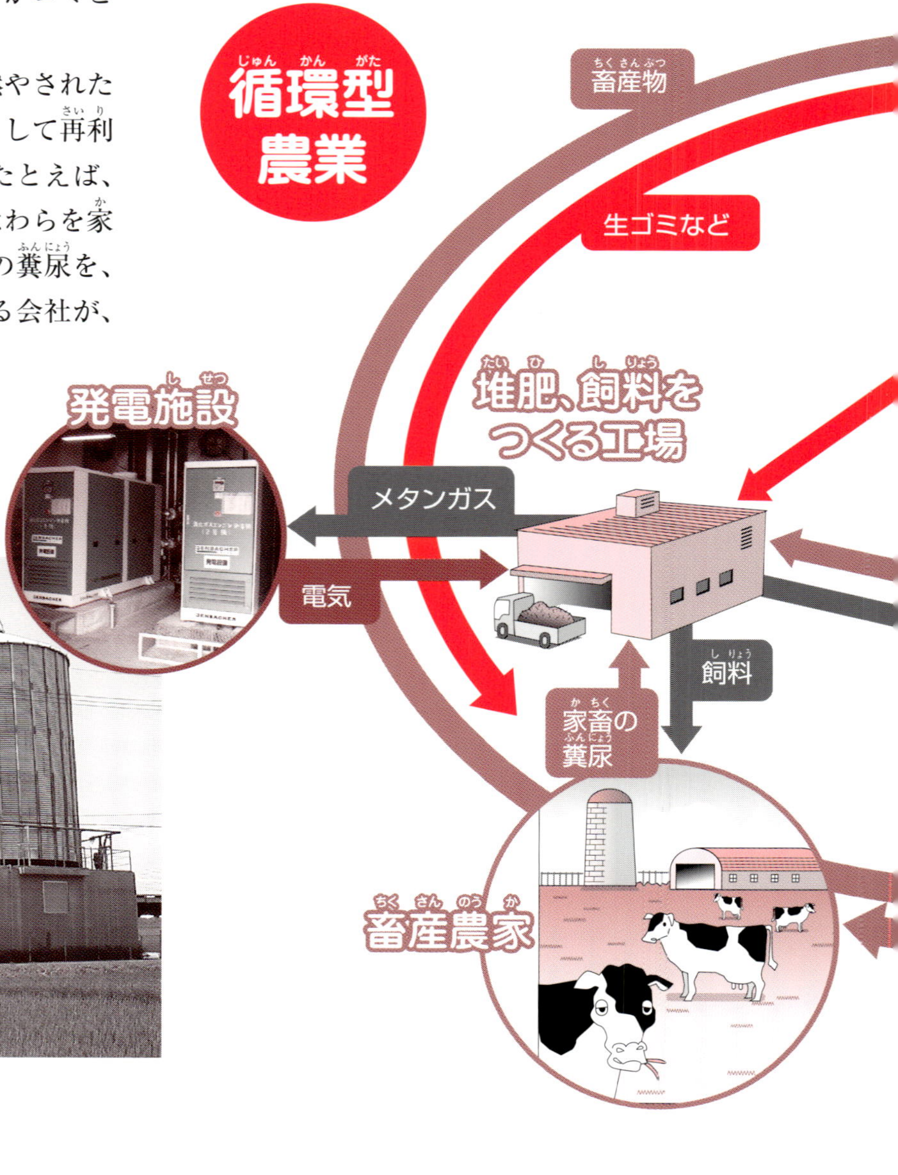

▶発電機。堆肥《たいひ》などをつくる過程《かてい》で生じるメタンガスをエネルギーにして発電し、その電気を利用している。

▼京都府《きょうと》南丹《なんたん》市の八木《やぎ》バイオエコロジーセンターでは、家畜《かちく》の糞尿《ふんにょう》を堆肥《たいひ》だけでなく発電にも利用している。

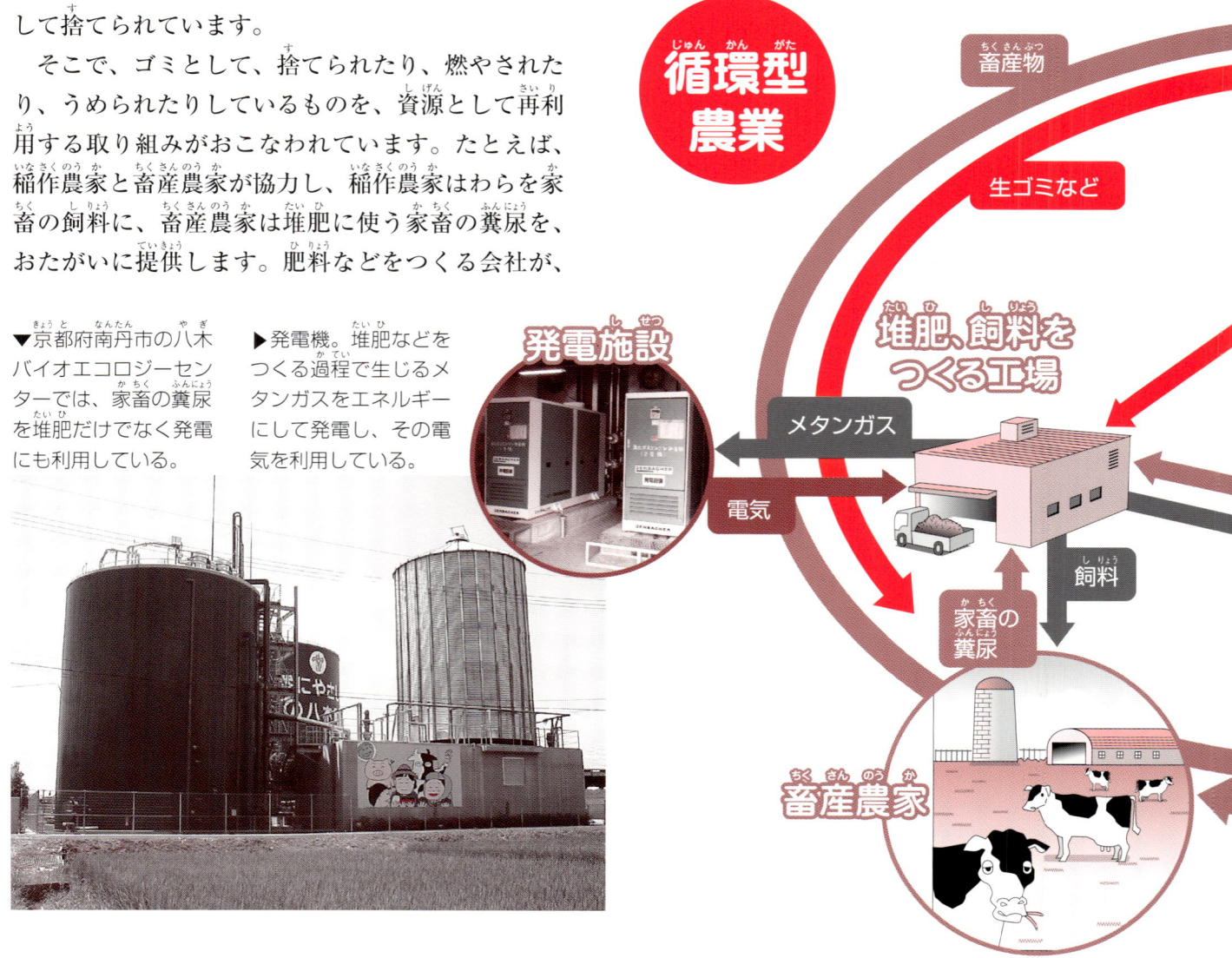

食べる人と農業をむすぶ循環《じゅんかん》

家庭や学校、レストランなどからは、毎日たくさんの生ゴミが出ます。2001（平成《へいせい》13）年には「食品リサイクル法」が施行《しこう》され、生ゴミを堆肥《たいひ》などに活用する取り組みが進んでいます。

東京都《とうきょうと》北区《きた》の区立小・中学校では、1994（平成《へいせい》6）年から3年間かけて、全校に生ゴミを発酵《はっこう》させて肥料《ひりょう》にする「生ゴミ処理機《しょりき》」を導入《どうにゅう》しました。しかし、肥料《ひりょう》がたくさんできても、学校内では使いきれません。そこで、姉妹《しまい》都市の群馬《ぐんま》県甘楽《かんら》町の農家でつくる有機《ゆうき》農業研究会に、できた肥料《ひりょう》を利用してもらうことにしました。北《きた》区からとどけられた肥料《ひりょう》は、甘楽《かんら》町で堆肥《たいひ》になります。そして甘楽《かんら》町からは、その堆肥《たいひ》を使ってつくられた有機《ゆうき》野菜やくだものが北《きた》区にとどけられます。野菜やくだものは、学校の給食に使われたり、フリーマーケットで販売《はんばい》されたりして、北《きた》区の人たちの食卓《しょくたく》に並《なら》びます。こうして、都市と農村をむすぶ「循環《じゅんかん》」ができあがりました。

山形《やまがた》県長井《ながい》市では、1997（平成《へいせい》9）年から「レインボープラン」を進めています。家庭から出る生ゴミを集めて堆肥《たいひ》をつくり、その堆肥《たいひ》を使って地元の農家が野菜や米を育てます。こうしてできた農産物は、地元の商店に並《なら》んだり、学校給食に使われます。そして食べ残した生ゴミなどは、また堆肥《たいひ》の材料として利用されます。

ここでは、地域《ちいき》のなかで、家庭と農家をむすぶ循環《じゅんかん》が生まれたのです。

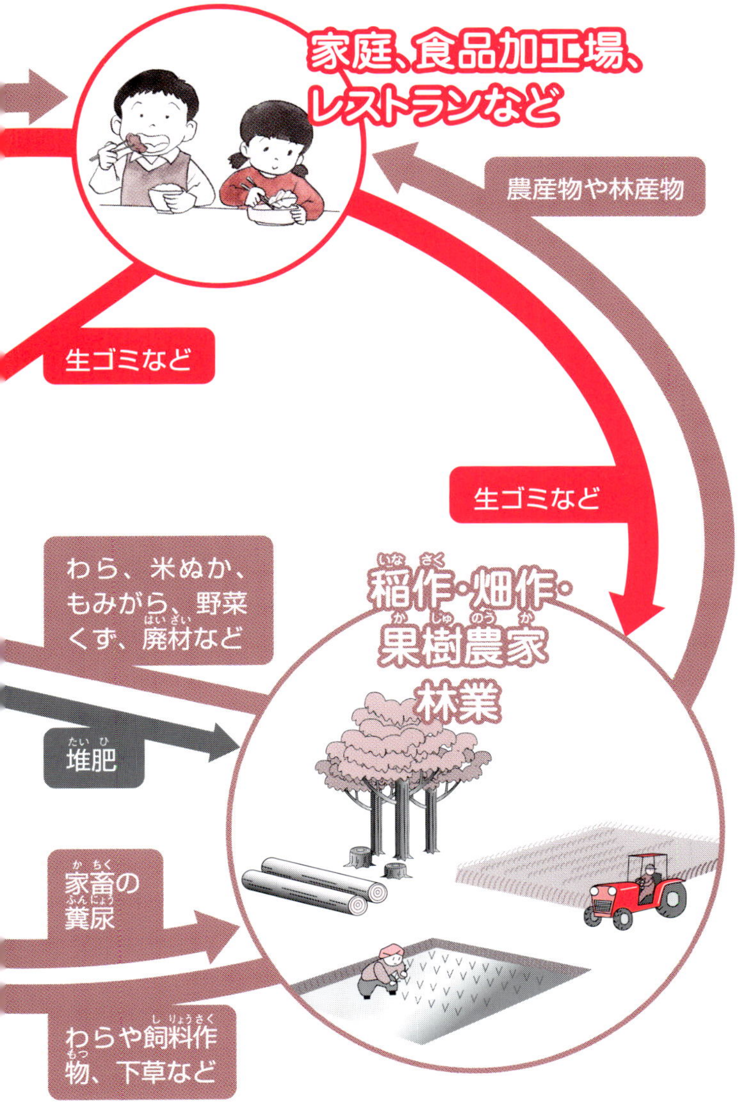

レインボープランの流れ

❶家庭で分別した生ゴミを、ゴミ収集所《しゅうしゅうじょ》の生ゴミ用のバケツに入れる。これを回収《かいしゅう》して堆肥《たいひ》の材料にする。

❷生ゴミはコンポストセンターで堆肥《たいひ》にされる。

❸できあがった堆肥《たいひ》を農家の人がまく。

❹地元の直売所で堆肥《たいひ》を利用してつくった農産物が販売《はんばい》される。

農業がつくりだす環境《かんきょう》

農業の役割《やくわり》は、作物を育て、食料をつくるだけではありません。
農業がつくる水田、畑、用水路、林などの環境《かんきょう》は、
土や水を守るとともに、さまざまな生き物を育《はぐく》んでいます。

土を守り、水を育《はぐく》む

農業は、作物を育てる以外に、どのような役割《やくわり》を果たしているのでしょうか。

水田やため池、用水路など、稲《いね》を育てる環境《かんきょう》には、雨水をため、洪水《こうずい》をふせぐ働きがあります。水田などに降《ふ》った雨水は、いったんそこにたまり、川に急に大量に流れこむことは少なくなります。この結果、川の水量が安定し、洪水《こうずい》の危険《きけん》を減《へ》らすことができます。水がしみこみやすいやわらかい畑の土も、降《ふ》った雨水を吸収《きゅうしゅう》し、洪水《こうずい》をふせぐのに役立ちます。また、田畑の土にゆっくりとしみこんだ雨水は、土の層《そう》を通る間に地中でろ過《か》され、きれいな地下水に変わります。

田畑には土を守る役割《やくわり》もあります。土はむきだしになると、雨や風によって流出しますが、水田には水がはられ、また、畑の作物は、地中にしっかりと根をはって地表を葉や茎《くき》でおおいます。こうして田や畑の土は、水や作物によって流出から守られているのです。

農業は美しい風景もつくりだしています。豊《ゆた》かに実った水田や、畑の緑、四季それぞれの表情《ひょうじょう》をもつ雑木林《ぞうきばやし》や山林など、伝統的《でんとうてき》な農村の風景は、人の心を落ち着かせ、安らぎをあたえてくれます。こうした「里」と「山」が一体となった環境《かんきょう》は「里山」とよばれ、たくさんの人が里山の景観《けいかん》を求めてやってきます。

このように、農業がいとなまれることによって、さまざまな環境《かんきょう》が守られているのです。

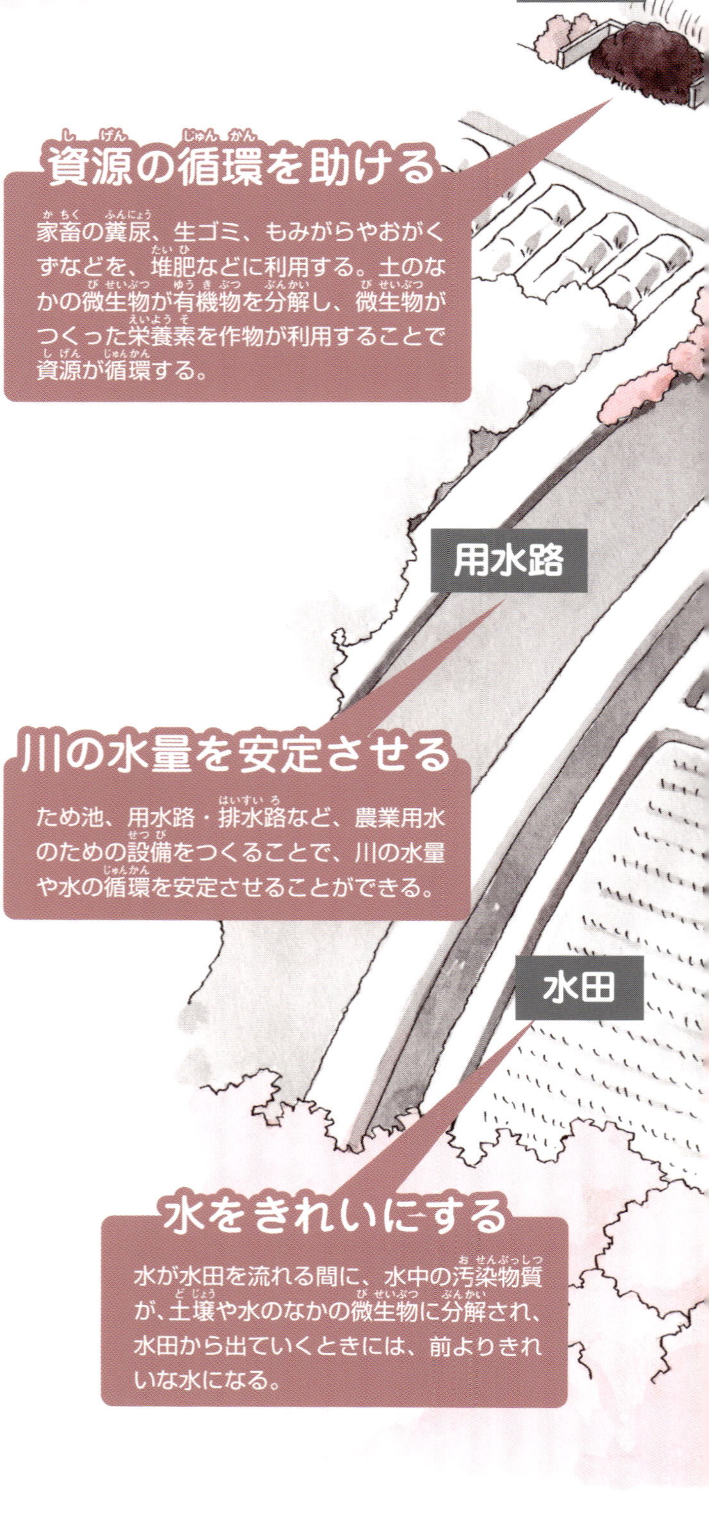

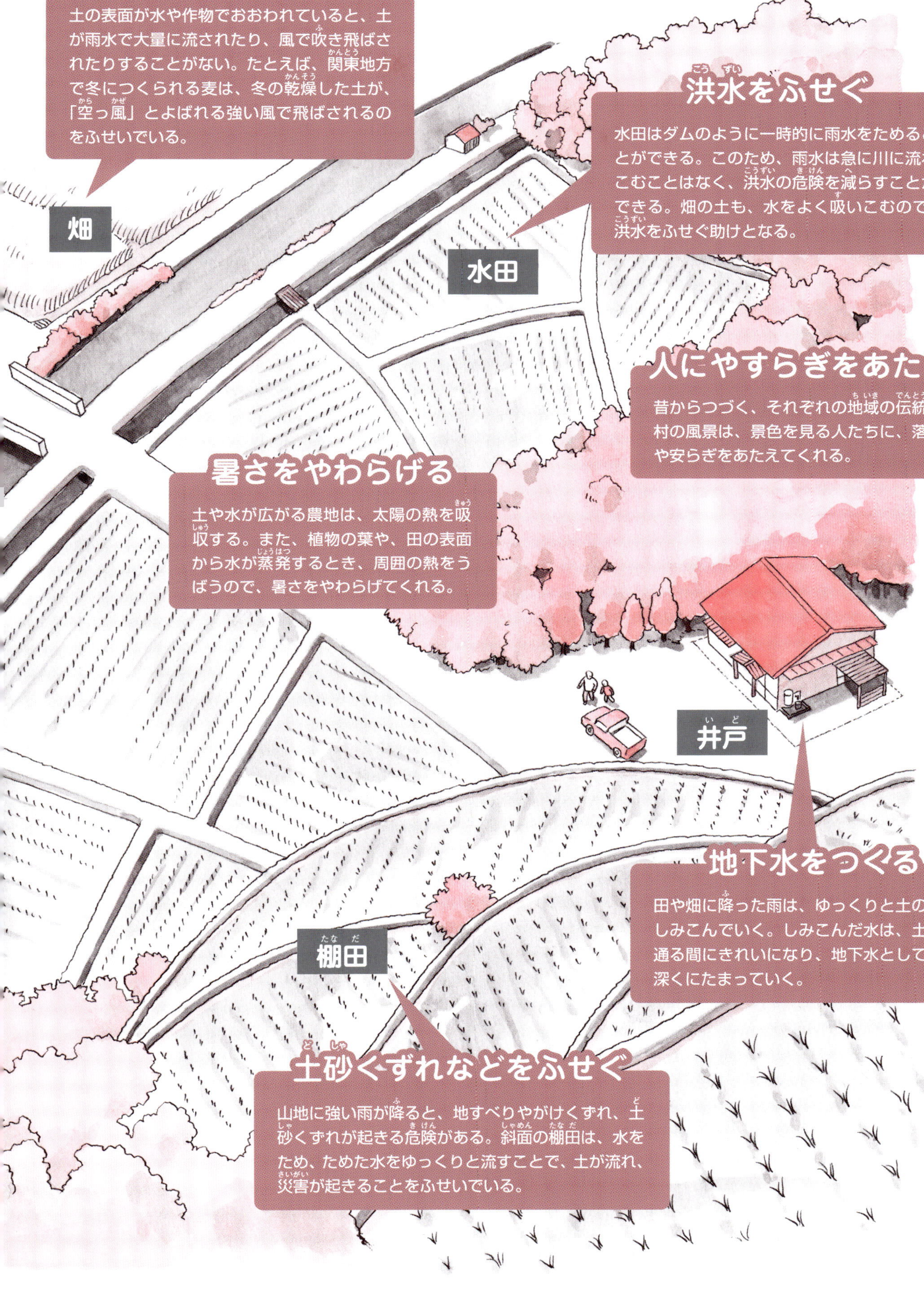

土を守る

土の表面が水や作物でおおわれていると、土が雨水で大量に流されたり、風で吹《ふ》き飛ばされたりすることがない。たとえば、関東《かんとう》地方で冬につくられる麦は、冬の乾燥《かんそう》した土が、「空《から》っ風《かぜ》」とよばれる強い風で飛ばされるのをふせいでいる。

洪水《こうずい》をふせぐ

水田はダムのように一時的に雨水をためることができる。このため、雨水は急に川に流れこむことはなく、洪水《こうずい》の危険《きけん》を減《へ》らすことができる。畑の土も、水をよく吸《す》いこむので、洪水《こうずい》をふせぐ助けとなる。

人にやすらぎをあたえる

昔からつづく、それぞれの地域《ちいき》の伝統的《でんとうてき》な農村の風景は、景色を見る人たちに、落ち着きや安らぎをあたえてくれる。

暑さをやわらげる

土や水が広がる農地は、太陽の熱を吸《きゅう》収《しゅう》する。また、植物の葉や、田の表面から水が蒸発《じょうはつ》するとき、周囲の熱をうばうので、暑さをやわらげてくれる。

地下水をつくる

田や畑に降《ふ》った雨は、ゆっくりと土のなかにしみこんでいく。しみこんだ水は、土の層《そう》を通る間にきれいになり、地下水として、地中深くにたまっていく。

土砂《どしゃ》くずれなどをふせぐ

山地に強い雨が降《ふ》ると、地すべりやがけくずれ、土《ど》砂《しゃ》くずれが起きる危険《きけん》がある。斜面《しゃめん》の棚田《たなだ》は、水をため、ためた水をゆっくりと流すことで、土が流れ、災害《さいがい》が起きることをふせいでいる。

生き物のすみかとなる

春、田んぼに水が入ると、さまざまな生き物が産《さん》卵《らん》のために集まってきます。水田の水は流れが少なく、温かく、栄養分も豊《ほう》富《ふ》だからです。多くの生き物は、農作業のリズムに合わせるようにして生活しています。

たとえば、アマガエルの仲間は、田に水が入るとすぐに産卵《さんらん》します。水温が高くなると、卵《たまご》が死んでしまうからです。オタマジャクシは田植えのころ、６月までにはカエルになって陸《りく》に上がります。一方、ヌマガエルの仲間は、田植えが終わったあと、夏に向かう温かい水のなかに卵《たまご》を産みます。

赤トンボの一種アキアカネは、夏はすずしい高い山ですごし、秋になると田んぼに下りてきて産卵《さんらん》します。稲《いね》刈《か》りのあとの田んぼは広々としていて、アキアカネの好きな小さな水たまりがたくさんあります。アキアカネの卵《たまご》は、凍《こお》った水のなかで冬《ふゆ》を越《こ》し、水温が高くなる春にふ化《か》します。

ヒバリは、畑の昆虫《こんちゅう》をえさにする鳥です。木の上ではなく草むらに巣《す》をつくる習性《しゅうせい》があり、麦畑などに巣《す》をつくります。卵《たまご》やひなを敵《てき》から守るため、親鳥はわざと巣《す》から離《はな》れたところに降《お》り、そこから歩いて巣《す》に向かいます。

麦が畝《うね》になって生えている麦畑は、巣《す》がつくりやすいだけでなく、畝《うね》の間の地面が歩きやすく、ヒバリがすみやすい環境《かんきょう》になっているのです。

農業とともにくらす生き物

水田や用水路、ため池などには、水辺の生き物がくらしています。稲《いね》や畑の作物には、えさを求めて昆虫《こんちゅう》やその天敵《てんてき》がやってきます。人が木材や落ち葉を利用し、手入れする雑木林《ぞうきばやし》も、昆虫《こんちゅう》のすみかになります。

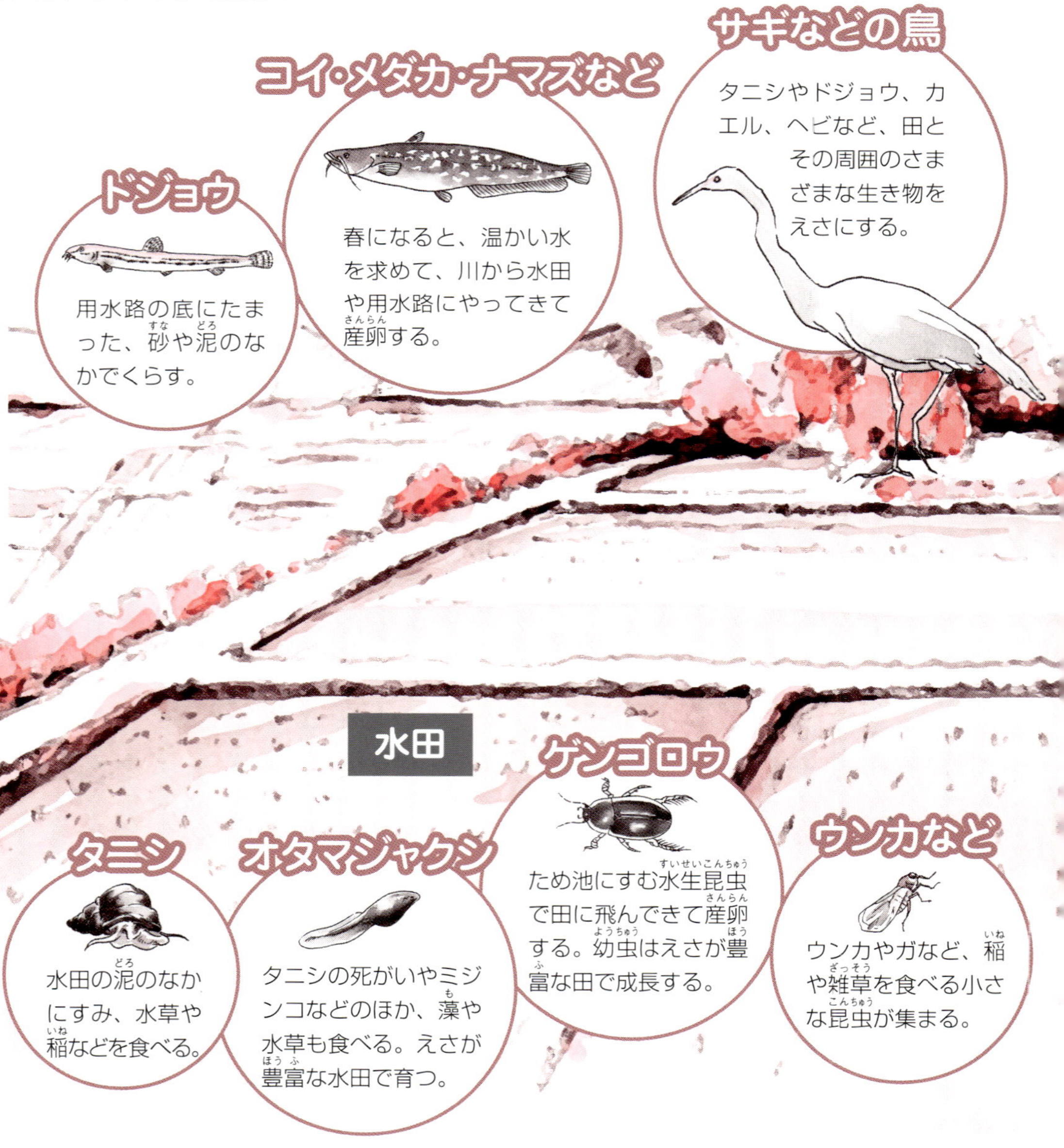

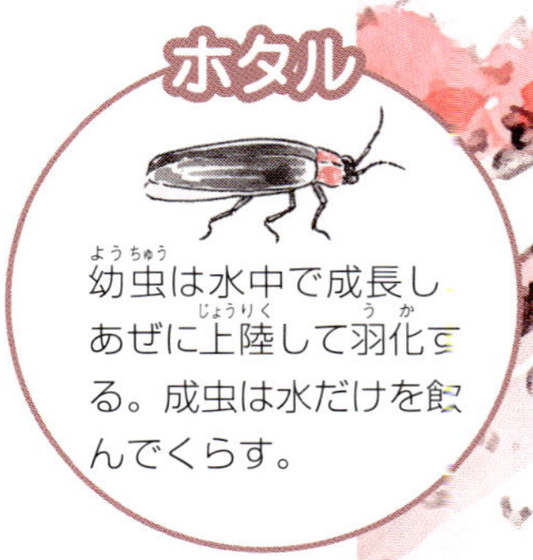

水田とまわりの生き物の食物《しょくもつ》連《れん》鎖《さ》

水田とそのまわりの生き物どうしは、たがいに食べたり、食べられたりする「食物連《しょくもつれん》鎖《さ》」でつながっています。そのため、ある生き物が生きていけなくなると、その生き物をえさにするほかの生き物にも影響《えいきょう》をあたえます。たとえば、かつて日本の多くの水田ですがたが見られた野生のコウノトリは、小魚やヘビ、カエル、タニシなどの生き物が減《へ》ったため、今ではそのすがたを見ることができなくなってしまいました。

コウノトリ・サギなどの鳥

ドジョウ、カエル、ヘビ、イナゴ、タニシなどを食べる

陸上の食物《しょくもつ》連《れん》鎖《さ》

ヘビ

カエルを食べる

カエル

トンボ、イナゴなどを食べる

トンボ・クモ

ウンカやガなど小さな昆虫《こんちゅう》を食べる

ウンカ・ガの幼虫《ようちゅう》など

稲《いね》や雑草《ざっそう》などの植物を食べる

水のなかの食物《しょくもつ》連《れん》鎖《さ》

ナマズなど

ゲンゴロウやミズカマキリなどを食べる

ゲンゴロウなど

ドジョウやフナの幼魚《ようぎょ》、メダカなどの小魚を食べる

メダカ・オタマジャクシ・ヤゴ（トンボの幼虫《ようちゅう》）など

タニシの死がいやミジンコなどを食べる

タニシ・ミジンコなど

タニシは水草を、ミジンコなどは植物プランクトンを食べる

死がいや糞《ふん》は、水中・地中で微生物《びせいぶつ》に分解《ぶんかい》され植物や植物プランクトンの栄養分になる

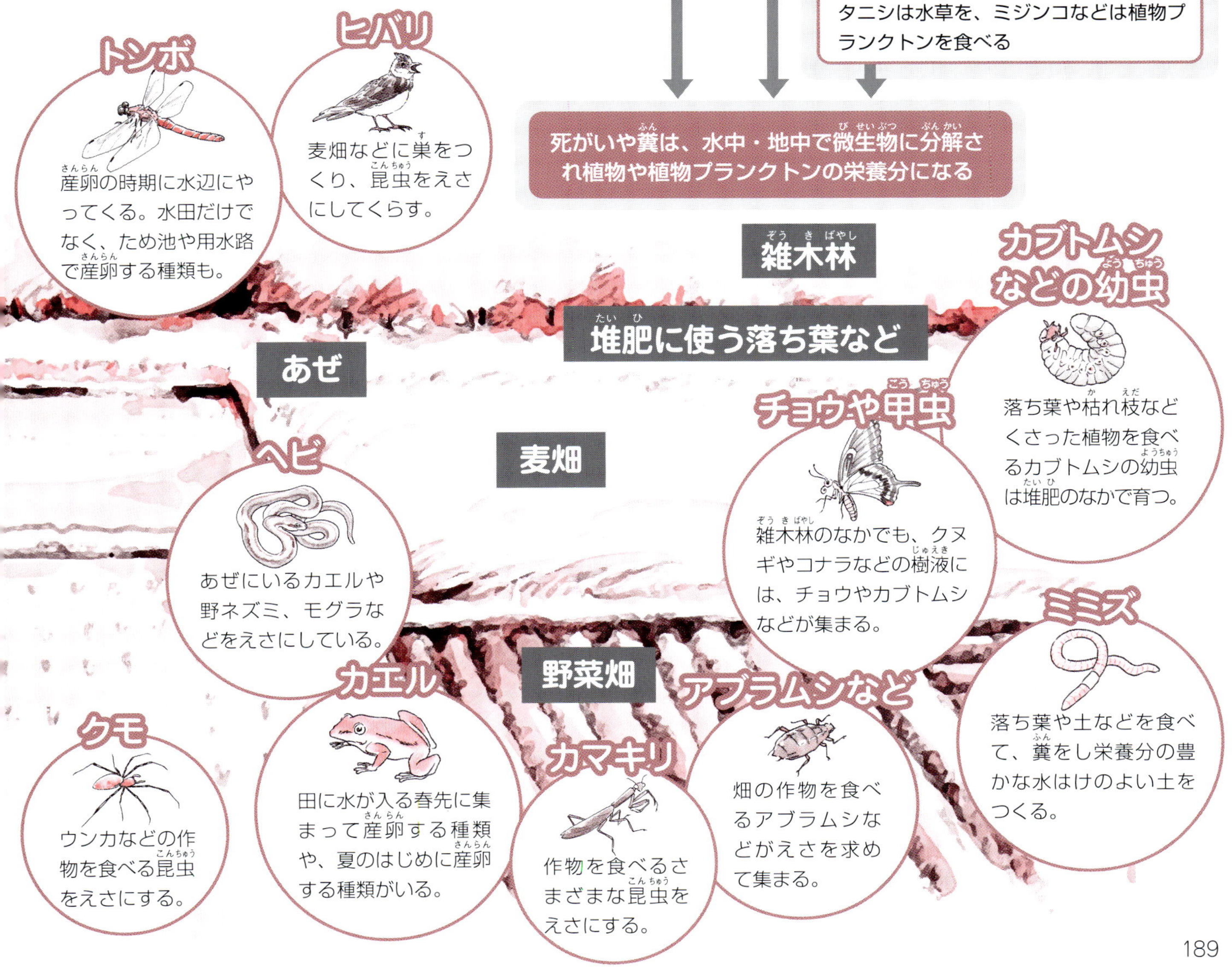

トンボ
産卵《さんらん》の時期に水辺にやってくる。水田だけでなく、ため池や用水路で産卵《さんらん》する種類も。
ヒバリ
麦畑などに巣《す》をつくり、昆虫《こんちゅう》をえさにしてくらす。
雑木林《ぞうきばやし》
カブトムシなどの幼虫《ようちゅう》
落ち葉や枯《か》れ枝《えだ》などくさった植物を食べるカブトムシの幼虫《ようちゅう》は堆肥《たいひ》のなかで育つ。
堆肥《たいひ》に使う落ち葉など
あぜ
チョウや甲虫《こうちゅう》
雑木林《ぞうきばやし》のなかでも、クヌギやコナラなどの樹液《じゅえき》には、チョウやカブトムシなどが集まる。
ヘビ
あぜにいるカエルや野ネズミ、モグラなどをえさにしている。
麦畑
ミミズ
落ち葉や土などを食べて、糞《ふん》をし栄養分の豊かな水はけのよい土をつくる。
野菜畑
カエル
田に水が入る春先に集まって産卵《さんらん》する種類や、夏のはじめに産卵《さんらん》する種類がいる。
アブラムシなど
畑の作物を食べるアブラムシなどがえさを求めて集まる。
クモ
ウンカなどの作物を食べる昆虫《こんちゅう》をえさにする。
カマキリ
作物を食べるさまざまな昆虫《こんちゅう》をえさにする。

失われた農山村のくらし

**日本の農業は、低地には水田を、台地や山の斜面《しゃめん》には畑をつくり、
周囲の林や山の自然も利用して、くらしをささえる知恵《ちえ》を生みだしてきました。
しかし、人々の生活や社会の変化によって、伝統的《でんとうてき》な農山村のくらしが変わってきています。**

変わっていく農山村のすがた

日本の農業は、おもに水が得やすい低地の水田や、台地や山の斜面《しゃめん》の畑でいとなまれています。家は洪《こう》水《ずい》の危険《きけん》が少ない低地より少し高い場所につくります。家や畑をとり囲むように雑木林《ぞうきばやし》が広がり、そこから山地の森林につづいています。低地がない地域《ちいき》では、棚田《たなだ》のように斜面《しゃめん》に水田をつくる例もありますが、広く見られる日本の農山村の風景は、だいたい共通しています。

周囲の雑木林《ぞうきばやし》でとれる木材は、まきや炭、農具の材料として使われ、木々の間に生える下草は家畜《かちく》のえさに、落ち葉は堆肥《たいひ》の材料に利用されていました。人の手が入ることにより、木々の間に適度《てきど》な空間が生まれ、太陽の光がいきわたってさまざまな植物が育つ豊《ゆた》かな林がつくられたのです。

このように、伝統的《でんとうてき》なくらしとむすびついた田畑や周囲の雑木林《ぞうきばやし》を合わせて「里山」とよびます。里山は食料や燃料《ねんりょう》、生活に使う道具を得るために、地形や自然の恵《めぐ》みを利用して、日本の農業がつくりあげてきた環境《かんきょう》です。

しかし、この伝統的《でんとうてき》な里山が、少しずつすがたを変えています。燃料《ねんりょう》には電気やガスが、家畜《かちく》のえさには輸入飼料《ゆにゅうしりょう》が、堆肥《たいひ》のかわりには化学肥料《かがくひりょう》が使われるようになりました。そのため、利用されなくなった雑木林《ぞうきばやし》は、のびた枝《えだ》が重なりあい、草が生《お》い茂《しげ》って、暗く荒《あ》れた林になっています。さらに、農地や雑木林《ぞうきばやし》そのものが、つぎつぎと住宅地《じゅうたくち》や工場などに変わっていきました。

日本の農業が守ってきた里山の環境《かんきょう》が失われつつあるのです。

▼伝統的《でんとうてき》な里山の景観《けいかん》が残る神奈川《かながわ》県秦野《はだの》市の里山。

▶山がけずられ、宅地開発《たくちかいはつ》が進む都市近郊《きんこう》、東京《とうきょう》都町田《まちだ》市の里山。かつてこの一帯には農地と雑木林《ぞうきばやし》が広がっていた。

◀武蔵野《むさしの》台地の三富地域《さんとめちいき》（埼玉《さいたま》県）では、落ち葉を堆肥《たいひ》にして畑に入れるなど、里山を再生《さいせい》する活動がおこなわれている。

自《じ》給《きゅう》自《じ》足《そく》のくらし

農山村のくらしの知《ち》恵《え》

伝統的《でんとうてき》な農山村のくらしとは、どんなものだったのでしょうか。

家の庭では、鶏《にわとり》や山羊《やぎ》などの家畜《かちく》を飼《か》い、卵《たまご》や乳《ちち》をとります。家畜《かちく》の糞尿《ふんにょう》は堆肥《たいひ》などに使います。家の周囲には、屋敷林《やしきりん》として風よけをかねて、農具などの材料に使える木や、かきやくりなど果実がなる木を植えました。

家の近くの畑では、地域《ちいき》の気候や土壌《どじょう》に合わせた作物を育てます。麦やそばなどの穀物《こくもつ》、大豆《だいず》や小豆《あずき》などの豆類、なたねやごま、いも類や季節の野菜、とうがらしや茶、麻《あさ》などの工芸作物、はっかや除虫菊《じょちゅうぎく》、薬用にんじんなどの薬用作物と、さまざまな作物が栽培《さいばい》されました。

また、一年中畑を使っていろいろな作物を順に栽培《さいばい》し、冬から春はこまつ菜《な》やほうれん草、夏から秋はピーマンやなす、冬はだいこんやにんじんなどを、何度も収穫《しゅうかく》しました。こうして連作障害《れんさくしょうがい》(65ページ参照) も避《さ》けられます。

畑のまわりの雑木林《ぞうきばやし》からは、山菜やきのこがとれました。林の木々はまきや炭に、下草は家畜《かちく》のえさに、落ち葉は堆肥《たいひ》の材料に利用します。林の土からは、豊富《ほうふ》な栄養分が川にとけこみ、田畑に運ばれて土を豊《ゆた》かにしました。

水田では、稲《いね》の収穫後《しゅうかくご》、麦などを育てる二毛作《にもうさく》をおこないました。用水路にやってくるフナやドジョウ、タニシなどの生き物や、あぜに生えるせりなどの野草も食料になりました。

このように、農山村には、自分たちの手で食料を自給《じきゅう》し、生活していく知恵《ちえ》がありました。

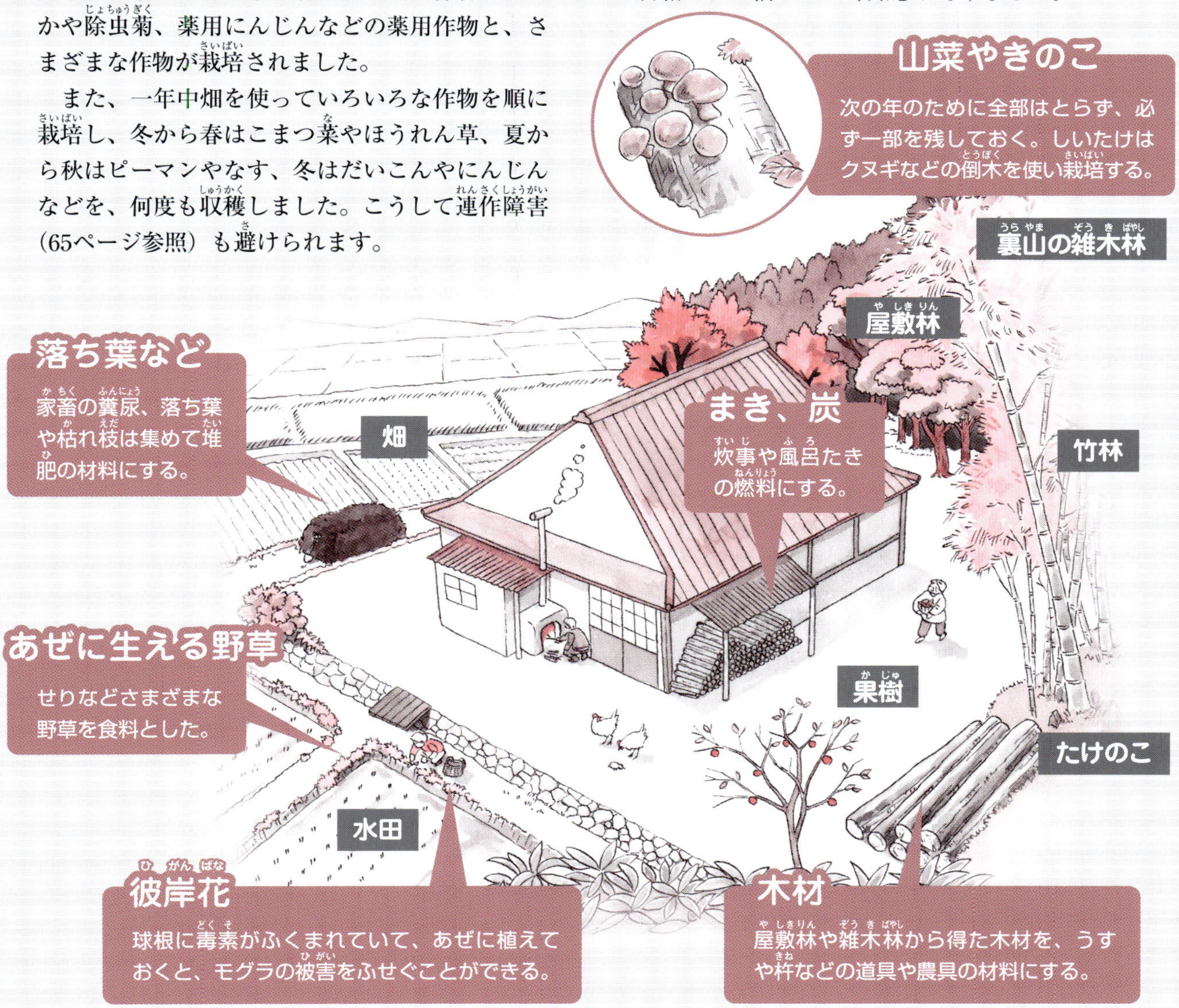

農業と生き物の共生

コウノトリのくらせる環境《かんきょう》をとりもどす

ドジョウ、カエル、ヘビ、タニシなど、水田とそのまわりに集まる生き物をえさにしていたコウノトリは、農業の変化によって日本からすがたを消してしまいました。

生き物がくらせる農業を

1971（昭和《しょうわ》46）年、日本でくらしていた野生のコウノトリは絶滅《ぜつめつ》しました。農薬の使用や、用水路と水田のつながりの分断《ぶんだん》により、えさになる生き物がすむ水田が少なくなったからです。

絶滅《ぜつめつ》に先立つ1965年から、人工飼育《しいく》をはじめた兵庫《ひょうご》県豊岡《とよおか》市は、ロシアからゆずりうけたコウノトリの繁殖《はんしょく》に成功しました。兵庫《ひょうご》県も、1999（平成《へいせい》11）年に「県立《けんりつ》コウノトリの郷公園《さとこうえん》」を設立《せつりつ》し、野生へ復帰《ふっき》させる準備《じゅんび》をしてきました。

コウノトリが再《ふたた》びくらすためには、地域《ちいき》の環境《かんきょう》に、えさとなる生き物がたくさんいることが重要です。そこで豊岡《とよおか》市では、生き物がくらせる農業に取り組みました。

まず、農薬を使わない「アイガモ農法」（51ページ参照）を取り入れました。これをきっかけに、冬の間も生き物がくらせるよう、田に水をはっておく「冬期湛水《とうきたんすい》」がはじまりました。また、6月に田の水をぬく「中干《なかぼ》し」のとき、オタマジャクシなどが死なないように、その時期を遅《おく》らせたり、魚などが田と用水路を自由に行き来できる魚道《ぎょどう》をつくりました。

▲水田と用水路を結ぶ魚道《ぎょどう》。

地域《ちいき》の人々も、周辺の林を整備《せいび》し、コウノトリが巣《す》をつくるアカマツの木を植えたり、休耕田《きゅうこうでん》を利用して水田をつくるなど、地域全体《ちいきぜんたい》で力を合わせて環境《かんきょう》を整えてきました。

▼冬期湛水《とうきたんすい》によって、冬でもコウノトリがえさを食べることができるようになった。

コウノトリが来た！

2005（平成《へいせい》17）年秋、ついにコウノトリの地域《ちいき》への放鳥がはじまりました。

放鳥したコウノトリは、田んぼにえさを食べにやってきました。2006年の調査《ちょうさ》では、無農薬の水田には、ほかの田にくらべて何倍ものカエルがいることもわかりました。地域《ちいき》の人々の努力がこうして少しずつ成果を上げています。

かつては、農業という人のいとなみが、ドジョウやカエルなど多くの生き物がくらせる環境《かんきょう》をつくっていました。コウノトリがくらせる環境《かんきょう》をとりもどすことは、農業と生き物が共生できる環境《かんきょう》づくりにつながるのです。

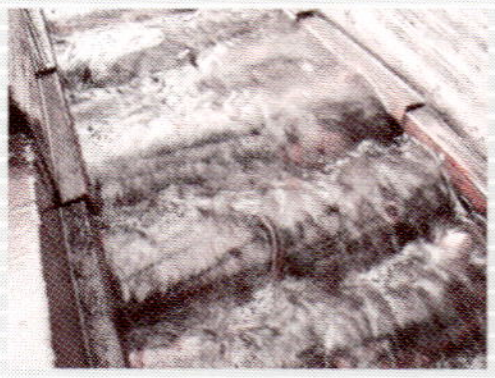

▲魚道《ぎょどう》をのぼるドジョウのすがたが見えた。

▲水田をコウノトリが歩くすがたがよみがえった。

8章

これからの日本の農業

私たちは食料の半分以上を外国からの輸入《ゆにゅう》にたよっています。
その結果、日本の農業はおとろえ、耕作《こうさく》をしていない農地が増《ふ》え、
自分たちで食料を生産する力を失いはじめています。
今、農業に力をとりもどすさまざまな取り組みがはじまっています。

日本の「農家」の誕生《たんじょう》

**1945（昭和《しょうわ》20）年8月、アジア・太平洋戦争《たいへいようせんそう》が終わりました。
敗戦と戦後の復興《ふっこう》により、日本の社会のしくみや人々のくらしは、大きく変わりました。
日本の農業も、その変化に合わせ、すがたを変えてきました。**

土地が農民のものに

アジア・太平洋戦争《たいへいようせんそう》の敗戦前まで、多くの農民は、地主から土地を借り、収穫《しゅうかく》の一部を小作料《こさくりょう》として地主におさめる小作農民《こさくのうみん》で、自分の土地をもっていませんでした。

このしくみを変えたのが、連合国軍最高司令官総司令部《れんごうこくぐんさいこうしれいかんそうしれいぶ》（GHQ《ジーエイチキュー》）の指示《しじ》にもとづき、1947（昭和《しょうわ》22）年からおこなわれた「農地改革《のうちかいかく》」です。地主が所有できる耕地《こうち》は面積を制限《せいげん》され、それ以上の耕地《こうち》は、国が買いあげ、小作農民《こさくのうみん》に売りわたしました。

こうして、耕地《こうち》の約90%が、農民のものになり、自分の土地をもつたくさんの「農家」（自作農《じさくのう》）が生まれました。

▲農地改革《のうちかいかく》を知らせる掲示板《けいじばん》。1947（昭和《しょうわ》22）年～1950（昭和《しょうわ》25）年にかけて実施《じっし》された。

▼害虫駆除《がいちゅうくじょ》のための農薬DDT《ティーディーティー》（現在《げんざい》は使用禁止《しようきんし》）を散布《さんぷ》するセスナ機。食料の増産《ぞうさん》をめざして、農薬も積極的《せっきょくてき》に使われた。1954（昭和《しょうわ》29）年、埼玉《さいたま》県。 写真：毎日新聞社（2点とも）

長くつづいた戦争によって、日本は、ずっと食料が不足していました。これを解消《かいしょう》するため、稲《いね》の品種改良、化学肥料《かがくひりょう》や農薬の使用、農業機械《きかい》の利用など、作物の収穫量《しゅうかくりょう》を増《ふ》やすさまざまな取り組みがおこなわれました。

農業試験所などで開発された技術《ぎじゅつ》を各農村に伝える農業改良普及員制度《のうぎょうかいりょうふきゅういんせいど》や、農家が共同で肥料《ひりょう》や機械を購入《こうにゅう》したり、出荷などをおこなう農業協同組合（現在《げんざい》のJA《ジェーエー》）もつくられました。

国と農家が協力し食料を増《ふ》やすことが、戦後の日本の農業の目標になったのです。

耕地面積《こうちめんせき》に対する小作地《こさくち》の割合《わりあい》

1945（昭和《しょうわ》20）年には、日本の耕地《こうち》の約46%を、小作農民《こさくのうみん》が「小作地《こさくち》」として地主から借り、耕作《こうさく》していた。農地改革《のうちかいかく》によって、地主のもつ耕地《こうち》が減《へ》り、その約90%が、土地を耕《たがや》す農民のものとなった。

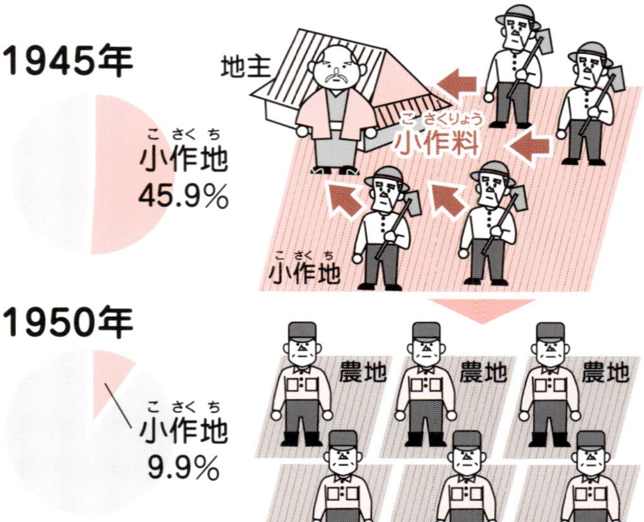

資料：農地等解放実績調査（農林水産省）より

農業の効率化《こうりつか》をめざして

1960年代、日本は「高度経済成長《こうどけいざいせいちょう》」の時代に入ります。東京オリンピックが開催《かいさい》され、東海道新幹線《とうかいどうしんかんせん》や高速道路がつくられました。石油化学工業や自動車工業などが急速に発展《はってん》し、農村からも、たくさんの人が都市の工場などに働きに出ました。

1961（昭和《しょうわ》36）年、こうした社会の変化のなかで、農業《のうぎょう》の近代化と合理化を目標にした「農業基本法《のうぎょうきほんほう》」がつくられます。

これにより大型農業機械の導入《どうにゅう》や、機械を入れるための水田の基盤整備《きばんせいび》（35ページ参照）が進められます。作業時間を減《へ》らし、収穫量《しゅうかくりょう》を増《ふ》やすために、化学肥料《かがくひりょう》や農薬も大量に使われはじめました。

また、農業基本法《のうぎょうきほんほう》では、これから需要《じゅよう》が増《ふ》えそうな農産物を選んで生産をのばしていく「選択的拡大《せんたくてきかくだい》」という方針《ほうしん》が定められます。

日本人の食生活は、肉や卵《たまご》、乳製品《にゅうせいひん》などを多く食べるようになり、洋風化しつつありました。野菜もトマトやレタスなど、西洋野菜の需要《じゅよう》が増《ふ》えていきました。そこで、1966（昭和《しょうわ》41）年に、レタスやキャベツなどを、決まった地域《ちいき》で大量に生産する「野《や》菜指定産地制度《さいしていさんちせいど》」がはじまりました。

ひとつの地域《ちいき》で大量に生産された野菜は、整備《せいび》されはじめた高速道路を使って、人口が急速に増《ふ》えた東京《とうきょう》、大阪《おおさか》などの大都市に運ばれました。

▲レタスの産地として知られる長野《ながの》県南佐久《みなみさく》郡川上《かわかみ》村。夏でもすずしい高原の気候がレタスの栽培《さいばい》に適《てき》しており、1960年代後半、「野菜指定産地制度《やさいしていさんちせいど》」によるレタスの指定産地となった。

▲大型の機械で作業ができるように、ひとつの田の大きさを広げて決まった大きさの長方形にし、水の管理がしやすいように、コンクリートの用排水路《ようはいすいろ》を整えた。1960年代からさかんになった水田の整備《せいび》は現在《げんざい》も各地でつづけられている（滋賀県営圃場整備《しがけんえいほじょうせいび》事業能登《のと》川南部地区）。

農業の分業化

米・野菜・くだものなど、多品種の作物をつくり、家畜《かちく》を育てていた農家が、稲作農家《いなさくのうか》、野菜農家、畜産農家《ちくさんのうか》、果樹農家《かじゅのうか》などに分業化した。

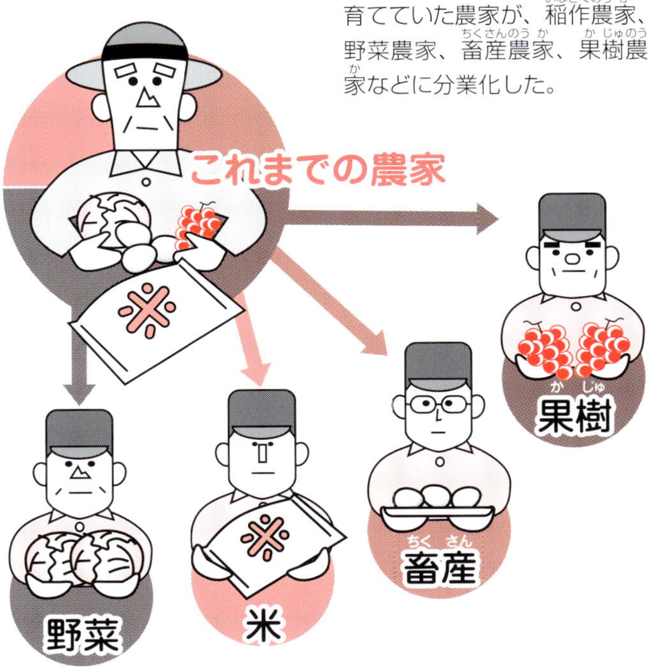

輸《ゆ》入《にゅう》にたよる日本の食料

食料を増《ふ》やすことを目標に生産量をのばした日本の農業は、戦後の食料不足をのりこえ、1960年代中ごろには、国内で必要な量の米を生産できるようになりました。しかし、食生活の変化や農業政策《のうぎょうせいさく》などにより、日本は食料を輸入《ゆにゅう》にたよる国へと変わっていきました。

食生活の変化と減反政策《げんたんせいさく》

1954（昭和《しょうわ》29）年、アメリカから小麦と脱脂粉乳《だっしふんにゅう》の援助《えんじょ》を受けて、パンと牛乳《ぎゅうにゅう》を中心とした学校給食がはじまります。これが主食の米のかわりに「パン食」が広がるひとつのきっかけになりました。

1960年代に入ると、人々のくらしがしだいに豊《ゆた》かになり、肉や乳製品《にゅうせいひん》など栄養価《えいようか》の高い食品が、食卓《しょくたく》に並《なら》ぶようになります。1970年代にはハンバーガーショップなど、パンや洋食を中心とした外食産業が広がり、しだいに米の消費量は減《へ》っていきます。

一方、新しい品種や栽培技術《さいばいぎじゅつ》の進歩にともない、米の生産量は順調にのびていました。米は、1942（昭和《しょうわ》17）年にできた「食糧管理法《しょくりょうかんりほう》」によって、すべて政府《せいふ》が農家から一度買いあげ、そこから消費者に売るしくみになっていました。このため生産量が増《ふ》え、消費量が減《へ》ると、政府《せいふ》はあまった米の在庫《ざいこ》をかかえることになりました。

そこで1970（昭和《しょうわ》45）年ごろから、米の「生産調整政策《せいさんちょうせいせいさく》（減反《げんたん》）」がはじまります（44ページ参照）。米の作付け面積を制限《せいげん》して生産量を減《へ》らすこの政策《せいさく》は、それまで生産量を増《ふ》やすために田を整備《せいび》したり、栽培技術《さいばいぎじゅつ》を高めたりしてきた農家の、米づくりへの意欲《いよく》を失わせるものでした。

▲減反政策《げんたんせいさく》への抗議《こうぎ》の看板《かんばん》。減反政策《げんたんせいさく》への農家の抗議《こうぎ》は長い間つづいた。青森《あおもり》県津軽《つがる》地区（農民運動全国連合会）。

国民1人あたりの年間《ねんかん》食料供給量《きょうきゅうりょう》の比較

2005（平成《へいせい》17）年の1人あたりの米の供給《きょうきゅう》量《りょう》は、1965（昭和《しょうわ》40）年の約55%。一方、肉類は約3倍、牛乳《ぎゅうにゅう》・乳《にゅう》製品《せいひん》は約2.5倍に増《ふ》えている。

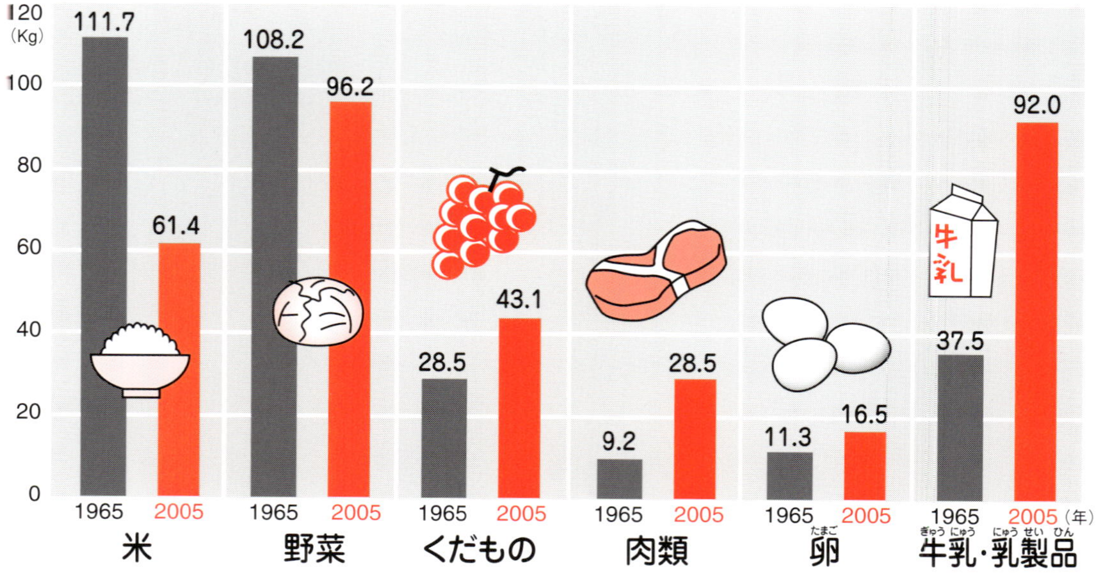

＊データは食べられない部分をのぞいた、人が消費できる形の食料（純食料）を国民の総人口で割った数字で、国民にとどいた食料の平均量（平均供給量）。
資料：「国民1人・1年当たり供給純食料の推移」『平成17年度食料需給表』（農林水産省）より

下がる食料自給率《しょくりょうじきゅうりつ》

食生活の変化は、米の問題だけでなく、日本の農業に大きな変化を引き起こしました。パンや肉など需要《じゅよう》が増《ふ》えた分の食物を、国内ですべて生産することはできなかったからです。農業基本法《のうぎょうきほんほう》の「選択的《せんたくてき》拡大《かくだい》」の考え方も、外国から安く買えるものは、輸入《ゆにゅう》することにしていました。こうして、日本の食卓《しょくたく》には、輸入《ゆにゅう》された食品が増《ふ》えていきました。

1970年代以降《いこう》増《ふ》えたファミリーレストランなどの外食産業や、スーパー、コンビニエンスストアなどで売られている弁当《べんとう》やおかずなども、安さを求めて、多くの輸入品《ゆにゅうひん》を使っています。

国内で消費する食料のうち、国内で生産できる割合《わりあい》を「食料自給率《しょくりょうじきゅうりつ》」といいますが、輸入《ゆにゅう》が増《ふ》えることによって、日本の食料自給率《しょくりょうじきゅうりつ》は、下がりつづけています。

家畜《かちく》の飼料《しりょう》も多くを輸入《ゆにゅう》にたより（145ページ参照）、1965（昭和《しょうわ》40）年には55％だった自給率《じきゅうりつ》が、2005（平成《へいせい》17）年には25％になっています。

食料自給率《しょくりょうじきゅうりつ》の移《うつ》り変《か》わり

1960（昭和《しょうわ》35）年の時点では、今よりずっと高い食料《しょくりょう》自給率《じきゅうりつ》だったことがわかる。全体的に自給率《じきゅうりつ》は下がっているが、とくに魚介類《ぎょかいるい》・肉類・くだものなど、消費量が増《ふ》えた食料の自給率《じきゅうりつ》が低下している。

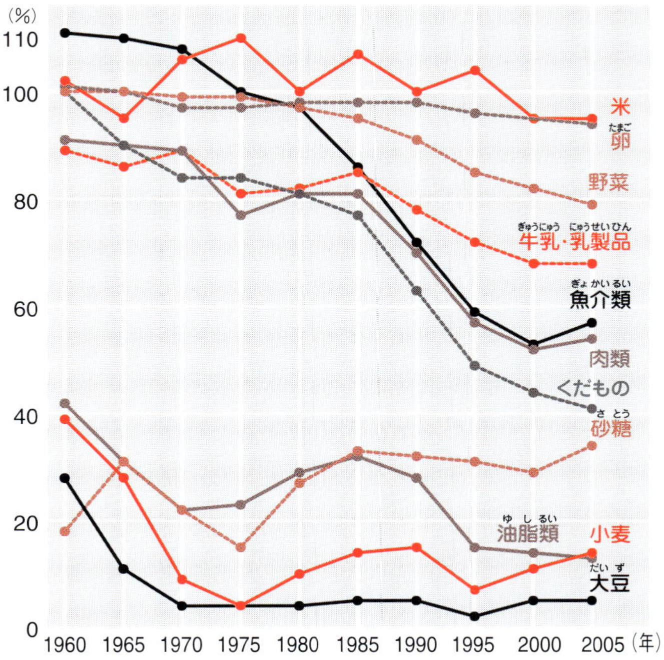

＊食料自給率は各品目の生産量の重量から算出。2005年数値は概算。
2005年の統計：「平成17年度食料需給表」（農林水産省）より

食料から得るエネルギー量とその自給率《じきゅうりつ》

1965（昭和《しょうわ》40）年には、食料から得るエネルギー量の73％を自給できていたが、2004（平成《へいせい》16）年には40％に。国内産の食料だけでは、現在《げんざい》得ているエネルギー量の半分にも満たない。

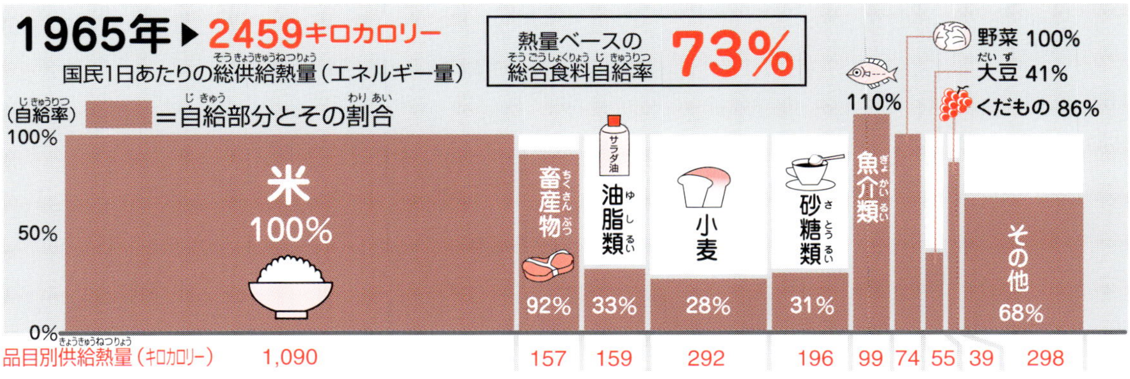

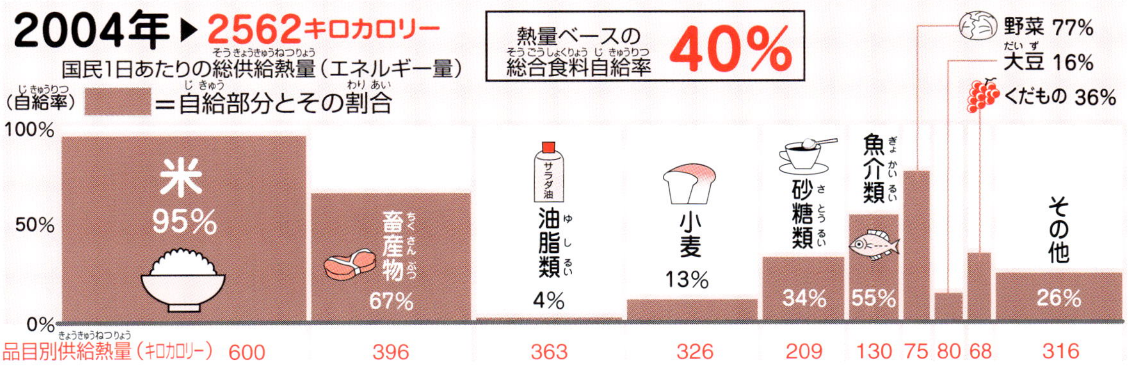

＊この食料自給率グラフの数値は生産量の重量から算出したものではなく、各品目にふくまれる熱量（カロリー）から算出したもの。
＊畜産物の自給率には輸入飼料で生産されたものをふくむ。
資料：『食料・農業・農村白書　平成18年版』（農林水産省）より。

世界のなかの日本の農業

食料や農産物の問題は、日本国内だけのことではありません。
農産物は貿易《ぼうえき》によって、国境《こっきょう》をこえて売り買いされているからです。
貿易《ぼうえき》の広がりは、日本の農業にどのような影響《えいきょう》をもたらすのでしょうか。

世界の貿易自由化《ぼうえきじゆうか》への動き

1986（昭和《しょうわ》61）年、南アメリカのウルグアイで開かれた世界の貿易《ぼうえき》のルールを整えるための国際協定《こくさいきょうてい》「GATT《ガット》（関税及《かんぜいおよ》び貿易《ぼうえき》に関《かん》する一般協定《いっぱんきょうてい》）」の協議《きょうぎ》において、はじめて農産物の貿易自由化《ぼうえきじゆうか》について話し合いがもたれました。この協議《きょうぎ》を「ウルグアイ・ラウンド」とよびます。

農業は、人が生きていくための基本《きほん》となる食料をつくる産業で、世界各国でおこなわれています。多くの国は自国の農業を守るため、特定の農産物は輸《ゆ》入《にゅう》しないなど、農産物の貿易《ぼうえき》にさまざまな規制《きせい》をもうけていました。

ウルグアイ・ラウンドでは、こうした規制《きせい》をできるだけ少なくし、各国の農産物が国際間《こくさいかん》で自由に競争できるルールをつくることが話し合われました。その結果、1993（平成《へいせい》５）年に関税《かんぜい》（輸入品《ゆにゅうひん》にかける税金《ぜいきん》）以外の規制《きせい》は廃止《はいし》することで合意しました。

ウルグアイ・ラウンドで認《みと》められた関税《かんぜい》は、自国の農業を守るための方法のひとつで、輸入《ゆにゅう》した農産物に国が高い税金《ぜいきん》をかけ、実際《じっさい》に商品として店に並《なら》ぶときには、国内産のものと値段《ねだん》に差が出ないようにします。農産物を輸出《ゆしゅつ》している国々にとっては、高い関税《かんぜい》によって輸出先《ゆしゅつさき》の国で販売《はんばい》されるときの値《ね》段《だん》が高くなるので、競争が不利になります。

また、経済力《けいざいりょく》のある先進国では、農家が安い輸入《ゆにゅう》品《ひん》と競争するための「国内補助金《こくないほじょきん》」や、つくった作物を安く輸出《ゆしゅつ》できるようにする「輸出補助金《ゆしゅつほじょきん》」などをもうけ、国が農家を援助《えんじょ》しています。

1995（平成《へいせい》７）年、GATT《ガット》を発展《はってん》させ、世界規模《せかいきぼ》で自由貿易《じゆうぼうえき》を進めていくための国際機関《こくさいきかん》「WTO《ダブリューティーオー》（世界貿易機関《せかいぼうえききかん》）」がつくられました。149の国と地《ち》域《いき》が加盟《かめい》している（2006年現在《げんざい》）WTO《ダブリューティーオー》では、関税《かんぜい》や補助金《ほじょきん》などの国内農業を守る制度《せいど》を、どこまで認《みと》めるかなど、引きつづき農産物の貿易自由化《ぼうえきじゆうか》について話し合いがおこなわれています。けれども、各国の立場によって意見がぶつかりあって、交渉《こうしょう》は進んでいません。

WTO《ダブリューティーオー》で参加国全体が納得《なっとく》するような結論《けつろん》がなかなか出せないため、国や地域《ちいき》の間で、独自《どくじ》に貿易自《ぼうえきじ》由化《ゆうか》のルールを取り決める「FTA《エフティーエー》（自由貿易協定《じゆうぼうえききょうてい》）」や、貿易《ぼうえき》の自由化をふくめ、たがいに広く経済協力《けいざいきょうりょく》を進める「EPA《イーピーエー》（経済連携協定《けいざいれんけいきょうてい》）」といった協定を結ぶ動きが、各国に広がってきています。

国内の農業を守る方法

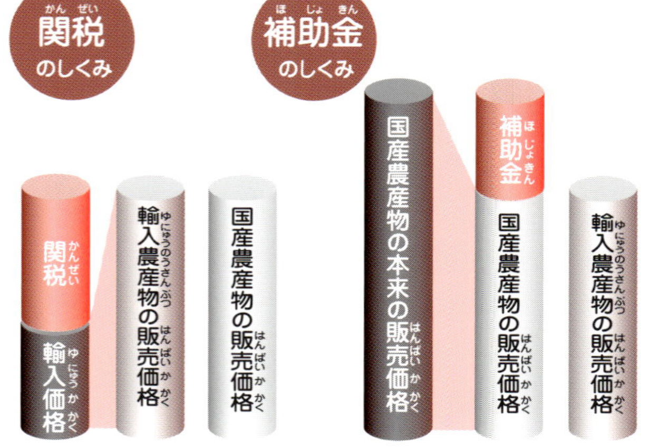

輸入農産物《ゆにゅうのうさんぶつ》に高い税金《ぜいきん》をかけ、国産農産物と価格《かかく》が同じくらいになるようにする。

国産農産物に補助金《ほじょきん》を出し、輸入農産物《ゆにゅうのうさんぶつ》と価格《かかく》が同じくらいになるようにする。

自由化への流れと日本

日本は、米など一部をのぞいて、国内生産では足りなかったり、輸入《ゆにゅう》したほうが安かったりする農産物については輸入《ゆにゅう》するという考え方でした。

しかし、国際的《こくさいてき》な貿易《ぼうえき》のルールがつくられるなか、「日本は工業製品《こうぎょうせいひん》は大量に輸出《ゆしゅつ》するけれど、農産物は都合のよいものしか輸入《ゆにゅう》していない」と批判《ひはん》され、日本の利益《りえき》だけを主張するわけにはいかなくなってきました。

ウルグアイ・ラウンドでの協議が進むなか、日本はそれまで輸入量《ゆにゅうりょう》を制限《せいげん》していたプロセスチーズやトマト加工品、牛肉、オレンジなどの輸入制限《ゆにゅうせいげん》を廃止《はいし》しました。

1993（平成《へいせい》5）年には、ウルグアイ・ラウンドでの合意により、米をのぞく農産物について、関税《かんぜい》以外はすべて自由化することを受け入れました（48ページ参照）。

現在《げんざい》日本では、米をはじめとする一部の農産物に高い関税《かんぜい》をかけたり、農家に援助《えんじょ》をすることで、日本の農業を守ろうとしています。しかし、安い輸入《ゆにゅう》農産物《のうさんぶつ》が農家にあたえる影響《えいきょう》は大きく、2001（平成《へいせい》

国産野菜と輸入《ゆにゅう》野菜《やさい》の値段《ねだん》

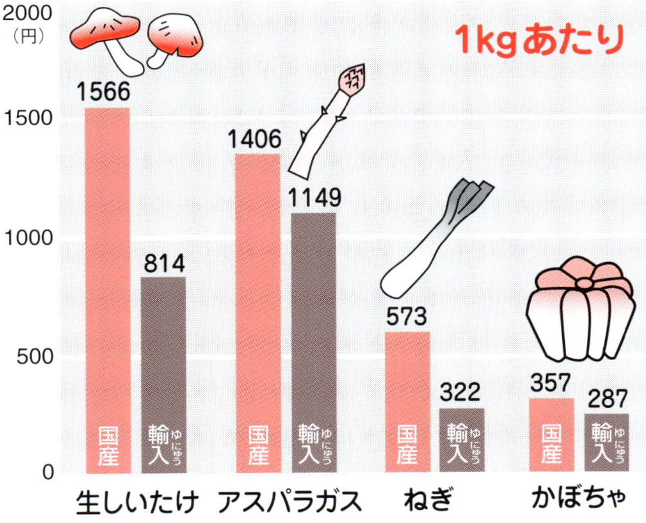

＊価格は平成16年の平均値。国産は標準品で、有機栽培品、特別栽培品などはふくまない。2004年の統計：「全国主要7都市平均の標準品、有機栽培品、特別栽培品、地場産品及び輸入品の価格　販売数量」（農林水産省）より

▼ウルグアイ・ラウンドでの合意による農産物の輸入自由化《ゆにゅうじゆうか》に対する抗議《こうぎ》のようす（農民運動全国連合会）。

各国の食料自給率《しょくりょうじきゅうりつ》

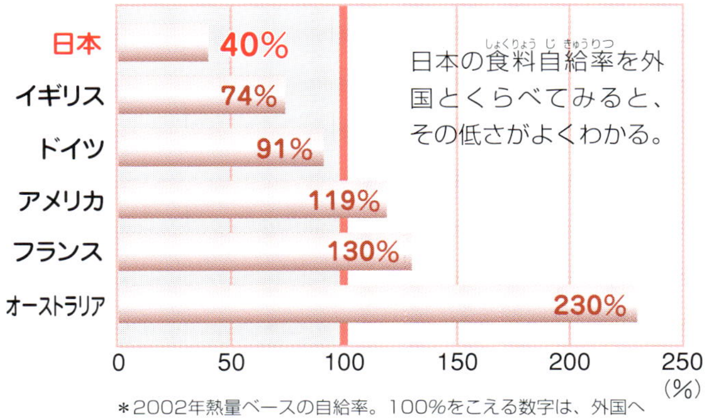

＊2002年熱量ベースの自給率。100%をこえる数字は、外国への輸出分をあらわす。資料：「食料需給表」（農林水産省）及びFAOデータにもとづく農林水産省試算より。

13）年には、ねぎ、生しいたけ、畳表《たたみおもて》について、「セーフガード」という対策《たいさく》をとりました。

セーフガードはWTO《ダブリューティーオー》がもうけた制度《せいど》で、急な輸入《ゆにゅう》の増加《ぞうか》などにより国内の産業が大きな損害《そんがい》を受ける場合、一時的に輸入量《ゆにゅうりょう》の制限《せいげん》などが認《みと》められるというものです。このときは、200日間関税《かんぜい》を引きあげることになりました。

自由化が進み、安い輸入品《ゆにゅうひん》が増《ふ》えることは、消費者には農産物を安く買えることになりますが、国内の農家には生活をおびやかす問題です。

食料を輸入《ゆにゅう》にたより、必要な食料を自国ではまかなえない日本としては、農家の生活を守りつつ、必要な食料を安全に安定して確保《かくほ》する、という解決法《かいけつほう》をさがしていかなければなりません。

日本の農業はだれがやる？

農地改革《のうちかいかく》で生まれた日本の農家は、農業の効率化《こうりつか》、食生活の変化、
貿易自由化《ぼうえきじゆうか》への流れなど、さまざまな変化に影響《えいきょう》を受けてきました。
そして今、農業で働く人の高齢化《こうれいか》、後継者《こうけいしゃ》の不足という大きな問題に直面しています。

兼業農家《けんぎょうのうか》がささえる日本の農業

1960年代ごろから、農業の機械化が進み、農作業にかかる手間がしだいに少なくなり、農家では少しずつ人手に余裕《よゆう》がでてきました。

一方で、工業や運送・サービス業などが発展《はってん》し、都市ではたくさんの働き手が必要になりました。このため、たとえば、父親は家で農業をいとなみ、息子は工場や会社に働きに出たり、農業がいそがしくない時期に都市部に働きに出たりするなど、ほかの仕事を「兼業《けんぎょう》」する農家が増《ふ》えました。

1970年代に、米あまりから減反政策《げんたんせいさく》（44ページ参照）がはじまり、その後、安い輸入農産物《ゆにゅうのうさんぶつ》も大量に入ってくるようになりました。1990年代には、貿易《ぼうえき》の自由化《じゆうか》が拡大《かくだい》し、国内農産物を守るための農家への援助《えんじょ》も減《へ》っていきます。

米を例にみれば、1995（平成《へいせい》7）年から施行《しこう》された「食糧法《しょくりょうほう》」によって、政府《せいふ》が農家から買いあげる「政府米《せいふまい》」は一定量だけになりました。それ以外は、ほかの農産物と同じように、自由に流通する「民間流通米」になったため、政府《せいふ》による値段《ねだん》の保証《ほしょう》はなくなりました。

そのほか一定の価格《かかく》が保証《ほしょう》されていた農産物についても、ウルグアイ・ラウンドの合意で安い輸入《ゆにゅう》農産物が増《ふ》えたことによって、販売価格《はんばいかかく》が下がっています。

こうして農業による収入《しゅうにゅう》が少なくなり、不安定になるにつれ、農業以外に収入《しゅうにゅう》の多くを求める兼業農家《けんぎょうのうか》が増《ふ》えていきました。

販売農家《はんばいのうか》1戸あたりの年間平均収入《へいきんしゅうにゅう》

農業関連の収入《しゅうにゅう》は25％でしかない。

＊ 販売農家は耕地面積30アール以上または年間農産物販売金額が50万円以上の農家。グラフはこの基準を満たすすべての農家の平均値で、農業をおもな収入にする専業農家、ほかの仕事を兼業する兼業農家をふくむ。
2004年の統計：「平成16年個別経営（販売農家）の経営収支」『農業経営統計調査』（農林水産省）より

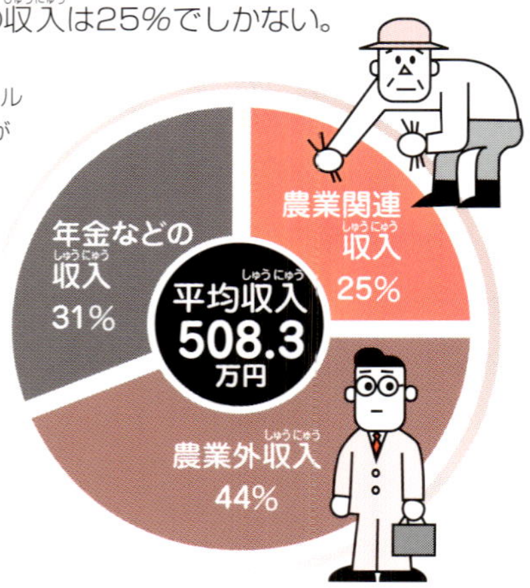

農家数とその割合《わりあい》の移《うつ》り変《か》わり

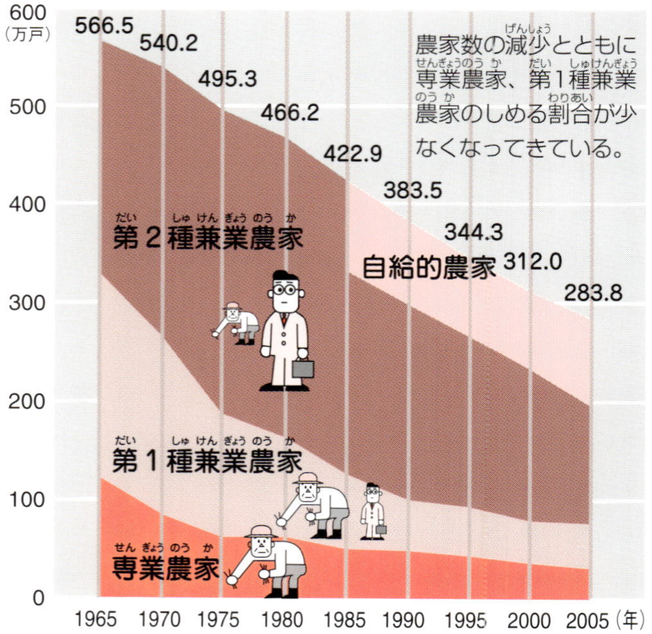

＊第1種兼業農家とは農業収入がほかの収入より多い農家。第2種兼業農家は農業以外の収入が多い農家。1985年以降、第2種兼業農家のうち、耕地面積30アール未満、または過去1年間の販売金額が50万円未満で、収穫した農産物はおもに自分たちで消費する農家は自給的農家とよばれる。
資料：「農林業経営体調査結果概要」『農林業センサス2005年』（農林水産省）より

農業をおもな仕事にする人（基幹的《きかんてき》農業従事者《のうぎょうじゅうじしゃ》）の数と年齢《ねんれい》の移《うつ》り変《か》わり

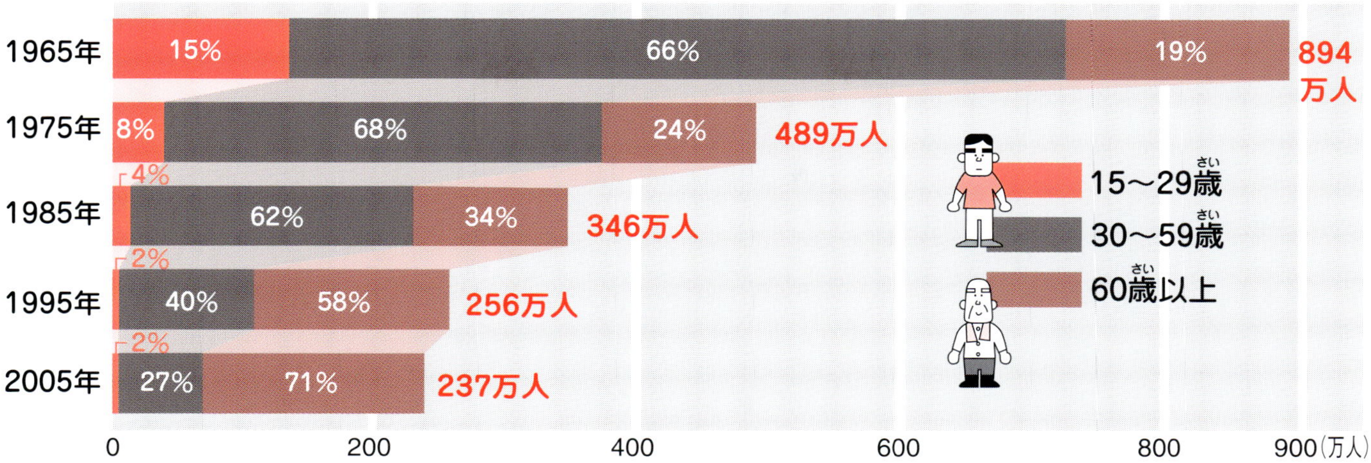

*「基幹的農業従事者」とは、生活の中心が農業（＝仕事）の人を指す。農業にたずさわっているが、家事や育児、学校や会社に通うことが生活の中心の人はふくまれない。1965～85年のデータは「15～29歳」ではなく「16～29歳」で作成されている。
資料：「基幹的農業従事者統計」『農業センサス20C5年』（農林水産省）より

進む高齢化《こうれいか》と少ない後継者《こうけいしゃ》

「兼業化《けんぎょうか》」が進んだ結果、若《わか》い農家は、しだいに農業以外の仕事に移《うつ》っていきました。家が農業をしていても、自分はほかの仕事をしたり、都市部に出て就職《しゅうしょく》し、そのまま都会でくらしたりする人も増《ふ》えました。こうして若《わか》い人が農業を離《はな》れたため、農業で働く人は高齢《こうれい》化《か》していきました。

現在《げんざい》では、農業をおもな仕事にする人の約７割《わり》が60歳《さい》以上です。一方、10代や20代の若《わか》い人は、わずか２％しかいません。

現在《げんざい》60歳《さい》以上の人たちが、いつまで働きつづけることができるでしょうか。しかも、農家のうち、同居《どうきょ》している後継者《こうけいしゃ》がいるのは約半数です。

最近、それまでの仕事をやめて新たに農業をはじめる「新規就農者《しんきしゅうのうしゃ》」が増《ふ》えていますが、それでも農業全体で考えると決して多いとはいえません。また、新規就農者《しんきしゅうのうしゃ》のうち半数以上は、定年退職《ていねんたいしょく》などにより農業をはじめる60歳《さい》以上の人です。これからの日本の農業を考えると、「働く人が減《へ》っていく」ことは、大きな問題になっています。

同居《どうきょ》の農業後継者《のうぎょうこうけいしゃ》がいる販売農家《はんばいのうか》

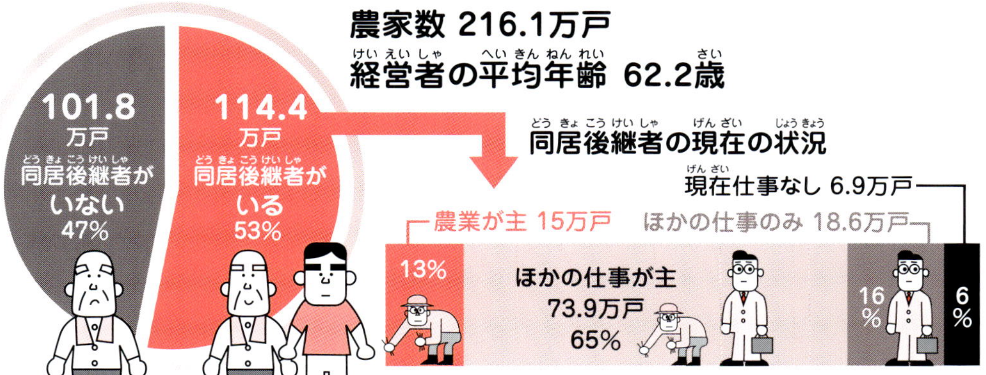

*農家数に自給的農家はふくまない。
2004年の統計：「農業構造動態調査（基本構造）結果概要」（農林水産省）より

新規就農者《しんきしゅうのうしゃ》の数と年齢別割合《ねんれいべつわりあい》

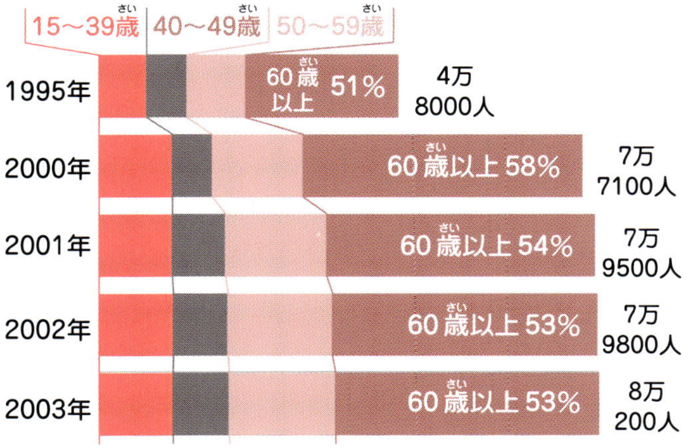

*この調査は2004年（2003年の新規就農者分）で終了している。
資料：『食料・農業・農村白書　平成18年版』（農林水産省）より

おとろえる農業

**働く人が減《へ》り、高齢化《こうれいか》が進めば、管理できる農地も減《へ》っていきます。
農業が力を失っていくと、どんなことが起こるのか、
私たち自身の問題として、考えていかなければなりません。**

減《へ》っていく農地

日本では鎌倉《かまくら》時代から、米を収穫《しゅうかく》したあとの田で麦をつくる「二毛作《にもうさく》」など、せまい土地を上手《じょうず》に利用した農業がおこなわれていました。

しかし、1960年代以降《いこう》は、小麦などの輸入《ゆにゅう》が増加《ぞうか》し、1970年代になると減反政策《げんたんせいさく》もおこなわれるようになります。さらに、農家の兼業化《けんぎょうか》、働く人の高齢化《こうれいか》が進み、耕地利用率《こうちりようりつ》が低下していきました。

その結果、管理できる農地も少なくなり、「耕作放棄地《こうさくほうきち》」が増《ふ》えました。耕作放棄地《こうさくほうきち》とは、以前は田畑だったのに、過去１年以上耕作《こうさく》されず、今後も作物をつくる予定のない農地のことです。さらに農地はあっても、農業をする人がいない「土地もち非農家」とよばれる人たちも増《ふ》えてきています。

作付《さくつ》け延《の》べ面積《めんせき》と耕地利用率《こうちりようりつ》の移《うつ》り変《か》わり

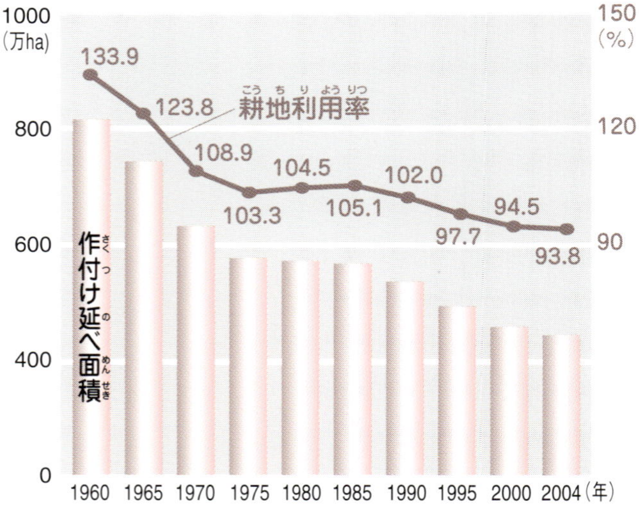

＊栽培時期のちがいを利用して、1年間に何種類かの農作物を同じ耕地に作付ければ、作付け面積の合計「作付け延べ面積」が、耕地面積より大きくなり耕地利用率が100%をこえる。耕地には田のあぜや畑のうねの間など、農作物を作付けない部分があるため、1度の作付けでは、耕地利用率は100%以下になる。データには耕作放棄地はふくまれない。
資料：「農作物作付延べ面積及び耕地利用率累年統計」『耕地及び作付面積統計』（農林水産省）より

耕作放棄地《こうさくほうきち》の面積の移《うつ》り変《か》わり

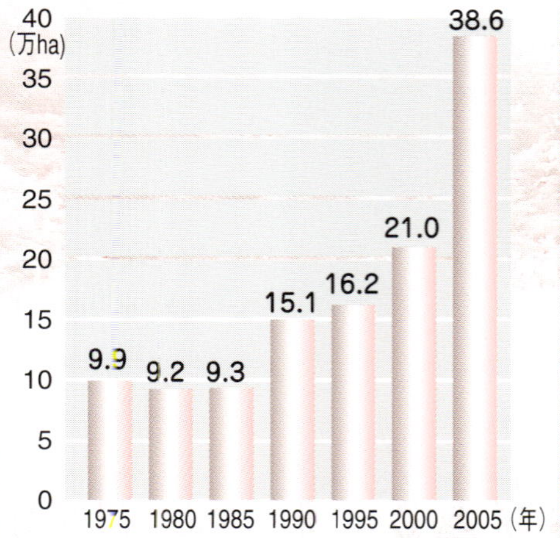

＊1985年までは田のみの調査。その後、畑・樹園地の面積も加えられた。
資料：「耕作放棄面積」『農林業センサス2005年』（農林水産省）より

▼耕作放棄地《こうさくほうきち》。もとは水田だったが雑草《ざっそう》だらけの空き地になってしまっている。一度荒《あ》れてしまうと、再《ふたた》び農地として使うには、たいへんな手間がかかる。

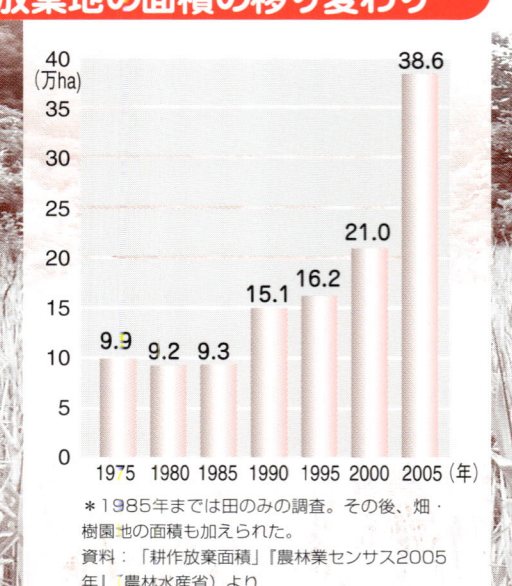

むずかしい経営《けいえい》規模《きぼ》の拡大《かくだい》

日本の農地は、戦後の「農地改革《のうちかいかく》」によって、実際《じっさい》に田畑を耕《たがや》す農家のものになりました（194ページ参照）。このとき、地主のもっていた広い耕地《こうち》は、小作だった農家に分けられ、多くの小規模農家《しょうきぼのうか》が生まれました。

1961（昭和《しょうわ》36）年につくられた「農業基本法《のうぎょうきほんほう》」では、農業の効率化《こうりつか》が目標になりました。「効率化《こうりつか》」には、広い土地で大規模《だいきぼ》な機械化した農業を発展《はってん》させるというねらいがありました。工業などの産業が発展《はってん》し、そこで働く人が必要になったので、小規模農家《しょうきぼのうか》の人が土地を売って働きに出れば、その農地をまとめて、大規模《だいきぼ》な農業ができると考えたのです。

しかし、もともと山がちで平野が少ない日本では、アメリカなどで見られるような広い農地を得ることはむずかしく、規模《きぼ》の拡大《かくだい》は進みませんでした。高度経済成長《こうどけいざいせいちょう》によって、土地の価値《かち》が上がったこともあり、実際《じっさい》には、土地をもち農業をつづけながら「兼業化《けんぎょうか》」する農家が増《ふ》えていったのです。

▲山間部の斜面《しゃめん》を利用した棚田《たなだ》。山地や森林が多い日本では、広く整備《せいび》された農地を得られる地域《ちいき》はかぎられている。

農地面積の比較《ひかく》（1戸あたり）

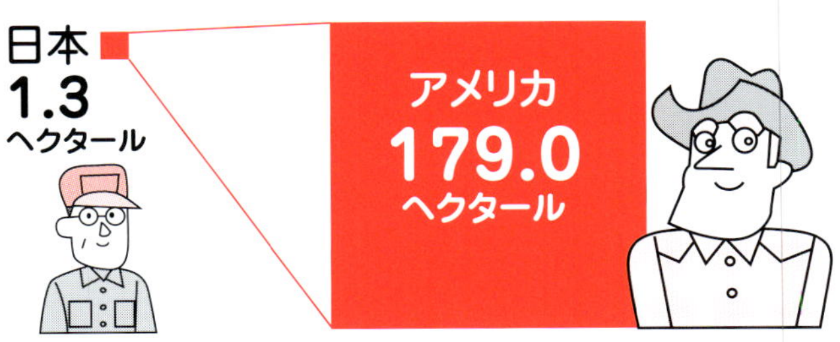

2005年の統計：『食料・農業・農村白書　平成18年版』（農林水産省）より

今の日本の農業と食料

現在《げんざい》の日本は、食料の6割《わり》を輸入《ゆにゅう》にたよっています。毎日必要な食料を、国内で生産できないことには不安があります。もし輸入《ゆにゅう》がとまれば、今の食生活をつづけることができなくなるかもしれません。

食料自給率《しょくりょうじきゅうりつ》を上げるには、国産農産物の消費を増《ふ》やすことが必要です。農業で働く人たちは、消費者に求められる農産物をつくる努力をしています。農薬や化学肥料《かがくひりょう》の使用を減《へ》らし、安い輸入農産物《ゆにゅうのうさんぶつ》にはないよさをアピールしたり、いくつかの農家が農地をまとめ、広い土地で共同作業をし、作業効率《さぎょうこうりつ》を上げる「集落営農《しゅうらくえいのう》」によって、農産物の値段《ねだん》を下げる取り組みなどもおこなわれています。

お金を出せば外国から食料を買えるという時代もいつまでつづくかわかりません。世界的な食料不足が心配されるなか、価格《かかく》が上がった農産物もでてきています。外国にたよるだけでなく、自分たちの力で食料を手に入れるため、再《ふたた》び日本の農業に活力をとりもどす努力が求められています。

もし食料輸入《しょくりょうゆにゅう》ができなくなったら……

国内で自給できるエネルギー量（熱量）から
考えられる食事の例

● 調味料1日分　砂糖《さとう》小さじ6杯《はい》　油脂《ゆし》小さじ0.6杯《はい》

＊2015年、食料自給率（熱量）を45%にするという目標が達成された場合の例。

資料：『不測時の食料安全保障について』（農林水産省）より

力を合わせる農家

農業が産業としての力を失いかけている今、農業を守り、発展《はってん》させていくために、さまざまな新しい試みがはじまっています。ここでは、たくさんの農家が力を合わせて、自分たちでつくった農産物を消費者にとどける取り組みを紹介《しょうかい》します。

たくさんの農家が集まる

千葉《ちば》県香取《かとり》市にある「和郷園《わごうえん》」は、農家の人たちが、自分たちの農産物を自分たちで販売《はんばい》するためにつくった組織《そしき》です。1991（平成《へいせい》3）年、現在《げんざい》代表理事をつとめる木内《きうち》さんたちが、「自分たちでつくったものは自分たちで売ろう」と、トラックに野菜を積んでスーパーなどにもちこみ、自分たちで販売先《はんばいさき》を決めたのが、和郷園《わごうえん》のはじまりです。現在《げんざい》、組合員約90軒《けん》の専業農家《せんぎょうのうか》が「安心でおいしい農産物」をつくり、つくったものを「責任《せきにん》をもってとどける」ために、自分たちで、生産、加工、流通、販売《はんばい》、リサイクルするしくみをつくっています。

一軒《いっけん》の農家では、生産できる農産物の種類や量にかぎりがありますが、多くの農家が力を合わせることで、品質《ひんしつ》をそろえた農産物を一定の量、安定して取引先にとどけることができるのです。

▲ごぼうを栽培《さいばい》する組合員。和郷園《わごうえん》と販売先《はんばいさき》が取り決めた基準《きじゅん》に従《したが》い、農薬や化学肥料《かがくひりょう》を減《へ》らした農産物をつくる。

▲和郷園《わごうえん》では野菜の加工工場や取引先の外食産業から出る野菜のくずや、近隣《きんりん》の酪農家《らくのうか》から牛糞《ぎゅうふん》を集め、堆肥《たいひ》にしている。堆肥《たいひ》は各農家の畑にもどし利用する。

情報《じょうほう》やルールを共有する

和郷園《わごうえん》には組合員の農家からたくさんの農産物が集まってきます。それぞれの品質《ひんしつ》がばらばらでは困《こま》るので、農産物にはさまざまな栽培基準《さいばいきじゅん》をもうけています。

まず、組合員は野菜を育てる前に、農地の土をもってきます。和郷園《わごうえん》では土の状態《じょうたい》を分析《ぶんせき》し、データにもとづき肥料《ひりょう》のあたえ方などをアドバイスします。また、栽培《さいばい》にあたって農薬を使用した場合は、必ず報告《ほうこく》することになっています。

さらに、最近では農産物の品質《ひんしつ》を守り、衛生管理《えいせいかんり》や周囲の環境《かんきょう》への影響《えいきょう》、働く人の健康などもふくめた安全な農業をするため、「GAP《ギャップ》（適正農業規範《てきせいのうぎょうきはん》）」（205ページ参照）とよばれる基準《きじゅん》をもとに、ルールづくりを進めています。農薬の保管法《ほかんほう》や、野菜をパックづめするときの衛生《えいせい》チェックなど、具体的なルールを手引き書にまとめています。

生産者は栽培《さいばい》記録や農薬の使用状況《じょうきょう》を、専用のソフトで管理し、インターネットで和郷園《わごうえん》の本部に送ります。

▶和郷園《わごうえん》の本部。各組合員の農産物の栽《さい》培状況《ばいじょうきょう》をコンピュータで管理している。農産物の出荷、取引先との交渉《こうしょう》や連絡《れんらく》、通信販売《つうしんはんばい》の業務《ぎょうむ》などをおこなう。

GAP《ギャップ》ってなに?

GAP《ギャップ》とは英語で「Good Agricultural Practice」の略《りゃく》で、日本語では「適正農業規範《てきせいのうぎょうきはん》」といいます。農産物の栽《さい》培《ばい》・衛生管理《えいせいかんり》を徹底《てってい》させるため、生産工程《こうてい》でどのようなことに気をつけ、どのような考え方で対処《たいしょ》すべきかを示《しめ》したものです。1997年にヨーロッパのスーパーマーケットなどが集まってつくったEUREP《ユーレップ》 GAP《ギャップ》を基準《きじゅん》に、あらゆる国のさまざまな農業の生産条件《せいさんじょうけん》に合わせた形で広がっています。日本や中国《ちゅうごく》でも、栽培現場《さいばいげんば》にGAP《ギャップ》を取り入れる農業団体が増《ふ》えており、今後、安全と環境《かんきょう》のことを考えた農産物の世界基準《せかいきじゅん》になると考えられています。

▲和郷園《わごうえん》の組合員が経営《けいえい》する農場ではサンチュを栽培《さいばい》している。一般的《いっぱんてき》にサンチュは水耕栽培《すいこうさいばい》のものが多いが、和郷園《わごうえん》ではおいしさを求め土で栽培《さいばい》している。この農場は組合員の手本となるようGAP《ギャップ》による栽培《さいばい》・衛生管理《えいせいかんり》に取り組んでいる。

自分たちで加工する

和郷園《わごうえん》は「自分たちがつくったものを自分たちの手でお客さんが求める状態《じょうたい》にする」という考え方から、野菜の冷凍工場《れいとうこうじょう》とカット野菜をつくる工場を運《うん》営《えい》しています。

冷凍工場《れいとうこうじょう》では旬《しゅん》の野菜を、収穫《しゅうかく》後すぐに急速冷凍《きゅうそくれいとう》します。野菜は旬《しゅん》の時期につくるのがいちばんおいしく、さらにしっかりと育つため、農薬の使用量もおさえられます。また、冷凍《れいとう》して保存《ほぞん》することによって、無理に旬《しゅん》の時期以外につくる必要がなく、1年を通して旬《しゅん》のおいしさを消費者にとどけることができます。

自分たちで加工することで、作物に付加価値《ふかかち》をつけるだけでなく、1年を通して計画的に栽培《さいばい》することができ、農家の収入《しゅうにゅう》が安定します。

自分たちで販売《はんばい》する

和郷園《わごうえん》は農産物のほとんどを卸売《おろしうり》市場などを通さずに、直接契約《ちょくせつけいやく》している生活協同組合やスーパー、外食産業などに出荷しています。

生産から販売《はんばい》までをまとめて手がけるので、流通にかかる手数料が減《へ》り、生産者の収入《しゅうにゅう》が増《ふ》えます。また、価格《かかく》も直接《ちょくせつ》、取引先と交渉《こうしょう》して決めることができます。

地元の香取《かとり》市や東京《とうきょう》都内には農産物を販売《はんばい》する直売店もあります。直売店は販売《はんばい》するだけでなく、和《わ》郷園《ごうえん》の農産物の特徴《とくちょう》などを消費者に伝える役割《やくわり》もあります。また、消費者からの要望を直接《ちょくせつ》聞くことによって、それを生産や販売《はんばい》に生かすことができます。

今後は、環境《かんきょう》と調和した農業をおこないながら、自分たちの農産物をより多くの人に食べてもらおうと、インターネットでの全国への通信販売《はんばい》や海外への輸出《ゆしゅつ》などを進めています。

▲ほうれん草の冷凍野菜《れいとうやさい》をつくる作業。

▼さまざまな冷凍野菜《れいとうやさい》。

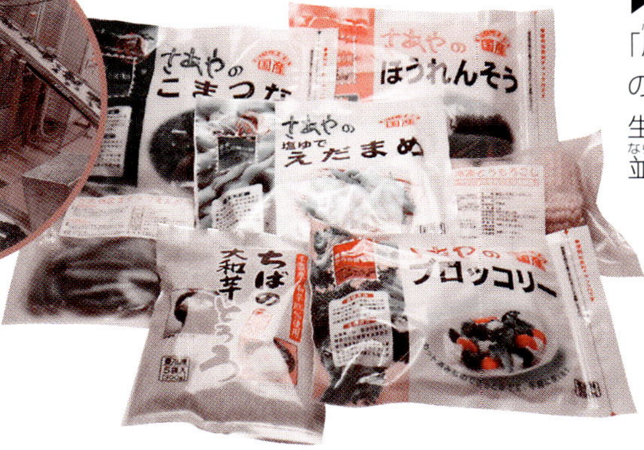

▶地元の直売店「風土村《ふうどむら》」。野菜のコーナーには生産者の写真が並《なら》ぶ。

農業をささえる新しい力

日本では農地の利用にきびしい制限《せいげん》をもうけ、個人《こじん》の農家の土地を守ってきました。しかし、耕作《こうさく》を放棄《ほうき》された農地が増《ふ》えるなか、より多くの人が農業にかかわれるしくみをつくり、農業に新しい力を求める試みがはじまっています。

農業に新しい力を

1952（昭和《しょうわ》27）年、農地や農家を守るためにつくられた「農地法」という法律《ほうりつ》では、農地をもつことができるのは、個人《こじん》の農家にかぎられていました。しかし、1962（昭和《しょうわ》37）年にこの法律《ほうりつ》が改正され、いくつかの農家が集まって共同経営《きょうどうけいえい》をおこなう「農業生産法人《のうぎょうせいさんほうじん》」という組織《そしき》も、農地をもてるようになりました（47ページ参照）。

その後、何度かの法律《ほうりつ》の改正によって、農家が多くの人から農地を借り、作業のために人をやとうなど、会社のような経営《けいえい》をおこなう大規模《だいきぼ》な組織《そしき》も認《みと》められるようになりました。さらに現在《げんざい》では、一般《いっぱん》の企業《きぎょう》が、農家と共同で農場などを経営《けいえい》したり、市町村などから耕作放棄《こうさくほうき》された土地を借りて、農業をおこなうことも認《みと》められています。

外食産業や食品の加工会社が、自社で使う農産物を生産するために農場をつくったり、建設《けんせつ》会社が、地域《ちいき》の耕作放棄地《こうさくほうきち》を利用し、作物を栽培《さいばい》する取り組みをはじめたりしています。

これまで直接《ちょくせつ》農業にかかわることがなかった企業《きぎょう》が、地域《ちいき》や農業、食品に対するそれぞれの考え方とやり方で農業をおこなうことは、これからの農業をささえる新しい力になると考えられています。

建設《けんせつ》会社が農業に

長野《ながの》県下伊那《しもいな》郡大鹿《おおしか》村では、地元の建設《けんせつ》会社４社が村から農地を借り、ブルーベリーやいちご、村の特産物である大鹿大豆《おおしかだいず》の栽培《さいばい》をおこなっています。耕作放棄地《こうさくほうきち》を有効《ゆうこう》に利用し、地域《ちいき》の農業を守りたいという村のよびかけに、企業《きぎょう》がこたえてはじまったものです。村の農家が企業《きぎょう》に農業指導《のうぎょうしどう》をおこなうなど、地域《ちいき》の発展《はってん》のために村と企業《きぎょう》が協力しています。将来《しょうらい》はブルーベリーの観光農園なども開く予定です

▼休耕田《きゅうこうでん》で栽培《さいばい》されるブルーベリー。

▲建設《けんせつ》会社のひとつ、吉野組《よしのぐみ》が育てているいちご。栽培《さいばい》がむずかしいいちごの水耕栽培《すいこうさいばい》に取り組んでいる。

外食産業が農業に

居酒屋《いざかや》チェーン「和民《わたみ》」などを経営《けいえい》するワタミ株式会社《かぶしきかいしゃ》では、店の料理に使う野菜などを、グループ会社ワタミファームで栽培《さいばい》しています。ワタミファームは、有機野菜《ゆうきやさい》を栽培《さいばい》する農場や牧場などを経営《けいえい》し、生産した農産物の通信販売《つうしんはんばい》などもおこなっています。

▲収穫《しゅうかく》をむかえたワタミファームのだいこん畑。

▲牧場では農薬などを使用していない牧草をあたえ、短角牛《たんかくぎゅう》を飼育《しいく》している。

スーパーマーケットによる農業

神奈川《かながわ》県の小田原《おだわら》市にある食料品スーパー「ヤオマサ」チェーンでは「旨《うま》い・安心・安全・健康づくり」をテーマに、化学肥料《かがくひりょう》や農薬の使用を減《へ》らした地元産の農産物を販売《はんばい》しています。そのなかで、「がんこ村農場」の名前で人気の農産物をつくっているのが、ヤオマサの田嶋《たじま》会長が設立《せつりつ》した「小田原《おだわら》がんこ村」です。

スーパーが仕入れをしている青果市場に、地元の農産物が少ないことを知った田嶋《たじま》会長は、つくった人の顔が見えるような農産物を、もっと自分の店におきたいと考えました。そこでまず、地元の農家の人たちに、農薬や化学肥料《かがくひりょう》を減《へ》らし、土づくりにこだわった農産物の栽培《さいばい》をよびかけました。土づくりのもとになる堆肥《たいひ》には、スーパーや青果市場から出る生ゴミ、食品廃棄物《しょくひんはいきぶつ》などを利用しました。

調べてみると、地元に多くの耕作放棄地《こうさくほうきち》があることもわかりました。2005（平成《へいせい》17）年には、小田原《おだわら》市から、耕作《こうさく》が放棄《ほうき》されていたみかん園や畑などの土地を借りて、自分たちで農産物の生産をはじめました。作業は、農業に関心のある高齢者《こうれいしゃ》のボランティアが中心になっておこなっています。

できあがった農産物は、ヤオマサの店頭に並《なら》びます。耕作放棄地《こうさくほうきち》を利用して、地元の人がつくった「安心できる農産物」が、消費者にとどくしくみがつくられているのです。

小田原《おだわら》がんこ村では、地域《ちいき》の人にも耕作放棄地《こうさくほうきち》を利用してもらおうと、農地の一部を市民農園として貸《か》し出《だ》したり、子どもたちのための農業体験教室なども開いています。

▼地域《ちいき》の人たちとの交流を深めるため、子どもたちを集めた「田んぼの学校」を開いている。

▲耕作放棄地《こうさくほうきち》の雑草《ざっそう》を刈《か》り、農地を復活《ふっかつ》させる。

▲「小田原《おだわら》がんこ村」農場。

◀高齢者《こうれいしゃ》が中心となって農作業をおこなう。

▲農場でつくられた農産物は、ヤオマサの各店で販売《はんばい》される。

仕《し》事《ごと》図《ず》鑑《かん》

農業を仕事にする

農家になる

食料や環境《かんきょう》の問題に関心がある、自然のなかで働きたいなど、農業の経験《けいけん》がなくても、農家になりたいという人が増《ふ》えています。ただ、仕事として農業をするためには、いろいろな準備《じゅんび》が必要です。

農家になるまで

農家に生まれて後継者《こうけいしゃ》となる人だけでなく、新しく自分で農業をはじめたいという人たちが、少しずつ増《ふ》えています。今までしていた仕事をやめて、農業に転職《てんしょく》する人もいます。国や都道府県、市町村、さまざまな農業団体《だんたい》が、資金援助《しきんえんじょ》や農業研修《けんしゅう》を実施《じっし》し、農業をはじめる人たちを応援《おうえん》しています。

ただ、今まで農業に直接《ちょくせつ》かかわったことのない人がはじめるのは、そうかんたんなことではありません。まず、情報《じょうほう》を集め、自分が具体的にどんな農業をしたいのか、はっきりさせることが大切です。そのうえで実際《じっさい》に農業を経験《けいけん》し、知識《ちしき》や技術《ぎじゅつ》を身につける必要があります。

また、独立《どくりつ》した農家になるためには、農地と資金《しきん》が必要です。家族やまわりの人の理解《りかい》や協力も欠かせません。

① 情報《じょうほう》を集める・体験する

農業をはじめるために必要な情報《じょうほう》を集めます。全国の都道府県にある「新規就農相談《しんきしゅうのうそうだん》センター」では、相談を受け付けるほか、農業体験ツアーを開催《かいさい》したり、先輩《せんぱい》の体験談を聞ける集まりなども開いています。

- インターネットや資料《しりょう》で情報収集《じょうほうしゅうしゅう》。
- 農業体験ツアーなどにも参加。

② イメージをしっかりつくる

どんな作物をつくりたいか、どんな栽培方法《さいばいほうほう》にしたいか、どんな場所で農業をしたいか、できるだけ具体的に考えます。

③ 農業を経験《けいけん》する

自分のやりたい農業に合わせ、実際《じっさい》にその仕事を経験《けいけん》し、栽培方法《さいばいほうほう》などの農業技術《のうぎょうぎじゅつ》や、経営《けいえい》についての知識《ちしき》を身につけます。学校に通ったり、研修《けんしゅう》を受けたり、農業団体《だんたい》に就職《しゅうしょく》し、働きながら学ぶ方法もあります。

- 農業大学《のうぎょうだいがく》や就農準備校《しゅうのうじゅんびこう》などに通う。
- 地域《ちいき》の農家などで研修《けんしゅう》。
- 農業団体《だんたい》などに就職《しゅうしょく》。

④ 農地の取得

農地を買ったり、借りたりするには、市町村の農業委員会の許可《きょか》が必要です。その土地をきちんと耕作《こうさく》し、農地として使うことを示《しめ》す計画書を提出《ていしゅつ》します。

⑤ 農家に！

農地の取得や、住むところ、農業機械の購入《こうにゅう》に使う資金《しきん》、しばらくの間の生活費などを準備《じゅんび》します。新しく農業をはじめる人に向けた資金援助制《しきんえんじょせい》度《ど》もあります。

農業に関係する仕事につく

農家が農産物をつくるためには、作物の種や肥料《ひりょう》などが必要です。収穫《しゅうかく》した農産物を、新鮮《しんせん》なうちに消費者にとどけることも大切です。農家以外にも多くの人が、農業をささえています。

農業試験場などの研究機関

各都道府県にある農業試験場などの研究機関では、作物の品種改良や、地域《ちいき》の気候や土壌《どじょう》に合わせた栽培方法《さいばいほうほう》、病害虫対策《びょうがいちゅうたいさく》の研究、特産物の開発など、農業技術《のうぎょうぎじゅつ》に関する研究をおこない、その成果を農業に役立てています。

肥料《ひりょう》・農薬メーカー

作物の栽培《さいばい》に役立ち、人や生き物、環境《かんきょう》に対して、安全で負担《ふたん》をかけない肥料《ひりょう》や農薬の研究・開発をしています。農薬として認《みと》められるには、さまざまな安全性《あんぜんせい》の試験があり、現在《げんざい》、新しい農薬の開発には、10年以上かかるといわれています。

卸売《おろしうり》市場

JA《ジェーエー》などから出荷された農産物は、卸売市場《おろしうり》に集められ、卸売業者《おろしうりぎょうしゃ》によりせりにかけられます。仲卸業者《なかおろしぎょうしゃ》や青果店の人は、農産物に値《ね》をつけてせり落とし、購入《こうにゅう》して店頭に並《なら》べます。せりを運営《うんえい》して、生産者と消費者をつなぐ仕事です。

種苗《しゅびょう》メーカー

種や苗《なえ》を育てて、農家に販売《はんばい》しています。種をとって販売《はんばい》するために作物を育てる場合は、ほかの作物から受粉《じゅふん》しないように離《はな》れた場所で育てるなど、きびしい栽培条件《さいばいじょうけん》があります。そのため、日本では栽培《さいばい》することができず、海外の農家に栽培《さいばい》を委託《いたく》することも多くなっています。

JA《ジェーエー》（農業協同組合）

農家から農産物を集めて共同出荷したり、肥料《ひりょう》や農薬、農業機械などを農家に販売《はんばい》したり、農業技術《のうぎょうぎじゅつ》の指導《しどう》をおこなったりする団体《だんたい》です。そのほか、農家の人たちの生活をささえる金融《きんゆう》・保険《ほけん》などの事業もおこなっています。

スーパーマーケット・小売店

消費者に直接《ちょくせつ》、農産物を販売《はんばい》します。消費者が望む農産物をどれだけ仕入れることができるか、また、その農産物のよさをどのような形で伝えられるかなど、農産物や食品についての知識《ちしき》や情報《じょうほう》の収集《しゅうしゅう》が必要です。

みんなでささえる農業

農業で働くことはできなくても、作物を育てることを楽しんだり、農村の生活を体験したり、農家を支援《しえん》する活動をするなど、農業にかかわり、参加することはできます。
多くの人が農業について知り、ともに考えることが、農業をささえることにつながります。

市民農園で農業に親しむ

都市でくらす人々にとって、毎日見る農産物は、店に並《なら》んでいるものです。田や畑などで作物が育つところを見ることも、そのための作業を体験することもほとんどありません。そうした人々に、農業とふれあう場を提供《ていきょう》する取り組みのひとつが「市民農園」です。希望する人は、小さな面積の農地を借りて、野菜や花などの栽培《さいばい》を楽しんだり、学校などが体験学習に利用することもできます。

市町村が開設《かいせつ》し、借りる人がそれぞれ好きな作物を育てる農園などのほか、農家が自分の農地を提供《ていきょう》し、利用者を指導《しどう》するなど、本格的《ほんかくてき》な野菜の栽培《さいばい》を体験できる農園もあります。

都市にくらしていても、農業に対して意識《いしき》をもち、結びつきを失わないことが、農業をささえる第一歩です。市民農園は都市に住む人に、その機会をあたえてくれます。

▲滞在者《たいざいしゃ》と地元の農家がいっしょになって収穫《しゅうかく》する。都市と農村の交流の場ともなっている。

▼茨城《いばらき》県笠間《かさま》市にある都市住民のための滞在型《たいざいがた》市民農園。畑のわきにログハウスがあり、利用者は年間契約《ねんかんけいやく》を結び、宿泊《しゅくはく》して農作業をおこなうことができる。

▲農家の指導《しどう》で、種をまく。農作業がはじめての人でも本格的《ほんかくてき》な農業を体験できる。

都市空間に農地をつくる

市民農園のほかにも、都市のくらしのなかに農業をとりもどそうとさまざまな試みがおこなわれています。たとえば、建物の屋上に、土を入れ、畑や田んぼをつくります。この屋上農園には、作物を収穫《しゅうかく》するだけでなく、作物の緑がまわりの暑さをやわらげたり、人の心をなごませてくれるという効果《こうか》もあります。

また、実験段階ですが、地下室や室内などでも作物を栽培《さいばい》する試みがおこなわれています。さまざまな技術《ぎじゅつ》の発達により、これまで農業はできないと考えられていた場所でも、作物を栽培《さいばい》することができるのです。

家庭や学校で野菜などを育てることも、農業に関心をもつきっかけになります。本格的《ほんかくてき》な作物の栽培《さいばい》はむずかしくても、自分の家の庭で野菜を育て、その野菜を自分たちで食べるといった経験《けいけん》をすることで、作物や農業を少しでも身近に感じることができるでしょう。

ビルの地下にある農場

株式会社《かぶしきがいしゃ》パソナは、都市で働く人たちに農業に関心をもってもらうため、東京都《とうきょう》千代田《ちよだ》区にある本社ビルの地下室で野菜などを栽培《さいばい》し、一般《いっぱん》の人に公開しています。パソナでは農業を産業として活性化《かっせいか》するために、農村での研修《けんしゅう》もおこなっています。

▲太陽光線に近い光を発する人工光線で稲《いね》を栽培《さいばい》している。自然の状態《じょうたい》よりも早く成熟《せいじゅく》し、1年3回収穫《しゅうかく》できる。

ビルの屋上の農園

三井住友海上《みついすみともかいじょう》では、会社のビルを土の重さに耐《た》えられるように設計《せっけい》し、屋上に庭園と農園をつくっています。作物とともに樹木《じゅもく》も植えられ、屋上は周辺にくらべ、夏の日中の地表温度で20℃ほど低くなっています。

◀ビルの屋上につくられた農園。屋上は1mもの厚《あつ》さの土でおおわれている。

▼地域《ちいき》の人やビルで働く人たちに貸《か》し出《だ》され、作物が栽培《さいばい》されている。

◀光や温度を人工的にコントロールし、栄養分を入れた水だけで栽培《さいばい》しているサラダ菜。病害虫が発生しにくいので農薬は必要ない。短期間で収穫《しゅうかく》できる。

▼ブロッコリー、はくさい、とうがらしなどさまざまな野菜も栽培《さいばい》されている。

棚田復元《たなだふくげん》プロジェクト

山の斜面《しゃめん》など、傾斜《けいしゃ》した土地にそってだんだんにならぶ「棚田《たなだ》」は、日本各地に見られる風景です。地域《ちいき》によっては「千枚田《せんまいだ》」ともよばれています。しかし、傾斜地《けいしゃち》での農作業は苦労が多く、ひとつひとつの水田がせまいため、大きな機械が入りません。そのため、多くの棚田《たなだ》が耕作放棄地《こうさくほうきち》になっているともいわれています。

滋賀《しが》県では、放置された棚田《たなだ》を、地域《ちいき》の農家とボランティアの協力で復活《ふっかつ》させる「棚田復元《たなだふくげん》プロジェクト」を大津《おおつ》市仰木平尾《おおぎひらお》地区で開始し、雑草《ざっそう》でおおわれた土地を、棚田《たなだ》にもどす活動などをおこなっています。また「棚田《たなだ》オーナー制度《せいど》」によって、都市にくらし、ふだんはあまり作業に参加できない人たちにも支援《しえん》をよびかけています。

棚田《たなだ》オーナー制度《せいど》って?

棚田《たなだ》オーナー制度《せいど》は、都市にくらす人や農家以外の人に、棚田《たなだ》を守ることに協力してもらう活動として、広く全国各地でおこなわれています。都市部に住む人や、地域《ちいき》の農家以外の人によびかけて、棚田《たなだ》の一部のオーナーになってもらう制度《せいど》です。オーナーは棚田《たなだ》の広さに応《おう》じて会費をはらい、かわりに収穫《しゅうかく》された作物を受け取ります。また、棚田《たなだ》での農作業を体験できるところもあります。

仰木平尾《おおぎひらお》地区の棚田復元作業《たなだふくげんさぎょう》

◀耕作《こうさく》されず雑草《ざっそう》におおわれた棚田《たなだ》。

▼おおぜいのボランティアによって雑草《ざっそう》が取りのぞかれた。

◀前年に雑草《ざっそう》を刈《か》った棚田《たなだ》は、雑草《ざっそう》の根を取りのぞいてから、土をならしあぜをつくる。

◀田の準備《じゅんび》が終わったところで、田に水をはる。

▼田植《たう》え後2か月ほどたつと、棚田《たなだ》一面に青々とした稲《いね》が生長した。

地域通貨《ちいきつうか》

地域通貨《ちいきつうか》は、特定の地域内《ちいきない》で、決まった目的のためだけに使える通貨《つうか》。写真の仰木平尾《おおぎひらお》地区の「1仰木《おおぎ》」は、ボランティア参加者や棚田《たなだ》オーナーがもらえるもので、枚数《まいすう》に応《おう》じて収穫《しゅうかく》した棚田米《たなだまい》や野菜などと交換《こうかん》できる。

▶見事に実った稲《いね》を収穫《しゅうかく》する棚田《たなだ》のオーナー。

写真：滋賀県農林振興課

グリーン・ツーリズムで農業体験

「グリーン・ツーリズム」とは、農山村や漁村で、農業や林業、漁業を体験したり、地域《ちいき》の生活や文化にふれ、人々と交流する旅のことです。長期休暇《ちょうききゅうか》があるヨーロッパで広まり、環境《かんきょう》や農業への関心が高まってきた現在《げんざい》、日本でも注目されています。

日本全国で、都道府県や市町村をはじめ、さまざまな農家や農業団体《だんたい》などが、グリーン・ツーリズムを企画《きかく》しています。作物の収穫体験《しゅうかくたいけん》ができる農場のほか、農業や林業、漁業の作業が体験できる体験民宿もたくさんあります。どんな場所で、いつごろ、どんな体験ができるのかは、インターネットなどで調べることができます。

長野《ながの》県南部の1市3町11村では、市町村やJA《ジェーエー》(農業協同組合)、地元の企業《きぎょう》が協力して、グリーン・ツーリズムを広める南信州観光公社《みなみしんしゅうかんこうこうしゃ》をつくっています。この会社の特徴《とくちょう》は、地域《ちいき》の広さを生かし、小・中学生のためにさまざまな体験プログラムを用意していることです。

子どもたちが農家に宿泊《しゅくはく》して田植《たう》えやりんごの袋《ふくろ》がけなどの農林業体験をする旅行や、修学旅行《しゅうがくりょこう》で農業体験ができるプログラムなどがあります。たとえば飯田《いいだ》市では、2003（平成《へいせい》15）年に、101校、1万6500人の小・中学生を受け入れています。

南信州観光公社《みなみしんしゅうかんこうこうしゃ》の小・中学生向け体験プログラム

地域《ちいき》でおこなわれているいろいろな農林業の作業を体験できる。このほか田植《たう》え、そばの刈《か》り入《い》れ、炭焼き、いちごの植えつけ、きのこの菌《きん》の植えつけなどのプログラムもある。

▲農家に宿泊《しゅくはく》して、農家の生活を体験することができる。

▲収穫《しゅうかく》をし、とれたての野菜を味わう。

▲カイコにえさ（桑《くわ》の葉）をやるなど、実際《じっさい》の養蚕作業《ようさんさぎょう》を学ぶ。

▲牛の世話など、酪農家《らくのうか》の仕事を手つだう。しぼりたての牛乳《ぎゅうにゅう》も飲める。

▲おいしい果実をつくるために大切な、りんごの袋《ふくろ》かけを体験。

農業のためにできること

**私たちが毎日口にしている食べ物が、
どのようにつくられ、どこから運ばれてくるのかを考えることは、
日本の農産物や農業について考えることにつながります。**

地元の農産物を地元で食べる

今の日本では、地元の農家がつくった農産物を食べずに、安いからといって、わざわざ外国から輸入《ゆにゅう》されたものを食べることが多くなっています。

その結果、国内で生産した農産物が売れず、多くの農家が経営《けいえい》が成り立たずに苦しんでいます。農業をやめる人も増《ふ》え、耕作《こうさく》をしていない農地も広がっています。

農業はもともと、地域《ちいき》の気候や土壌《どじょう》に合った作物を、地域《ちいき》の人たちの食料として育てる産業でした。この基本的《きほんてき》な部分がくずれてしまったのです。

今、国内の農業の力をとりもどすため、私たちができることとして、地元の農産物を地元で消費する「地産地消《ちさんちしょう》」とよばれる取り組みが、全国各地でおこなわれています。

地元の農産物なら、運ぶ距離《きょり》が短いので新鮮《しんせん》なものを食べることができます。つくった地元の農家の人たちと、顔を合わせたり話を聞いたりすることもしやすく、安心感と親しみがわきます。農家にとっても生活の安定や、つくる喜《よろこ》びにつながります。また、地元の農産物や特産物を使った、地域《ちいき》に昔から伝わる料理など、伝統的《でんとうてき》な食文化を見直すことにもなります。

地産地消《ちさんちしょう》の取り組みは、農業と消費者をむすびつける試みといえます。こうした考えにもとづき、地元でつくられた農産物を中心に売る直売所や、食材として利用する食品加工場、レストランなどが増《ふ》えています。

▲岡山《おかやま》県の生活協同組合「おかやまコープ」では、各店に地《ち》産地消《さんちしょう》コーナーをもうけ、近くの農家から仕入れた地場野菜《じばやさい》を、毎日販売《はんばい》している。

フード・マイレージってなに？

遠い外国からたくさんの農産物を輸入《ゆにゅう》することは、石油などのエネルギーを大量に使い、地球の環境《かんきょう》にもよいこととはいえません。そこで「フード・マイレージ」という考え方が生まれました。

フード・マイレージとは、食料の生産地から消費地までの距離《きょり》が短いほうが、輸送《ゆそう》に使うエネルギーが少なく、環《かん》境《きょう》にやさしいという考え方をもとに、輸入量《ゆにゅうりょう》(トン)×輸入《ゆにゅう》距離《きょり》(km)を計算して数値《すうち》であらわしたものです。

農林水産省によれば、2001(平成《へいせい》13)年の日本の食料《しょくりょう》輸入量《ゆにゅうりょう》は約5800万トンで、フード・マイレージは約9000億《おく》トン・km。これは、2位韓国《かんこく》、3位アメリカの約3倍です。日本は世界一たくさんの食料を、世界一たくさんのエネルギーを使って、輸入《ゆにゅう》している国なのです。

■各国のフード・マイレージ

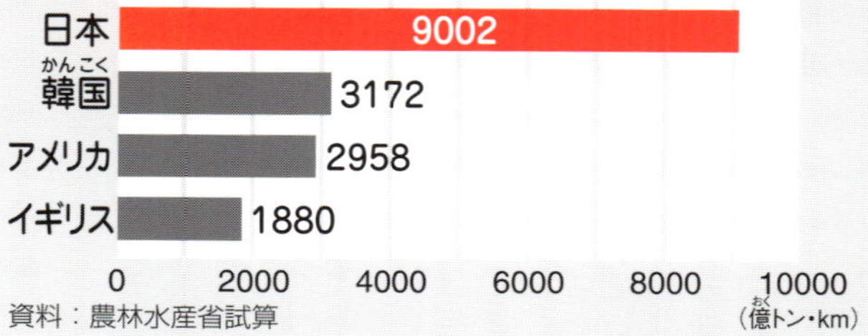

資料：農林水産省試算

◀オール鶴岡産《つるおかさん》デーの給食。鶴岡《つるおか》の秋の名物いも煮《に》、だだちゃ豆入りのかまぼこ、ほうれん草とキャベツの庄内《しょうない》麩《ふ》和《あ》えなどのメニュー。

【オール鶴岡産《つるおかさん》デー】

山形《やまがた》県鶴岡《つるおか》市の小学校で年2〜3回おこなわれる「オール鶴岡《つるおか》産《さん》デー」は、ふだんから食べている鶴岡産《つるおかさん》の米をはじめ、野菜や肉など、すべて地元の農産物を使用した給食の日で、生産者の人たちの話を聞きながら食べる学校もある。生徒からは「今日はいつもよりうまい!」「だだちゃ豆（地元の特産物）が入っていたので、おいしかった」などの声があがった。

▲給食用の野菜をつくる地元の畑。

給食に地元の農産物を

地産地消《ちさんちしょう》の取り組みは、学校でもおこなわれています。2003（平成《へいせい》15）年には、全国の小・中学校の約77%が、給食材料の一部に地元の農産物を使っています。

地域《ちいき》によって栽培《さいばい》される農産物の種類はかぎられるので、すべての食材に地元のものを使うのはむずかしいですが、野菜や米を中心に、取り入れています。なかには、香川《かがわ》県丸亀《まるがめ》市飯山《はんざん》町の例のように、農家の人たちがグループをつくり、給食用に農産物を育てているところもあります。

山形《やまがた》県鶴岡《つるおか》市の例のように、給食で地元の農産物を味わうと同時に、それらの農産物や、地域《ちいき》の農業について学ぶ活動もおこなわれています。農産物がどこでつくられているかを調べ、地域《ちいき》の農産物マップをつくったり、農家の人から農産物を育てる喜《よろこ》びや苦労について話を聞いたりして、農業への理解を深めています。

【飯山《はんざん》町生活研究グループ】

香川《かがわ》県丸亀《まるがめ》市飯山《はんざん》町では地産《ちさん》地消《ちしょう》に取り組む人たちが給食用の作物を生産している。

▶収穫《しゅうかく》した野菜は小・中学校5校の給食をつくる給食センターに運ばれる。

安全で質《しつ》が高い

外国で認《みと》められる日本の農産物

品種改良が進み、栽培方法《さいばいほうほう》が工夫《くふう》され、ていねいにつくられた日本の農産物は、外国でも高い評価《ひょうか》を受けています。

日本の農産物が人気のある理由

日本は農産物を大量に輸入《ゆにゅう》していますが、その一方で、日本からの輸出《ゆしゅつ》も少しずつ増《ふ》えています。とくに、りんごやなしなどのくだものは、アジアの国々で人気があります。

日本に輸入《ゆにゅう》される農産物は、国産のものより値《ね》段《だん》の安いことが大きな利点になっていますが、日本から輸出《ゆしゅつ》される農産物は、決して安くはありません。それでも人気があるのは、値段《ねだん》が高くても、それに見合うだけの品質《ひんしつ》や安全性《あんぜんせい》があると認《みと》められているからです。たとえば、台湾《たいわん》では、台湾《たいわん》で生産したくだもののほか、アメリカ産、韓国《かんこく》産、オーストラリア産など、さまざまな国のくだものが売られていますが、そのなかでも、日本産のりんごやなしは、味のよさや見た目の美しさから、安心で質《しつ》が高い高級品として評価《ひょうか》されています。

▼台湾《たいわん》のデパートでおこなわれた鳥《とっ》取《とり》県産の「二十世紀《にじっせいき》なし」のフェア。

また、肉や乳製品《にゅうせいひん》より魚や野菜を多くとる日本食には健康的なイメージがあり、日本食に対する関心は、その材料でもある日本の農産物にも向けられています。たとえば、ながいもは、台湾《たいわん》などで健康によい食材としてスープの具などに使われ、日本茶はアメリカなどでも人気が高まっています。

▲台湾《たいわん》のデパートに高級フルーツギフトとして並《なら》べられた日本産のりんごとなしのセット。

◀シンガポールのデパートで人々の注目を集めたながいも。JA帯広《ジェーエーおびひろ》では小規模《しょうきぼ》でも高収入《こうしゅうにゅう》がのぞめるものとして、ながいも栽培《さいばい》に取り組んでいる。2000年から台湾《たいわん》へ輸出《ゆしゅつ》し、人気を得たことから輸出《ゆしゅつ》が拡大《かくだい》している。

資《し》料《りょう》編《へん》

各章で紹介《しょうかい》できなかった日本の農業に関《かん》するデータや、
農業についてもっと調べたいと思ったときに役立つ
全国の施設《しせつ》やホームページを紹介《しょうかい》します。

日本の農業 データ集

農《のう》業《ぎょう》全《ぜん》般《ぱん》

米、野菜、畜産《ちくさん》など、それぞれの農業のようすだけでなく、日本の農業全体のようすを見てみましょう。

総《そう》人《じん》口《こう》と農家人口

日本全体で見ると、農業で収入《しゅうにゅう》を得ている農家の人口が、とても少ないことがわかる。

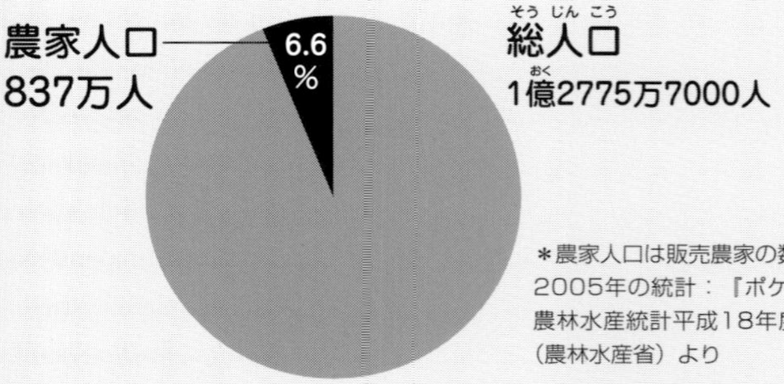

＊農家人口は販売農家の数値。
2005年の統計：『ポケット農林水産統計平成18年度版』（農林水産省）より

農業産《さん》出《しゅつ》額《がく》の割《わり》合《あい》

生産量と価格《かかく》から計算する産出額《さんしゅつがく》では、米、野菜、畜産《ちくさん》の割合《わりあい》がほぼ同じになっている。

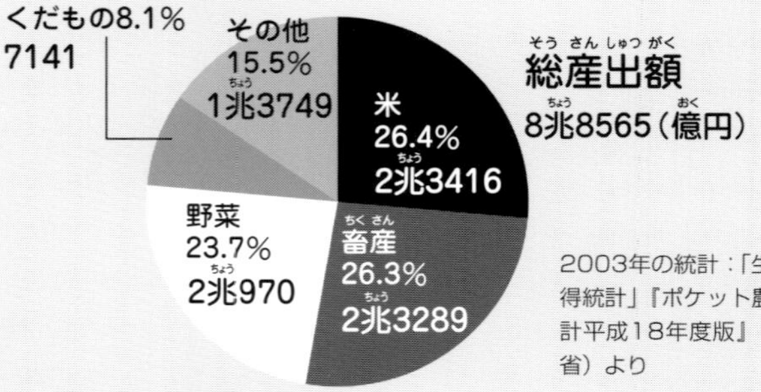

2003年の統計：「生産農業所得統計」『ポケット農林水産統計平成18年度版』（農林水産省）より

事業別の農業経営体《けいえいたい》数

稲作《いなさく》を中心におこなう経営体《けいえいたい》の数が多く、全体の50%以上をしめている。果樹類《かじゅるい》、野菜とつづくが、稲作《いなさく》との差は大きい。ただし、上のグラフを見ると、産出額《さんしゅつがく》では、米と野菜や畜産物《ちくさんぶつ》との間にほとんど差がないことがわかる。

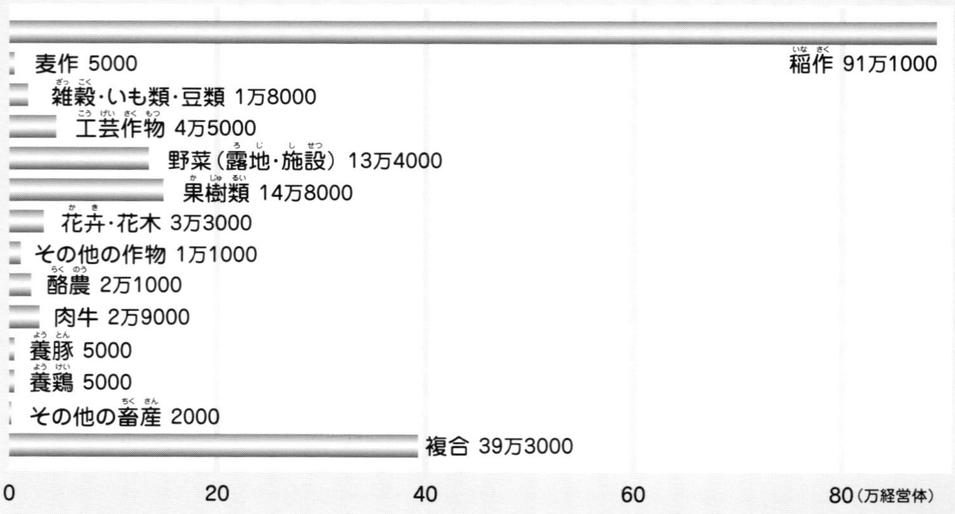

＊農業経営体とは、農業をおこなう事業者のことで、農家（個人経営体）だけでなく、農業をおこなう会社もふくまれている。
＊中心となる事業（農業の種類）の販売金額が、全農産物の販売金額の8割未満となる場合は複合とした。
＊数値は概数値。
2005年の統計：「経営組織別農業経営体数」『ポケット農林水産統計平成18年度版』（農林水産省）より

農業経《けい》営《えい》体《たい》の耕《こう》地《ち》面《めん》積《せき》規《き》模《ぼ》

耕地面積《こうちめんせき》1ha未満の小規模経営体《しょうきぼけいえいたい》が多く、全体の50%以上をしめている。

2005年の統計：「経営耕地面積規模別農業経営体数」『ポケット農林水産統計平成18年度版』（農林水産省）より

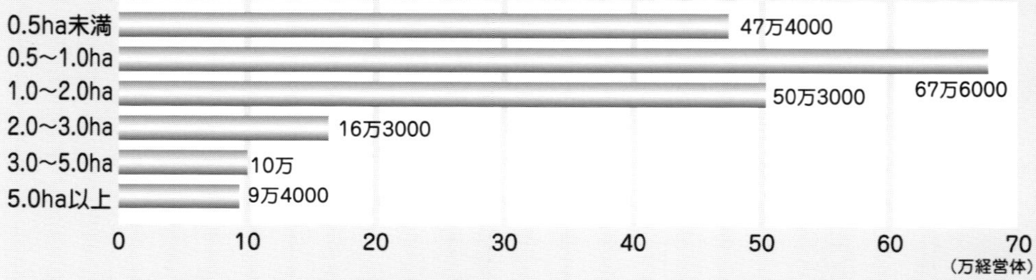

米・麦・大《だい》豆《ず》

米は日本の農業の中心でしたが、とくに1970年代ごろから、米をめぐる状況《じょうきょう》は変化してきています。
小麦や大豆《だいず》は、大部分を輸入《ゆにゅう》にたよっています。

稲《いね》（水稲《すいとう》）の作付け面積と10アールあたりの平年収《しゅう》穫《かく》量《りょう》

農業《のうぎょう》技術《ぎじゅつ》が進み、面積あたりの収穫量《しゅうかくりょう》は増《ふ》えたが、作付け面積は減少《げんしょう》している。
2004年の作付け面積は、1960年の約半分となっている。

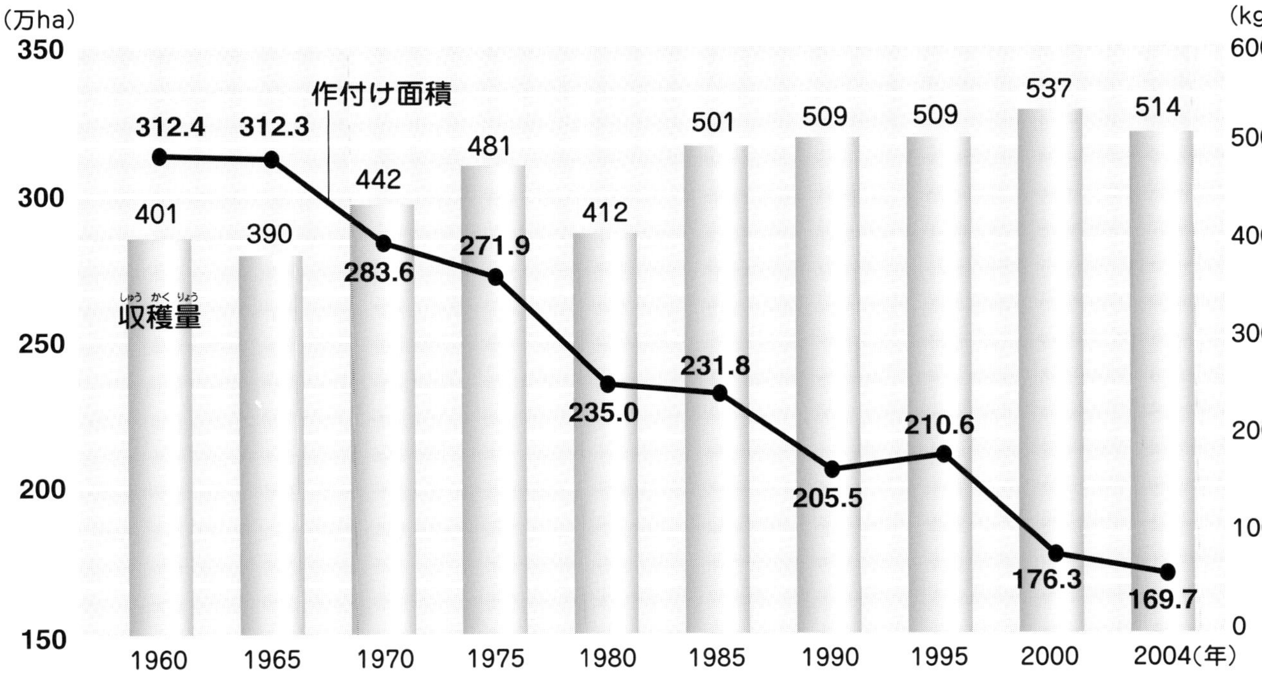

＊作付け面積とは田の耕地面積のうち実際に稲を栽培した耕地。1960～1970年は沖縄県をふくまない。1980年は冷害で収穫が減っている。
資料：「作物統計」（農林水産省）より

小麦の輸《ゆ》入《にゅう》相《あい》手《て》国《こく》

輸入量《ゆにゅうりょう》のほとんどすべてを、アメリカ、カナダ、オーストラリアの3か国にたよっている。

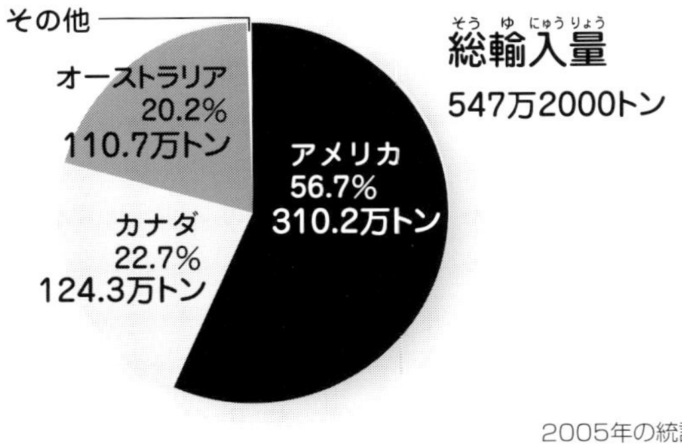

大《だい》豆《ず》の輸《ゆ》入《にゅう》相《あい》手《て》国《こく》

アメリカからの輸入《ゆにゅう》が中心だが、1990年代以降《いこう》、ブラジルからも毎年全体の1割程度《わりていど》を輸入《ゆにゅう》するようになった。

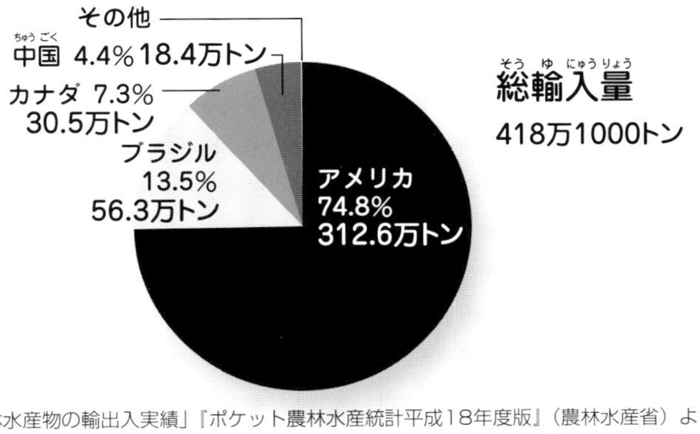

2005年の統計：「主要農林水産物の輸出入実績」『ポケット農林水産統計平成18年度版』（農林水産省）より

野菜・花

２章で紹介《しょうかい》できなかった野菜や花の収穫量《しゅうかくりょう》（出荷量）、輸入《ゆにゅう》に関《かん》するデータを見てみましょう。

野菜の年間収穫量《しゅうかくりょう》ベスト5

それぞれの野菜の産地には、地域《ちいき》の気候や土壌《どじょう》、地域《ちいき》の農業の歴史、消費される土地への輸送条件《ゆそうじょうけん》などがかかわっている。

2004年の統計：「野菜出荷統計」『ポケット園芸統計平成17年度版』（農林水産省）より

水生植物ハスの地《ち》下茎《かけい》で、水中で育てる。日本で2番目に大きい湖、茨《いば》城《き》県霞《かすみ》ヶ《が》浦《うら》周辺での生産量が多い。

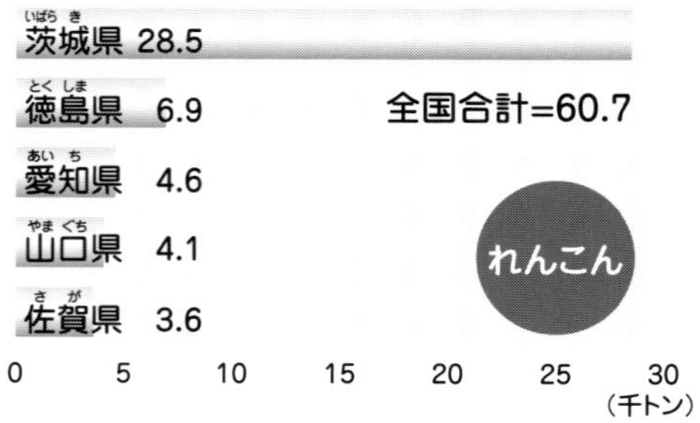

江戸時代に小松川《こまつがわ》（今の東京《とうきょう》都江戸《えど》川《がわ》区）で栽培《さいばい》されていたことからこの名前に。関東《かんとう》での生産量が多い。

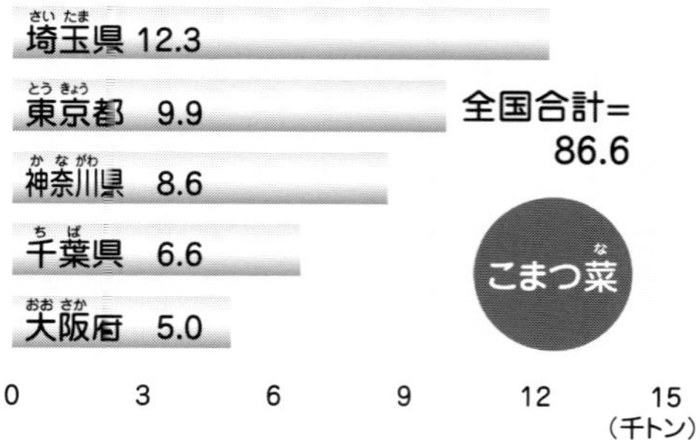

1970年代前半に、中国《ちゅうごく》から入ってきた新しい野菜。大都市周辺での生産量が多い。

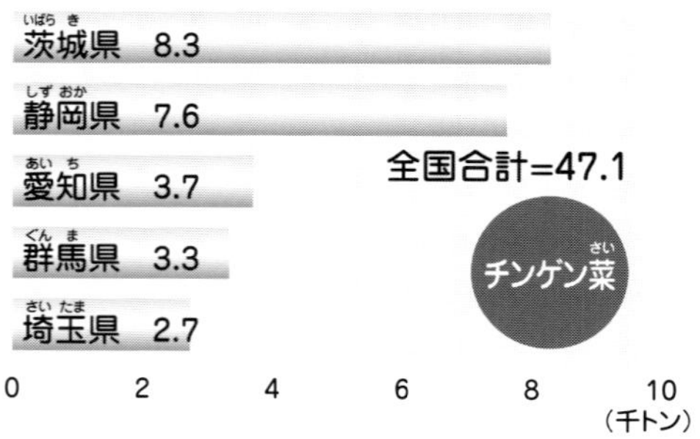

関東《かんとう》では茎《くき》で、関《かん》西《さい》では根から切り取って出荷。中《ちゅう》国《ごく》・九州《きゅうしゅう》地方では葉が厚《あつ》くやわらかい種類が栽培《さいばい》されている。

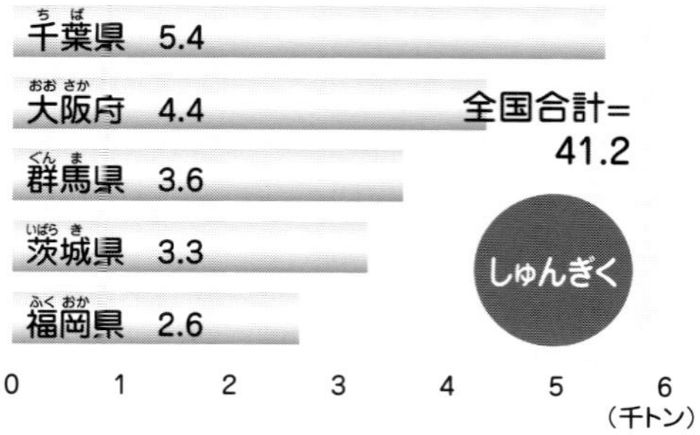

すずしい気候が適《てき》した野菜で、夏から秋は、おもに長《なが》野《の》県の高原地帯で、冬から春にかけては、施設栽培《しせつさいばい》の生産量が多い。

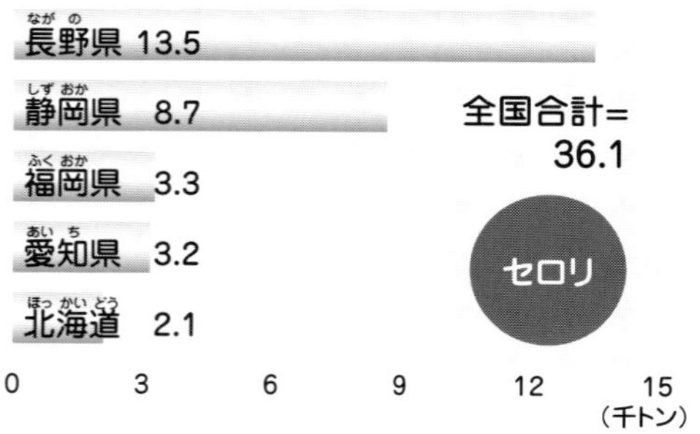

1960年代から生産が増加《ぞうか》したが、現在《げんざい》ではブロッコリーにくらべて人気が低く、おしなべて生産量が減《へ》っている。

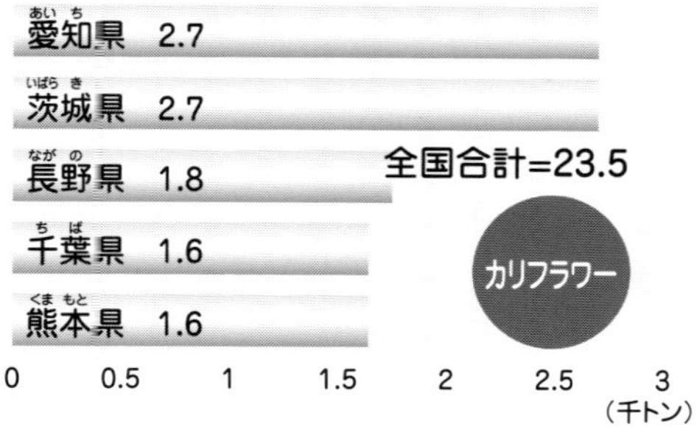

すずしい気候を好む野菜で、北海道《ほっかいどう》で栽培《さいばい》がはじまった。九州《きゅうしゅう》では、施《し》設栽培《せつさいばい》が取り入れられ生産量が増《ふ》えている。

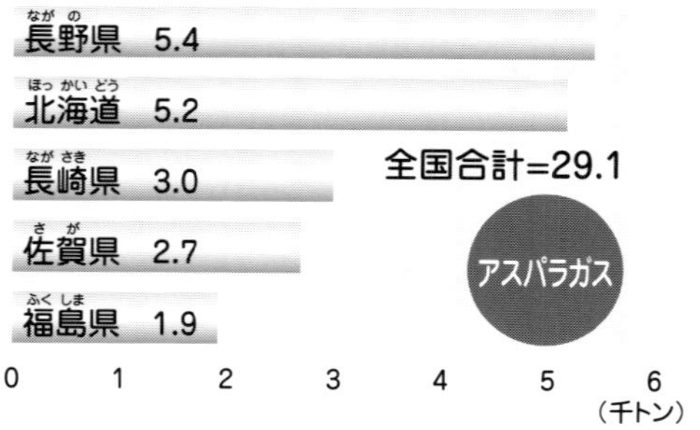

江戸《えど》時代に今の東《とう》京《きょう》都と千葉《ちば》県で栽《さい》培《ばい》がはじまった。水耕栽培《すいこうさいばい》の発達とともに、産地が広がった。

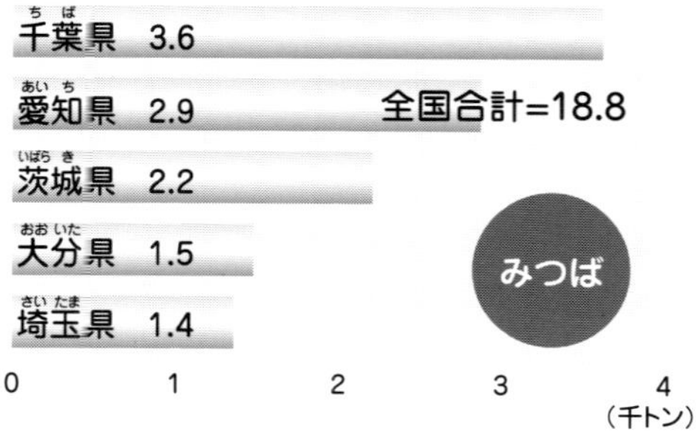

愛知《あいち》県では江戸《えど》時代から、ふきの栽《さい》培《ばい》がさかんで、現《げん》在《ざい》、全国で広く栽《さい》培《ばい》されている品種も、愛知《あいち》県から生まれた。

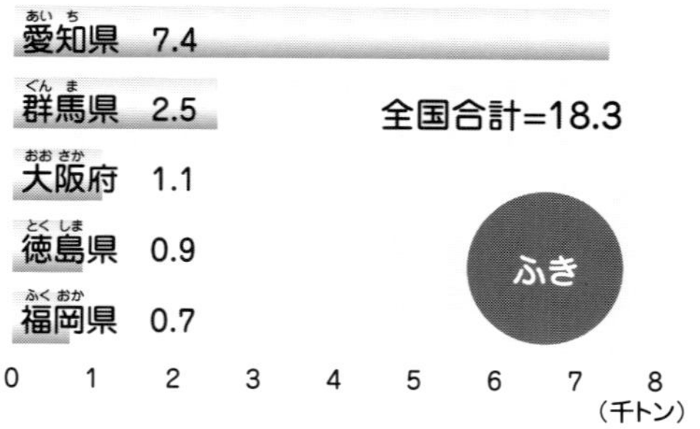

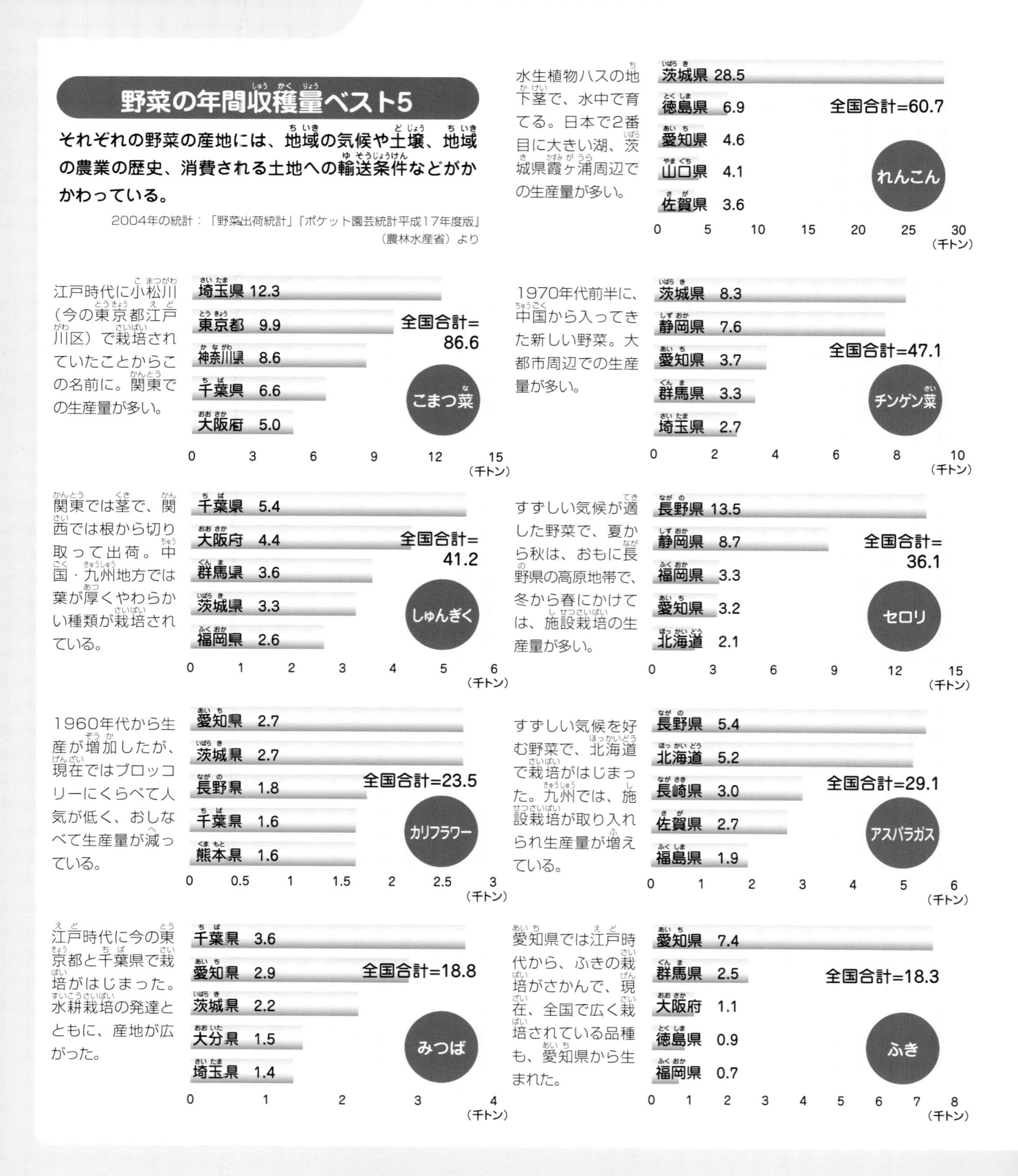

くり返し収穫《しゅうかく》できるため、1年を通して出荷される。東日本は栃木《とちぎ》県、西日本は高知《こうち》県がおもな産地。

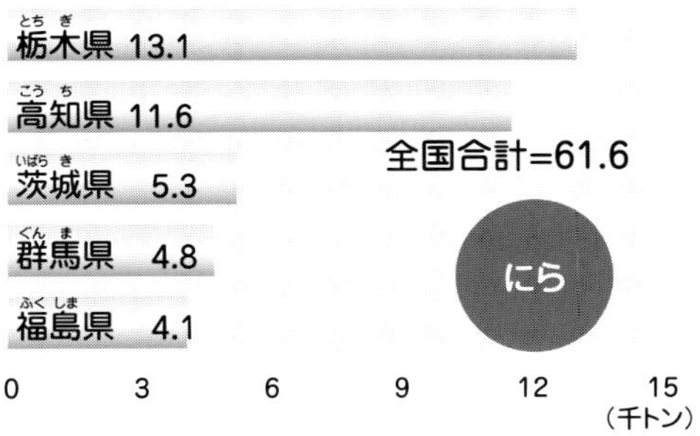

1960年代、中華《ちゅうか》料理などが広まり消費量が増《ふ》えてきた。青森《あおもり》県で、寒冷地に強い品種の生産がさかん。

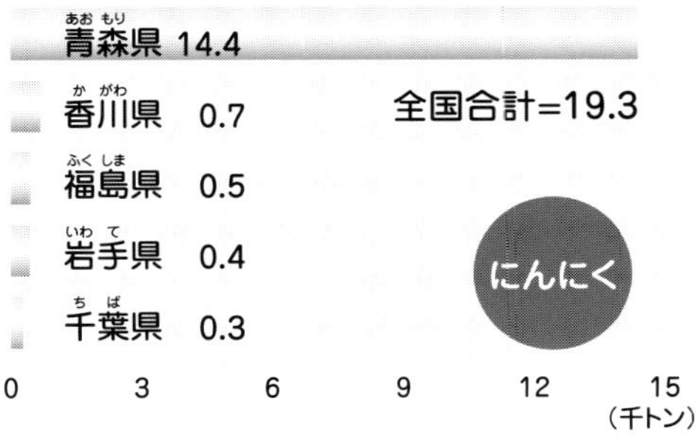

温暖《おんだん》な気候が栽培《さいばい》に適《てき》していて、春は九州《きゅうしゅう》地方、初夏は千葉《ちば》県や茨城《いばらき》県、夏は東北《とうほく》や北海道《ほっかいどう》と、1年を通して栽培《さいばい》されている。

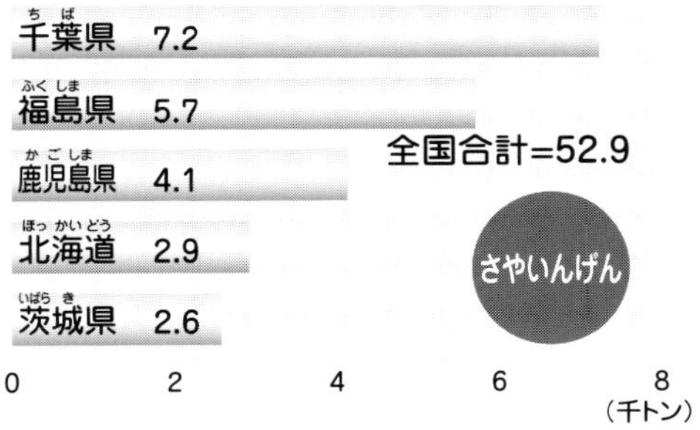

初夏に出荷される、福島《ふくしま》県などの露地《ろじ》栽培《さいばい》が中心だったが、現在《げんざい》は和歌山《わかやま》県など、夏以外に出荷する施設栽培《しせつさいばい》の生産量が多い。

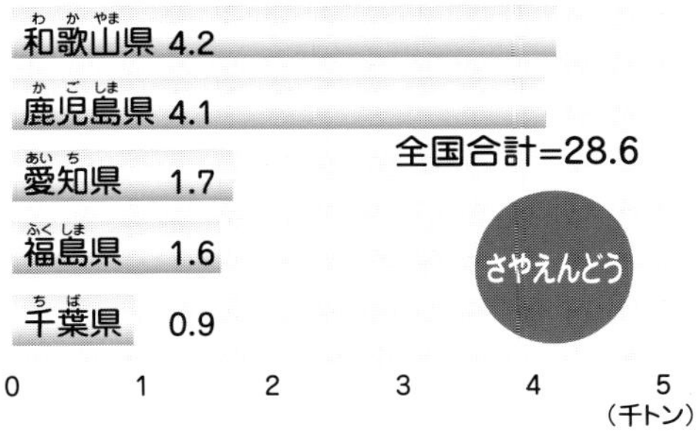

山形《やまがた》県の「だだちゃ豆《まめ》」、新潟《にいがた》県の「茶豆《ちゃまめ》」などは、味のよい品種のひとつとして有名。

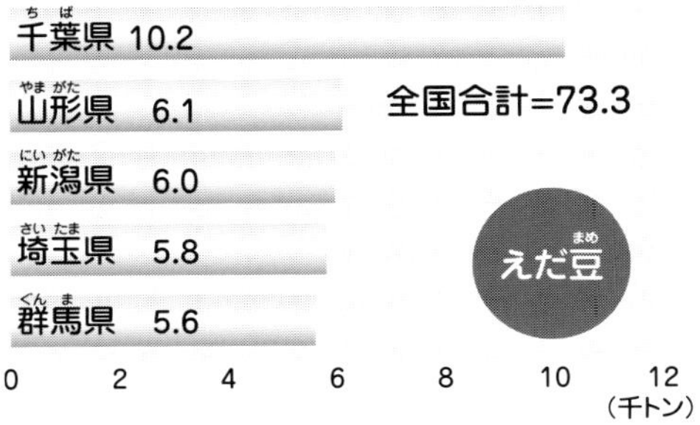

鹿児島《かごしま》県では施設《しせつ》栽培《さいばい》で12〜3月ごろ、つづいて露地《ろじ》栽培《さいばい》で、4〜6月ごろまで出荷されている。

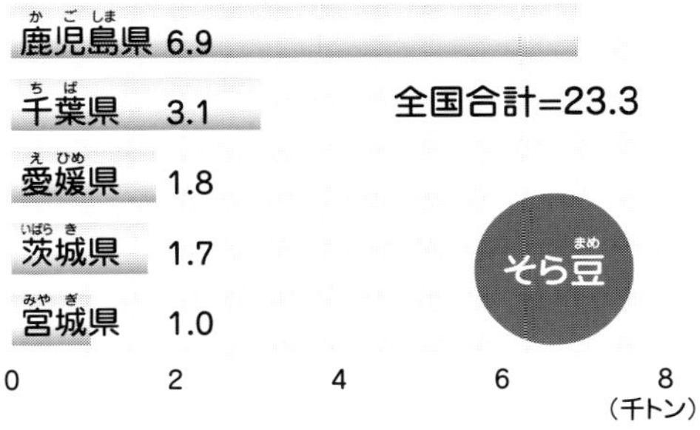

おもな野菜の輸入相手国《ゆにゅうあいてこく》

2005年の統計:「貿易統計」(財務省)より

国内で生産できない時期、国内の需要《じゅよう》をおぎなうため輸入《ゆにゅう》している。また、中国《ちゅうごく》などを中心に価格《かかく》の安さを求めての輸入《ゆにゅう》も多い。

たまねぎやキャベツは、国内の生産量も多いが、外食産業や持ち帰り弁当《べんとう》などでの消費が多いため、値段《ねだん》の安い外国産の輸入《ゆにゅう》が多くなっている。

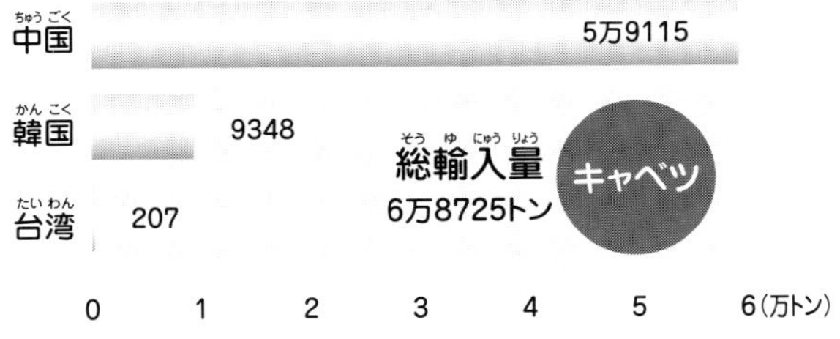

国内では夏に収穫《しゅうかく》するので、国内産が減《へ》る冬から春にかけて輸《ゆ》入《にゅう》が多い。日本と季節が逆《ぎゃく》のニュージーランド産が中心。

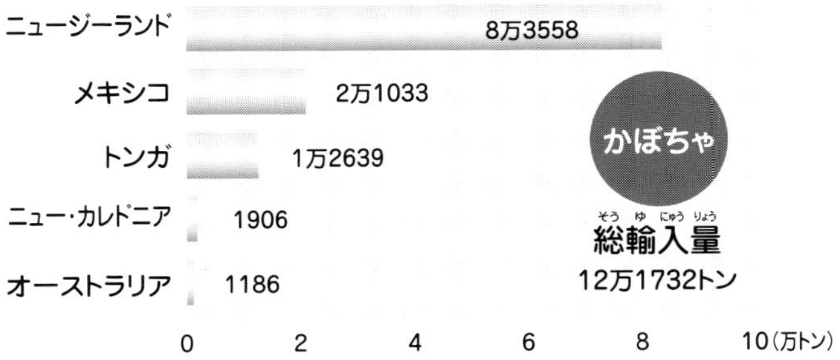

1970年代から人気が高まり、国内の生産量も増《ふ》えてきているが、輸入《ゆにゅう》も多い。

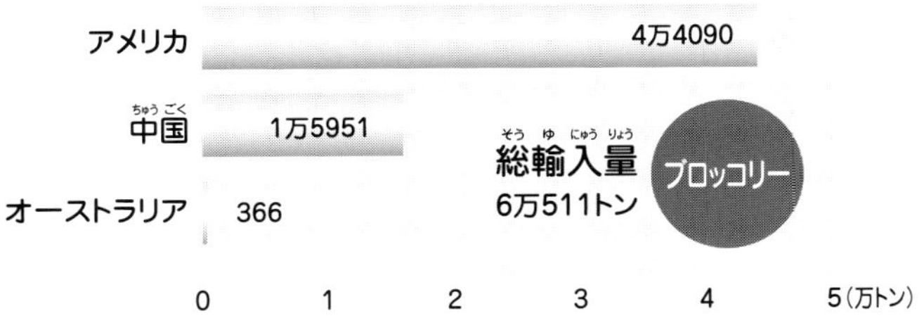

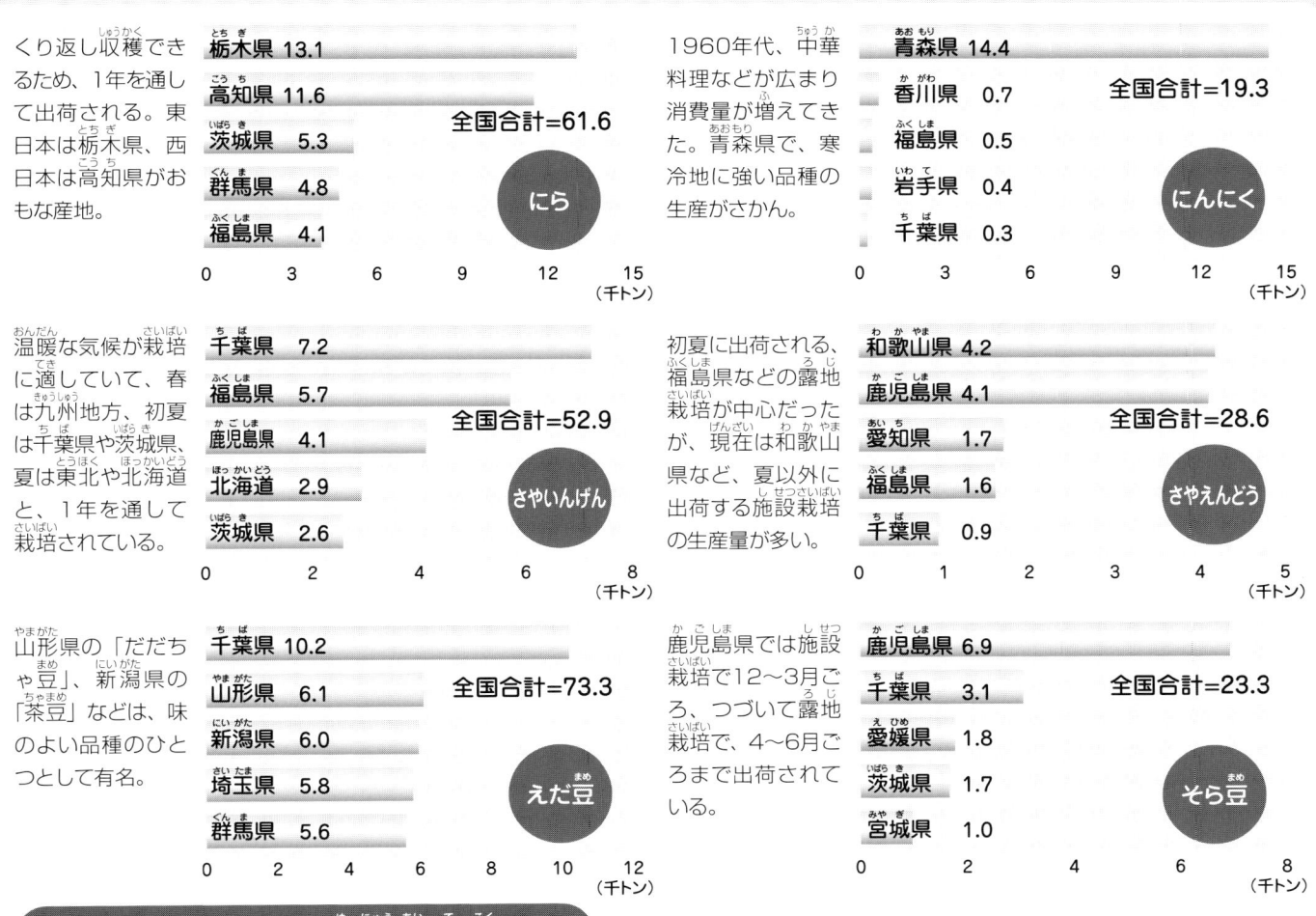

野菜・花

花の作付け（収穫《しゅうかく》）面積の移《うつ》り変《か》わり

鉢《はち》もの・球根にくらべ、切り花の作付け面積が多い。鉢《はち》ものは少しずつ増えているが、逆《ぎゃく》に球根は減《へ》ってきている。

＊切り花は作付け面積（販売を目的に花き栽培に利用した耕地）、鉢もの・球根は収穫面積（作付け面積のうち収穫・出荷した利用面積）。
＊切り花は1990年から調査品目が増えている。
資料：「花き生産出荷統計」（農林水産省）より

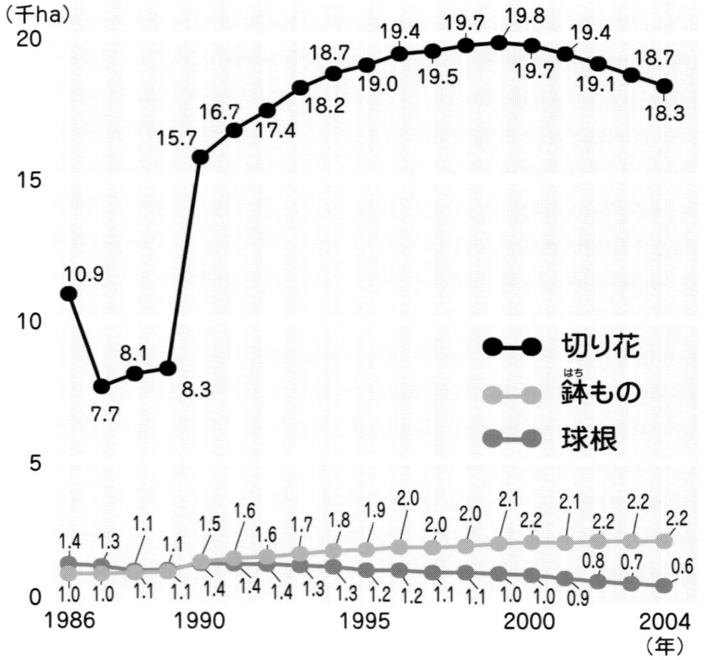

切り花の出荷量

切り花のうち出荷量がいちばん多いのは「きく」で、全体の37%をしめている。ついでカーネーション9%、ばら8%で、このほか、ゆり、ガーベラ、トルコぎきょう、りんどう、かすみそうなどが生産されている。

2004年の統計：「花き生産出荷統計」『ポケット園芸統計平成17年度版』（農林水産省）より

すずしい気候の長野《なが の》県や北海道《ほっかいどう》などでは、6～12月を中心に出荷。愛知《あい ち》県など温暖《おんだん》な地域《ち いき》は11～5月ごろまで出荷している。

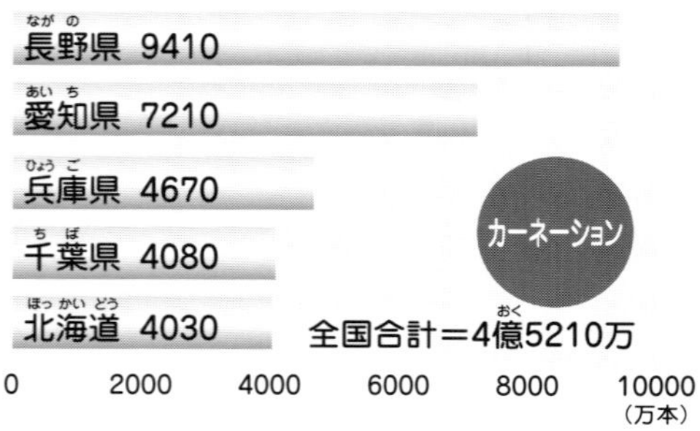

花の施設栽培《し せつさいばい》がさかんな愛知《あい ち》県をはじめ、温暖《おんだん》な地域《ち いき》を中心に生産されている。

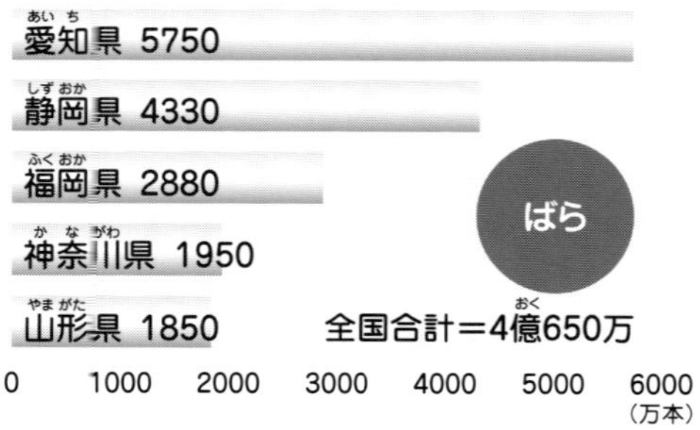

埼玉《さいたま》県は、球根の生産や露地栽培《ろ じ さいばい》がさかんだったが、今は施設栽培《し せつさいばい》が中心。新潟《にいがた》県は球根の産地でもある。

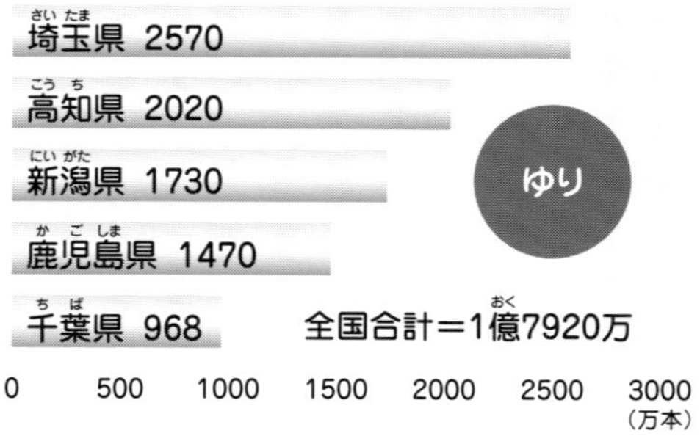

球根の出荷量

特定の産地に集中しているものが多く、ゆりは鹿児島《かごしま》県と新潟《にいがた》県で全出荷量の80%、チューリップは富山《とやま》県と新潟《にいがた》県で、全出荷量の98%をしめている。

	第1位	出荷量（万球）	第2位	出荷量（万球）
ゆり	鹿児島《かごしま》県	794	新潟《にいがた》県	497
チューリップ	富山《とやま》県	2,870	新潟《にいがた》県	2,550
グラジオラス	茨城《いばらき》県	2,380	千葉《ちば》県	331

2004年の統計：「花き生産出荷統計」『ポケット園芸統計平成17年度版』（農林水産省）より

鉢《はち》ものの出荷量

観葉植物《かんようしょくぶつ》やサボテンなども合わせた鉢《はち》ものの合計出荷量も、愛知《あいち》県が日本一となっている。

2004年の統計:「花き生産出荷統計」『ポケット園芸統計平成17年度版』(農林水産省)より

花が少ない冬の時期の代表的な花として人気がある。寒さに強いので、温暖《おんだん》な地域《ちいき》だけでなく、広く全国で生産されている。

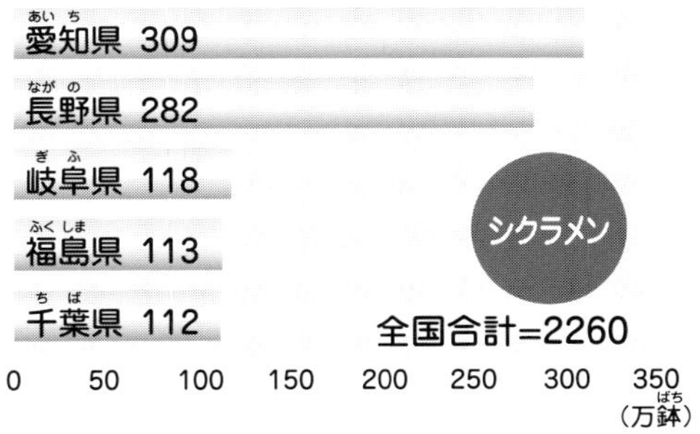

こちょうらん、シンビジウム、カトレアなどがふくまれる。温暖《おんだん》な地域《ちいき》を中心に生産されている。

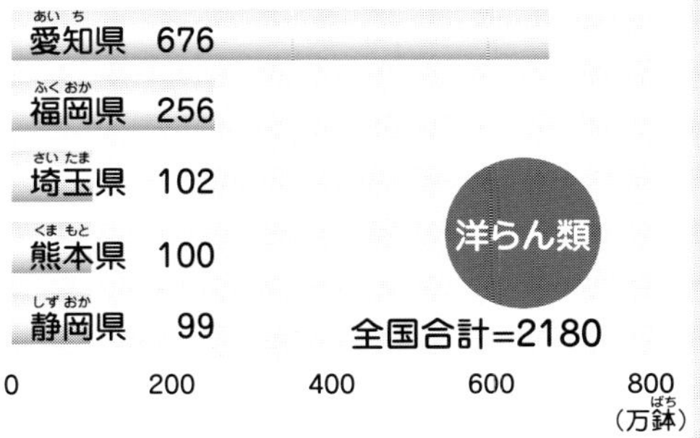

切り花の輸入量《ゆにゅうりょう》の移《うつ》り変《か》わり

年によって増減《ぞうげん》はあるが、全体的に輸入量《ゆにゅうりょう》が増《ふ》えてきている。とくに1990年代後半からののびが大きい。

2005年の統計:「貿易統計」(財務省)より

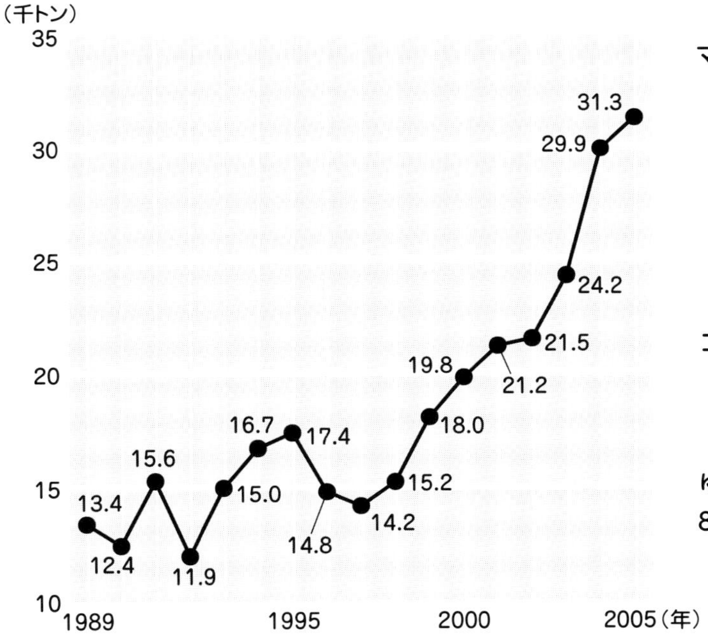

切り花の輸入相手国《ゆにゅうあいてこく》

東南アジアの国からの輸入《ゆにゅう》が多い。国内産と出荷時期が重なる韓国《かんこく》や中国《ちゅうごく》からの輸入《ゆにゅう》が増《ふ》えていて、国産品との競争がはじまっている。

2005年の統計:「貿易統計」(財務省)より

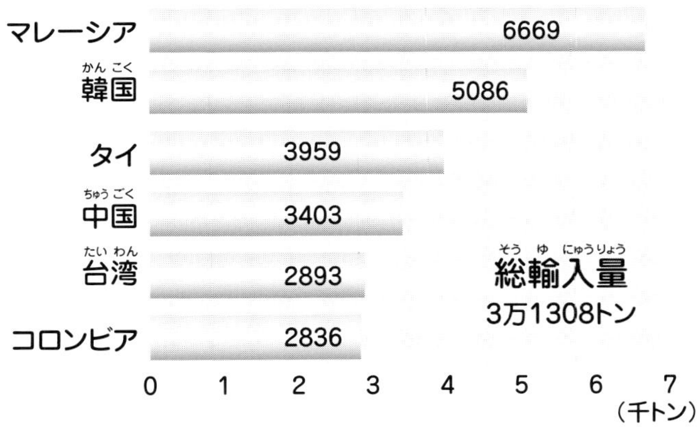

切り花の品目別輸入額《ゆにゅうがく》

日本での生産が少ないらん科の花は、タイやマレーシアなどからの輸入《ゆにゅう》が多い。日本での生産量が多いきく属《ぞく》やカーネーションも、需要《じゅよう》が多いため輸入額《ゆにゅうがく》が大きい。

2004年の統計:「花き流通統計調査報告」(農林水産省)より

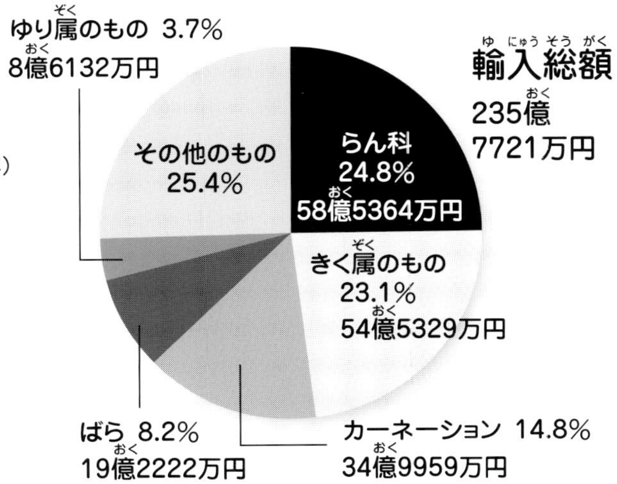

くだもの

くだものの栽培《さいばい》にも、地域《ちいき》の気候や土壌《どじょう》などが深くかかわっています。3章で紹介《しょうかい》できなかったくだものの産地と収穫量《しゅうかくりょう》を見てみましょう。

くだものの年間収穫量《ねんかんしゅうかくりょう》ベスト5

多くのくだもので、収穫量《しゅうかくりょう》トップの産地が、全体の生産量の多くをしめている。

2004年の統計 :「果樹生産出荷統計」
『ポケット園芸統計平成17年度版』(農林水産省)より

山にかこまれ平地の少ない山梨県《やまなし》は、寒暖《かんだん》の差が大きい内陸性《ないりくせい》の気候と山の斜面《しゃめん》を生かし、くだもののなる果樹《かじゅ》の栽培《さいばい》がさかん。マスカットの産地として知られる岡山県《おかやま》では、温室栽培《おんしつさいばい》もおこなっている。

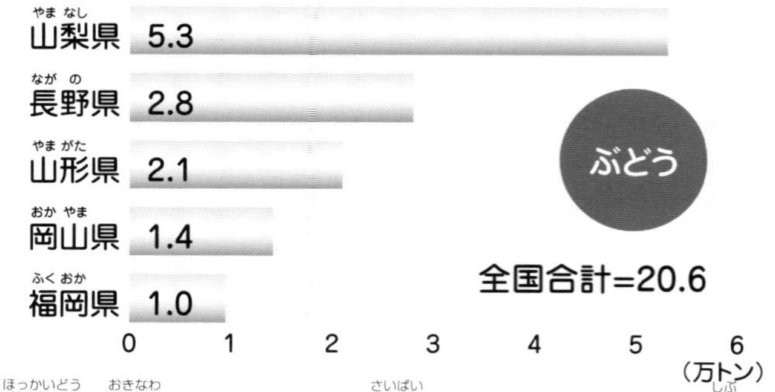

北海道《ほっかいどう》と沖縄県《おきなわ》をのぞく全国で栽培《さいばい》されている。東日本では渋《しぶ》がき、西日本では甘《あま》がきの生産が多い。

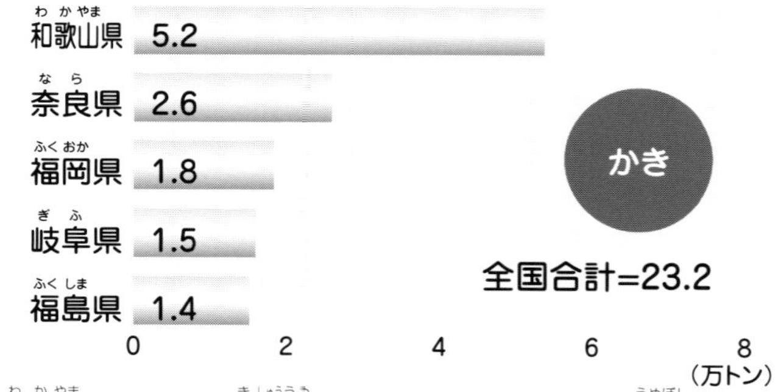

和歌山県《わかやま》のうめは「紀州梅《きしゅううめ》」としてよく知られている。梅干《うめぼし》用に改良された「南高梅《なんこううめ》」も和歌山《わかやま》産。

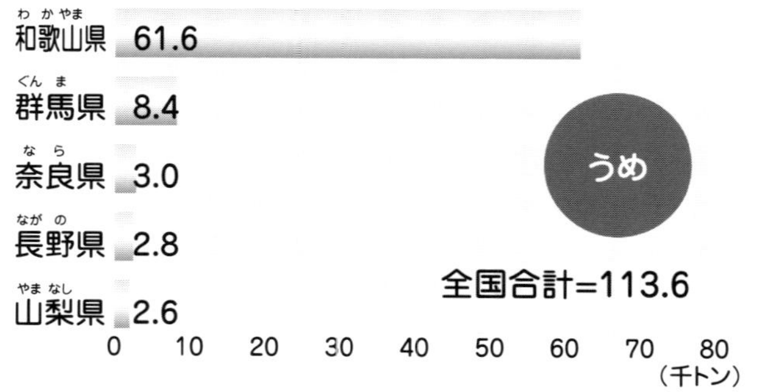

江戸《えど》時代に日本に伝わり、当時外国との窓口だった長崎《ながさき》を代表するくだものになった。寒さに弱く温暖《おんだん》な地域《ちいき》で育つ。

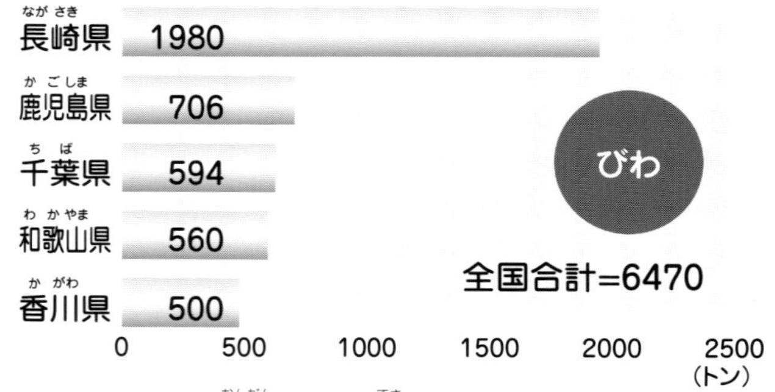

みかんと同じように温暖《おんだん》な気候が適《てき》したくだもので、西日本を中心に生産されている。

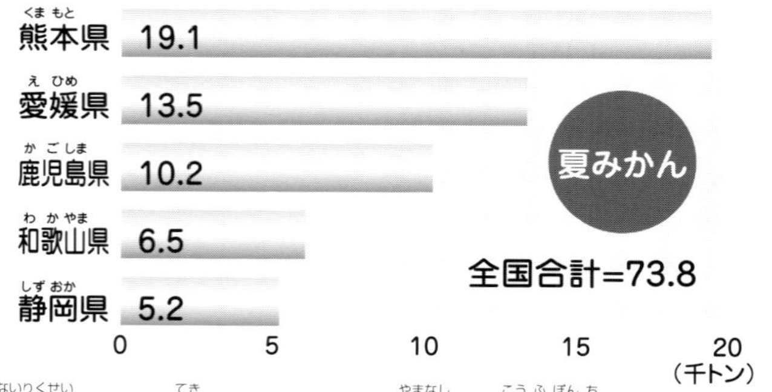

内陸性《ないりくせい》の気候に適《てき》したくだもので、山梨県《やまなし》の甲府盆地《こうふぼんち》などで多く生産されている。

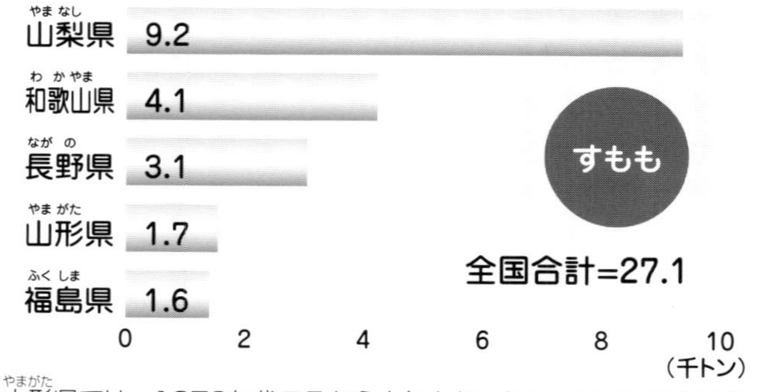

山形県《やまがた》では、1970年代ごろから人気となったラ・フランスという品種の栽培《さいばい》に取り組み、生産をのばしている。

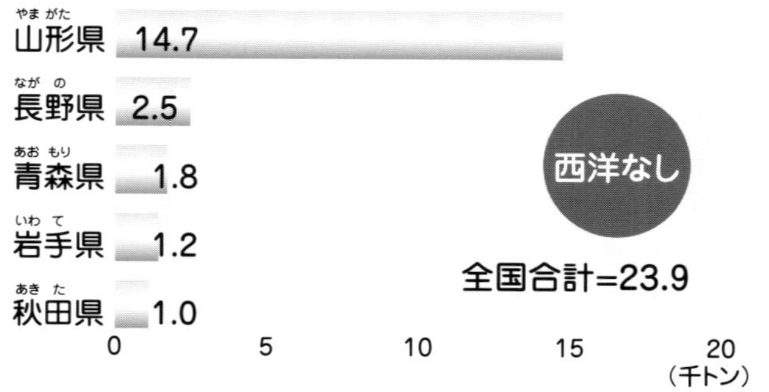

くりの消費量は毎年減《へ》りつづけているが、生産量日本一の茨城県《いばらきけん》では、くりの産地として高品質《こうひんしつ》なくりの栽培《さいばい》に取り組んでいる。

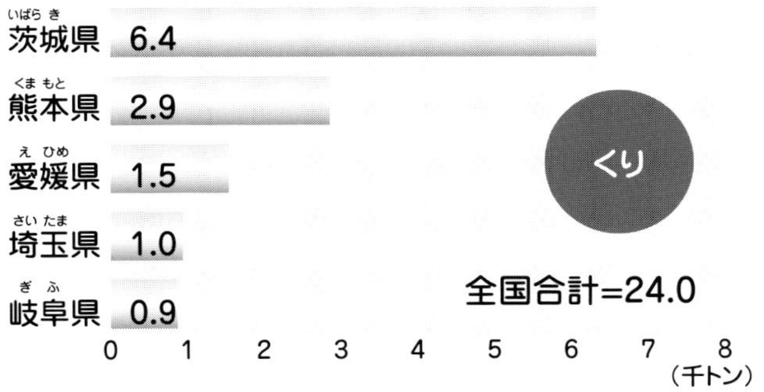

1960年代に輸入《ゆにゅう》され、1970年代に国内生産がはじまった。日当たりのよい斜面《しゃめん》が栽培《さいばい》に適《てき》しているため、みかんの栽培《さいばい》から転作《てんさく》した生産者が多い。

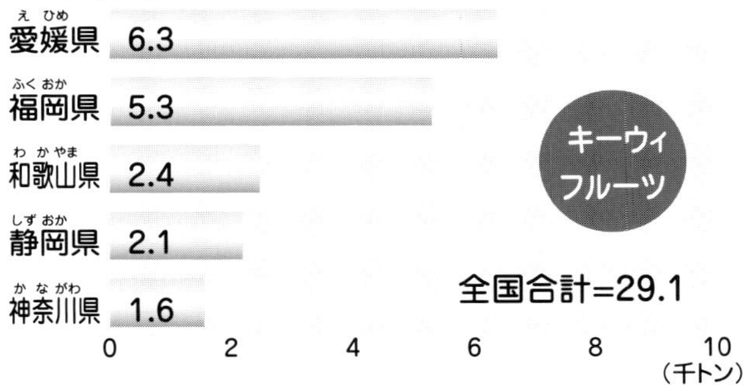

そのほかのくだもの

	全国収穫量《しゅうかくりょう》（トン）	第1位	収穫量《しゅうかくりょう》（トン）	第2位	収穫量《しゅうかくりょう》（トン）	第3位	収穫量《しゅうかくりょう》（トン）
さくらんぼ	16,400	山形《やまがた》県	10,800	青森《あおもり》県	1,780	山梨《やまなし》県	1,540
パイナップル	沖縄《おきなわ》県のみ調査《ちょうさ》	沖縄《おきなわ》県	11,500				
ブルーベリー	1,255	長野《ながの》県	280	群馬《ぐんま》県	144	茨城《いばらき》県	99

2004年の統計：「果樹生産出荷統計」『ポケット園芸統計平成17年度版』及び「特産果樹生産動態調査」（農林水産省）より

工芸作物《こうげいさくもつ》

茶や葉たばこなど、広く生産されているものもありますが、ほとんどの工芸作物《こうげいさくもつ》は、収穫後《しゅうかくご》、加工を必要とし用途《ようと》も決まっていることから、生産量が少なく産地もかぎられています。

工芸作物《こうげいさくもつ》の収穫量《しゅうかくりょう》

	第1位	収穫量《しゅうかくりょう》（トン）	第2位	収穫量《しゅうかくりょう》（トン）	第3位	収穫量《しゅうかくりょう》（トン）
てんさい	北海道《ほっかいどう》	4,201,000				
砂糖《さとう》きび	沖縄《おきなわ》県	680,700	鹿児島《かごしま》県	533,700		
い草《くさ》	熊本《くまもと》県	20,900	福岡《ふくおか》県	893		
葉たばこ	宮崎《みやざき》県	6,350	熊本《くまもと》県	5,090	鹿児島《かごしま》県	4,220

＊空らんは該当データなし。

2005年の統計：『ポケット農林水産統計平成18年度版』（農林水産省）より

畜産業《ちくさんぎょう》

1960年代以降《いこう》、日本人の食生活の変化のなかで、もっとも需要《じゅよう》が増《ふ》えたのが畜産物《ちくさんぶつ》です。貿易《ぼうえき》自由化の影響《えいきょう》もあり、とくに肉類は輸入《ゆにゅう》にたよる割合《わりあい》が大きくなっています。

畜産物《ちくさんぶつ》の輸入総額《ゆにゅうそうがく》と品目別割合《わりあい》

豚肉《ぶたにく》、牛肉、鳥肉などの鳥獣肉類《ちょうじゅうにくるい》と、ソーセージ、ハム、ベーコン、鳥肉加二品など鳥獣肉類《ちょうじゅうにくるい》の調製品《ちょうせいひん》の合計が、畜産物《ちくさんぶつ》の輸入総額《ゆにゅうそうがく》の80%近くをしめている。

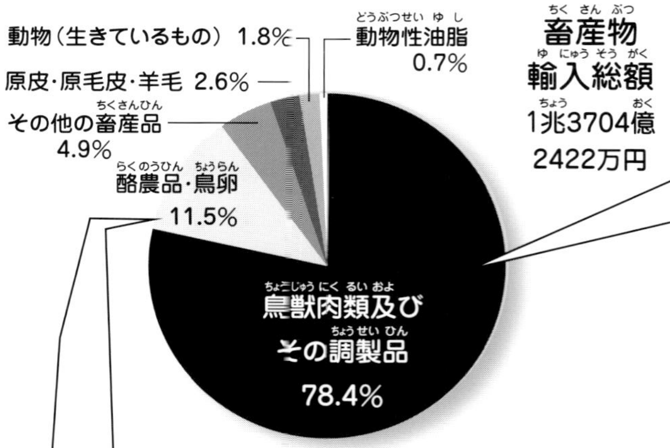

2005年の統計:「農林水産物輸出入概況」(農林水産省)より

鳥獣肉類《ちょうじゅうにくるい》調製品《ちょうせいひん》のおもな内訳《うちわけ》

輸入総量《ゆにゅうそうりょう》 237万9560トン

もっとも輸入《ゆにゅう》量の多い豚肉《ぶたにく》は、国内消費量のおよそ半分を輸入《ゆにゅう》にたよっている。

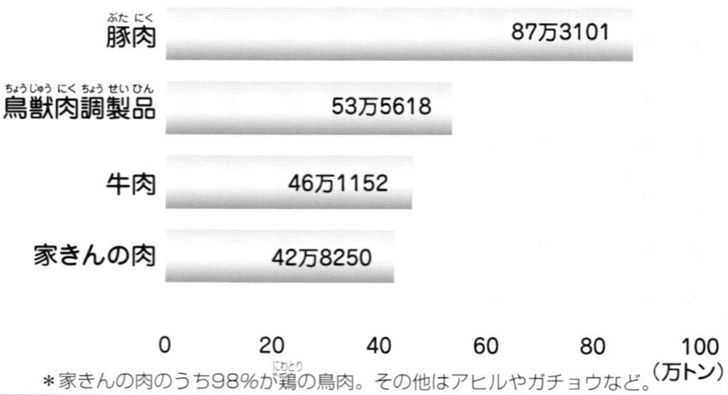

＊家きんの肉のうち98%が鶏《にわとり》の鳥肉。その他はアヒルやガチョウなど。

酪農品《らくのうひん》·鳥卵《ちょうらん》のおもな内訳《うちわけ》

輸入総量《ゆにゅうそうりょう》 51万7874トン

チーズの輸入量《ゆにゅうりょう》が多く、ナチュラルチーズとプロセスチーズ(8591トン)を合わせると、酪農品《らくのうひん》・鳥卵《ちょうらん》のおよそ4割《わり》をしめている。

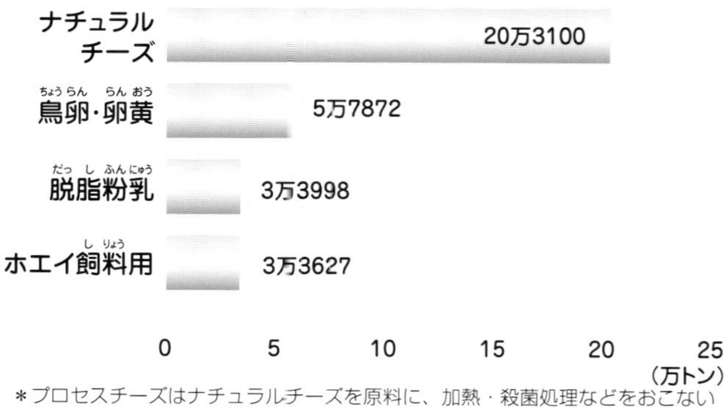

＊プロセスチーズはナチュラルチーズを原料に、加熱・殺菌処理などをおこない保存ができるようにしたもの。

＊ホエイは牛乳から脂肪・ タンパク質(カゼイン)をのぞいたもの。飼料用のほか、乳幼児のミルクの原料などに使われる。

飼料輸入量《しりょうゆにゅうりょう》と自給率《じきゅうりつ》の移《うつ》り変《か》わり

日本の畜産業《ちくさんぎょう》は大量の輸入飼料《ゆにゅうしりょう》にたよっている。1990年以降《いこう》、輸入量《ゆにゅうりょう》は減《へ》っているが、それは飼育頭数《しいくとうすう》が減《へ》っているからで、飼料《しりょう》の自給率《じきゅうりつ》は低いままである。

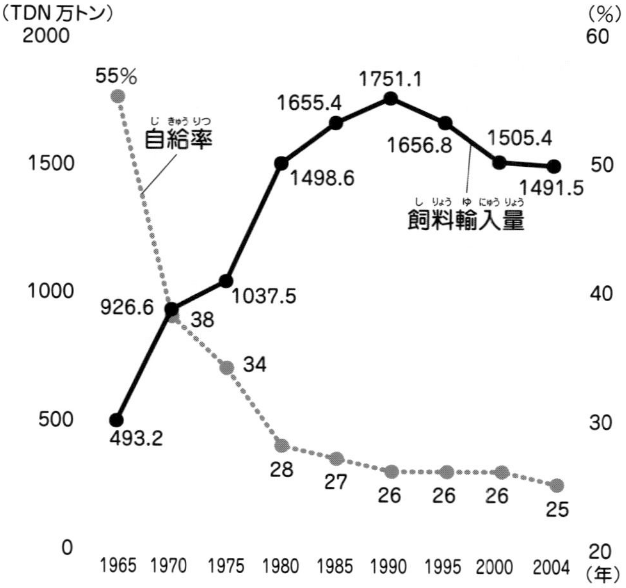

＊単位TDN(可消化養分総量)はふくまれるエネルギーを示す単位。実際の重量とはことなる。2004年の数字は概数。 資料:「食料需給表」(農林水産省)より

林業

1960年代以降《いこう》、木材も輸入《ゆにゅう》にたよる割合《わりあい》が多くなっています。林産物では、木材だけでなく、きのこ類や山菜、松やになども輸入《ゆにゅう》されています。

林産物の輸入総額《ゆにゅうそうがく》と品目別割合《わりあい》

丸太での輸入《ゆにゅう》より、製材品《せいざいひん》や合板《ごうはん》類に加工した木材の輸入《ゆにゅう》が多くなっている。

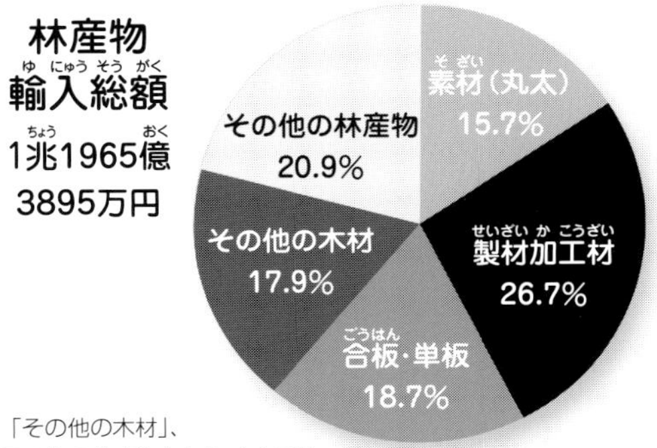

＊パルプは「その他の木材」、
チップは「その他の林産物」にふくまれる。
2005年の統計：「農林水産物の輸出入額」
『ポケット農林水産統計平成18年度版』
（農林水産省）より

おもな林産物の品目別輸入量《ゆにゅうりょう》

輸入量《ゆにゅうりょう》を見てみると、紙の原料に使われるチップの輸入《ゆにゅう》が多い。パルプの輸入量《ゆにゅうりょう》を合わせると、全輸入量《ゆにゅうりょう》の約45%をしめている。

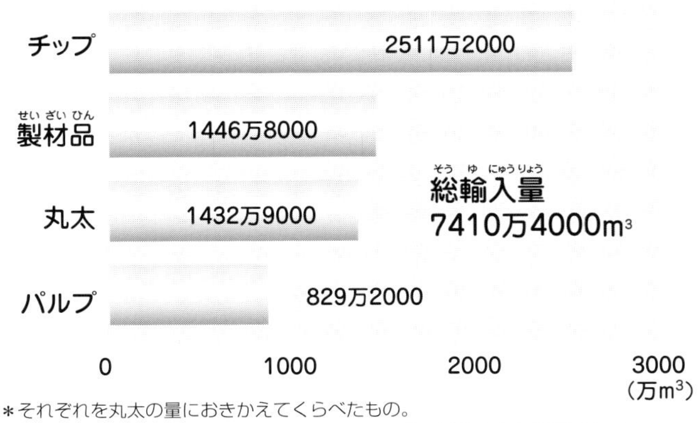

＊それぞれを丸太の量におきかえてくらべたもの。
2004年の統計：「木材需給表」『平成18年度版森林・林業白書』（林野庁）より

おもな特用林産物の生産量

山林の多い地域《ちいき》を中心に、全国各地で、さまざまな林産物が生産されている。

	全国収穫量《しゅうかくりょう》（トン）	第1位	収穫量《しゅうかくりょう》（トン）	第2位	収穫量《しゅうかくりょう》（トン）	第3位	収穫量《しゅうかくりょう》（トン）
なめこ	25,815	長野《ながの》県	5,653	山形《やまがた》県	3,107	新潟《にいがた》県	2,816
えのきたけ	112,997	長野《ながの》県	63,500	新潟《にいがた》県	18,372	福岡《ふくおか》県	6,571
ひらたけ	4,655	新潟《にいがた》県	549	群馬《ぐんま》県	473	栃木《とちぎ》県	342
まいたけ	46,036	新潟《にいがた》県	26,511	静岡《しずおか》県	5,312	群馬《ぐんま》県	3,932
くるみ	85	長野《ながの》県	74	岩手《いわて》県	4	青森《あおもり》県	3
わさび	1,105	長野《ながの》県	520	静岡《しずおか》県	337	鳥取《とっとり》県	63
たけのこ	30,800	福岡《ふくおか》県	10,217	鹿児島《かごしま》県	6,783	熊本《くまもと》県	2,468
きくらげ	62	鹿児島《かごしま》県	44	沖縄《おきなわ》県	15	山形《やまがた》県	3
まつたけ	149	長野《ながの》県	51	広島《ひろしま》県	38	岡山《おかやま》県	19
木炭	19,608	岩手《いわて》県	5,117	北海道《ほっかいどう》	3,440	和歌山《わかやま》県	1,566
竹材	1,372（千束《たば》）	鹿児島《かごしま》県	465（千束《たば》）	大分《おおいた》県	184（千束《たば》）	熊本《くまもと》県	171（千束《たば》）
桐材《きりざい》	1,888（m³）	福島《ふくしま》県	778（m³）	秋田《あきた》県	469（m³）	山形《やまがた》県	325（m³）
木《もく》ろう	67	福岡《ふくおか》県	45	愛媛《えひめ》県	20	長崎《ながさき》県	2
生《き》うるし	1,402(kg)	岩手《いわて》県	800（kg）	茨城《いばらき》県	331（kg）	栃木《とちぎ》県	94（kg）

＊竹材、桐材、生うるしは、収穫量がそれぞれ、トンではない単位で表示されている。2004年の統計：「主要特用林産物生産量」『ポケット農林水産統計平成18年度版』（農林水産省）より

農業のことがわかる 施《し》設《せつ》

＊掲載《けいさい》の情報《じょうほう》は、2017年2月現在《げんざい》のものです。

**博物館や資料館《しりょうかん》を利用して、農業について学ぶことができます。
ここで紹介《しょうかい》したほか、地域《ちいき》の博物館や郷土資料館《きょうどしりょうかん》などにも、
地元の農業の歴史や地域《ちいき》の特産物などについての展示《てんじ》があることが多いので、
まず、身近なところから調べてみましょう。**

食《しょく》と農《のう》の科学館《かがくかん》

人々の食生活に関わる農業や林業、水産業についての研究成果を紹介《しょうかい》している科学館です。2015年には展示室《てんじしつ》のリニューアルがおこなわれ、最新の農業技術《ぎじゅつ》をよりくわしく知ることができます。「農作業の用具・機械展《きかいてん》」では、さまざまな時代の日本の農業の発展《はってん》を支えてきた農具の展示《てんじ》や解説《かいせつ》があり、実際《じっさい》に農家で使用された貴重《きちょう》な農具を見ることができます。また、科学館のとなりにある作物見本園では、夏になると、今ではあまり栽培《さいばい》されなくなった作物や、日本ではなじみがうすい作物などが栽培《さいばい》され、育った作物を自由に見学することが可能です。

【住　所】茨城《いばらき》県つくば市観音台《かんのんだい》3-1-1
【電話番号】029-838-8980
【開館時間】9：00～16：00
【休館日】年末年始
【ホームページ】http://trg.affrc.go.jp/
＊無料

▲最新の農業技術《ぎじゅつ》をパネルや映像《えいぞう》で紹介《しょうかい》する展示《てんじ》コーナー。

◀作物見本園では、研究用に栽培《さいばい》しているさまざまな作物を見ることができる。

農業文化園《のうぎょうぶんかえん》・戸田川緑地《とだがわりょくち》

戸田川緑地《とだがわりょくち》に隣接《りんせつ》した農業文化園には、昔の農具や昆虫《こんちゅう》標本などを展示《てんじ》する農業科学館と、4種類の温室からなるフラワーセンターがあります。戸田川緑地《とだがわりょくち》には、収穫体験《しゅうかくたいけん》ができる農園や米づくり体験水田もあります。

▲農業科学館の展示《てんじ》では、稲作《いなさく》の歴史を知ることができる。

▼園内では四季おりおりの花を見ることができる。

【住　所】名古屋《なごや》市港《みなと》区春田野《はるたの》2丁目3204戸田川緑地管理《とだがわりょくちかんり》センター
【電話番号】052-302-5321　【開館時間】9：00～16：30
【休館日】毎週月曜（祝日《しゅくじつ》の場合はその翌日《よくじつ》）
年末年始（12月29日～翌年《よくねん》の1月3日）
【ホームページ】http://www.chance.ne.jp/bunkaen/
＊無料

岩手《いわて》県《けん》立《りつ》農業《のうぎょう》ふれあい公園《こうえん》・農業《のうぎょう》科《か》学《がく》博《はく》物《ぶつ》館《かん》

農業体験のできる棚田《たなだ》やひょうたん池のある農業ふれあい公園内に、農業科学博物館があります。展示《てんじ》は岩手《いわて》の農業の歴史を学べる「農業れきし館」と、岩手《いわて》の農業の今を紹介《しょうかい》したり、田にすむ虫の目線で田をのぞくことができる「農業かがく館」があります。

▶農業れきし館では、稲作《いなさく》・畜産《ちくさん》・畑作・農家のくらしなどに分けて、さまざまな道具を展示《てんじ》。写真は畑作に使われた農具。

▼2006年には、農業研究センター開設《かいせつ》10周年を記念して棚《たな》田《だ》の一部に、葉の色がちがう3種類の観賞用稲《かんしょうよういね》を植え、色のちがいで文字や絵を描《えが》く「棚田《たなだ》でお絵描《えか》き」がおこなわれた。

【住　所】岩手《いわて》県北上《きたかみ》市飯豊《いいとよ》3-110
【電話番号】0197-68-3975
【開館時間】9：00～16：30（入館は16：00まで）
【休館日】毎週月曜（祝日《しゅくじつ》の場合はその翌日《よくじつ》）
年末年始（12月29日～翌年《よくねん》の1月3日）
【ホームページ】http://www2.pref.iwate.jp/~hp2088/park/
＊個人《こじん》：一般《いっぱん》300円、大学生140円、高校生以下無料

山梨《やまなし》県《けん》笛《ふえ》吹《ふき》川《がわ》フルーツ公園《こうえん》

山梨《やまなし》県の特産として栽培《さいばい》されてきたくだものを中心にした果樹園《かじゅえん》に囲まれ、「くだもの館」「わんぱくドーム」などがあります。くだもの館では、ぶどうやももを中心に、くだものを知る展示《てんじ》や遊びながら学べるゲームなどがあります。

▶園内では季節ごとにさまざまなくだものの木を見ることができる。写真は春に咲《さ》くもも花。

◀山梨《やまなし》県を代表する10種類のくだものを紹介《しょうかい》するランドスケープ。くだもの館には、昔の農村を再現《さいげん》したジオラマなどが展示《てんじ》されている。

【住　所】山梨《やまなし》県山梨《やまなし》市江曽原《えぞはら》1488番地
【電話番号】0553-23-4101
【開館時間】くだもの館・わんぱくドームの開館時間
9:00～17:00（受付は16:30まで）
※季節によって時間の変更《へんこう》あり
【休館日】なし
【ホームページ】http://www.fuefukigawafp.co.jp/
＊無料

いずみふれあい農《のう》の里《さと》

さつまいも掘《ほ》りやじゃがいもの植え付け体験など、季節ごとにちがった農業体験ができる施設《しせつ》です。そば打ち体験や郷土《きょうど》料理の体験学習、収穫《しゅうかく》したものを使って料理をつくる調理体験などもおこなっています。

▶春にはいちご狩《が》りがおこなわれ、収穫《しゅうかく》したいちごを使ったジャム作りなども体験できる。

◀そば打ち教室のようす。定期開催《かいさい》されている「おそばの学校」では、そばの種まきや収《しゅう》穫《かく》などの農業体験もおこなっている。

【住　所】大阪《おおさか》府和泉《いずみ》市仏並《ぶつなみ》町2043
【電話番号】0725-92-3310　【開館時間】9：00～17：00
【休館日】毎週月曜（祝日の場合は翌日《よくじつ》）
年末年始（12月29日～翌年《よくねん》の1月3日）
【ホームページ】http://www.nounosato.com
＊体験コースによって料金はことなる（体験前に要問い合わせ）。

牛《うし》の博物館《はくぶつかん》

前沢牛《まえさわうし》で有名な岩手《いわて》県にあります。牛の体のしくみ、人とのかかわり、前沢牛《まえさわうし》についての展示《てんじ》があります。世界の牛がひくすきや、酪農《らくのう》の農具、牛のコインなども見ることができます。

▲前沢《まえさわ》で子牛を産ませて育てる農家のようすなどが展示《てんじ》されている。

【住　所】岩手《いわて》県奥州《おうしゅう》市前沢《まえさわ》区字南陣場《あざみなみじんば》103-1
【電話番号】0197-56-7666
【開館時間】9：30～17：00（入館は16：30まで）
【休館日】月曜日（祝日《しゅくじつ》・振替《ふりかえ》休日の場合は翌日《よくじつ》）
年末年始（12月28日～翌年《よくねん》の1月4日）
【ホームページ】http://www.isop.ne.jp/atrui/mhaku.html
＊個人《こじん》：一般《いっぱん》400円、高校生以上300円、小・中学生200円

鳥取県立《とっとりけんりつ》鳥取《とっとり》二十世紀《にじっせいき》梨《なし》記念館《きねんかん》 なしっこ館《かん》

二十世紀《にじっせいき》なしの生産量日本一の鳥取《とっとり》県にあります。なしのルーツから、世界のなしの品種コレクション、二十世紀《にじっせいき》なしの一大産地となった鳥取《とっとり》県のなし栽培《さいばい》の歴史、なしの試食など、なしでいっぱいの施設《しせつ》です。

▲なしの栽培技術《さいばいぎじゅつ》をわかりやすく紹介《しょうかい》。ゲーム感覚でなしづくりに挑戦《ちょうせん》できる「バーチャル梨園《なしえん》」も。

【住　所】鳥取《とっとり》県倉吉《くらよし》市駄経寺《だきょうじ》町198-4
【電話番号】0858-23-1174
【開館時間】9：00～17：00（入館は16：40まで）
【休館日】毎月第1・3・5月曜日（祝日《しゅくじつ》の場合は翌日《よくじつ》）
年末年始（12月29日～翌年《よくねん》の1月3日）
【ホームページ】http://1174.sanin.jp/
＊大人300円、中学生以下150円

お茶《ちゃ》の郷《さと》博物館《はくぶつかん》

茶どころ静岡《しずおか》県の島田《しまだ》市にあります。茶の歴史や、日本人のくらしと茶、島田《しまだ》市南部に広がる牧之原《まきのはら》台地が、茶の産地となるまでの歴史や、製茶《せいちゃ》の技術《ぎじゅつ》などについての展示《てんじ》があり、地元の茶の試飲もできます。世界の茶を紹介《しょうかい》する3階展示《てんじ》室《しつ》のウェルカムティーコーナーでは、月替《つきが》わりで世界の茶を味わえます。

▶世界30か国90種類の茶を展示《てんじ》。引きだしをあけて、茶に触《ふ》れたり香《かお》りを楽しんだりできる。

【住　所】静岡《しずおか》県島田《しまだ》市金谷《かなや》富士見《ふじみ》町3053-2
【電話番号】0547-46-5588
【開館時間】9：00～17：00（入館は16：30まで）
【休館日】毎週火曜日（祝日《しゅくじつ》の場合は翌日《よくじつ》）
年末年始（12月29日～翌年《よくねん》の1月3日）
【ホームページ】http://www.ochanosato.com/
＊個人《こじん》：大人（高校生以上）600円、小人（中学生・小学生）300円
＊リニューアルのため休館中（2017年2月現在《げんざい》）

木材《もくざい》・合板《ごうはん》博物館《はくぶつかん》

木のまち新木場《しんきば》にあります。木材や合板の特徴《とくちょう》、歴史、製《せい》造法《ぞうほう》だけでなく、森林のはたらきや環境《かんきょう》についても学べます。木や合板のおもちゃで遊べるほか、いつでもできる工作体験もあります。

▲合板の材料となる板をつくるために、丸太をうすくむく機械。曜日によっては、丸太をむくようすを見ることができる。

【住　所】東京《とうきょう》都江東区《こうとうく》新木場《しんきば》1-7-22　新木場《しんきば》タワー3F・4F
【電話番号】03-3521-6600
【開館時間】10：00～17：00（入館は16：30まで）
【休館日】月曜日、火曜日、祝日、年末年始
【ホームページ】http://www.woodmuseum.jp/
＊無料

農業の学習に役立つ ホームページ

＊掲載《けいさい》の情報《じょうほう》は、2017年2月現在《げんざい》のものです。

ここでは農業のいろいろな分野について、知識《ちしき》や情報《じょうほう》を得られるホームページを紹介《しょうかい》します。ほかにも、市町村や都道府県などのホームページに、地域《ちいき》の農業の紹介《しょうかい》や、体験教室など農業関係のイベントもふくめた情報《じょうほう》がのっていることもあるので、調べてみましょう。

農林水産省／こどものためのコーナー

http://www.maff.go.jp/j/kids/

農林水産業に関する国の行政《ぎょうせい》機関、農林水産省のこども向けの情《じょう》報《ほう》ページ。

▶農林水産業について、わかりやすく解説《かいせつ》されたいろいろなコーナーがある。農産物のことを楽しく学べるクイズやゲームもある。

▲農業や林業の仕事のようすや、さまざまなデータを、イラストやマンガで知ることができる。

農産物・畜産物《ちくさんぶつ》

●みんなの農業広場
〈（一社）全国農業改良普及支援協会《ぜんこくのうぎょうかいりょうふきゅうしえんきょうかい》／（株）クボタ〉

http://www.jeinou.com/

農作業や栽培《さいばい》のポイントなど、食と農業に関する情報《じょうほう》を調べることができるページ。「農作業便利帖《べんりちょう》」では「機械編《きかいへん》」「稲編《いねへん》」「野菜編《やさいへん》」などの項《こう》目《もく》について知ることができる。

●よろず畜産《ちくさん》

http://yoro.lin.gr.jp/

畜産《ちくさん》のことを一般《いっぱん》の人たちに伝えるページ。畜産《ちくさん》関係のホームページを種類別に検索《けんさく》できる。「畜《ちく》産《さん》ZOO《ズー》鑑《かん》」では、家畜《かちく》の体のしくみや育て方、畜産農家《ちくさんのうか》の仕事などを種類別に紹介《しょうかい》している。

●（独）農畜産業振興機構《のうちくさんぎょうしんこうきこう》ホームページ

http://www.alic.go.jp/

畜産《ちくさん》、砂糖《さとう》と野菜の情報《じょうほう》が充実《じゅうじつ》。「野菜図鑑《やさいずかん》」では、いろいろな野菜の品種や、栽培《さいばい》のようす、季節による産地のちがいなどがわかる。

●タキイシードネット〈タキイ種苗株式会社《しゅびょうかぶしきがいしゃ》〉

http://www.takii.co.jp/seed.html

種苗《しゅびょう》会社のホームページ。野菜の種類や栽培《さいばい》の情報《じょうほう》、病害虫などについてくわしい。花の種類や栽培《さいばい》の方法などもわかる。

林業

●(公社)国土緑化推進機構《こくどりょくかすいしんきこう》

http://www.green.or.jp/

森林と環境《かんきょう》、生き物、木と人のくらしなど、森林の情報《じょうほう》を集めた「こども森林《もり》ひろば」、日本の森の樹木《じゅもく》や林業などについてのデータを集めた「みんなの森データ編《へん》」、森林ボランティアの活動《かつどう》情報《じょうほう》を集めた「参加しよう！森林ボランティア」などがある。

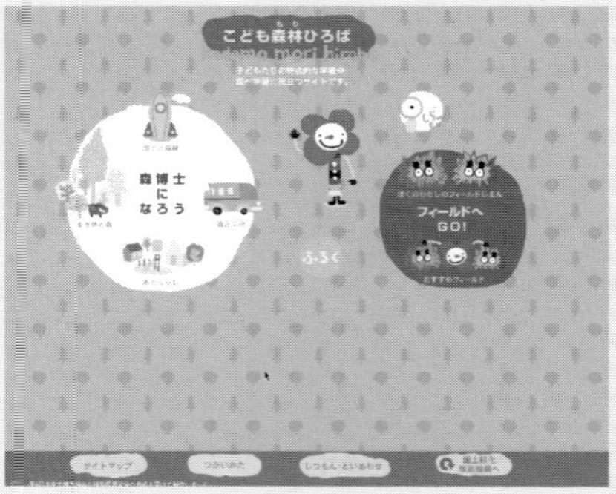

●木net（きーねっと）～木《き》と森《もり》の情報館《じょうほうかん》～
〈(一財) 日本木材総合情報《にほんもくざいそうごうじょうほう》センター〉

http://www.jawic.or.jp/

木材についての情報《じょうほう》が充実《じゅうじつ》。「木材の種類」では、木の種類による木材の特徴《とくちょう》を、「木材とその技術《ぎじゅつ》」では、木材の加工や集成材《しゅうせいざい》などについて解説《かいせつ》している。

●森《もり》の学《まな》び舎《や》のページ

http://www9.wind.ne.jp/matu-ko/ag/ag.htm

「森林作業のページ」「林業機械・高性能《こうせいのう》林業機械」「木材が出来るまで」など、林業の仕事が写真でわかりやすく紹介《しょうかい》されている。

農業技術《ぎじゅつ》についてくわしく知りたい

●農業《のうぎょう》技術《ぎじゅつ》ヴァーチャルミュージアム
〈農業《のうぎょう》・生物系特定産業《せいぶつけいとくていさんぎょう》技術研究《ぎじゅつけんきゅう》機構《きこう》〉

http://mmsc.ruralnet.or.jp/v-museum/

稲作《いなさく》や食品加工、畜産《ちくさん》などの歴史がわかる「目で見る農業技術《ぎじゅつ》の発達」のほか、現代《げんだい》の新しい農業技術《ぎじゅつ》の紹介《しょうかい》、日本と世界の技術《ぎじゅつ》交流についてのインタビューなど、農業技術《ぎじゅつ》について、さまざまな情報《じょうほう》を見ることができる。

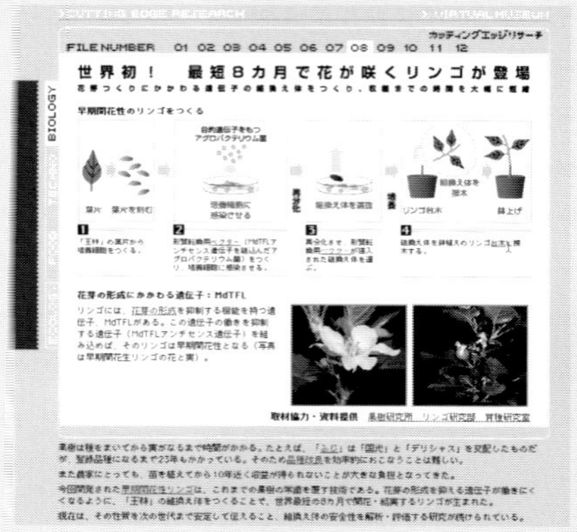

●農薬工業会《のうやくこうぎょうかい》

http://www.jcpa.or.jp/

「教えて！　農薬Q&A《キューアンドエー》」では、農薬のはたす役割《やくわり》や、病害虫から作物を守る歴史、農薬の安全性《あんぜんせい》など、農薬について基本的《きほんてき》な知識《ちしき》や情報《じょうほう》をQ&A《キューアンドエー》の形式で紹介《しょうかい》している。

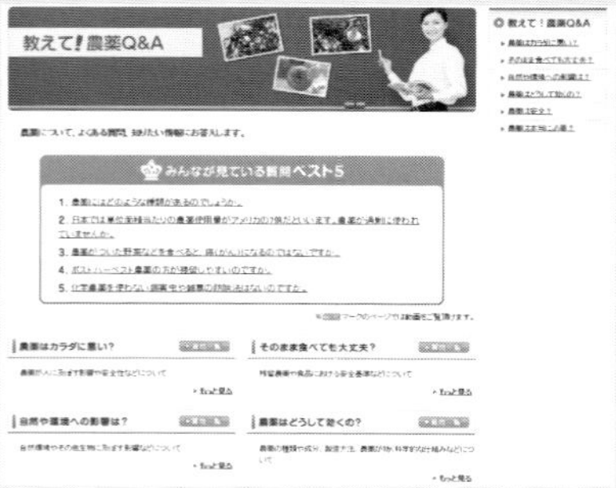

●農機具《のうきぐ》データベース

http://www.agropedia.affrc.go.jp/agriknowledge/noukigu

農林水産省が集めた、明治時代から100年あまりの間に使用された農機具類など約3800点の情報《じょうほう》がデータベース化されている。さまざまな農機具が調べられる。

農業や農家のくらしに親しむ

●全国新規就農相談《ぜんこくしんきしゅうのうそうだん》センター

http://www.nca.or.jp/Be-farmer/

農業をはじめたい人に知識《ちしき》や情報《じょうほう》を提供《ていきょう》するページ。「農業を始めたい方へ」では、イエス・ノーの質問《しつもん》に答えることで、自分に合った農業のはじめ方がわかる。農業体験のできる場所や農業をおこなう会社の求人情報《じょうほう》などもあり、将来《しょうらい》農業をやってみたい人にとって役に立つ情報《じょうほう》がたくさん紹介《しょうかい》されている。

●里地《さとち》ネットワーク

http://satochi.net/

伝統的《でんとうてき》な里山のくらしを絵本にした「里地絵本」、雑木林《ぞうきばやし》や田などを映像《えいぞう》で見る「里地の宝《たから》さがし」などのほか、全国の里地里山を守る団体《だんたい》や、実際《じっさい》の活動例を多数紹介《しょうかい》。

●Green Tourism グリーン・ツーリズム
〈(一財) 都市《とし》農山漁村《のうさんぎょそん》交流《こうりゅう》活性《かっせい》化《か》機構《きこう》〉

http://www.kouryu.or.jp/gt/

農業体験ができる体験民宿や市民農園など、全国のグリーン・ツーリズム施設《しせつ》の検索《けんさく》ページや、全国各地の農産物直売所の情報《じょうほう》を知ることができる。グリーン・ツーリズムの体験談《たいけんだん》、グリーン・ツーリズムに関するホームページを集めたリンク集などもある。

さくいん
INDEX

POPLARDIA INFORMATION LIBRARY

★さくいんに記載《きさい》した項目《こうもく》とページ数は、とくに重要《じゅうよう》と思われるものをえらんでいます。

★ひとつのことがらを数ページにわたって説明しているような場合は、100-105のようにハイフンでつないで記載《きさい》しています。

★ページ数で太字になっているものは、くわしく説明しているページです。

さくいん
INDEX

さ

し

さくいん INDEX

す

せ

そ

た

ち

つ、て

接《つ》ぎ木苗《きなえ》 …… 67
津田《つだ》かぶ …… 72
土寄《つちよ》せ …… 63,73
低《てい》アミロース米《まい》 …… 52
DNA《ディーエヌエー》（デオキシリボ核酸《かくさん》） …… 178
DDT《ディーディーティー》 …… 172,194
低温貯蔵庫《ていおんちょぞうこ》 …… 65
低《てい》グルテリン米《まい》 …… 52
てんさい …… 13,14,38,111,**118-119**,225
転作作物《てんさくさくもつ》 …… 39,51
電照菊《でんしょうぎく》 …… 19,81
電照栽培《でんしょうさいばい》 …… **80-81**,108
天敵《てんてき》 …… 107,173,188
伝統野菜《でんとうやさい》 …… 70-73
天然林《てんねんりん》 …… 155,167
天王寺《てんのうじ》かぶ …… 73
デンマーク …… 20,144
天竜杉《てんりゅうすぎ》 …… 155

と

ドイツ …… 21,175
とうがらし …… 90,111,191,211
動物性飼料《どうぶつせいしりょう》 …… 135
とうもろこし …… 49,**68**,89,90,127,135,145,178,179
特別栽培農産物《とくべつさいばいのうさんぶつ》 …… 183
特用林産物《とくようりんさんぶつ》 …… 74,**168**,227
ドジョウ …… 188,189,191,192
屠畜場《とちくじょう》 …… 140-141
突然変異育種法《とつぜんへんいいくしゅほう》 …… 33
トマト …… 12,17,19,56,65,**66**,67,68,87,89,93,94,173,195
トラクター …… 30,46,89
鳥《とり》インフルエンザ …… 86,144,**149**
鳥肉《とりにく》 …… 24,**136-137**,140,141,144,180,226
トルコぎきょう …… 79
トレーサビリティ …… 86
トンネル栽培《さいばい》 …… **59**,61,63,65,68,89
とんぶり …… 71

な

ナーベーラー（へちま） …… 72
ながいも …… 61,216
仲卸業者《なかおろしぎょうしゃ》 …… 82,**84**,85,104
永田農法《ながたのうほう》 …… 93
中干《なかぼ》し …… 28,**30**,192
名古屋《なごや》コーチン …… 137
名古屋種《なごやしゅ》 …… 137
なし …… 17,18,97,103,104,106,216
なす …… 12,17,19,66,67,82,89,180,191
なたね（油菜《あぶらな》） …… 13,111,**121**,179,191
夏《なつ》みかん …… 19,96,224
生《なま》しいたけ …… 74,75,199
なめこ …… 74,227
南部牛《なんぶうし》 …… 130

に

二期作《にきさく》 …… 26
肉牛《にくぎゅう》 …… 13,124,125,**130-133**,142,143
肉骨粉《にくこっぷん》 …… 149
二十世紀《にじっせいき》なし …… 19,97
二条大麦《にじょうおおむぎ》 …… 36,37,40
日本《にほん》かぼちゃ …… 68
日本短角種《にほんたんかくしゅ》 …… 130
二毛作《にもうさく》 …… **46**,191,202
ニューギニア …… 118
乳牛《にゅうぎゅう》 …… 13,14,124,125,**126-129**,142,145,151
ニュージーランド …… 20,21,68,105,144,163,201
にら …… 77,221
鶏《にわとり》 …… 13,124,136,147,180,191
にんじん …… 11,12,15,21,58,**59**,67,89,90,191
にんにく …… 90,221

ぬ、ね

ぬか …… 31,52
布《ぬの》マルチシート …… 51
ねぎ …… 15,21,57,62,**63**,67,89,91,182,199
ねぎにら …… 77
ネコブセンチュウ …… 65
練馬《ねりま》だいこん …… 71

の

農業基本法《のうぎょうきほんほう》 …… **195**,197,203
農業協同組合《のうぎょうきょうどうくみあい》 …… 42,43,45,82,86,100,104,194,**209**,213
農業生産法人《のうぎょうせいさんほうじん》 …… 45,**47**,206
濃厚飼料《のうこうしりょう》 …… **127**,128,129,131,132,151
農地改革《のうちかいかく》 …… **194**,203
農地法《のうちほう》 …… **47**,206
農薬《のうやく》 …… 29,31,35,46,47,49,50,86,91,92,94,99,101,102,106,107,116,**172-173**,175,180,182,183,194,195,203,204,205,207,209,211

は

ハーベスター …… 59,60,65,118,158
胚芽精米《はいがせいまい》 …… 52
配合飼料《はいごうしりょう》 …… 135,145
培土《ばいど》 …… 39,60,118
パイナップル …… 17,19,105,170,225
ハウス栽培《さいばい》 …… 59,100

さくいん INDEX

ひ

ふ

へ、ほ

ま

み

む、め、も

や

ゆ

よ

ら

り

れ、ろ

わ

監　修　**石谷孝佑**《いしたにたかすけ》　**日本食品包装研究協会 会長**

1943年鳥取県生まれ。1976年東京農工大農学部卒、農水省食品総合研究所入所、食品保全研究室にて米等の保存研究に従事。1980年食品包装研究室長。1981年農水省研究調査官。1990年農業研究センター プロチーム長「スーパーライス計画」推進リーダー、1995年作物生理品質部長。1996年東北農試企連室長。1998年国際農研センター企画調整部長。2002年中国農科院日中農業技術研究開発センター首席顧問、2005年現職。主な編著書に「日本農業の技術開発戦略」「農業技術体系」(農文協)、「米の科学」(朝倉書店)、「米の事典」(幸書房)など、監修に「ポプラディア情報館 米」(ポプラ社) などがある。

編集・制作　(株)童夢

装　丁　細野綾子

本文デザイン　森孝史●江島孝子●細野綾子

イラスト　魚住理恵子●永田勝也

編集協力　NEKO HOUSE●筑波君枝●山内ススム●小原伸夫

写真・資料提供（五十音順・敬称略）

阿波和紙伝統産業会館●青森県農林水産部●秋田県農林水産部●網走農業改良普及センター遠軽支所湧別分室●雨宮甲子男農園●井関農機●一品一会●いづみや●石垣市パパイヤ研究所●石谷孝佑●イセ食品●茨城県農業総合センター農業研究所●岩手県木炭協会●ウッドワーク●宇津宮果樹園●愛媛県農産園芸課●愛媛県宇和島地方局●FSC日本推進会議準備局●オークネット●大田花き●大田市場●岡田三男●岡山県総合畜産センター●おかやまコープ●沖縄県農林水産部園芸振興課●沖縄県農林水産部糖業農産課●荻野商店●お花屋さん●オメガ社●海津市歴史民俗資料館●河北町●香川県農政水産部農村整備課●鹿児島県農政部●鹿児島市特産品協会●カゴメ●笠間市グリーンツーリズム推進室●家畜改良センター奥羽牧場●家畜改良センター宮崎牧場●神奈川県畜産技術センター●金沢市農産物ブランド協会●金谷農場●かのう沖縄●加茂箪笥協同組合●川上さぷり川上産吉野材販売促進協同組合●川上村●川崎市●関東農政局東京農政事務所●ギアリンクス●北見市●木下製粉●紀北県民局生活環境森林部●九州沖縄農業研究センター●京のふるさと産品価格流通安定協会●キリンアグリバイオ株式会社●くだもんや中田●クボタ●熊本県い業生産販売振興協会●熊本県農林水産部農業技術課●けせんプレカット事業協同組合●月向農園●健菜●小泉正人●吾一農園●甲州市●高知県園芸連●コーンズAG●国士舘大学野口泰生●埼玉県川越農業改良普及センター●埼玉県農業試験場園芸研究所●埼玉種畜牧場●斉藤牧場●蔵王こけし館●酒井産業株式会社●榊原商店●サカタのタネ●里地ネットワーク●サン・アクト株式会社●山笑会●山北町●SEGES●JAあいち経済連●JA愛知みなみ●JAあぶらんど萩●JAありだAQ選果場●JA魚沼みなみ●JA岡山●JA帯広川西●JA鹿児島きもつき●JA北いしかり●JAグリーン鹿児島●JA群馬板倉●JA芸西村●JA静岡市●JA斜里町●JA全農庄内●JA全農栃木●JA全農とっとり●JA全農長崎●JA全農長野●JA全農ふくれん●JA筑前あさくら志波選果場●JAつがる弘前●JA嬬恋村●JA鶴岡●JA鳥取中央●JA延岡●JAはんざわ●JAふかや●JAふらの●JA松阪●JA松山市●JA宮崎中央●JAやさと●JO●滋賀県農業技術振興センター●滋賀県農政水産部●時事通信社●静岡県環境森林部環境政策室●静岡県茶業試験場●島根県東部農林振興センター●標茶町●昇栄物産●森林総合研究所●鈴木バイオリン●全国清涼飲料工業会●全国たばこ耕作組合中央会●第一ブロイラー●大正紡績●タキイ種苗●滝川市●田中史彦●畜産草地研究所竹中昭雄●ちば環境情報センター●千葉県農林水産部農業改良課技術指導室●千葉大学園芸学部小原均●千葉農業振興センター●中国四国農政局●鶴岡市●鶴田食品工業株式会社●東京都健康安全研究センター●東京都森林組合●東京の木で家を造る会●東濃地域農業改良普及センター●遠野市●栃木県農業試験場●動物衛生研究所●東北森林管理局●東北大学大学院葉績、南澤究●鳥取市●鳥取大学乾燥地研究センター井上光弘●冨田ファーム●富山県農林水産部●豊岡市コウノトリ共生課●長井市企画調整課レインボープラン推進係●中島牧場●中村木材工業所●七飯町●新潟市横越支所●新潟大学有田博之●日本きのこセンター●日本こんにゃく協会●日本雑穀協会●日本食肉格付協会●日本草地畜産種子協会●日本農業新聞●日本バナナ輸入協会●ニュー渥美観光●農業開発総合センター徳之島支場●農業生物資源研究所●農畜産業振興機構●農民運動全国連合会●パソナ●八幡平花き研究開発センター●パルシステム生活協同組合連合会●東吾妻町教育委員会●東葛飾農林振興センター●東根市経済部農林課●東三河家畜保健衛生所●兵庫県立農林水産技術総合センター北部農業技術センター●広島県立農業技術センター●広島市農林業振興センター●広島大学西堀正英●福島県農林水産部●ベジフルーツ●報徳農場生産組合●ホクレン●北海道中央農業試験場岩見沢試験場●北海道農業研究センター●毎日新聞社●マイライフ●丸一横山商店●マルイ農協●マルヒ●水資源機構香川用水総合事業所●ミズノ●みずほの村市場●三井住友海上火災保険●緑のサヘル●宮崎南部森林管理署●明治乳業●八重山農業改良普及センター●ヤオコー●八木町農業公社●野菜茶業研究所●山形県農政企画課●山口製茶●雪国まいたけ●横山玲子●吉野組●らでぃっしゅぼーや●和歌山県畜産試験場●和郷園●輪島市観光課●ワタミファーム

ポプラディア情報館《じょうほうかん》

日本《にほん》**の農業**《のうぎょう》

発　行　2007年3月　第1刷 ©
2017年3月　第6刷

監　修　石谷孝佑
発行者　長谷川 均
編　集　山口竜也
発行所　株式会社ポプラ社　〒160-8565　東京都新宿区大京町 22-1
電　話　03-3357-2212（営業）　03-3357-2635（編集）
振　替　00140-3-149271
ホームページ　http://www.poplar.co.jp（ポプラ社）
http://www.poplar.co.jp/poplardia/（ポプラディアワールド）
印刷・製本　凸版印刷株式会社

ISBN 978-4-591-09600-0　N.D.C 610/239p/29cm x 22cm　Printed in Japan

落丁・乱丁本は、送料小社負担でお取り替えいたします。小社製作部宛にご連絡ください。
電話0120-666-553　受付時間は月～金曜日、9：00～17：00（祝祭日は除く）
読者の皆さまからのお便りをお待ちしております。いただいたお便りは編集部から監修・執筆・制作者へお渡しします。